电子信息科学与工程类专业规划教材

光纤通信原理与应用

（第3版）

方志豪　朱秋萍　方　锐　编著

電子工業出版社
Publishing House of Electronics Industry
北京・BEIJING

内 容 简 介

本书共8章，系统地阐述了光纤通信的原理、特性、组成及应用。主要内容包括：光纤的基本结构、传光原理、特性参数和连接方式；光发送设备和光接收设备的基本组成、实现方式及光模块；WDM光纤通信系统的实现、光纤数字通信系统的SDH制式；光纤接入网、光纤局域网、光纤城域网、光纤广域网、三网融合、与光纤互联网相关的热门技术；光传送网和全光网。每章结尾均提供了丰富的习题，便于读者自学并掌握各章的要点。本书还配有免费电子教学课件。

本书概念准确，内容新颖，图文并茂，深入浅出，突出实用性、系统性和先进性，可作为普通高等院校通信工程、电子信息、光电技术等专业本科生的教材，也可供其他相关专业的大学生和工程技术人员学习与参考。

图书在版编目（CIP）数据

光纤通信原理与应用 / 方志豪，朱秋萍，方锐编著. —3版. —北京：电子工业出版社，2019.3
电子信息科学与工程类专业规划教材
ISBN 978-7-121-36042-8

Ⅰ. ①光… Ⅱ. ①方… ②朱… ③方… Ⅲ. ①光纤通信－高等学校－教材 Ⅳ. ①TN929.11

中国版本图书馆CIP数据核字（2019）第025793号

责任编辑：竺南直
印　　刷：北京捷迅佳彩印刷有限公司
装　　订：北京捷迅佳彩印刷有限公司
出版发行：电子工业出版社
　　　　　北京市海淀区万寿路173信箱　　邮编：100036
开　　本：787×1092　1/16　　印张：20.25　字数：518千字
版　　次：2008年7月第1版
　　　　　2019年3月第3版
印　　次：2021年3月第4次印刷
定　　价：49.80元

前　言

光纤通信以其独特的优越性，已经成为现代通信发展的主流方向，现在世界上绝大部分的通信业务都是采用光纤通信方式传送的。特别是，以光纤作为主要传输介质的互联网已遍布全球各地，没有光纤通信，就没有今天因特网（Internet）的巨大规模，现代信息社会的发展也就不可能这样快速。

本书第1版和第2版（分别于2008年7月和2013年2月，电子工业出版社）是在作者多年从事光纤通信教学和科研实践经验的基础上编著出版的。几年来，本书被国内许多高等院校选用作为教材，承蒙这些院校同行教师们的支持和肯定，给本书再版的修订注入了动力，使修订的方向进一步明确。

本书第3版修订的主要内容是：补充新的技术内容和新的技术指标；合理调整部分章节的结构；对文句进行精益求精的修改。其中，新增完整章节的有：4.3节、7.5节、7.6节；在原章节中新增大段内容的有：1.1.2节、2.2.3节、2.5.1节、5.2.6节、7.2.6节（修改后整体移到7.5.4节）；局部修改的有：1.2.2节、3.2.1节、4.1.3节、4.1.7节、7.1.2节等。

本书在修订过程中注重反映光纤通信领域的新成果，以满足光纤通信课程的教学需要，使教学内容尽可能贴近实际、贴近新技术、贴近新应用。本书此次修订后，除继续保持前两版所具有的特色外，在内容准确性、论述精练性和文句可读性方面有望跨上一个新台阶，使本书更臻完美。

本书的主要特色如下：

1．一个抓住，即抓住主干内容

光纤通信的主干内容是光纤、光端机（光发送设备和光接收设备）、WDM（波分复用）和SDH（同步数字系列）。缺少这四个内容中的任何一个，就谈不上是真实的光纤通信。所以，本书用6章的篇幅来阐述这四个主干内容，力求讲清楚、讲透彻。这是本书不同于一些同类书籍的最主要特点。

2．三个突出，即突出实用性、系统性和先进性

- **实用性**　本书中光端机以国内主流产品为依据来进行阐述，使读者掌握实用的知识与技术，从而在面对实际问题时不会生疏无策；在光纤和传输规范等内容中较多介绍了ITU-T等标准，以增进读者的标准化意识；对重要而复杂的数学推导舍弃了繁难的推导过程，但给出清晰的推导步骤，让读者掌握重要的物理概念和有用的结论。
- **系统性**　本书对光纤通信四个主干内容相互之间的关联，以及对每一个主干内容自身的机理都做了详细的阐述，真实地反映了现代光纤通信系统的特点，使读者能够掌握光纤通信完整的知识。
- **先进性**　本书注重介绍新型光纤和光器件技术的发展成果，同时较详细地介绍了近几年推出的光纤通信的热门新技术，如A/BPON、EPON和GPON接入技术、MSTP

传送技术、MPLS 和 MPλ/LS 交换技术等，这些新技术有很好的开发应用前景。读者从本书深入浅出的介绍中容易了解这些新技术，体验到光纤通信的飞速发展。

本书共 8 章，系统地阐述了光纤通信的原理、特性、组成及应用。

第 1 章简要阐述光纤通信的基本概念，使读者从阅读本书一开始就对光纤通信系统有一个明晰的认识，为学习后面各章节奠定基础。

第 2 章清晰地介绍光纤的基本结构、传光原理和特性参数，使读者掌握光纤的基本理论和各种实用知识。其中，光纤导波模式的理论分析，论述有序，概念清晰，具有新意。

第 3 章和第 4 章系统地介绍光端机的基本构成及其实现方式，使读者从原理上掌握端到端信息传输的过程及码元的具体形式，熟悉光端机与电端机和光纤之间的连接特点，从而对光纤通信形成一个有机的、整体性的认识，而不是零散的、局部的认识。同时，第 4 章还详细地介绍实际工程中使用的光模块，使读者从应用角度了解光收发设备的实际结构。

第 5 章和第 6 章介绍 WDM 光纤数字通信系统的实现、光纤数字通信系统的 SDH 制式等。本书 SDH 内容精练但不失完整性，而且分析与举例结合，易读好懂，读者从中容易学到从一般资料中难于得到的有用知识。

第 7 章介绍光纤接入网、光纤局域网、光纤城域网、光纤广域网、三网融合、与光纤互联网相关的热门技术——移动通信、物联网、云计算。读者从中可以清楚了解到光纤通信的许多新技术，了解移动通信、物联网、云计算与光纤互联网的紧密依存关系，如果没有光纤互联网，这些技术难得发展。

第 8 章介绍全光网络和光传送网。读者从中可以了解到全光网和光传送网的基本技术。

以上 8 章构成本书的统一体，但各章又有一定的独立性，读者可以根据需要选学或调换顺序学习。

本教材的建议授课学时数为 54～72 学时。为方便教学，**本教材为任课教师提供免费电子教学课件，可登录华信教育资源网（http://www.hxedu.com.cn）注册下载或发送电子邮件至 davidzhu@phei.com.cn 索取，**欢迎任课教师及时反馈授课心得和建议。

本书第 3 版由方志豪和朱秋萍统稿。在修订过程中，作者参阅了许多新的文献资料，得到了武汉大学的大力支持，同时得助于电子工业出版社竺南直编辑认真高效和耐心细致的工作，在此一并表示衷心的感谢！

由于作者水平有限，本书若有不妥之处，敬请读者不吝指正。联系方式：qpzhu@whu.edu.cn。

作 者

2019 年 1 月

目 录

第1章 概　述

1.1　光纤通信的基本概念

1.1.1　光纤通信的定义

光纤通信是以光波作为传输信息的载波、以光纤作为传输介质的一种通信。图1-1是光纤通信的简单示意图。其中，用户通过电缆或双绞线与发送端和接收端相连，发送端将用户输入的信息（语音、文字、图形、图像等）经过处理后调制在光波上，然后入射到光纤内传送到接收端，接收端对收到的光波进行处理，还原出发送用户的信息并输送给接收用户。

根据光纤通信的以上特点，可以看出光纤通信归属于光通信和有线通信的范畴。

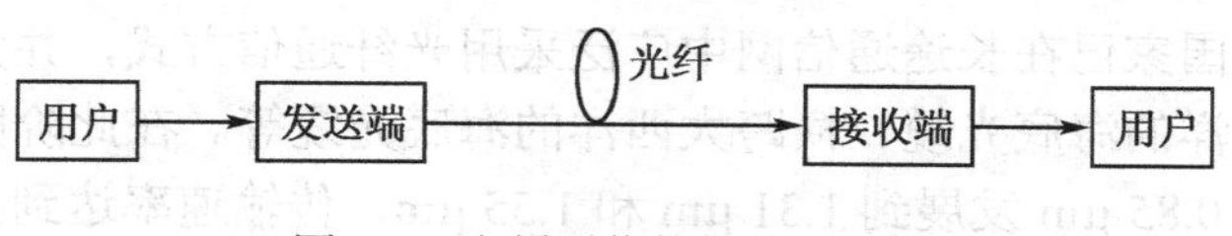

图 1-1　光纤通信的简单示意图

1.1.2　光纤通信发展过程

了解光纤通信的发展过程，可以帮助我们初步了解光纤通信的关键技术及其主要指标，为以后深入学习打下基础。

大体来说，光纤通信的发展经历了以下四个阶段。

1. 20世纪60年代的研究探索阶段

1966年英籍华人科学家高锟（Charles Kao）发表了名为“用于光频率的介质纤维表面波导”的论文，提出了用石英光纤做光波导进行光纤通信的新概念。该论文对石英光纤的损耗机理进行了理论分析，指出消除石英玻璃中的杂质才能做出低损耗光纤，并通过实验预言了只有当光纤中的光损耗小于20 dB/km时，光纤在通信中的实际使用才有可能开始。该论文实验中的石英玻璃的光损耗为1000 dB/km，这是当时石英玻璃的损耗水平。该论文是打开现代光纤通信技术大门的钥匙，具有重要的指向性意义。鉴于高锟理论对于光纤通信的里程碑意义，2009年高锟获得了诺贝尔物理学奖。

2. 20世纪70年代的技术起步阶段

这个阶段是光纤通信能否问世的决定性阶段。这个阶段的主要工作如下。

（1）研制出低损耗光纤

1970年，美国康宁（Corning）公司依据高锟理论率先制成20 dB/km损耗的光纤。

1972年，美国康宁公司制成4 dB/km损耗的光纤。

1973年，美国贝尔（Bell）实验室制成1 dB/km损耗的光纤。

1976年，日本电报电话公司（NTT）和富士通（Fujitsu）公司制成0.5 dB/km低损耗的光纤。

1979年，日本NTT和富士通公司制成0.2 dB/km低损耗的光纤。

现在，光纤损耗已低于0.4 dB/km（1.31 μm波长窗口）和0.2 dB/km（1.55 μm波长窗口）。

（2）研制出小型高效的光源和低噪声的光检测器件

这一时期，各种新型长寿命的半导体激光器件（LD）和光检测器件（PD）陆续研制成功。

（3）研制出光纤通信实验系统

1976—1979年，美国、日本相继进行了0.85 μm波长、速率为几十Mb/s的多模光纤通信系统的现场试验。

3．20世纪80年代进入商用阶段

这一阶段，发达国家已在长途通信网中广泛采用光纤通信方式，并大力发展洲际海底光缆通信，如横跨太平洋的海底光缆、横跨大西洋的海底光缆等。在此阶段，光纤从多模发展到单模，工作波长从0.85 μm发展到1.31 μm和1.55 μm，传输速率达到几百Mb/s。1985年，康宁制成0.35 dB/km（1.31 μm波长窗口）和0.19 dB/km（1.55 μm波长窗口）的低损耗常规单模光纤。

我国于1987年前在市话中继线路上应用光纤通信，1987年开始在长途干线上应用光纤通信，铺设了多条省内二级光缆干线，连通省内一些城市。从1988年起，我国的光纤通信系统由多模向单模发展。

4．20世纪90年代进入提高阶段

这一阶段，许多国家为满足迅速增长的带宽需求，一方面继续铺设更多的光缆，如1994年10月世界最长的海底光缆（全长1.89万千米，连接东南亚、中东和西欧的13个国家）在新加坡正式启用。另一方面，一些国家还不断努力研制新器件和开发新技术，用来提高光纤的信息运载量。1993年和1995年先后实现了2.5 Gb/s和10 Gb/s的单波长光纤通信系统，随后推出的密集波分复用技术可使光纤传输速率提高到几百Gb/s。

20世纪90年代也是我国光纤通信的大发展时期。1998年12月，贯穿全国的“八纵八横”光纤干线骨干通信网建成，网络覆盖全国省会以上城市和70%的地市，全国长途光缆达到20万千米。至此，我国初步形成以光缆为主、卫星和数字微波为辅的长途骨干网络，我国电信网的技术装备水平已进入世界先进行列，综合通信能力发生了质的飞跃，为国家的信息化建设提供了坚实的网络基础。

5．21世纪进入扩展应用阶段

进入21世纪后，光纤的宽带宽、低衰减等诸多优势使得光纤通信技术在全球范围内取得

了飞速的发展，也带动了移动通信、物联网、大数据、云计算、互联网+、三网融合的发展。据报道，2014～2019年全球IP流量年均增长约23%，其中视频占全网流量的比例从2015年的37.4%将增长到2019的52%。

数据流量的快速激增促使光传输网络不断升级，从几年前的40 Gb/s到目前正在使用的100 Gb/s，再到面向未来的400 Gb/s、1 Tb/s等更高速率。光传输网络性能的持续提升促使业界突破现有光纤的性能瓶颈，研发适用于超100 Gb/s时代的新型光纤技术。

2009年，康宁推出SMF-28ULL型超低损耗光纤，其衰减值达到0.16 dB/km（1.55 μm波长窗口）；2015年康宁推出Vascade Ex3000型超低损耗-大有效面积光纤，其衰减低至0.1460 dB/km（有效面积150 μm^2，接近常规单模光纤的2倍）。

与全球发展同步，我国“宽带中国”在提速，三大运营商都加大了宽带建设的力度。2016年1～6月全国新建光缆线路275.4万千米，总长达到2762.7万千米，同比增长22.9%。

近年来，在我国大规模通信建设需求的带动下，我国的光纤光缆产业发展迅速，已经形成了从光纤预制棒—光纤—光缆—光网络产品完整的产业链。中国已成为全球最主要的光纤光缆市场和全球最大的光纤光缆制造国。光纤光缆行业的发展壮大夯实了我国通信领域的基础，成为我国FTTH（光纤到户）、FTTB（光纤到大楼）系统的采用、三网融合以及大规模4G建设、5G探索的重要支撑。

从企业发展来看，中国光纤光缆企业经过30年的发展壮大，已有多家中国光纤光缆企业产能跻身全球前十。行业内优秀企业正处于海外扩张的关键时期，不仅大力拓展海外销售，而且积极进行海外投资建厂，东南亚、非洲、拉美是中国企业的重点目标。

1.1.3 光纤通信的优点

1．速率高，传输信息量大

光纤自身的频带宽度很宽，研究指出单模光纤可利用的带宽已达到30 THz（$1\ THz = 10^{12}\ Hz$）。按照粗略的估计，一对单模光纤应能传送几亿路数字电话（若按码率的一半简单折算，一路数字电话的带宽为32 kHz）或几十亿路模拟电话（一路模拟电话的带宽为4 kHz）。目前的实用水平已达到几百万路数字电话。

2．损耗低，传输距离远

光纤传输损耗已低于0.2 dB/km（单模1.55 μm）和0.35 dB/km（单模1.31 μm），而且在相当宽的频带范围内损耗不变化。中继距离可达50～100 km。而市话电缆的损耗为20 dB/km（4 MHz），同轴电缆的损耗为19 dB/km（60 MHz），中继距离仅几千米。可见，光纤比同轴电缆的中继距离要大十几到几十倍。

3．抗干扰能力强，保密性能好

构成光纤的石英（SiO_2）玻璃是绝缘介质材料，不怕电磁场（强电、雷电、核辐射）干扰，也没有地回路干扰，并且外泄光能很少，光纤之间不串话。

4. 耐腐蚀、耐高温、防爆，可在恶劣环境中工作

石英玻璃耐腐蚀，且熔点在2000℃以上。光纤接头处不产生放电，没有电火花。

5. 重量轻、体积小，便于线路施工

石英玻璃的主要成分硅（Si）的比重为 2.2，小于铜的比重 8.9。所以，相同话路容量的光缆重量为电缆重量的 1/30～1/10（注：根据国际和我国有关标准规定，基本物理量中没有重量、只有质量，在工商经贸和日常生活中重量只是质量的习惯用语）。此外，一根光纤外径约为 0.1 mm，6～18 芯光缆外径约为 12～20 mm，是相同话路容量的电缆外径的 1/4～1/3。

1.2　光纤通信系统的构成及分类

1.2.1　光纤通信系统的基本构成

图1-2是光纤通信系统的基本构成框图，其主要组成部分包括光纤、光发送器、光接收器、光中继器和适当的接口设备等。其中，光发送器的功能是将来自用户端的电信号转换成为光信号，然后入射到光纤内传输。光接收器的功能是将光纤传送过来的光信号转换成为电信号，然后送往用户端。光中继器用来增大光的传输距离，它将经过光纤传输后有较大衰减和畸变的光信号变成没有衰减和畸变的光信号，再继续输入光纤内传输。实际中，光发送器和光接收器安放在同一机架中，合称为光纤传输终端设备，简称**光端机**。

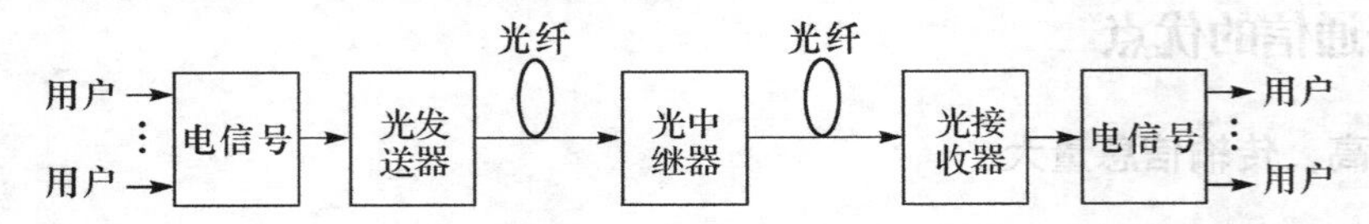

图 1-2　光纤通信系统的基本构成框图

1.2.2　光纤通信系统分类

1. 按传输信号划分

（1）光纤模拟通信系统

特征：用模拟电信号对光源强度进行调制（即模拟调制）。

优点：设备简单，不需要模/数（A/D）、数/模（D/A）转换部件。

缺点：光电变换时噪声大，使用光中继器时噪声积累多。

适用范围：短距离通信，如传输广播电视节目、工业和交通监控电视等。

（2）光纤数字通信系统

特征：用脉冲编码调制（PCM）电信号对光源强度进行调制（即数字调制）。

优点：抗干扰性强，噪声积累少，与计算机连用方便。

缺点：设备较复杂。

适用范围：长距离通信，是目前广泛采用的光纤通信系统。

2. 按光波长和光纤类型划分

（1）短波长（0.85 μm）多模光纤通信系统

传输速率低于34 Mb/s，中继间距在10 km以内。

（2）长波长光纤通信系统

① 1.31 μm多模光纤通信系统

传输速率为34 Mb/s和140 Mb/s，中继间距为20 km左右。

例如，建于1987年的武汉—荆州34 Mb/s（1.31 μm）多模光纤通信系统，全长240 km，设9个中继站，通信容量为480路。

② 1.31 μm单模光纤通信系统

传输速率可达140 Mb/s和565 Mb/s，中继间距为30～50 km（140 Mb/s）。

例如，建于1991年的合肥—芜湖140 Mb/s（1.31 μm）单模光纤通信系统，全长146 km，设4个中继站，通信容量为1920路。

③ 1.55 μm单模光纤通信系统

传输速率可达565 Mb/s以上，中继间距更长，可达70 km左右。

注：光包括可见光和不可见光，不可见光又分为紫外光和红外光。其中，可见光的波长范围为0.39～0.76 μm；紫外光的波长范围为0.006～0.39 μm，比可见光的波长要短；红外光的波长范围为0.76～300 μm，比可见光的波长要长；红外光又分为近红外光（0.76～2.5 μm）、中红外光（2.5～25 μm）和远红外光（25～300 μm）。光纤通信使用的波长0.85 μm，1.31 μm和1.55 μm属于近红外光。

3. 按调制方式划分

（1）直接强度调制光纤通信系统

该系统是将待传输的数字电信号直接在光源的发光过程中进行调制，使光源发出的光本身就是已调制光，所以又称为内调制光纤通信系统或直接调制光纤通信系统。该系统的优点是设备简便、价廉，调制效率较高，缺点是这类调制会使光谱有所增宽，对进一步提高传输速率有影响。目前实用的光纤通信系统均采用这类调制方式，其最高传输速率已超过10 Gb/s。

（2）外调制光纤通信系统

该系统是在光源发出光之后，在光的输出通路上加调制器（如电光晶体等）进行调制，又称为间接调制光纤通信系统。这类调制对光源谱线影响小，适合很高传输速率的通信，目前采用外调制的实验系统其传输速率可超过20 Gb/s。

（3）外差光纤通信系统

该系统又称为相干光通信系统。其原理是：发送端的本地光频振荡信号被电信号所调制（调幅、调频、调相等），然后输入到单模光纤内传输，光束传到接收端后再与接收端的本地光频振荡信号进行混频、解调，还原出电信号。

该系统的优点是接收灵敏度高，信道选择性好。但其外差系统的设备复杂，对激光光源的频率稳定度和单色性以及对单模光纤的保偏振性要求都很高，技术难度很大，正在研制中。

4．按传输速率划分

（1）低速光纤通信系统

传输速率为2 Mb/s，8 Mb/s。

（2）中速光纤通信系统

传输速率为34 Mb/s，140 Mb/s。

（3）高速光纤通信系统

传输速率≥565 Mb/s。

（4）超高速光纤通信系统

传输速率≥100 Gb/s。

5．按应用范围划分

（1）公用光纤通信系统

如光纤市话中继通信系统、光纤长途通信系统和光纤用户接入系统等。

（2）专用光纤通信系统

主要指非邮电部门经营的光纤通信系统，如光纤局域网等。

6．按数字复接类型（即速率转换制式）划分

（1）准同步数字系列（PDH）光纤通信系统

目前565 Mb/s以下速率的光纤通信系统多属此类。

（2）同步数字系列（SDH）光纤通信系统

该系统优点甚多，正在发展之中。目前，已经实用的SDH系统，其单波长传输速率可达2.5 Gb/s, 10 Gb/s, 40 Gb/s和100 Gb/s等。有关PDH和SDH的具体介绍见6.1节。

1.3　数字话路基础知识

1.3.1　语音信号的PCM数字化

语音信号数字化方法目前有两种方式：脉冲编码调制（PCM）和增量调制（ΔM）。下面介绍最常用的PCM方式。

图1-3所示为语音信号的PCM数字化框图。其中，图1-3(a)表示发送端的PCM数字化过程，它由三个步骤来实现，即采样、量化和编码。其功能是将语音模拟信号变换成为PCM数字信号。所以，采样、量化和编码又合称为A/D变换（模/数变换）。

图 1-3(b)表示接收端的 PCM 数字化逆过程，它由两个步骤来实现，即解码（译码）和滤波。其功能是将 PCM 数字信号还原成为原始的语音模拟信号。解码和滤波合称为 D/A 变换（数/模变换）。

图 1-3(c)表示发送和接收的全过程。其中，A/D 变换和 D/A 变换分别为图 1-3(a)和图 1-3(b)的整个过程；合路（又称为复接）用来将多路（即各支路）数字信号合为一路；码型变换用来将合路输出的单极性二元码序列转换成为适合电缆信道传输的码型；码型反变换用来将电缆信道传输过来的码型还原成为单极性二元码序列；分路（又称为分接）用来将合路信号分离成为各个支路信号。

PCM 方式下语音数字通信的基本过程可以归纳为：语音模拟信号在发送端经过采样、量化、编码及合路后变成单极性二元码序列，再经过码型变换变成适合电缆信道传输的码型；该码型脉冲序列经过电缆信道传输后，在接收端通过放大再生处理，然后进行码型反变换，再经过解码、滤波及分路，就可以将数字信号还原成为语音模拟信号。

实际中，发、收两端的上述过程是由 PCM 终端设备来实现的。

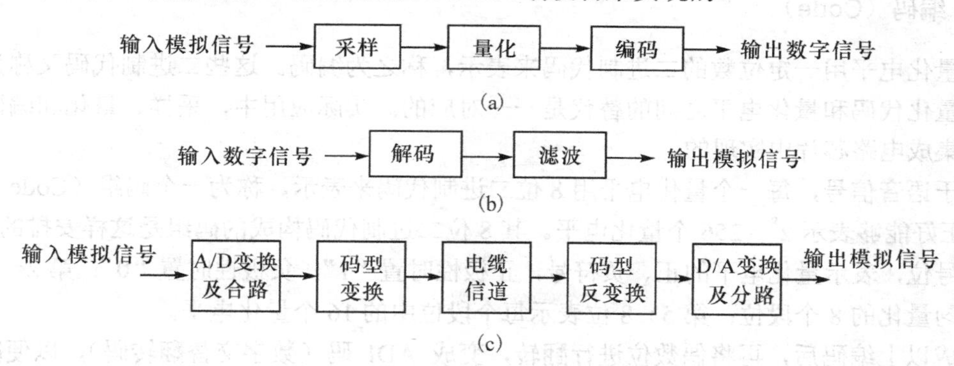

图 1-3　语音信号的PCM数字化框图

下面简要说明采样、量化和编码的基本特点。

1. 采样（Sample）

一个连续信号可以用间隔时间为Δt的一系列离散瞬时值来代替，称之为采样。条件是

$$\Delta t \leqslant 1/(2f_{max})$$

式中，f_{max}为连续信号的最高频率成分；Δt称为采样周期。此即奈奎斯特（Nyguist）采样定理，$f_S = 2f_{max}$的采样频率称为奈奎斯特频率。

对语音信号而言，其频率在 300～3400 Hz 之间。按照采样定理，f_S取 3400 Hz×2 = 6800 Hz 就可以了。实际应用时，为了降低接收端低通滤波器的实现难度，往往将采样频率取得更高些。在 ITU-T（国际电信联盟电信标准部，原为 CCITT 即国际电话电报咨询委员会）建议中，规定语音信号的采样频率f_S统一取为 8000 Hz，即语音信号采样周期为$\Delta t = 1/f_S = 125$ μs。

2. 量化（Quantization）

在最大采样幅值范围内用一组有间距的电平（称为量化电平）来分层，各个采样幅值的

真实值就用最靠近的量化电平来近似表示，称之为量化。

量化中的近似处理所引起的误差称为量化噪声。研究得知，量化后小信号引入的量化噪声要比大信号的更大些。因此，在量化过程中可设法增多小信号的量化等级而减少大信号的量化等级。这就是非均匀量化法的基本原理。采用非均匀量化法，可以使总的量化噪声减小，而总的量化等级数目却保持不变。

在实用化设备中，为实现非均匀量化，实际上是首先对输入信号进行非线性处理，然后再进行均匀量化，而保持总的效果与非均匀量化相同。具体而言，就是首先在发送端对输入信号用对数函数进行幅度的非线性压缩，然后再进行均匀量化；在接收端，信号经解码处理后，再用指数函数对信号进行非线性扩张，从而恢复出原信号。

对于语音信号，国际标准中规定了两种非均匀量化标准，通常称为μ律（用于 PCM 24 路制式）和A律（用于 PCM 30 路制式），国际通信时以A律制式为标准，μ律制式应转换为A律制式。我国采用的是A律标准。语音信号的A律量化等级即量化电平数为256。

3．编码（Code）

将量化电平用一定位数的二进制代码来表示，称之为编码。这些二进制代码又称为量化代码。量化代码和量化电平之间的替代是一一对应的。实际应用中，采样、量化和编码是在同一块集成电路芯片中实现的。

对于语音信号，每一个量化电平用 8 位二进制代码来表示，称为一个码组（Code Block, CB），正好能够表示 $2^8=256$ 个量化电平。其 8 位二进制代码构成的码组是这样安排的：第 1 位为符号位，表示量化电平的正、负符号，正极性时置“1”，负极性时置“0”；第 2～4 位表示非均匀量化的 8 个段位；第 5～8 位表示每个段位中的 16 个量化电平。

完成以上编码后，再将偶数位进行翻转，变成 ADI 码（数字交替翻转码），以便减少长连“0”。

1.3.2　话路的时分复用（TDM）

时分复用的目的是，在一条信道上串行传输多路信号，用以扩大数字通信系统的传输容量。其原理方法是：将传输时间按照采样周期Δt进行分割，每一个分割段称为一帧（Frame）；将每一帧再等分成若干互不重叠的时隙（Time Slot, TS），每路信号在一帧时间内只能占用一个时隙。在发送端，多路信号顺序地占用各自的时隙，合路（复接）构成复用信号，然后送到一条信道中传输。在接收端，将收到的复用信号按照与发送端同样的时间顺序分开每一路信号，实现分路（分接）。

语音信号的 TDM 过程如下：将 30 路模拟语音信号分别进行 PCM 数字化后，按照一定的时间格式进行合路复用，在一个信道中传输。该合路复用信号称为 PCM 基群或一次群。在接收端，依据相同的时间格式，从收到的基群信号中分接出 30 路 PCM 数字语音信号，然后分别对各路语音信号进行 PCM 解码，还原出 30 路模拟语音信号。实现以上过程的设备，称为 PCM 基群终端设备，或简称 PCM 基群设备。

由于复用后的编码数字信号是一个无头无尾的数字码流，尽管其中含有大量的信息，提高了信道使用效率，但若不能分辨出各个采样码组，仍将无法实现通信。因此，在TDM复用过程中，还要插入一定的开销比特作为同步识别信号，以保证发端的正确插入和收端各路信号的正确分离。这就要求合路的复用信号按一定的帧格式组成码流。

我国采用的PCM基群的帧结构如图1-4所示。

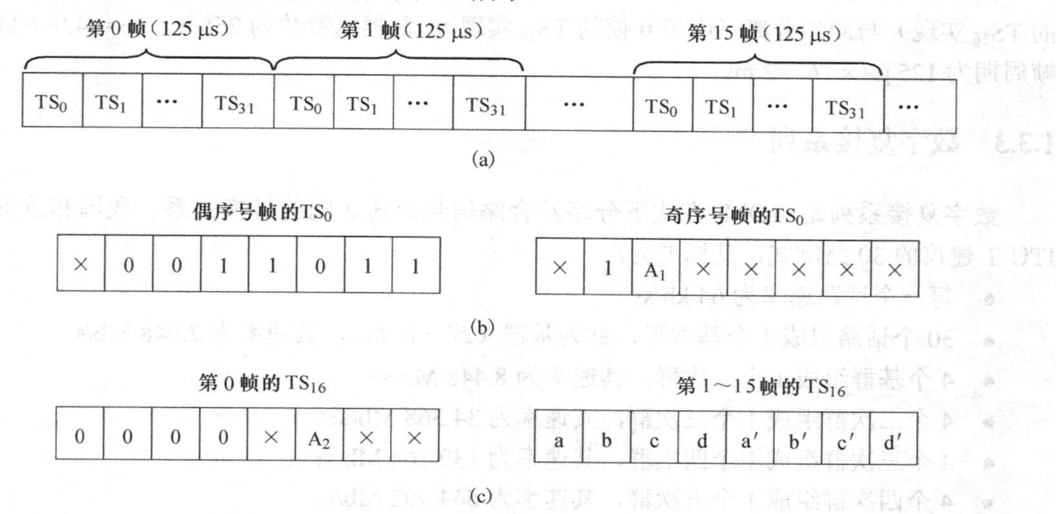

图1-4 PCM基群的帧结构图

在上述PCM基群的帧结构中，一帧的周期为125 μs（1/8000 Hz）。每帧内含32个时隙，以TS_i（$i = 0, 1, 2, \cdots, 31$）表示。每个时隙为125 μs /32 ≈ 3.9 μs，占8比特（8个码元），称为1个码字，正好放入1个采样码组。每个码元的时宽为3.9 μs/8 ≈ 0.488 μs。

PCM基群对一帧中的32个时隙做了如下规定。

（1）每路语音在一帧中只占用1个时隙

使用TS_1～TS_{15}, TS_{17}～TS_{31}共30个时隙（称为话路时隙）分别依次传输30路PCM语音信号。具体言之，第0帧的TS_1～TS_{15}, TS_{17}～TS_{31}分别放入第1～30路语音在各自第1时刻的采样码组，第1帧的TS_1～TS_{15}, TS_{17}～TS_{31}分别放入第1～30路语音在各自第2时刻的采样码组，其余类推。所以，每一路的传输速率为1个码组/125 μs = 8 b/125 μs = 64 kb/s。基群（32路）传输速率为64 kb/s × 32 = 2.048 Mb/s。

（2）TS_0是同步时隙

偶序号帧的TS_0的第2～8比特为帧同步码“0011011”；第1比特（×）供国际通信使用，不用时置“1”。奇序号帧的TS_0的第3比特（A_1）是帧失步告警码（向对端告警），同步为“0”，失步为“1”；第2比特固定为“1”，以避免奇序号帧的TS_0的第2～8比特出现“0011011”而被接收端误判为帧同步码；第1比特（×）供国际通信使用，不用时置“1”；奇序号帧的TS_0的第4～8比特（×）供国内通信使用，不用时均置“1”。

（3）TS_{16}是信令时隙

第0帧的TS_{16}的第1～4比特为复帧同步码“0000”；第6比特（A_2）是复帧失步告警码，

同步为“0”，失步为“1”；第5, 7, 8比特（×）备用，不用时置“1”。第1～15帧的TS_{16}的前4比特（abcd）传送第1～15路的信令信息（如拨号、挂机、占用等），后4比特（a′b′c′d′）传送第16～30路的信令信息，即每帧内的TS_{16}时隙只能传送两条话路的信令。

在PCM基群中，每16帧称为一个**复帧**，正好完成30个话路信令的传输（由第1～15帧的TS_{16}实现）与同步分离（由第0帧的TS_{16}实现）。复帧比特数为256 b × 16 = 4.096 kb，复帧周期为125 μs × 16 = 2 ms。

1.3.3 数字复接系列

数字复接系列是TDM方式下分路及合路信号码速之间的转换关系。我国和欧洲采用ITU-T建议的30路制式，其标准为：

- 每一个话路速率为64 kb/s；
- 30个话路组成1个基本群，称为基群（或一次群），其速率为2.048 Mb/s；
- 4个基群组成1个二次群，其速率为8.448 Mb/s；
- 4个二次群组成1个三次群，其速率为34.368 Mb/s；
- 4个三次群组成1个四次群，其速率为139.264 Mb/s；
- 4个四次群组成1个五次群，其速率为564.992 Mb/s。

可见：

$$\text{基群速率} > 30\text{个话路总速率}$$

$$(n+1)\text{次群速率} > 4\times n\text{次群速率} \quad (n = 1, 2, 3, 4)$$

以上关系可以概括为合路速率>分路总速率。因此，相应的分路必须填充一定数量的码元，才能使合路速率等于分路总速率。这些填充码元（见表1-1）正好用于同步、监控等。

表1-1 用于合路的填充码元数

合路类型	填充码元数
30个话路组成1个基本群	128 kb/s
4个基群组成1个二次群	256 kb/s
4个二次群组成1个三次群	576 kb/s
4个三次群组成1个四次群	1792 kb/s

实际中，数字复接和分接（即数字信号的合路和分路）是用数字复用设备（Digital Multiplex Equipment, DME）来实现的。其中，一次群数字复接和分接是由PCM基群终端设备来实现的。高次群（二至五次群）数字复接和分接是用PCM高次群复用设备来实现的。PCM基群终端设备和高次群复用设备，统称为**电端机**。

【例1-1】 基群光纤通信系统如图1-5所示。

基群电端机又称为PCM基群终端机，它包含PCM方式的A/D变换（采样、量化和编码）和D/A变换（解码和滤波），以及基群复接和分接、码型变换和反变换等功能。

由图1-5可见，30个话路的语音信号按照TDM方式输入到基群电端机进行处理，变成速率为2.048 Mb/s的数字电信号，然后进入基群光端机变成数字光信号，经光纤传输到对方基群光端机，还原成2.048 Mb/s的数字电信号，再由对方基群电端机还原成30个话路的语音信号，分别送往各个用户。所以，30 对用户可以同时使用这个系统进行通话。

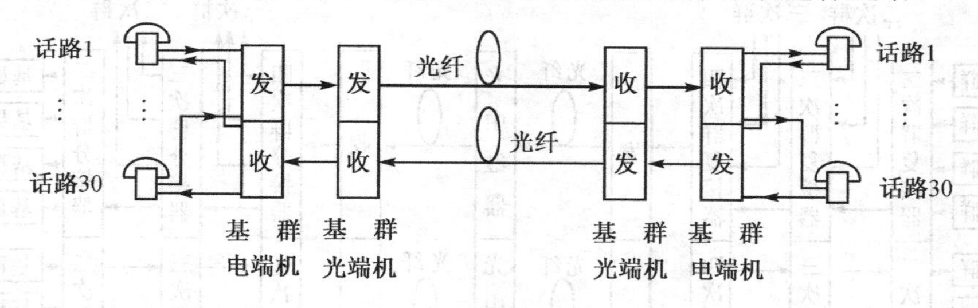

图 1-5 基群光纤通信系统

【例 1-2】 二次群光纤通信系统、四次群光纤通信系统分别如图 1-6 和图 1-7 所示。

两图中的基群终端机的功能同例1-1，二至四次群复用设备的功能分别包含二至四次群复接和分接以及码型变换和反变换等功能。

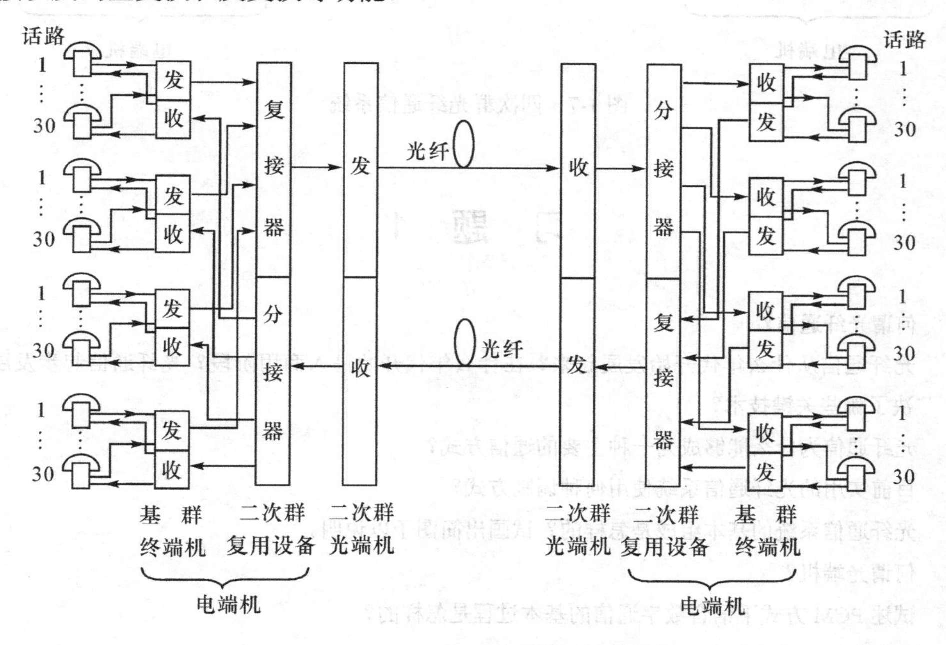

图 1-6 二次群光纤通信系统

由图 1-6 可见，120 路语音信号分成四组，每组 30 路语音信号进入 PCM 基群终端机变成速率为 2.048 Mb/s 的数字电信号，一共有四组 2.048 Mb/s 的数字电信号进入二次群复接器，合路成速率为 8.448 Mb/s 的数字电信号，然后进入二次群光端机变成数字光信号，经光纤传输到对方二次群光端机，还原成 8.448 Mb/s 的数字电信号，再经对方二次群分接器分路成四个 2.048 Mb/s 的数字电信号，再分别进入对方四个 PCM 基群终端机还原出 120 路语音信号。所以，120 对用户可以同时使用这个系统进行通话。

图 1-7 所示的复用过程与上面的过程类似，这里不再赘述。图 1-7 中使用了光中继器来增加光纤通信距离。

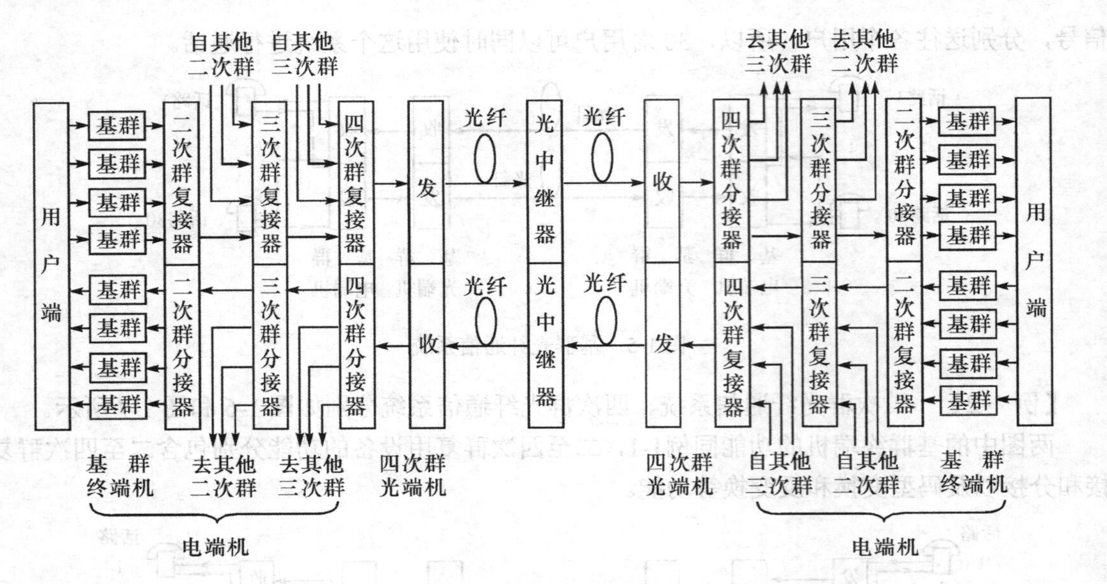

图 1-7　四次群光纤通信系统

习　题　1

1.1　何谓光纤通信？

1.2　光纤通信从什么年代开始发展起来？在什么年代开始进入商用阶段？光纤通信起步发展阶段解决了哪些关键技术？

1.3　光纤通信为什么能够成为一种主要的通信方式？

1.4　目前实用的光纤通信系统使用何种调制方式？

1.5　光纤通信系统的基本组成是怎样的？试画出简图予以说明。

1.6　何谓光端机？

1.7　试述 PCM 方式下语音数字通信的基本过程是怎样的？

1.8　何谓非均匀量化？为何采用非均匀量化？

1.9　何谓 TDM？为何使用 TDM？

1.10　何谓电端机？电端机在光纤通信系统中的功能是什么？

1.11　信道比特率 BR（Bit Rate）与信道带宽 BW（Band Width）的物理意义是什么？试利用奈奎斯特采样定理证明 BR≈BW（半占空归零码）和 BR≈2BW（非归零码）。（注：半占空归零码 $\tau=T_b/2$，非归零码 $\tau=T_b$，其中 τ 为码元宽度，T_b 为码元周期）

1.12　现有光纤通信使用的光波长有哪几种？对应的频率是多少？它们在整个电磁波谱中处在什么位置？

1.13　PCM 30 路制式的速率等级是怎样的？试求各等级中的开销速率。

1.14　PCM 基群的帧周期、时隙宽度和码元宽度是怎样计算的？PCM 基群的复帧是怎样定义的？复帧周期有多大？

1.15　对 10 路话音信号进行 PCM 时分复用传输，已知采样速率为 8 kHz，采样后的信号使用 M 级电平量化，采用二进制编码，传输信号的波形为半占空归零矩形脉冲。试求：当 $M = 8$ 和 256 时，传输 10 路 PCM 时分复用信号所需要的带宽。

第2章 光 纤

2.1 光纤的基本概念

2.1.1 光纤基本结构

光纤是由纤芯、包层、涂覆层和护套构成的一种同心圆柱体结构，如图 2-1 所示。其中，纤芯（Fiber Core）位于圆柱体的最内层，是传光的基本通道。纤芯外面是包层（Cladding），用来将光波约束在纤芯内传播。包层的外表面上有一个黑色涂覆层（Coating），用来吸收外泄的光能。护套（Sheath）则在涂覆层之外构成圆柱体的最外层，起保护作用。

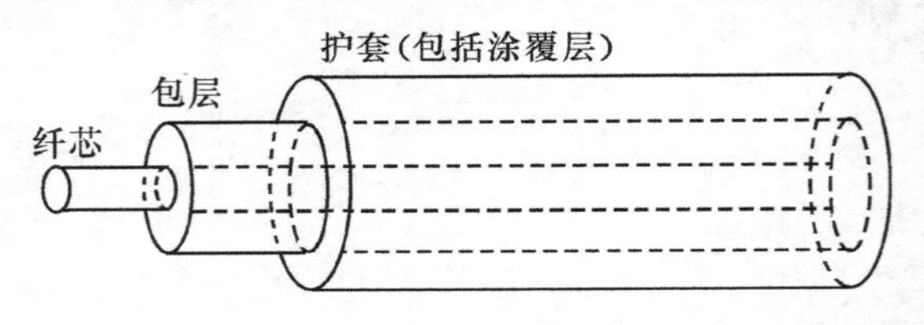

图 2-1 光纤结构示意图

纤芯和包层是由透明介质材料构成的，其折射率分别为 n_1 和 n_2。为了使纤芯能够远距离传光，**构成光纤的首要条件是 $n_1>n_2$**，其具体理由将在后面叙述。

根据光学理论，介质折射率 n 被定义为光在真空中的速度 c 与光在该介质中的速度 v 之比值，即

$$n = c/v$$

式中，c =2.997 924 58×10^8 m/s≈3×10^8 m/s。所以，纤芯和包层内的光速分别为 $v_1 = c/n_1$ 和 $v_2 = c/n_2$。可见，$v_1 < v_2$。

2.1.2 光纤分类

1．按纤芯和包层材料划分

按照纤芯和包层材料的不同，光纤可分为石英光纤和塑料光纤，其基本特点如下。

石英光纤：由透明的石英材料制成纤芯和包层，具有损耗小、成本高的特点，适合长距离通信，目前已广泛用于光纤通信系统中。

塑料光纤：由透明的塑料制成纤芯和包层，具有损耗大、成本低的特点，只能很短距离传光，目前在光纤传感方面有某些应用。

2．按光纤折射率分布特点划分

按照光纤折射率分布特点的不同，光纤主要分为阶跃光纤和渐变光纤，其基本特点如下。

阶跃光纤（Step Index Fiber, SIF）：其纤芯和包层的折射率分别为不同的常数 n_1 和 n_2，并且 $n_1 > n_2$，在纤芯和包层的交界面上折射率有一个台阶型突变，如图 2-2 的中间图所示。

渐变光纤（Graded Index Fiber, GIF）：又称为梯度光纤，其纤芯折射率 $n_1(r)$随纤芯半径变化的关系是渐变分布的曲线形状。具体来说，在纤芯轴心处折射率 $n_1(0)$最大，随着纤芯半径增大折射率逐渐减小，即 $n_1(0) > n_1(r \neq 0)$，一直到纤芯与包层的交界处折射率达到最小；然后从交界处开始，包层折射率保持这个最小值不变，如图 2-2 的右图所示。

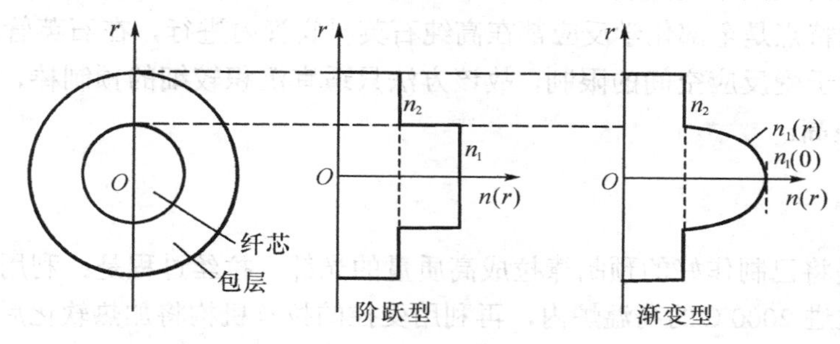

图 2-2　阶跃光纤和渐变光纤的折射率分布图（光纤横截面）

3．按光波模式（即电磁波类型）划分

按照纤芯内光波模式的不同，光纤可分为多模光纤和单模光纤，其基本特点如下。

多模光纤（Multi Mode Fiber, MMF）：纤芯内传输多个模式的光波，纤芯直径较大（50 μm 或 62.5 μm），适用于中容量、中距离通信。

单模光纤（Single Mode Fiber, SMF）：纤芯内只传输一个最低模式的光波，纤芯直径很小（9 μm 左右），适用于大容量、长距离通信。

2.1.3　光纤制造简述

通信用光纤大多数是由石英玻璃材料构成的。光纤的制造要经历材料提纯、熔炼、拉丝、套塑等具体的工艺步骤。制造光纤的主体原料是四氯化硅（$SiCl_4$），掺杂原料有四氯化锗（$GeCl_4$）、三氯化硼（BCl_3）、氟利昂（CF_2Cl_2）等，参与反应的有高纯氧（O_2），此外还有氦气（He）和氯气（Cl_2）。下面简要介绍光纤制造的四个工艺步骤。

1．提纯工艺

提纯的目的是去掉上述原料中的有害杂质，一般要求有害杂质的含量不得大于10^{-6}。对于液体原料中的有害杂质，通常利用原料和有害杂质沸点的不同，采用反复蒸馏的方法进行提纯。对于气体原料中的有害杂质，则采用多级分子筛的方法进行提纯。

2. 熔炼工艺

熔炼的目的是将超纯的原料经过高温化学反应，合成具有一定折射率分布的预制棒。预制棒制造技术普遍采用气相沉积工艺，如管外气相沉积（OVD，1972 年 Corning 公司开发）、轴向气相沉积（VAD，1977 年 NTT 和 Fujitsu 公司开发）、改进的化学气相沉积（MCVD，1974 年 Bell 实验室开发）、等离子体化学气相沉积（PCVD，1975 年 Philips 公司开发）等工艺。其中，OVD 和 VAD 都属于管外法，两者的差别在于 OVD 是环绕轴心线先沉积纤芯、后沉积包层，而 VAD 是沿轴心线方向同时沉积纤芯和包层；MCVD 和 PCVD 都属于管内法，两者的差别在于 MCVD 以氢氧焰或天然气火焰作为热源，而 PCVD 以微波作为热源。管外法的特点是全部化学反应的空间不受限制，因而可以沉积较粗的预制棒，但对工作环境条件有很高的要求。管内法的特点是全部化学反应都在高纯石英衬底管内进行，在石英管的内壁先后沉积包层和纤芯，由于受反应空间的限制，故该方法只适宜沉积较细的预制棒，但对外部环境条件的要求不是很高。

3. 拉丝工艺

拉丝的目的是将已制作好的预制棒拉成高质量的光纤。拉丝过程是：利用精密的馈送机构将预制棒缓慢送进 2000℃的高温炉内，再利用受控的拉丝机构将加热软化后的预制棒拉成细长的光纤丝。为了保证光纤直径的精度，使用 He-Ne 激光测径仪对光纤丝进行监控，以便自动及时调节炉温和拉丝速度，使光纤直径得到控制。为了保护光纤表面和改善传光特性，在拉丝过程中要对定形后的光纤丝进行一次涂覆（又称为预涂覆，常用涂覆材料有硅橡胶和丙烯酸酯等）和固化。

4. 套塑工艺

套塑的目的是将带有涂覆层的光纤再套上一层热塑性材料，进一步增强光纤的强度。套塑的方式有两种：一种是紧套塑，即光纤及其涂覆层被套管紧紧箍住构成一个整体，因而光纤不能在套管内移动；另一种是松套塑，即光纤及其涂覆层没有被套管紧紧箍住，致使光纤可以在套管内移动。

经过以上步骤，单根光纤制造完毕。然而这样的光纤，其强度还不能应付外界的工作环境，在加工成光缆时，需要加上更为坚固的护套等，才能用在实际工程中。

2.1.4 光缆结构及类型

1. 光缆结构

光缆基本上由缆芯、加强构件、光缆护套、填料、铠装等部分构成，具体介绍如下。

（1）缆芯

光缆中包含的光纤构成缆芯。缆芯可以放在光缆的中心或非中心部位，这由光缆类型而决定。

（2）加强构件

在光缆中心或护套内加入钢丝或玻璃纤维增强塑料（Fiberglass-Reinforced Plastics, FRP），用来增强光缆的拉伸强度。

（3）光缆护套

光缆从里到外加入一层或多层圆筒状护套，用来防止外界各种自然外力和人为外力的破坏。护套应具有防水防潮、抗弯抗扭、抗拉抗压、耐磨耐腐蚀等特点。

光缆护套常用材料有：聚乙烯（Polyethylene, PE）、聚氯乙烯（Polyvinyl Chloride, PVC，用来阻燃）、聚氨酯（Polyurethane, PUR）和聚酰胺（Polyamide, PA，俗称尼龙）。此外，还有铝、钢、铅等密实的金属层用来防潮。

（4）填料

在缆芯与护套之间填充防潮油胶，用来阻止外界水分和潮气侵入缆芯内。

（5）铠装

用钢丝、钢带等坚硬金属材料做成光缆的铠装层，如同给光缆穿上金属铠甲，进一步提高光缆强度，用来防鼠、防虫、防火、防外力损坏。

（6）其他

有些光缆内放入若干根铜导线，用做中继馈电线、监控信号线等。

2．光缆类型

（1）按敷设方式分类

光缆可分为架空光缆、管道光缆、直埋光缆、水下光缆（海底光缆）、室内光缆等。

（2）按缆芯分类

光纤束光缆：光纤与光纤之间不是固定黏结在一起的，每根光纤具有一定的位移自由。

光纤带光缆：光纤带是利用黏结材料将多根光纤（带有一次涂覆层）并行黏结在一起构成的一个平面排列。其中，所有光纤应当平行排列不得交叉，并且黏结材料应当紧密地与各光纤一次涂覆层黏结成一体。通常，一个光纤带可以包含4根、6根、8根、10根、12根、24根、36根或更多根的光纤。如果将多个光纤带一层层堆叠起来，则构成光纤带叠层，可称之为光纤带阵列。

（3）按加强构件材料分类

金属加强构件光缆：使用金属材料作为加强构件。

无金属光缆：使用非金属加强构件和非金属护套，用来抗强电干扰、防雷击。

（4）按加强构件位置分类

集中型加强构件：加强构件集中位于光缆的中心轴线上。又分为层绞式光缆、骨架式光缆。其中，层绞式光缆是将光纤束或光纤带围绕中心加强构件螺旋绞合成一层或多层的结构，骨架式光缆是将光纤束或光纤带放入骨架外槽中。

分布型加强构件：加强构件分布在光缆的护套内，又称为中心管式光缆。中心管式光缆将光纤束或光纤带直接放入中心管内。

结合上述按缆芯分类方式，则有层绞式光纤束光缆、骨架式光纤束光缆、中心管式光纤束光缆，以及层绞式光纤带光缆、骨架式光纤带光缆、中心管式光纤带光缆。

（5）按有无铠装分类

简式光缆：不使用金属铠装外护套，质量轻，主要用于架空光缆、管道光缆。

铠装光缆：使用金属铠装外护套，主要用于长途干线直埋光缆。

2.1.5 光缆（光纤）型号命名方法

光缆（光纤）型号的命名是采用一横列十三项参数来表示的，如图 2-3 所示。其中，第一至第五项是光缆类型参数，第六至第十二项是光纤规格参数，第十三项是附加参数。这些参数中的第六、第八、第十、第十一项使用实际数值，其他项使用代码。

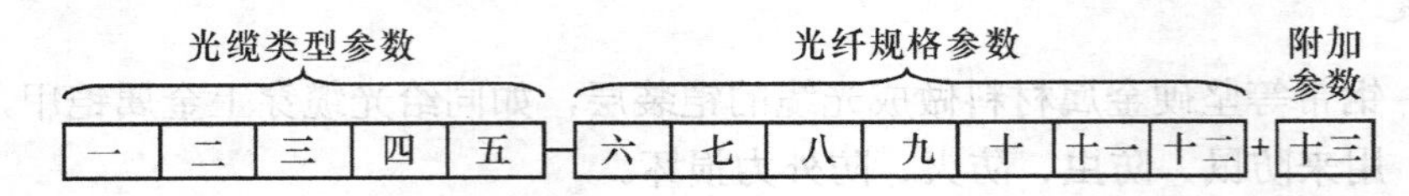

图 2-3 光缆型号命名方法

1. 光缆类型参数的具体含义

光缆类型参数的具体含义如下：

- 第一项为光缆分类代号
- 第二项为加强构件代号
- 第三项为结构特征代号
- 第四项为护套代号
- 第五项为外护层代号

以上各项的具体代号及含义如表 2-1 所示。

表 2-1 光缆类型参数的具体含义

第一项 光缆分类代号	第二项 加强构件代号	第三项 结构特征代号	第四项 护套代号	第五项 外护层代号
GY 为通信用室外光缆 GJ 为通信用室内光缆 GM 为通信用移动式光缆	F 为中心非金属（FRP）加强构件 缺省（即无 F 代号）为中心或非中心金属加强构件	D 为光纤带状结构 S（通常省写）为光纤松套结构 J 为光纤紧套结构 缺省（即无 G 和 X 代号）为层绞式结构 G 为骨架式结构	A 为铝-聚乙烯黏结护套（LAP，用来防潮） G 为钢护套 L 为铝护套 Q 为铅护套 S 为钢-聚乙烯黏结护套	铠装层代号： 0 为无铠装 2 为绕包双钢带铠装 3 为单细圆钢丝铠装 33 为双细圆钢丝铠装 4 为单粗圆钢丝铠装

续表

第一项 光缆分类代号	第二项 加强构件代号	第三项 结构特征代号	第四项 护套代号	第五项 外护层代号
GS为通信设备内光缆 GH 为通信用海底光缆 GT为通信用特殊光缆		X为中心管式结构 T为填充式结构（填充油胶） 缺省为干式阻水结构 R为充气式结构 C为自承式结构 B为扁平形状结构 E为椭圆形状结构 Z为阻燃结构 （注：①以上符号可同时取多个，其顺序按照上面的先后顺序排列；②代号T必与代号S连用，且S位于T的前1位或前2位，通常省写）	W 为嵌入钢丝-聚乙烯黏结护套 （注：以上为金属护套代号） U为聚氨酯护套（PUR） V 为聚氯乙烯护套（PVC，用来阻燃） Y为聚乙烯护套（PE） （注：以上为非金属护套代号）	44为双粗圆钢丝铠装 5为皱纹钢带铠装 外护套代号： 1为纤维层外护套 2为聚氯乙烯外护套 3为聚乙烯外护套 4 为聚乙烯套加覆尼龙外护套 5为聚乙烯保护管 （注：外护层由铠装层和外护套组成）

例如，外护层 53 表示皱纹钢带铠装+聚乙烯外护套，33 表示单细圆钢丝铠装+聚乙烯外护套，333表示双细圆钢丝铠装+聚乙烯外护套。

注：①简式光缆使用第一至第四项代号，此时第四项也可称为外护套代号。铠装光缆使用第一至第五项代号，此时第四项则可称为内护套代号。②层绞式光缆和骨架式光缆可含中心金属加强构件（即无F代号）或中心非金属加强构件（即有F代号）。中心管式光缆则含非中心金属加强构件（即无F代号）。

2．光纤规格参数的具体含义

光纤规格参数的具体含义如下：

- 第六项光纤数量

使用光纤根数的实际值。

- 第七项光纤类型代号

D为石英单模光纤，J为石英多模光纤，X为石英芯、塑料包层光纤，S为全塑料光纤。

- 第八项光纤尺寸

多模光纤使用芯径（μm）/包层直径（μm）；

单模光纤使用模场直径（μm）/包层直径（μm）。

- 第九项工作波长代号

“1”表示850 nm，“2”表示1310 nm，“3”表示1550 nm。

如果同一根光缆有两种或两种以上工作波长，则应同时列出对应工作波长的代号，并在各个代号之间用“/”隔开。例如，“1/2”表示850 nm /1310 nm。

- 第十项衰减常数

取衰减常数的个位和十分位两个数字（不带小数点）来表示，故真值应为该两位数×0.1 dB/km。

- 第十一项模式带宽

多模光纤有此项，单模光纤无此项。取多模光纤模式带宽的千位和百位两个数字来表示，故真值应为该两位数 × 100 MHz·km。

- 第十二项环境温度代号

A 为– 40℃～40℃（有的厂家取为– 40℃～60℃），B 为–30℃～50℃（有的厂家取为–30℃～60℃），C 为–20℃～60℃，D 为–5～60℃。

以上是光纤的规格参数，为了清楚起见，图 2-4 分别给出了多模光纤和单模光纤规格参数的具体表示。

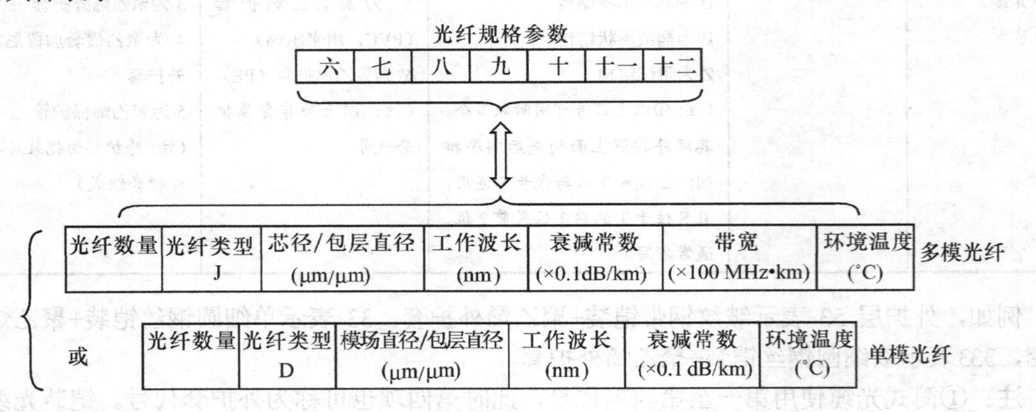

图 2-4 多模光纤和单模光纤规格参数的具体表示

3. 附加参数的具体含义

- 第十三项附加金属导线

导线组数目 × 导线组内的导线数目 × 导线线径 导线材料

或 同轴对数目 × 内导体直径 / 外导体直径 导体材料

其中，导线（导体）材料使用代号：L为铝导线，无符号为铜导线。导线线径（导体直径）的单位是 mm。例如，3 × 2 × 0.6L 表示 3 个导线组，每组内有 2 根线径为 0.6 mm 的铝导线。4 × 2.6/9.5 表示 4 个同轴对，每一对的内、外铜导体直径分别为 2.6 mm 和 9.5 mm。

4. 举例

（1）GYFGTY－4D9/125（205）B 型骨架式光纤束光缆

其结构为中心非金属加强构件、骨架填充式、PE（聚乙烯）外护套，室外用架空光缆，内含 4 根石英单模光纤，其模场直径/包层直径为 9 μm/125 μm、工作波长为 1310 nm 时的衰减常数不大于 0.5 dB/km，适用温度范围为–30℃～60℃。该型号光缆结构如图 2-5 所示。

（2）GYTS 型层绞式光纤束光缆

其结构为中心金属加强构件、松套层绞填充式、钢–塑（聚乙烯）黏结外护套，室外用架空或管道光缆。内含 6 根（或多于 6 根）松套管，管中放入具有合适余长的多根石英单模或多模光纤。所谓层绞式，是指 6 根松套管绕中心金属加强构件按照合适的节距绞合成螺旋形的缆芯。该型号光缆结构如图 2-6 所示。

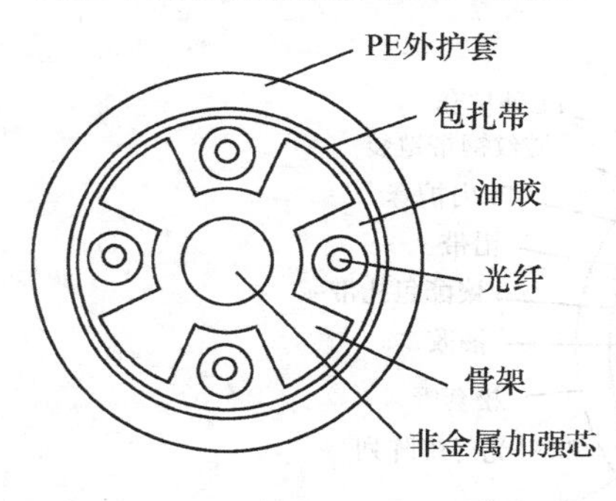

图 2-5　GYFGTY－4D9/125（205）B 型骨架式光纤束光缆结构图

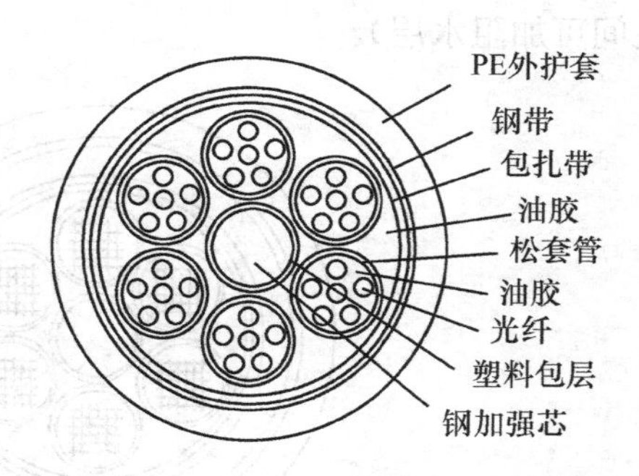

图 2-6　GYTS型层绞式光纤束光缆结构图

（3）GYXTW 型中心管式光纤束光缆

其结构为松套中心管填充式、钢丝加强构件嵌入聚乙烯外护套，室外用架空或管道光缆。此类光缆的中心位置是一根松套管，松套管中放入具有合适余长的多根单模或多模光纤，而两根平行圆钢丝加强构件则位于 PE 护套内，故称为中心管式。该型号光缆结构如图 2-7 所示，其中阻水层与其外圈紧贴的双面覆膜皱纹钢带一起具有阻水防潮的功能，是一种干式阻水结构，其代号省略。

（4）GYDXTW 型中心管式光纤带光缆

其结构为松套中心管填充式、钢丝加强构件嵌入聚乙烯外护套，室外用架空或管道光缆。松套管中放入具有合适余长的光纤带阵列，每一列光纤带含有多根单模或多模光纤。该型号光缆结构如图 2-8 所示（注：图中 LAP 护套具有防潮功能，其代号省略；在 LAP 护套与松套管之间可加阻水层）。

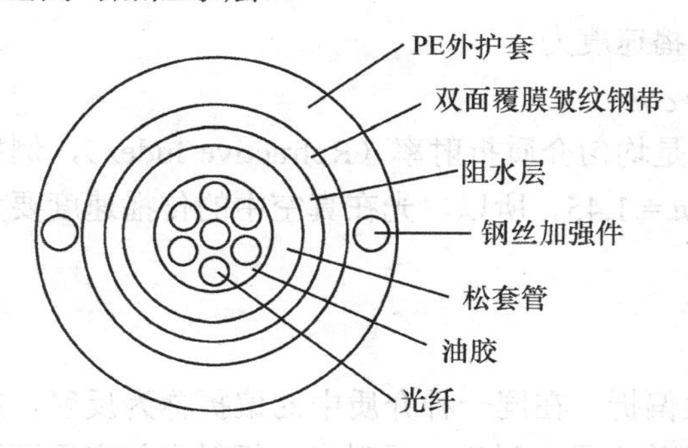

图 2-7　GYXTW 型中心管式光纤束光缆结构图

PE外护套
LAP护套
松套管
钢丝加强件
油胶
光纤带阵列

图 2-8　GYDXTW 型中心管式光纤带光缆结构图

（5）GYDTA53 型层绞式光纤带铠装光缆

其结构为中心金属加强构件（磷化钢丝或钢绞线）、松套层绞填充式、LAP（铝-聚乙烯黏结）护套、轧纹钢带铠装+PE（聚乙烯）外护套，室外用直埋光缆。内含多根松套管，管中放入具有合适余长的光纤带阵列。该型号光缆结构如图 2-9 所示（注：在皱纹钢带铠装与 PE 内护套之间可加阻水层）。

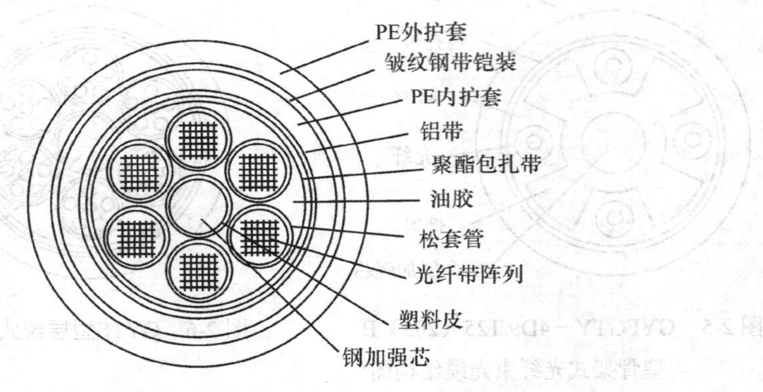

图 2-9　GYDTA53 型层绞式光纤带铠装光缆结构图

通常，架空或管道光缆多使用 LAP 外护套（即铝带+PE 外护套）、或钢带（钢丝）+PE 外护套等（即简式光缆），直埋光缆多使用 LAP 内护套以及皱纹钢带或钢丝铠装+PE 外护套等组合（即铠装光缆）。

2.2　光纤传光原理

2.2.1　光的射线理论及光纤传光分析

1．光的射线理论

（1）直线传播定律

光线在均匀介质中总是沿直线传播的，其传播速度为

$$v = c/n$$

式中，c 是真空中光速，近似等于 3×10^{8} m/s；n 是均匀介质折射率（Refractive Index），例如真空的 $n = 1$，空气的 $n = 1.000\,27$，石英玻璃的 $n = 1.45$。所以，光在真空中的传播速度要大于光在其他介质中的传播速度。

（2）反射定律和折射定律

光线经过两种不同介质的交界面时，会发生偏折。在同一种介质中的偏折称为反射，在不同介质中的偏折称为折射，如图 2-10 所示。其特点是入射光、反射光、折射光与交界面法线（图 2-10 中的虚线）四者共面，即反射光与折射光都在入射平面（即由入射光与交界面法线构成的平面）内；并且入射角 θ_1 与反射角 θ_1' 和折射角 θ_2 之间分别遵从以下关系式：

反射定律　　$\theta_1 = \theta_1'$

折射定律　　$n_1 \sin\theta_1 = n_2 \sin\theta_2$

式中，n_1和n_2分别为交界面两边介质的折射率。

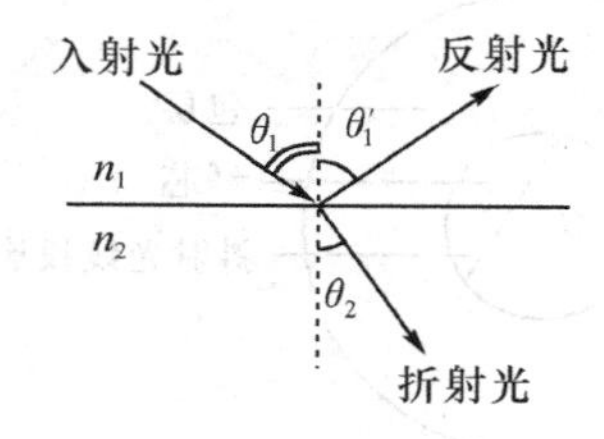

(a) 光线从光疏介质 n_1 射向光密介质 n_2（$n_1 < n_2$）

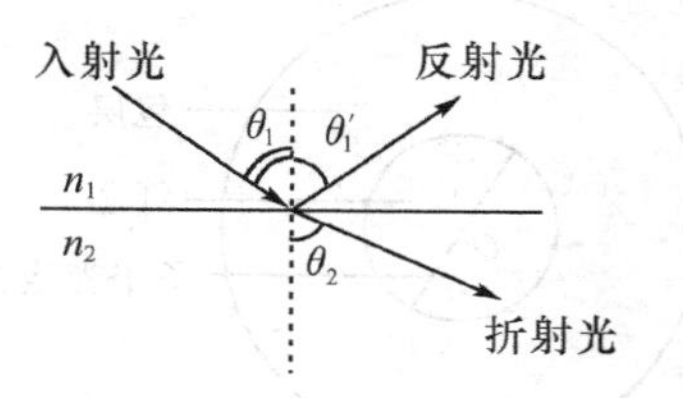

(b) 光线从光密介质 n_1 射向光疏介质 n_2（$n_1 > n_2$）

图 2-10 光线的反射和折射

（3）全反射定律

光线从光密介质 n_1 射向光疏介质 n_2（即 $n_1 > n_2$）时，若入射角 θ_1 满足以下关系：

$$\theta_1 \geqslant \theta_c \equiv \arcsin(n_2/n_1)$$

则只有反射光，而无折射光，称为全反射。上式中的 θ_c 称为**全反射**（Total Internal Reflection, TIR）**临界角**（Critical Angle），如图 2-11 所示。

由图 2-11 可见，当 $n_1 > n_2$ 时，则必有 $\theta_1 < \theta_2$（因为 $n_1\sin\theta_1 = n_2\sin\theta_2$），因而随着 θ_1 的逐渐增大，θ_2 将比 θ_1 先达到 $\pi/2$，表明此时没有折射光，如图 2-11 中带箭头的中粗实线所示，此时入射角用 θ_c 表示；若继续增大 θ_1，则仍然没有折射光，如图 2-11 中带箭头的粗实线所示，此时入射角大于 θ_c。将 $\theta_2 = \pi/2$ 代入折射律公式，便得到无折射光时的起始入射角为 $\theta_1 = \theta_c \equiv \arcsin(n_2/n_1) < \pi/2$。

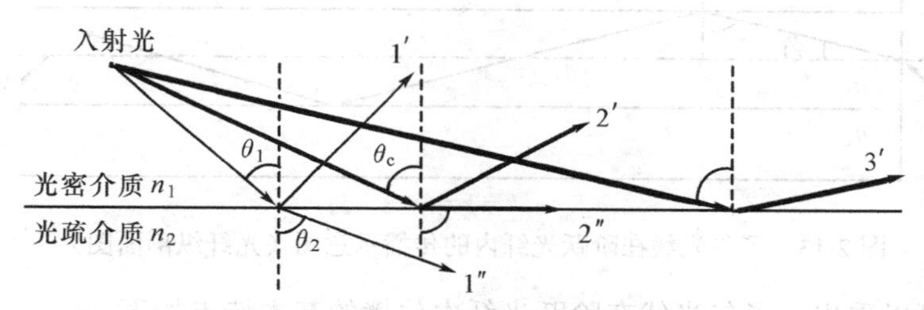

细实线入射角 θ_1 小于 θ_c；中粗实线入射角等于 θ_c；粗实线入射角大于 θ_c

图 2-11 光线的全反射

2. 光纤的两类入射光

为了分析问题方便起见，可以将光纤的入射光线分为两类。

一类是**子午光线**（Meridional Ray），其定义为：若入射光线与光纤轴心线相交，则称为子午光线。需要注意的是，子午光线与光纤轴心线的交点 O 可以在光纤的入射端面上，也可以不在光纤的入射端面上，而是在光纤内部。子午光线在光纤横截面上的投影如图 2-12(a)所示。

另一类是**斜射光线**（Skew Ray），其定义为：若入射光线与光纤轴心线无论在光纤的入射端面上还是在光纤内部都不相交，则称为斜射光线。斜射光线在光纤横截面上的投影如

图 2-12(b)所示。

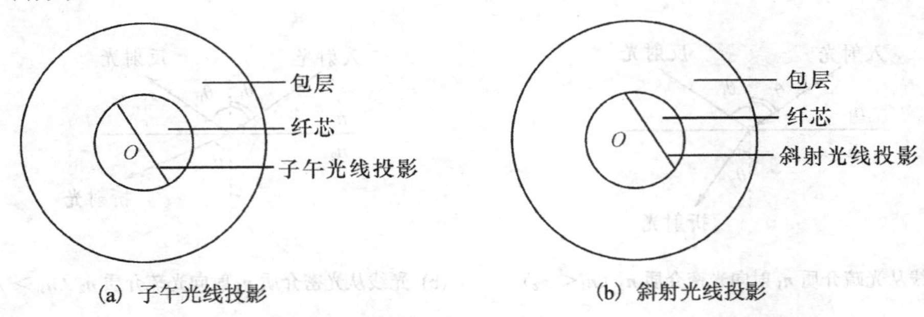

图 2-12　两类入射光线在光纤横截面上的投影（纤芯直径为 $2a$）

注意，图 2-12(a)和图 2-12(b)中的入射光线在光纤横截面上的投影都是直线线段，因此图 2-12(a)是阶跃光纤或渐变光纤的子午光线投影，而图 2-12(b)仅为阶跃光纤的一部分斜射光线的投影。渐变光纤的斜射光线投影是曲线，图 2-12 中没有画出。

3. 子午光线的传播分析

（1）在阶跃光纤内

图 2-13 所示是子午光线在阶跃光纤内的传播示意图，其中 n_1 为纤芯折射率，n_2 为包层折射率，$n_1 > n_2$。

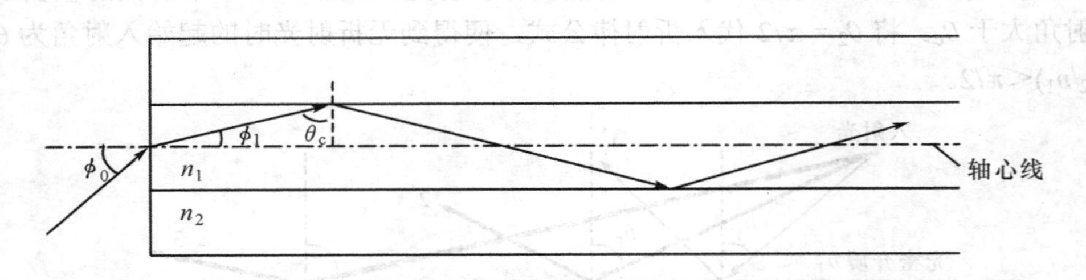

图 2-13　子午光线在阶跃光纤内的传播示意图（光纤纵剖面图）

由图 2-13 可以看出，子午光线在阶跃光纤内传播的基本特点如下：

① 光纤纤芯内传光路线是一系列在纤芯与包层交界面上来回不断反射前进的折线，这些折线与光纤轴心线相交，并且与光纤轴心线共面。

② 若选择光纤内的光线恰好满足全反射定律，即在纤芯与包层交界面上的入射角为 θ_c，则此时所对应的光纤端面入射角为 ϕ_0，折射角为 ϕ_1，于是在光纤入射端面上的折射律公式为

$$n_0\sin\phi_0 = n_1\sin\phi_1 = n_1\cos\theta_c$$

在光纤内 n_1, n_2 交界面上的全反射公式为

$$n_1\sin\theta_c = n_2$$

取空气中的 $n_0 \approx 1$，联立解得

$$\sin\phi_0 = n_1\sqrt{1-\sin^2\theta_c} = \sqrt{n_1^2 - n_2^2} = n_1\sqrt{2\Delta} \tag{2-1}$$

式中，$\Delta \equiv \dfrac{n_1^2 - n_2^2}{2n_1^2}$ 称为**相对折射率差**。

由图 2-13 可见，若光线在光纤端面上的入射角$\phi_{\text{in}} < \phi_0$，则进入纤芯内的折射光线的折射角将小于$\phi_1$，于是在光纤内 n_1, n_2 交界面上的入射角将大于θ_c，故更能满足全反射定律，因而能够在纤芯内远距离传播。反之，若光线在光纤端面上的入射角$\phi_{\text{in}} > \phi_0$，则进入纤芯内的折射光线不能满足全反射定律，以致在 n_1, n_2 交界面上有折射光进入包层而使纤芯内的光功率下降，因而不能在纤芯内远距离传播。

总之，当光纤端面入射角$\phi_{\text{in}} \leqslant \phi_0$ 时，光纤可以传光；当光纤端面入射角$\phi_{\text{in}} > \phi_0$ 时，光纤不能传光。$\phi_0 = \arcsin\sqrt{n_1^2 - n_2^2}$ 称为**光纤端面临界入射角**，它与光纤端面上入射点位置无关。

（2）*在渐变光纤内*

图 2-14 所示是子午光线在渐变光纤内的传播示意图，其中 $n_1(r)$为纤芯折射率，n_2 为包层折射率，$n_1(r) > n_2$。

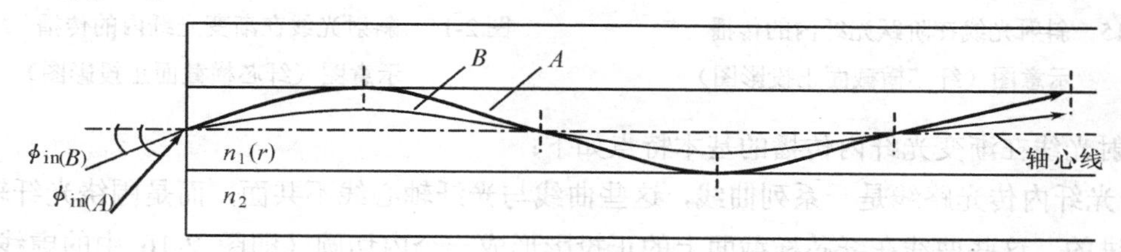

图 2-14　子午光线在渐变光纤内的传播示意图（光纤纵剖面图）

可以归纳出子午光线在渐变光纤内传播的基本特点如下：

① 光纤纤芯内传光路线是周期性连续曲线，与光纤轴心线相交，并且传光路线与光纤轴心线共面。

② 计算得知，光纤端面临界入射角为$\phi_0(r) = \arcsin\sqrt{n_1^2(r) - n_2^2}$，与光纤端面上入射点位置 r 有关。其中，$\phi_0(r=0)$称为中心临界入射角，$\phi_0(r \neq 0)$称为非中心临界入射角。由于 $n_1(r=0) > n_1(r \neq 0)$，所以$\phi_0(r=0) > \phi_0(r \neq 0)$，表明渐变光纤的中心入射光线比非中心入射光线可以有大一些的入射角。

③ 光纤端面入射角ϕ_{in} 越小，则光纤纤芯内光线越靠近轴心线传播。例如，图 2-14 中光线 B 的光纤端面入射角$\phi_{\text{in}(B)}$小于光线 A 的光纤端面入射角$\phi_{\text{in}(A)}$，故光线 B 较之光线 A 要靠近轴心线传播。

4．斜射光线的传播分析

（1）*在阶跃光纤内*

图 2-15 所示是斜射光线在阶跃光纤内的传播示意图。

斜射光线在阶跃光纤内传播的基本特点归纳如下：

① 光纤内传光路线是一系列折线，这些折线与光纤轴心线不共面，而是围绕光纤轴心线旋转前进的。这些折线在纤芯横截面上的正投影形成一个内切圆（即图 2-15 中的虚线圆），内切圆的半径大小与斜射光线在光纤端面上的入射点位置及入射角有关。

② 光纤端面临界入射角为 $\phi_0' = \arcsin(\sqrt{n_1^2 - n_2^2} / \cos\psi_S) = \arcsin(\sin\phi_0 / \cos\psi_S)$，其中 ψ_S 是入射光线进入纤芯后的第一条折线在纤芯横截面上的正投影与纤芯半径之间的夹角。可见，$\phi_0' > \phi_0$，即阶跃光纤的斜射光线比子午光线可以有大一些的入射角。

（2）在渐变光纤内

图 2-16 所示是斜射光线在渐变光纤内的传播示意图。

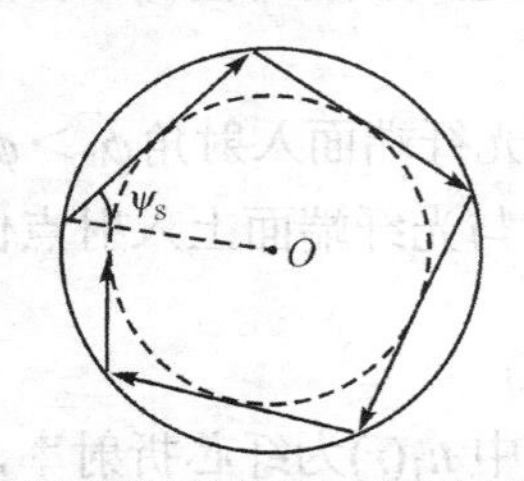

图中外圆圈是纤芯与包层的交界面

图 2-15　斜射光线在阶跃光纤内的传播示意图（纤芯横截面正投影图）

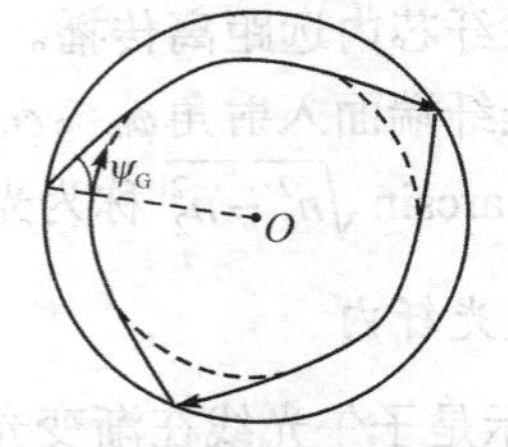

图中外圆圈是纤芯内的等折射率面

图 2-16　斜射光线在渐变光纤内的传播示意图（纤芯横截面正投影图）

斜射光线在渐变光纤内传播的基本特点如下：

① 光纤内传光路线是一系列曲线，这些曲线与光纤轴心线不共面，而是围绕光纤轴心线旋转前进的。这些曲线在纤芯横截面上的正投影形成一个内切圆（即图 2-16 中的虚线圆），内切圆的半径大小与斜射光线在光纤端面上的入射点位置及入射角有关。

② 上述这些曲线的起点和终点形成一个外圆（即图 2-16 中的实线圆），外圆上各点的介质折射率都相等，称为等折射率面。外圆的半径大小与斜射光线在光纤端面上的入射点位置及入射角有关，外圆的最大半径等于纤芯半径。

③ 光纤端面临界入射角为 $\phi_0'(r \neq 0) = \arcsin\left[\sqrt{n_1^2(r) - n_2^2} / \sqrt{1-(r/a)^2 \sin^2\psi_G}\right] = \arcsin\left[\sin\phi_0(r) / \sqrt{1-(r/a)^2 \sin^2\psi_G}\right]$，其中 ψ_G 是斜射光线的入射平面与入射点处纤芯半径之间的夹角。可见，$\phi_0'(r) > \phi_0(r)$，即渐变光纤的斜射光线比子午光线可以有大一些的入射角。

④ 若光纤折射率为抛物线分布，则外圆和内切圆重合，此时光纤内传光路线是围绕光纤轴心线旋转前进的螺旋线。

2.2.2　光纤导波模式的粗糙解（射线分析方法）

为了增加感性认识以利于帮助理解，本小节利用几何光学理论对导波（即纤芯内传输的光波）模式进行分析，以便推导出导波模式的近似解。下面分步骤讨论之。

1. 阶跃光纤内子午光线导波形成的两个必要条件

（1）全反射条件

光纤内 n_1, n_2 交界面上的入射角 θ_1 必须满足下式：

$$\theta_1 \geqslant \theta_c \equiv \arcsin(n_2/n_1) \tag{2-2}$$

纤芯外端面上的入射角ϕ_{in}必须满足下式：

$$\phi_{in} \leqslant \phi_0 = \arcsin\sqrt{n_1^2 - n_2^2} \tag{2-3}$$

（2）等相面条件

图 2-17 所示是子午光线在阶跃光纤内传播的等相面。其中，O 是一束在纤芯内传播的子午光线。由于其发散很小，故可将其近似看成是平面波。设 O_1 和 O_2 是平面波 O 的两条射线，虚线 AA'和 DD'是平面波的两个平行波阵面（又称为等相面），它们与射线方向垂直。根据光学理论可知，平面波同一个波阵面上任意两点的相位差为 2π 的整数倍，即

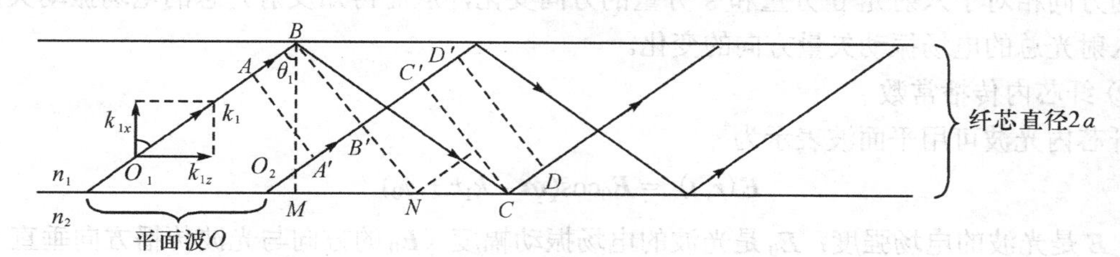

图 2-17　子午光线在阶跃光纤内传播的等相面

AA'波阵面上：

$$A\text{ 点相位} = A'\text{点相位} + 2\ell_1\pi \qquad (\ell_1 = 0, 1, 2, \cdots)$$

DD'波阵面上：

$$D\text{ 点相位} = D'\text{点相位} + 2\ell_2\pi \qquad (\ell_2 = 0, 1, 2, \cdots)$$

于是

$$(D\text{ 点相位} - A\text{ 点相位}) = (D'\text{点相位} - A'\text{点相位}) + 2(\ell_2 - \ell_1)\pi$$

由于（D 点相位$-A$ 点相位）是射线 $ABCD$ 的相位变化量，（D'点相位$-A'$点相位）是射线 $A'D'$ 的相位变化量，因此

$$ABCD\text{ 相位变化量} - A'D'\text{相位变化量} = 2(\ell_2 - \ell_1)\pi \equiv 2\ell\pi \qquad (\ell = 0, \pm1, \pm2, \cdots) \tag{2-4}$$

式(2-4)称为等相面条件。

2．等相面条件的化简

（1）基本知识

① 相位突变

全反射时，反射光较之入射光的相位有一个δ_0 角度的突变，δ_0 的大小与入射角θ_1，n_1，n_2 以及入射光的电场振动方向有关。通常，将电场振动矢量分解为平行入射面的分量（即 p 分量）和垂直入射面的分量（即 s 分量），则 p 分量的全反射相位突变$\delta_{0(p)}$和 s 分量的全反射相位突变$\delta_{0(s)}$分别为

$$\delta_{0(p)} = 2\arctan\left[\frac{\sqrt{(n_1/n_2)^2\sin^2\theta_1 - 1}}{\cos\theta_1}\right] \qquad (\theta_c \leqslant \theta_1 \leqslant 90°)$$

$$\delta_{0(s)} = 2\arctan\left[\frac{n_2}{n_1}\frac{\sqrt{(n_1/n_2)^2\sin^2\theta_1 - 1}}{\cos\theta_1}\right] \qquad (\theta_c \leqslant \theta_1 \leqslant 90°)$$

可见，上式两个极端点是：$\theta_1 = \theta_c$，则$\delta_{0(p)}$及$\delta_{0(s)} = 0$；$\theta_1 = 90°$，则$\delta_{0(p)}$及$\delta_{0(s)} = \pi$。计算表明：$\delta_{0(p)}$和$\delta_{0(s)}$在（0, π）闭区间内随θ_1增大而单调上升，形成倾斜的拱形曲线，两条曲线除了两端点分别相交外无其他交点。有了$\delta_{0(p)}$和$\delta_{0(s)}$的具体数值后，就可以画出反射光 p 分量和 s 分量的方向相对于入射光 p 分量和 s 分量的方向变化，从而得知反射光总的电场振动矢量相对于入射光总的电场振动矢量方向的变化。

② 纤芯内传播常数

纤芯内光波可用平面波表示为

$$\boldsymbol{E}(r, t) = \boldsymbol{E}_0\cos(\omega t - k_1 r + \phi_0)$$

式中，$\boldsymbol{E}$ 是光波的电场强度；$\boldsymbol{E}_0$ 是光波的电场振动幅度（$\boldsymbol{E}_0$ 的方向与光波传播方向垂直）；ω 是光波的电场振动频率；k_1 是纤芯内光波传播常数；r 是沿 k_1 方向光波的传播距离；t 是传播时间；ϕ_0 是 $t = 0$ 和 $r = 0$ 时的初始相位；$\phi(r) = k_1 r - \phi_0$ 是相位的空间分布。

若光线从原点出发，其振动波列沿 r 方向传播。考察振动波列在任一固定时刻的相位空间分布，设 r_1 和 r_2 是振动波列上任意两个点，则该两点之间的相位变化量为$\Delta\phi(r_{12}) = \phi(r_2) - \phi(r_1) = k_1(r_2 - r_1) = k_1\Delta r$，即 $k_1 = \Delta\phi(r_{12})/\Delta r$。所以，纤芯内传播常数 k_1 表示振动波列上相隔单位距离时其相位的变化量大小。

将 k_1 分别在纤芯中心轴线及半径方向上投影（参见图 2-17），则得

$$\beta \equiv k_{1z} = kn_1\sin\theta_1, \qquad k_{1x} = kn_1\cos\theta_1$$

其中，$k \equiv k_1/n_1$ 是光在真空中的传播常数，还可写为 $k = 2\pi/\lambda$，λ是光在真空中的波长；β 称为纵向（轴向）传播常数；k_{1x} 称为横向（径向）传播常数。

（2）导波特征方程

由图 2-17 可见，

$$A'D'\text{相位变化量} = kn_1(A'B' + B'C' + C'D') \qquad \text{（没有全反射）}$$

$$ABCD\text{ 相位变化量} = kn_1(AB + BC + CD) + 2\delta_0 \qquad \text{（有两次全反射）}$$

将它们代入式(2-4)并利用 $AB = A'B'$, $CD = C'D'$之关系，则可将等相面条件化为

$$kn_1(BC - B'C') + 2\delta_0 = 2\ell\pi \qquad (\ell = 0, \pm1, \pm2, \cdots) \tag{2-5}$$

但因

$$BC = BM/\cos\theta_1 = 2a/\cos\theta_1$$

$$B'C' = NC\sin\theta_1 = 2a(\tan\theta_1 - 1/\tan\theta_1)\sin\theta_1 = 2a(1/\cos\theta_1 - 2\cos\theta_1)$$

上式化简时利用了

$$NC = MC - MN = BM\tan\theta_1 - BM/\tan\theta_1 = 2a(\tan\theta_1 - 1/\tan\theta_1)$$

所以 $$BC-B'C'=4a\cos\theta_1$$
将其代入式(2-5)，于是等相面条件化简为

$$4akn_1\cos\theta_1 + 2\delta_0 = 2\ell\pi \qquad (\ell = 0, \pm1, \pm2, \cdots) \tag{2-6}$$

式(2-6)是阶跃光纤内子午光线的导波特征方程，它是纤芯内能够形成导波的入射角θ_1 所应满足的条件。可见：在 a、λ 和 n_1 不变的条件下，θ_1 不能连续取值。

（3）横向谐振条件

将 $k_{1x}=kn_1\cos\theta_1$ 代入特征方程，可得

$$4ak_{1x} + 2\delta_0 = 2\ell\pi \qquad (\ell = 0, \pm1, \pm2, \cdots) \tag{2-7}$$

该式是阶跃光纤内子午光线的横向谐振条件。它表明，在全反射条件下光波的横向传播分量由纤芯中某点出发，沿横向传播来回反射两次后回到原处，其相位变化成为 $4ak_{1x}+2\delta_0$，并且等于2π的整数倍。这表明，若原来波振动为零，则返回波振动也为零，形成波节；若原来波振动为最大，则返回波振动也为最大，形成波腹。因而使得原来的波得到加强，即相当于波在横向产生了谐振，形成了驻波。

需要说明的是，假如光波自纤芯内某点正入射到纤芯和包层交界面上，来回反射两次回到原处后，则其相位变化应为 $4ak_1$，而无相位突变。这是因为根据菲涅耳（Fresnel）反射折射理论：当光从折射率大的光密介质正入射到折射率小的光疏介质时，来回两次反射后没有相位突变（详见光学教材）。

图2-18是以上两种情况的比较。如图 2-18(a)所示，全反射时，k_{1x} 自 A 点→B 点→C 点→A 点，有两次δ_0 相位突变。如图 2-18(b)所示，横向正入射时，k_1 自 A 点→B 点→C 点→A 点，s 分量没有相位突变，而 p 分量有两次π 相位突变（图中未画出），故总效果为无相位突变。

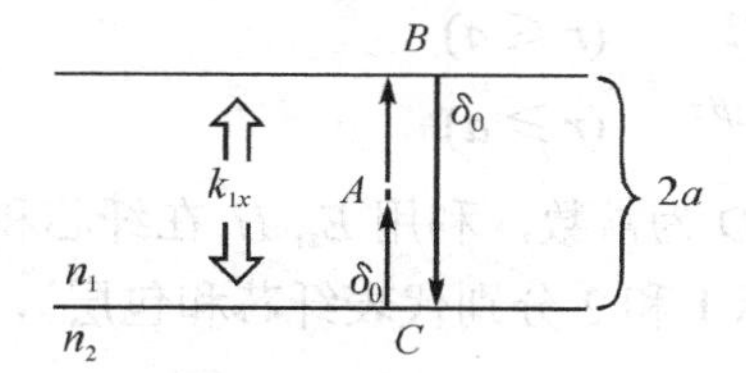

(a) 纤芯内全反射时光波的横向传播分量

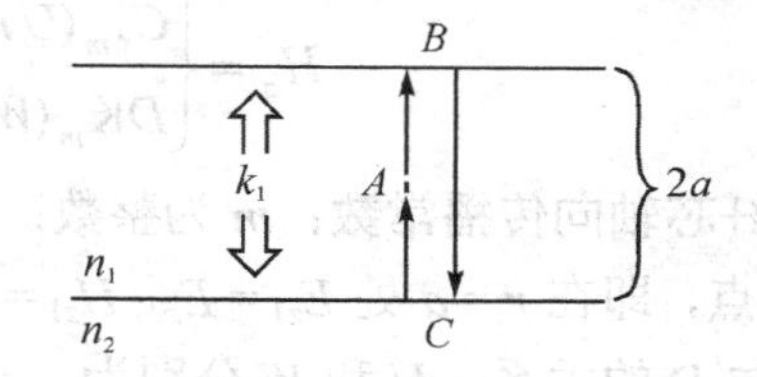

(b) 纤芯内光波的横向正入射

图 2-18 纤芯内两种横向传播的区别

3. 导波模式的初步结论

由式(2-6)和式(2-7)可得如下结论：

（1）由于导波特征方程中的 ℓ 为零和整数，故纤芯内能够形成导波的入射角 θ_1 在（$\theta_c\leqslant\theta_1\leqslant90°$）区间内只能间断取值。这表明：尽管纤芯外端面上的入射光可以是一组入射角ϕ_{in}（$0\leqslant\phi_{in}\leqslant\phi_0$）连续的光线，但纤芯内的导波只能是一组入射角$\theta_1$ 离散的光线。

（2）ℓ 越大，则纤芯内入射角θ_1 越小，即光纤端面入射角ϕ_{in} 越大。

（3）ℓ 越大，则 k_{1x} 越大，即λ_1 越短，于是纤芯横向能容纳的驻波个数越多，故横向电场波节（或波腹）数越密。

需要说明的是，以上利用几何光学理论对导波模式进行分析所得到的结论是很初步的，

该方法只能用于纤芯半径 a 远大于入射光波长 λ 的情况（多模光纤属于此情况）。为了获得导波模式的精细结论，则须使用电磁场的分析方法。

2.2.3 光纤导波模式的精确解（电磁场分析方法）

1．理论计算的三大步骤

（1）利用圆柱坐标系（r, φ, z）中的赫姆霍兹（Helmholtz）方程求出 z 方向的电场分量和磁场分量 E_z, H_z，并由此导出导波存在的必要条件。

① 求解 E_z, H_z

Helmholtz 方程为

$$\begin{cases}\nabla^2 E_z + k_i^2 E_z = 0 \\ \nabla^2 H_z + k_i^2 H_z = 0\end{cases} \qquad (i = 1, 2)$$

式中，$k_1 = kn_1$ 是纤芯内传播常数；$k_2 = kn_2$ 是包层内传播常数；k 为真空中传播常数。运算符 ∇^2 在圆柱坐标系（r, φ, z）中的形式为

$$\nabla^2 \equiv \frac{\partial^2}{\partial r^2} + \frac{1}{r}\frac{\partial}{\partial r} + \frac{1}{r^2}\frac{\partial^2}{\partial \varphi^2} + \frac{\partial^2}{\partial z^2}$$

令 $E_z = R(r)\Phi(\varphi)Z(z)$（省写时间因子 $\mathrm{e}^{\mathrm{j}\omega t}$），代入上述方程，解得

$$E_z = \begin{cases} A\mathrm{J}_m(Ur)\mathrm{e}^{\mathrm{j}m\varphi} \cdot \mathrm{e}^{-\mathrm{j}\beta z} & (r \leqslant a) \\ B\mathrm{K}_m(Wr)\mathrm{e}^{\mathrm{j}m\varphi} \cdot \mathrm{e}^{-\mathrm{j}\beta z} & (r \geqslant a) \end{cases} \tag{2-8}$$

同理可得

$$H_z = \begin{cases} C\mathrm{J}_m(Ur)\mathrm{e}^{\mathrm{j}m\varphi} \cdot \mathrm{e}^{-\mathrm{j}\beta z} & (r \leqslant a) \\ D\mathrm{K}_m(Wr)\mathrm{e}^{\mathrm{j}m\varphi} \cdot \mathrm{e}^{-\mathrm{j}\beta z} & (r \geqslant a) \end{cases} \tag{2-9}$$

式中，β **是纤芯轴向传播常数**；m 为整数；A, B, C, D 为常数，利用 E_z, H_z 在纤芯和包层交界处连续的特点，即在 $r = a$ 处 $E_{z1} = E_{z2}, H_{z1} = H_{z2}$（下标 1 和 2 分别代表纤芯和包层），可以求出 A 与 B、C 与 D 的关系；U 和 W 分别为

$$U = \sqrt{k^2 n_1^2 - \beta^2} \tag{2-10}$$

$$W = \sqrt{\beta^2 - k^2 n_2^2} \tag{2-11}$$

U 称为**纤芯径向传播常数**，W 称为**包层径向衰减常数**。

$\mathrm{J}_m(Ur)$是 m 阶贝塞尔（Bessel）函数，即

$$\mathrm{J}_m(Ur) = \sum_{n=0}^{\infty} \frac{(-1)^n (Ur/2)^{2n+m}}{n!(n+m)!}$$

当 r 足够大，且 U 为非零实数即 $k^2 n_1{}^2 - \beta^2 > 0$ 时，其渐近表达式为

$$\mathrm{J}_m(Ur) \approx \sqrt{\frac{2}{\pi Ur}} \cos\left(Ur - \frac{\pi}{4} - \frac{m\pi}{2}\right) \tag{2-12}$$

表明此时纤芯内是振荡波。

$\mathrm{K}_m(Wr)$是 m 阶第二类修正贝塞尔函数，其表达式较为复杂。当 r 足够大且 W 任意时，可

得渐近表达式为

$$\mathrm{K}_m(Wr) \approx \sqrt{\frac{\pi}{2Wr}}\,\mathrm{e}^{-Wr} \tag{2-13}$$

② 导波存在的必要条件

由式(2-13)可见，

$$若\beta^2-k^2n_2^2\begin{cases}>0, & 则 W 为正实数，故包层内是衰减波\\ <0, & 则 W 为虚数，故包层内是振荡波（称为幅射波）\\ =0, & 则 W 为 0，是以上两种情况的临界状态\end{cases}$$

当包层内是衰减波时，纤芯内的振荡波才能保持充足的光功率，有可能实现远距离传输。综合以上分析，可以得到

导波存在的必要条件为 $kn_2 < \beta < kn_1$（即 $W>0$ 和 $U>0$） (2-14a)

导波临界截止的条件为 $\beta = kn_2$（即 $W=0$） (2-14b)

导波远离截止的条件为 $\beta = kn_1$（即 $U=0$） (2-14c)

式(2-14a)表明，满足该不等式的 β 有很多个，每一个 β 对应于一个或多个模式。因此，可以通过 β 来确定导波。

（2）由 E_z 和 H_z 利用麦克斯韦（Maxwell）方程组求出 r 方向和 φ 方向的电场和磁场分量 $E_r, E_\varphi, H_r, H_\varphi$。所得计算方程是

$$E_r = -\frac{\mathrm{j}}{K}\left(\beta\frac{\partial E_z}{\partial r}+\frac{\omega\mu_0}{r}\frac{\partial H_z}{\partial\varphi}\right)$$

$$E_\varphi = -\frac{\mathrm{j}}{K}\left(\frac{\beta}{r}\frac{\partial E_z}{\partial\varphi}-\omega\mu_0\frac{\partial H_z}{\partial r}\right)$$

$$H_r = -\frac{\mathrm{j}}{K}\left(\beta\frac{\partial H_z}{\partial r}-\frac{\omega\varepsilon_i}{r}\frac{\partial E_z}{\partial\varphi}\right)$$

$$H_\varphi = -\frac{\mathrm{j}}{K}\left(\frac{\beta}{r}\frac{\partial H_z}{\partial\varphi}+\omega\varepsilon_i\frac{\partial E_z}{\partial r}\right)$$

式中，$\varepsilon_i = n_i^2\varepsilon_0$（$i=1,2$）是介质 i 的介电常数；$\varepsilon_0 = 8.85\times10^{-12}$ F/m 是真空介电常数；$\mu_0 = 4\pi\times10^{-7}$ H/m 是真空磁导率；$K = k_i^2-\beta^2 = k^2n_i^2-\beta^2$（$i=1,2$）。可见，$i=1$ 时（即纤芯内）$K=U^2$；$i=2$ 时（即包层内）$K=-W^2$。

将前面第（1）步得到的 E_z 和 H_z 表达式代入上述方程中，就可以求出 $E_r, E_\varphi, H_r, H_\varphi$ 的表达式。

（3）利用 E_φ, H_φ 在纤芯和包层交界处连续的特点，即在 $r=a$ 处 $E_{\varphi1}=E_{\varphi2}, H_{\varphi1}=H_{\varphi2}$，推导出导波特征方程为

$$\left(\frac{\mathrm{J}'_m(u)}{u\mathrm{J}_m(u)}+\frac{\mathrm{K}'_m(w)}{w\mathrm{K}_m(w)}\right)\left(n_1^2\frac{\mathrm{J}'_m(u)}{u\mathrm{J}_m(u)}+n_2^2\frac{\mathrm{K}'_m(w)}{w\mathrm{K}_m(w)}\right)=m^2\left(\frac{1}{u^2}+\frac{1}{w^2}\right)\left(\frac{n_1^2}{u^2}+\frac{n_2^2}{w^2}\right) \tag{2-15}$$

式中，$\mathrm{J}'_m(u)=\mathrm{dJ}_m(u)/\mathrm{d}u$；$\mathrm{K}'_m(w)=\mathrm{dK}_m(w)/\mathrm{d}w$；$u\equiv Ua$ 称为**纤芯径向归一化传播常数**；$w\equiv Wa$ 称为**包层径向归一化衰减常数**。可见，不是所有的 u 和 w 都适合光纤导波，只有满足导波特

征方程的 u 和 w 才是光纤导波所需要的。

原则上，可以解得临界截止状态 $W=0$ 时满足上述方程的解为

$$u_{mn}=U_{mn}a\equiv V_c \tag{2-16}$$

式中，下标 m 是贝塞尔函数的阶数；下标 n 是解的序号；m 和 n 都是整数。V_c 是引入的专用符号，代表临界截止条件下满足导波特征方程的 u 值。$u=V_c$ 是导波应当满足的充分条件，它表示只要 V_c 存在，就有对应的导波存在。由于直接用超越方程式(2-15)求解 u_{mn} 很麻烦，可以先将式(2-15)进行化简，然后求解 u_{mn}。下面将讨论导波特征方程的化简方法。

2. 四类导波模式和弱导波光纤矢量模特征方程

（1）四类导波模式

在上述三大步骤理论计算的基础上，经过详细的分析，可以归纳出光纤中的导波模式为

① TE_{0n}（$n=1, 2, 3, \cdots$）模式，称为横电波。

其特点为：纵向无电场，仅有磁场，即 $E_z=0$，$H_z\neq 0$。

② TM_{0n}（$n=1, 2, 3, \cdots$）模式，称为横磁波。

其特点为：纵向无磁场，仅有电场，即 $H_z=0$，$E_z\neq 0$。

③ EH_{mn}（$m=1, 2, 3, \cdots$；$n=1, 2, 3, \cdots$）模式，称为混合波。

其特点为：纵向既有电场，又有磁场，即 $E_z\neq 0$ 和 $H_z\neq 0$。

④ HE_{mn}（$m=1, 2, 3, \cdots$；$n=1, 2, 3, \cdots$）模式，称为混合波。

其特点为：纵向既有电场，又有磁场，即 $E_z\neq 0$ 和 $H_z\neq 0$。

以上四类导波模式的符号使用双下标 m 和 n，称为导波模式的**阶数**。其中，横电波和横磁波的第 1 个下标为 $m=0$，第 2 个下标为 n；而混合波的第 1 个下标为 $m\neq 0$，第 2 个下标为 n。m 和 n 的物理意义是：m 表示导波模式的场分量沿纤芯圆周方向的最大值个数；n 表示导波模式的场分量沿纤芯半径方向的最大值个数。以上四类导波模式称为**矢量模**。

据此，可以将式(2-15)的导波特征方程化简成下述特征方程。

（2）弱导波光纤矢量模特征方程

根据以上四类导波模式的特点，并且考虑到用于通信的光纤其纤芯折射率 n_1 与包层折射率 n_2 之差很小，故可取 $n_1\approx n_2$（称为弱导波近似）将式(2-15)化简，得到弱导波光纤的矢量模特征方程为

$$TE_{0n}\text{和}TM_{0n}\text{模式：}\quad \frac{J_1(u)}{uJ_0(u)}=-\frac{K_1(w)}{wK_0(w)} \tag{2-17a}$$

$$EH_{mn}\text{模式：}\quad \frac{J_{m+1}(u)}{uJ_m(u)}=-\frac{K_{m+1}(w)}{wK_m(w)} \tag{2-17b}$$

$$HE_{mn}\text{模式：}\quad \frac{J_{m-1}(u)}{uJ_m(u)}=\frac{K_{m-1}(w)}{wK_m(w)} \tag{2-17c}$$

（3）弱导波光纤临界截止时的矢量模特征方程

在式(2-17a)~式(2-17c)中，取 $w=0$（即 $W=0$），并且利用 $w\to 0$ 时 $K_0(w)$、$K_1(w)$和 $K_m(w)$ 的渐近公式，可得到弱导波光纤临界截止时的矢量模特征方程为

TE_{0n} 和 TM_{0n} 模式：$J_0(u)=0$，其根值 u_{0n} $(n=1,2,3,\cdots)$　(2-18a)

$EH_{mn}(m\geqslant1)$模式：$J_m(u\neq0)=0$，其根值 u_{mn} $(n=1,2,3,\cdots)$　(2-18b)

HE_{1n} 模式：$J_1(u\geqslant0)=0$，其根值 $u_{1,n-1}$ $(n=1,2,3,\cdots)$，其中 $u_{10}=0$　(2-18c)

$HE_{mn}(m\geqslant2)$模式：$J_{m-2}(u\neq0)=0$，其根值 $u_{m-2,n}$ $(n=1,2,3,\cdots)$　(2-18d)

可见，弱导波光纤临界截止时的矢量模特征方程恰好是贝塞尔函数求根值的方程。其中 TE_{0n} 和 TM_{0n} 模式是对零阶贝塞尔函数求根值，$EH_{mn}(m\geqslant1)$模式是对 m 阶贝塞尔函数求根值，HE_{1n} 模式是对 1 阶贝塞尔函数求根值，$HE_{mn}(m\geqslant2)$模式是对$(m-2)$阶贝塞尔函数求根值。

以上四式中的根值 u 满足临界截止时的矢量模特征方程，故可用 V_c 来表示。根值 u 有双下标，分别表示贝塞尔函数的阶数和相应的根值序号。从数学手册中容易查到贝塞尔函数的根值，从而得知临界截止条件下光纤导波所需要的 u 值大小，如表 2-2 所示。

表 2-2　弱导波光纤临界截止时矢量模特征方程和对应的根值

特征方程	根值（即 V_c）	n						对应矢量模
		1	2	3	4	5	…	
$J_0(u)=0$	u_{0n}	2.4048	5.5201	8.6537	11.7915	14.9309	…	TE_{0n}，TM_{0n}
$J_1(u\geqslant0)=0$	$u_{1,n-1}$	0	3.8317	7.0156	10.1735	13.3237	…	HE_{1n}
$J_m(u\neq0)=0$	u_{1n}	3.8317	7.0156	10.1735	13.3237	16.4706	…	EH_{1n}
	u_{2n}	5.1356	8.4172	11.6198	14.7960	17.9598	…	EH_{2n}
	⋮	⋮	⋮	⋮	⋮	⋮	⋮	⋮
$J_{m-2}(u\neq0)=0$	u_{0n}	与 TE_{0n}，TM_{0n} 同根值					…	HE_{2n}
	u_{1n}	与 EH_{1n} 同根值					…	HE_{3n}
	u_{2n}	与 EH_{2n} 同根值					…	HE_{4n}
	⋮	⋮	⋮	⋮	⋮	⋮	⋮	⋮

由表 2-2 可见：①TE_{0n}、TM_{0n} 与 HE_{2n} 模式同根值；②EH_{1n} 与 HE_{3n} 模式同根值，EH_{2n} 与 HE_{4n} 模式同根值，一般言之 EH_{mn} 与 $HE_{(m+2),n}$ 模式同根值；③EH_{1n} 与 $HE_{1,n+1}$ 模式同根值。

由表 2-2 可以得到导波模式与根值 V_c 的对应关系，如表 2-3 所示。V_c 称为**归一化截止频率**（Normalized Cutoff Frequency），可以看出，每一个导波模式对应有一个特定的归一化截止频率 V_c；反之，每一个特定的归一化截止频率 V_c 对应有一个或多个导波模式。例如，HE_{11} 与 0 是一对一关系，而其他导波模式与 V_c 则是多对一关系。不同的导波模式对应于同一个归一化截止频率 V_c 的现象，称为**模式简并**。

表 2-3　导波模式与归一化截止频率 V_c 的对应关系

导波模式（矢量模）	V_c
HE_{11}	0
TE_{01}, TM_{01}, HE_{21}	2.4048
EH_{11}, HE_{12}, HE_{31}	3.8317
EH_{21}, HE_{41}	5.1356
TE_{02}, TM_{02}, HE_{22}	5.5201
⋮	⋮

3. 导波模式存在的充分必要条件

（1）式(2-14)的等价表示

令

$$V \equiv \sqrt{U^2+W^2}a=\sqrt{u^2+w^2} \tag{2-19}$$

式中，$u\equiv Ua$，$w\equiv Wa$，V 称为**归一化频率**（Normalized Frequency）。

可以证明式(2-14a)~式(2-14c)能够改写为

$$\text{导波存在的必要条件为}\quad u<V<\infty \tag{2-20a}$$

$$\text{导波临界截止的条件为}\quad V=u \tag{2-20b}$$

$$\text{导波远离截止的条件为}\quad V\to\infty \tag{2-20c}$$

证明如下：由于

$$V=u\sqrt{1+\frac{W^2}{U^2}}=\frac{uk\sqrt{n_1^2-n_2^2}}{\sqrt{k^2n_1^2-\beta^2}}$$

导波临界截止时，$\beta=kn_2$，则上式化为 $V=u$，此即式(2-20b)；导波远离截止时，$\beta=kn_1$，则上式化为 $V\to\infty$，此即式(2-20c)；V 在上述两个极端点之间随 β 增大而单调上升，故得式(2-20a)。

式(2-20a)表明，满足该不等式的 u 有很多个，其中有的 u 对应于一个或多个模式。因此，可以通过这一部分 u 来确定导波。

需要强调的是，式(2-20a)是导波存在的必要条件，它表示光纤中只要有导波，就必定有式(2-20a)；但反过来，满足式(2-20a)的光线有可能形成导波，也有可能形成不了导波，关键要看式中的 u 是否满足下面将要给出的另一个条件即充分条件（注：数学上，必要条件是指由结论可以反推得到的条件；充分条件是指由该条件可以直接导出结论）。

（2）导波临界截止和远离截止的物理意义

由式(2-14a)可得

$$n_2<\beta/k<n_1\quad \text{即}\quad n_2<n_m<n_1 \tag{2-21}$$

式中，$n_m\equiv\beta/k$，称为模式折射率（Mode Refractive-Index）或有效折射率（Effective Refractive-Index），它表示纤芯内光束沿纵向的折射率。式(2-21)表明，满足此式的 n_m 有很多个，每一个 n_m 对应于一个或多个模式。因此，也可以通过 n_m 来确定导波（注：n_m 的下标字母 m 表示模式，不要与导波模式的阶数 m 相混淆）。

仿照 2.2.1 节，可得光纤中模式折射定律为

$$n_m=n_2\sin\theta_2 \tag{2-22}$$

式中，$n_m\equiv\beta/k=n_1\sin\theta_1$。导波临界截止时 $n_m=n_2$，由式(2-22)可得 $\theta_2=90°$（此时 $\theta_1\equiv\theta_c$），表明导波临界截止状态对应于纤芯与包层交界面上的入射角 θ_1 恰等于全反射临界角 θ_c 的模式光线；导波远离截止时 $n_m=n_1$，由于 $n_m=n_1\sin\theta_1$，故得 $\theta_1=90°$，表明导波远离截止状态对应于平行于光纤轴心线的模式光线。所以，导波临界截止状态和远离截止状态都是有导波存在的。

（3）导波存在的充分必要条件

如上所述，式(2-20a)是导波存在的必要条件，而 $u=V_c$ 是导波存在的充分条件。将两者结

合起来，可以将式(2-20a)~式(2-20c)改写为

$$导波存在的充分必要条件为\ V_c < V < \infty \tag{2-23a}$$

$$导波临界截止的条件为\ V = V_c \tag{2-23b}$$

$$导波远离截止的条件为\ V \to \infty \tag{2-23c}$$

式中，V_c是弱导波光纤临界截止时矢量模特征方程的根值，V_c称为**归一化截止频率**。

由于式(2-23a)的右边不等式恒成立，故仅用左边不等式即可。此外，导波临界截止状态也是有导波存在的状态，故可将式(2-23a)~式(2-23c)合并写为

$$\textbf{导波存在的充分必要条件为}\ V \geqslant V_c \tag{2-24}$$

式(2-24)表明，满足该不等式的V_c有很多个，每一个V_c对应于一个或多个模式。因此，可以通过V_c来确定导波。

式(2-24)是光纤中能够传输的导波模式必须满足的条件，式中V_c取表2-3中的数值，而V是归一化频率，即

$$V=\frac{2\pi a}{\lambda}\sqrt{n_1^2-n_2^2} \tag{2-25}$$

对于实际光纤，可以先由式(2-25)计算出V的数值大小，然后利用式(2-24)就能够确定出该光纤传输的导波模式。例如，若计算得出实际光纤的$V=4$，则由式(2-24)和表2-3可知，该光纤传输的导波模式为HE_{11}, TE_{01}, TM_{01}, HE_{21}, EH_{11}, HE_{12}, HE_{31}，共7个。

由式(2-24)、式(2-25)和表2-3可得如下结论：

① HE_{11}模式（$V_c = 0$）在任何光纤中都存在（因为单模和多模光纤总有$V>0$）。HE_{11}模式称为**基模**。

② 满足$0<V<2.4048$条件的光纤，仅含基模，称为单模光纤；反之，满足$V\geqslant 2.4048$条件的光纤，则含有基模和其他模式，称为多模光纤。于是得到

$$光纤的单模工作条件为\ 0<V<2.4048 \tag{2-26}$$

$$多模工作条件为\ V\geqslant 2.4048 \tag{2-27}$$

③ 纤芯越细，高阶模数量越少；纤芯越粗，高阶模数量越多。

④ 工作波长越长，高阶模数量越少；工作波长越短，高阶模数量越多。

⑤ 光纤端面临界入射角ϕ_0越小，高阶模数量越少；ϕ_0越大，高阶模数量越多。因此，低阶模对应于小的光纤端面入射角ϕ_{in}，高阶模对应于大的ϕ_{in}。所以，阶跃光纤的低阶模在纤芯边界上全反射次数少，而高阶模全反射次数多；渐变光纤的低阶模靠近轴心线传播，而高阶模则远离轴心线传播。

⑥ 理论算得光纤传导模的总数N为

$$阶跃多模光纤\ N \approx V^2/2 \tag{2-28}$$

$$渐变多模光纤\ N \approx V^2/4 \tag{2-29}$$

4．弱导波近似条件的适用性

以上结论是在在弱导波近似条件下（即$n_1 \approx n_2$）得到的，其中最主要的是，在该条件下得到了弱导波光纤矢量模特征方程式(2-17a)~式(2-17c)，然后在临界截止（即$w \to 0$）状态下求解这些方程式而得到解$V_c = u_{mn}$，由此得到表2-2。此外，有些文献还求解得到了在远离截止（即

$w\to\infty$）状态下这些方程式的解 $V_c'=u_{m'n'}$。那么，这些结果是否准确呢？或者说，弱导波近似条件的适用性如何？为了回答这个问题，需要将这些解与精确解方法所得结果进行比较。

所谓精确解方法，是在式(2-21)用模式折射率 n_m 表示的导波存在条件 $n_2<n_m<n_1$ 的基础上，利用计算机方法，对完整的导波特征方程式(2-15)来求解，从而得到 n_m 随 V 的变化关系。

该方法的关键理论处理有两个：其一，利用式(2-19)取代式(2-15)中的 w，将式(2-15)化为仅含变量 u 和 V；其二，利用式(2-10)和式(2-25)将 n_m 化为 u 和 V 的函数，即得到

$$n_m\equiv\beta/k=\sqrt{n_1^2-(u/ka)^2}=\sqrt{n_1^2-(n_1^2-n_2^2)(u/V)^2} \tag{2-30}$$

该方法的操作步骤如下：

① 给定一个 V，利用计算机通过尝试法找出满足式(2-15)的一个 u；

② 改变 V，重复上一步的操作，可得一系列（V，u）组合；

③ 将每个（V，u）组合代入 n_m 中，可得一系列（V，n_m）组合，由此画出 n_m~V 曲线；

④ 依据 n_m~V 曲线，可得 V_c 和 V_c' 精确解，并能全面确定各种导波模式。

通过对比发现：在临界截止状态下，精确解 n_m~V 曲线上各种导波模式的 V_c 数值（见参考文献[2]）与表 2-2 中的 V_c 数值相同；而在远离截止状态下，精确解 n_m~V 曲线上各种导波模式的 V_c' 数值与弱导波光纤矢量模特征方程式得到的 V_c' 数值不相同，前者远大于后者。所以，弱导波近似方法用来分析导波临界截止状态是可行的，用来分析导波远离截止状态将产生很大误差。

5. 标量模与矢量模的关系

标量模又称为线性偏振模（Linearly Polarized Mode, LPM），在文献中常常被提及。标量模其实是将光纤传光做了简化处理后所得的分析结果。简化处理的依据是：通常光纤的 $(n_1-n_2)/n_1\leqslant0.01$，若取 $n_1=1.48$，则得 $\theta_c\equiv\arcsin(n_2/n_1)\geqslant82°$，故可将光纤内传播的光线近似看成是与光纤轴心线平行的。因而，所传光线的电磁场横向分量很大，而纵向分量则很小，并且近似认为，在入射光线的传播过程中，场的横向偏振方向保持不变，即视传播光线为线性偏振，因而可以用一个标量来描述。

处理方法如下：

① 选择电场的横向偏振方向与 y 轴一致（注：也可选 x 轴），利用圆柱坐标系（r, φ, z）中的 Helmholtz 方程求出 E_y；

② 由 E_y 并利用平面波电场和磁场之间的正交关系求出 H_x；

③ 由 E_y 和 H_x 利用麦克斯韦方程组求出 E_z, H_z；

④ 利用 E_z, H_z 在纤芯和包层交界处连续的特点，即在 $r=a$ 处 $E_{z1}=E_{z2}, H_{z1}=H_{z2}$，可以求出标量模的特征方程为

$$u\frac{\mathrm{J}_{m\pm1}(u)}{\mathrm{J}_m(u)}=\pm w\frac{\mathrm{K}_{m\pm1}(w)}{\mathrm{K}_m(w)} \tag{2-31a}$$

式中，三个“±”符号，同时取“+”号构成一个方程，同时取“−”号则构成另一个方程（可以证明这两个方程等价）。同样可见，只有满足以上方程的特定的 u 和 w 才是光纤导波所需要的。

可以解得临界截止状态 W'(或w') = 0 时满足上述方程的解为

$$u_{mn}'=U_{mn}'a\equiv V_c' \tag{2-31b}$$

式中，上标′表示标量模。

所得结果如表2-4所示，其中列出了一部分低阶标量模LP_{mn}的归一化截止频率V_c'的具体数值。与表2-3对照可以看出，标量模LP_{01}与矢量模HE_{11}对应；标量模LP_{11}与矢量模TE_{01}, TM_{01}, HE_{21}的总体对应，即标量模LP_{11}是由矢量模TE_{01}, TM_{01}, HE_{21}简并而成的。

表2-4 标量模LP_{mn}的归一化截止频率V_c'

V_c'		n				
		1	2	3	4	…
m	0	0 (LP_{01})	3.8317 (LP_{02})	7.0156 (LP_{03})	10.1735 (LP_{04})	…
	1	2.4048 (LP_{11})	5.5201 (LP_{12})	8.6537 (LP_{13})	11.7915 (LP_{14})	…
	2	3.8317 (LP_{21})	7.0156 (LP_{22})	10.1735 (LP_{23})	13.3237 (LP_{24})	…
	3	5.1356 (LP_{31})	8.4172 (LP_{32})	11.6198 (LP_{33})	14.7960 (LP_{34})	…
	4	6.3802 (LP_{41})	9.7610 (LP_{42})	13.0152 (LP_{43})	16.2235 (LP_{44})	…
	⋮	⋮	⋮	⋮	⋮	

一般言之，LP_{0n}模是由HE_{1n}模得到的；LP_{1n}模是由TE_{0n}, TM_{0n}和HE_{2n}模的线性组合得到的；LP_{mn}（$m\geqslant 2$）模是由$EH_{(m-1)n}$和$HE_{(m+1)n}$模的线性组合得到的，如表2-5所示。

依据所包含的φ因子的不同（$\sin m\varphi$或$\cos m\varphi$），电场（E_r,E_φ,E_z）和磁场（H_r,H_φ,H_z）各自有两组正交解。其中：$m\geqslant 1$时，HE_{mn}模和EH_{mn}模都含有两组解；而$m=0$时，TE_{0n}模（$E_z=0$）仅有第1组解，TM_{0n}模（$H_z=0$）仅有第2组解。所以，每一个EH_{mn}或HE_{mn}模都有两个不同的偏振方向，而TE_{0n}或TM_{0n}模都只有一个偏振方向。故LP_{0n}模的简并度为2，LP_{mn}（$m\geqslant 1$）模的简并度为4。

表2-5 标量模、矢量模及归一化截止频率的对应关系

序号	标量模	矢 量 模	V_c或V_c'	序号	标量模	矢 量 模	V_c或V_c'
1	LP_{01}	HE_{11}	0	11	LP_{61}	EH_{51}, HE_{71}	8.7714
2	LP_{11}	TE_{01}, TM_{01}, HE_{21}	2.4048	12	LP_{42}	EH_{32}, HE_{52}	9.7610
3	LP_{21} LP_{02}	EH_{11}, HE_{31} HE_{12}	3.8317	13	LP_{71}	EH_{61}, HE_{81}	9.9361
4	LP_{31}	EH_{21}, HE_{41}	5.1356	14	LP_{23} LP_{04}	EH_{13}, HE_{33} HE_{14}	10.1735
5	LP_{12}	TE_{02}, TM_{02}, HE_{22}	5.5201	15	LP_{52}	EH_{42}, HE_{62}	11.0647
6	LP_{41}	EH_{31}, HE_{51}	6.3802	16	LP_{81}	EH_{71}, HE_{91}	11.0864
7	LP_{22} LP_{03}	EH_{12}, HE_{32} HE_{13}	7.0156	17	LP_{33}	EH_{23}, HE_{43}	11.6198
8	LP_{51}	EH_{41}, HE_{61}	7.5883	18	LP_{14}	TE_{04}, TM_{04}, HE_{24}	11.7915
9	LP_{32}	EH_{22}, HE_{42}	8.4172	19	LP_{91}	EH_{81}, $HE_{10,1}$	12.2251
10	LP_{13}	TE_{03}, TM_{03}, HE_{23}	8.6537	⋮	⋮	⋮	⋮

同理，标量模的存在条件为

$$V \geqslant V_c' \tag{2-32}$$

例如，若计算得出实际光纤的 $V = 5.5$，由于 $5.1356 < V < 5.5201$，则由表 2-5 及式(2-32)可知该光纤传输的标量模为 $LP_{01}, LP_{11}, LP_{21}, LP_{02}, LP_{31}$，共 5 个，相应的矢量模为 $HE_{11}, TE_{01}, TM_{01}, HE_{21}, EH_{11}, HE_{31}, HE_{12}, EH_{21}, HE_{41}$，共 9 个。

2.3 光纤特性参数

2.3.1 数值孔径

1．定义

如2.2.1 节所述，入射到光纤端面的光线并不能全部被光纤所传输，只是在光纤端面临界入射角范围内的入射光才可以在光纤内传输。通常，这个角度的正弦值称为数值孔径（Numerical Aperture, NA）。其具体定义有以下几种：

（1）阶跃光纤数值孔径

阶跃光纤数值孔径定义为

$$\mathrm{NA} \equiv \sin\phi_0 = \sqrt{n_1^2 - n_2^2} = n_1\sqrt{2\varDelta} \quad \text{（子午光线）} \tag{2-33a}$$

$$\mathrm{NA}' \equiv \sin\phi_0' = \mathrm{NA}/\cos\psi_S \quad \text{（斜射光线）} \tag{2-33b}$$

式中，ϕ_0 和 ϕ_0' 分别是子午光线和斜射光线在阶跃光纤端面上的临界入射角；ψ_S 是斜射光线进入阶跃光纤后的第一条折线在纤芯横截面上的正投影与纤芯半径之间的夹角；$\varDelta = (n_1^2 - n_2^2)/(2n_1^2)$ 是阶跃光纤相对折射率差。

可见，$\mathrm{NA}' > \mathrm{NA}$，即 $\phi_0' > \phi_0$，表明阶跃光纤的斜射光线比子午光线可以有较大的入射角。

（2）渐变光纤数值孔径

渐变光纤数值孔径定义为

$$\mathrm{NA}(r) \equiv \sin\phi_0(r) = \sqrt{n_1^2(r) - n_2^2} = n_1(r)\sqrt{2\varDelta(r)} \quad \text{（子午光线）} \tag{2-34a}$$

$$\mathrm{NA}'(r \neq 0) \equiv \sin\phi_0'(r) = \mathrm{NA}(r)/\sqrt{1-(r/a)^2\sin^2\psi_G} \quad \text{（斜射光线）} \tag{2-34b}$$

式中，$\phi_0(r)$ 和 $\phi_0'(r)$ 分别是子午光线和斜射光线在渐变光纤端面上的临界入射角；$n_1(r)$是渐变光纤纤芯折射率；$\varDelta(r) = (n_1^2(r) - n_2^2)/(2n_1^2(r))$是渐变光纤相对折射率差；$\psi_G$ 是斜射光线的入射平面与入射点处纤芯半径之间的夹角。

可见，$\mathrm{NA}'(r) > \mathrm{NA}(r)$，即 $\phi_0'(r) > \phi_0(r)$，同样表明渐变光纤的斜射光线比子午光线也可以有较大的入射角。

当 $r = 0$ 时，则得渐变光纤轴心数值孔径为

$$\mathrm{NA}(0) \equiv \sin\phi_0(r{=}0) = \sqrt{n_1^2(0) - n_2^2} = n_1(0)\sqrt{2\varDelta(0)} \tag{2-35}$$

式中，$\phi_0(r{=}0)$是渐变光纤端面轴心临界入射角；$n_1(0)$ 是渐变光纤轴心折射率；$\varDelta(0) = (n_1^2(0) - n_2^2)/$

$(2n_1^2(0))$是渐变光纤轴心相对折射率差。

由于 $n_1(0) > n_1(r\neq 0)$，所以 $\mathrm{NA}(0) > \mathrm{NA}(r\neq 0)$，即 $\phi_0(r=0) > \phi_0(r\neq 0)$，表明在渐变光纤 $r=0$ 处比在 $r\neq 0$ 处的子午光线允许有较大的入射角。

（3）最大理论数值孔径

最大理论数值孔径定义为

$$\mathrm{NA_t} \equiv \sin\phi_{0(\mathrm{t})} = \sqrt{n_{1\max}^2 - n_2^2} = n_{1\max}\sqrt{2\Delta_{\max}} = \begin{cases} \mathrm{NA} & \text{(即阶跃光纤)} \\ \mathrm{NA}(0) & \text{(即渐变光纤)} \end{cases} \tag{2-36}$$

式中，$\phi_{0(\mathrm{t})}$是光纤端面最大临界入射角；$n_{1\max}$是光纤纤芯折射率最大值；$\Delta_{\max}=(n_{1\max}^2 - n_2^2)/(2n_{1\max}^2)$是光纤最大相对折射率差。

可见，最大理论数值孔径 $\mathrm{NA_t}$ 等于阶跃光纤数值孔径 NA 或渐变光纤轴心数值孔径 NA(0)，即 $\phi_{0(\mathrm{t})} = \phi_0 = \phi_0(r=0)$。

（4）远场强度有效数值孔径

远场强度有效数值孔径定义为

$$\mathrm{NA_{eff}} \equiv \sin\phi_{\mathrm{e}} \tag{2-37}$$

式中，ϕ_{e}是光纤远场光强等于最大值的 5%时光纤出射端面轴心相对于该位置的半张角。

所谓光纤远场光强，是在远离光纤出射端面且与光纤轴心线垂直的远场平面上测试得到的光强，远场光强最大值是在远场平面与轴心线的相交处。ϕ_{e}的定义如图 2-19 所示。

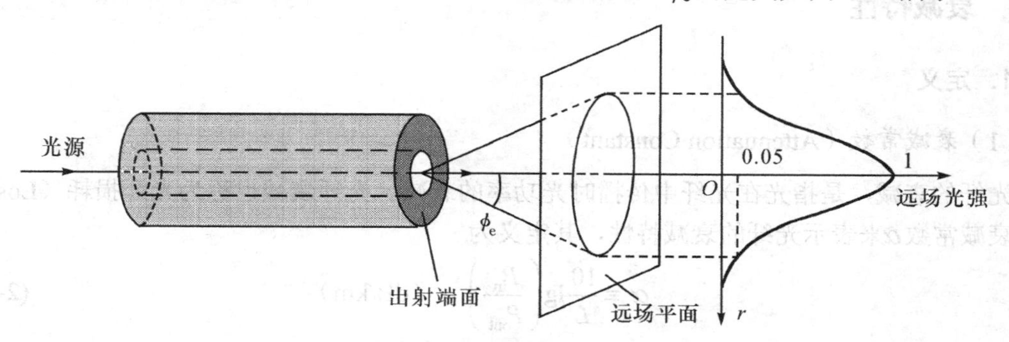

图 2-19　远场强度有效数值孔径示意图

理论指出，$\mathrm{NA_{eff}}$ 和 $\mathrm{NA_t}$ 之间满足以下关系：

$$\mathrm{NA_{eff}} = \sqrt{1-0.05^{\eta/2}}\,\mathrm{NA_t} \tag{2-38}$$

式中，η 是纤芯折射率分布指数，它出现在光纤折射率分布的一般表示式中，即

$$n(r) = \begin{cases} n_1(r) = n_1\left[1-2\Delta(r/a)^{\eta}\right]^{1/2} & (\text{纤芯}: 0 \leqslant r \leqslant a) \\ n_2 & (\text{包层}: r \geqslant a) \end{cases} \tag{2-39}$$

由式(2-39)可见，$\eta\to\infty$，对应于阶跃光纤；$\eta=2$，对应于抛物渐变光纤（一种常用渐变光纤）。将这两个典型的η值代入式(2-38)，可以得到

阶跃光纤：$\mathrm{NA_{eff}} = \mathrm{NA_t}$，即 $\phi_{\mathrm{e}} = \phi_{0(\mathrm{t})} = \phi_0$；

抛物渐变光纤：$NA_{eff} = 0.975NA_t$，即 $\phi_e < \phi_{0(t)}$。

2. 数值孔径与光源波长的关系

实验已证明

$$NA_{eff}(0.85\ \mu m) = 0.987\ NA_{eff}(0.633\ \mu m) = \begin{cases} 0.987NA_t(0.633\ \mu m)\ (\text{阶跃光纤}) \\ 0.962NA_t(0.633\ \mu m)\ (\text{渐变光纤}) \end{cases} \tag{2-40}$$

式(2-40)是用同一根多模光纤测量所得到的转换关系式，其中括号内的数字是测试时使用的入射光波长，0.85 μm 是不可见红外光，而 0.633 μm 则是 He-Ne 激光器发出的可见红光。使用 0.633 μm 的可见红光，能够方便测量工作。所以，上述转换关系式是有实用价值的。

3. 数值孔径的物理意义

数值孔径是光纤端面临界入射角的正弦值。当光纤端面入射角 $\phi_{in} \leqslant \phi_0$ 时，光纤能够传光；反之，则不能传光。所以，数值孔径表示光纤采光能力的大小。数值孔径越大，则光纤与光源或和其他光纤的耦合就越容易。但数值孔径过大，则 Δ 大，这会增加光纤传输损耗（$\alpha \propto \Delta$），故数值孔径应适当取值。

ITU-T 规定：多模渐变光纤的 $NA_t = (0.18 \sim 0.24) \pm 0.02$，单模光纤的 $NA_t \approx 0.11$。

通常，为了最有效地将光入射到光纤中去，应采用与光纤数值孔径相同的透镜进行集光。

2.3.2　衰减特性

1. 定义

（1）衰减常数（Attenuation Constant）

光纤的衰减，是指光在光纤中传播时光功率的衰减。光纤衰减也称为光纤损耗（Loss）。常用衰减常数 α 来表示光纤的衰减特性，其定义为

$$\alpha \equiv \frac{10}{L}\lg\left(\frac{P_{in}}{P_{out}}\right) \quad (\text{dB/km}) \tag{2-41a}$$

式中，L 是光纤长度（km）；P_{in} 是光纤输入光功率；P_{out} 是光纤输出光功率；lg 是以 10 为底的对数。

式(2-41a)可以改写为

$$P_{out} = P_{in} \times 10^{-\alpha L/10} \tag{2-41b}$$

α 的物理意义：α 表示光纤单位长度上光功率的变化，它影响光纤传光距离的远近。所以，要求 α 越小越好。表 2-6 是光功率衰减与 α 的数值对应表。

表 2-6　光功率衰减与 α 的数值对应表

光功率衰减	0	5%	33%	37%	50%	80%	99%
P_{in}/P_{out}	1	1.05	1.5	1.6	2	5	100
α(dB)（取 L=1 km）	0	0.2	1.8	2	3	7	20

(2)单模光纤半经验公式

$$\alpha=(0.53+66\Delta_{max}+0.21\lambda_c)/\lambda^4 \quad (dB/km) \tag{2-42}$$

式中,λ为工作波长(μm),Δ_{max}为光纤最大相对折射率差;λ_c是截止波长(μm),λ_c的意义参见下一节。式(2-42)右边第一项与光纤材料 SiO_2 有关,第二、三两项与光纤材料的掺杂有关。此式仅用于本征损耗(其意义见下文)。

由式(2-42)可见:

- 工作波长越短,衰减越大,并且与λ的负四次方成正比;
- Δ_{max}越大,衰减越大。这是因为Δ_{max}越大,光纤纤芯内的全反射临界角θ_c越小,故导波在纤芯内反射次数越多,衰减的可能性也就越大。

2. 衰减产生的主要原因

(1)本征损耗(光纤材料所固有)

① SiO_2材料的固有吸收

包括 { 分子共振吸收光能,在红外波段 1.6 μm
　　　 电子跃迁吸收光能,在紫外波段 0.39 μm

② 石英玻璃体的瑞利(Rayleigh)散射

石英玻璃体微粒密度分布不均匀,能够产生射向四面八方的散射光,称为瑞利散射光。散射光强$\propto\lambda^{-4}$,主要影响紫外波段。

(2)制纤工艺损耗(在提纯、熔炼、拉丝等过程中产生)

① 杂质吸收

包括 { 金属离子跃迁吸收光能
　　　 OH 离子共振吸收光能,在红外波段(吸收峰在 1.38 μm 附近)

② 结构缺陷散射

纤芯中的气泡、裂痕、丝径起伏、折射率不均匀等,都能够引起光线的散射。

(3)布线施工或制缆工艺损耗

① 强弯曲损耗

光缆线路拐弯时产生的损耗,称为强弯曲损耗。研究表明,纤芯内的光线传播到光纤强弯曲部分时,其在纤芯与包层交界面上的入射角θ_1会小于全反射临界角θ_c,因此光线容易从弯曲部分产生折射光逸出纤芯外。并且光纤弯曲越厉害(即弯曲半径越小),则逸出光线越多,导致纤芯内导波能量明显下降。

② 微弯曲损耗

光纤轴向产生多个微米级的凸起和凹下形变,称为微弯曲。例如,光纤护套松紧不均匀或者涂覆层因周围温度变化不均匀等都会产生压力引起微弯曲。因而,纤芯内的光线传播到光纤微弯曲部分时,也会因其在纤芯边界上的入射角θ_1小于全反射临界角θ_c而折射进入包层变成辐射模,造成光损耗,称为微弯曲损耗。

微弯曲损耗和强弯曲损耗有两个共同特点，其一是高阶模比低阶模容易产生弯曲损耗，其二是单模光纤比多模光纤对弯曲损耗更为敏感。第一个特点的原因是，由前面分析可知，低阶模对应于小的光纤端面入射角ϕ_{in}，高阶模对应于大的ϕ_{in}。因此，低阶模在纤芯边界上的入射角θ_1比高阶模的θ_1要大，并且高阶模的θ_1等于或接近于全反射临界角θ_c，而低阶模的θ_1则大于或远大于θ_c。因而，在光纤弯曲部分高阶模的θ_1很容易小于θ_c而产生折射光逸出纤芯外。第二个特点的原因是，纤芯内导波存在时包层内有衰减波，即一部分光功率是通过包层传输的，并且单模光纤包层内传输的光功率占全部光功率的比值远大于多模光纤的比值，当光纤弯曲时包层内的光波最容易逸出到涂覆层，故单模光纤比多模光纤的弯曲损耗大。

③ 接头损耗

光纤接头处也会出现光传输损耗，称为接头损耗。其产生原因是，对接的两根光纤的芯径不相等、数值孔径不相同、轴心线有偏移、端面分离，等等，其中任一个原因都可引起接头处光泄露，产生接头损耗。

3. 光纤通信使用的波段

光纤通信要求使用传输损耗小的波段，即所谓的低损耗窗口。通常使用以下窗口：

（1）短波长窗口（近红外窗口）

其波长范围是0.80～0.90 μm。通常使用0.85 μm，ITU-T规定相应的衰减常数的允许值范围是（2.0～2.5）dB/km≤α≤4 dB/km，而中继距离则可达10 km。短波长窗口主要应用在早期的多模光纤通信系统中。

（2）长波长窗口（近红外窗口）

其波长范围是1.25～1.35 μm及1.50～1.60 μm。通常使用1.31 μm及1.55 μm，ITU-T规定相应的衰减常数是：1.31 μm多模光纤为（0.5～0.8）dB/km≤α≤2 dB/km，1.31 μm单模光纤为（0.3～0.4）dB/km≤α≤1.0 dB/km，而1.55 μm单模光纤则为0.25 dB/km≤α≤0.5 dB/km。中继距离较长，可达几十千米至100 km。目前的光纤通信系统多采用长波长窗口。

2.3.3 截止波长

1. 定义

截止波长（Cutoff Wavelength），指的是光纤中只能传导基模的最低工作波长。若工作波长高于截止波长，则高次模截止，仅仅传导基模，此时光纤称为单模光纤；若工作波长低于或等于截止波长，则高次模传导，此时光纤称为多模光纤。

截止波长有多种定义，如理论截止波长、涂覆光纤截止波长、成缆光纤截止波长等。工程上最关心涂覆光纤截止波长和成缆光纤截止波长。下面分别予以介绍。

（1）理论截止波长λ_{ct}

由前可知，光纤单模工作条件为

$$\frac{2\pi a n_{1\max}}{\lambda}\sqrt{2\varDelta_{\max}} < 2.4048$$

或

$$\lambda > \frac{2\pi a n_{1\max}}{2.4048}\sqrt{2\varDelta_{\max}}$$

满足该条件时，光纤仅能传播 HE_{11} 模或 LP_{01} 模，不能传播其他高次模。

可以将上式不等号右边的式子用λ_{ct}来表示，即

$$\lambda_{ct} \equiv \frac{2\pi a n_{1\max}}{V_c}\sqrt{2\varDelta_{\max}}, \quad 其中\ V_c \equiv 2.4048 \tag{2-43a}$$

则称λ_{ct}为理论截止波长。

所以，使用理论截止波长λ_{ct}时，可以得到

$$光纤的单模工作条件为\lambda > \lambda_{ct} \tag{2-43b}$$

$$光纤的多模工作条件为\lambda \leqslant \lambda_{ct} \tag{2-43c}$$

（2）2 m 长涂覆光纤的实测截止波长λ_c

选用一根 2 m 长的涂覆光纤，绕一个半径为 30 mm 的小圈以增大损耗。入射可调波长的光波，当导波通过该光纤后，导波中的 LP_{11} 模不能继续传播时所对应的临界入射光波长，就定义为 2 m 长光纤的实测截止波长λ_c。

ITU-T 规定：1.31 μm 工作波长的单模光纤λ_c = 1.10～1.28 μm。

所以，2 m 长度涂覆光纤的模式工作条件是

$$单模工作条件为\lambda > \lambda_c$$

$$多模工作条件为\lambda \leqslant \lambda_c$$

（3）22 m 长光缆的实测截止波长λ_{cc}

选用一根 22 m 长的光缆，去掉两端的外保护层使其各露出一段单根光纤，各绕一个半径为 45 mm 的小圈以增大损耗。入射可调波长的光波，当导波经过该光缆后，LP_{11} 模不能继续传播时所对应的临界入射光波长，就定义为 22 m 长光缆的实测截止波长λ_{cc}。

ITU-T 规定：1.31 μm 工作波长的单模光纤，其λ_{cc}＜1.27 μm。

所以，22 m 长度光缆的模式工作条件是

$$单模工作条件为\lambda > \lambda_{cc}$$

$$多模工作条件为\lambda \leqslant \lambda_{cc}$$

（4）一个中继段光缆的有效截止波长λ_{ce}

选用一根中继段长度的光缆，入射可调波长的光波，当导波经过该光缆后，LP_{11} 模不能继续传播时所对应的临界入射光波长，就定义为一个中继段光缆的有效截止波长λ_{ce}。

所以，中继段长度光缆的模式工作条件是

$$单模工作条件为\lambda > \lambda_{ce}$$

$$多模工作条件为\lambda \leqslant \lambda_{ce}$$

2. 几种截止波长之关系

根据上面的定义，可以看出：当$\lambda>\lambda_c$, λ_{cc}或λ_{ce}时，LP_{11}模在纤芯内能够被激励，但传输一定距离后，就被衰减掉了。具体来说，当$\lambda>\lambda_{ce}$时，LP_{11}模在大于一个中继段长度的纤芯内不存在，但在一个中继段长度内是存在的；若要使一个中继段长度内不存在LP_{11}模，就需要增大入射光波长。同样，当$\lambda>\lambda_{cc}$时，LP_{11}模在大于22 m长度的纤芯内不存在，但在22 m长度内是存在的；若要使22 m长度内不存在LP_{11}模，也需要增大入射光波长。同理，当$\lambda>\lambda_c$时，LP_{11}模在大于2 m长度的纤芯内不存在，但在2 m长度以内存在；如果要使2 m长度内不存在LP_{11}模，也需要增大入射光波长。

综上分析，容易看出以上几种截止波长的关系是

$$\lambda_c>\lambda_{cc}>\lambda_{ce}$$

再考虑到当$\lambda>\lambda_{ct}$时，LP_{11}模在纤芯内根本不能被激励，这相当于对LP_{11}模来说光纤的等效长度为零。所以，四种截止波长的关系是

$$\lambda_{ct}>\lambda_c>\lambda_{cc}>\lambda_{ce} \tag{2-44}$$

3. 确定截止波长的目的

确定截止波长是为了确实保证光纤中的单模传输。

由于光纤越长，衰减越大，并且高阶模比低阶模衰减得更快，因此，若两光纤的a, n_1, n_2, λ, ϕ_{in}都分别相同，则短光纤比长光纤的高阶模多。若两光纤的a, n_1, n_2, ϕ_{in}及高阶模类型均相同，则短光纤比长光纤的λ大。所以，只要保证了最短光纤中是单模传输，就更可以保证任何较长光纤中也是单模传输。总之，单模工作条件是

$$\lambda>\lambda_{ct}>\lambda_c>\lambda_{cc}>\lambda_{ce} \tag{2-45}$$

2.3.4 带宽与色散

1. 光纤带宽的概念

研究发现，光纤的频带特性与光纤的长度有关系。所以，常用“带宽·距离”积来表示光纤的频带特性，它的单位通常使用MHz·km或GHz·km。例如，若某光纤的频带特性为100 MHz·km，则表示该光纤1 km长度的带宽为100 MHz，或者100 km长度的带宽为1 MHz。显然，光纤越长，带宽就越窄。

“带宽·距离”积越大，越有利于传输高速码。这是因为“带宽·距离”积越大，则光纤全长的带宽就越大。光纤带宽大，则允许传输的高频成分多，使得所传送的光脉冲的前、后沿比较陡峭，因而相邻光脉冲的间距可以很小，而依然能够分辨每一个光脉冲，故单位时间段上脉码密度高。反之，光纤带宽小，则允许传输的高频成分少，使得所传送的光脉冲的前、后沿斜缓，因而光脉冲彼此间距不能很小，否则不可分辨，故单位时间段上脉码密度低。

ITU-T规定：0.85 μm多模渐变光纤的带宽取值范围为200～1000 MHz·km，而1.31 μm多模渐变光纤的带宽取值范围则为200～1200 MHz·km。

2. 影响带宽的原因

（1）模间色散（Intermodal Dispersion）

① 定义

同一波长光信号的不同模式成分之间的色散，称为**模间色散**或**模式色散**（Modal Dispersion）。模间色散只在多模光纤中存在。

② 产生原因

多模光纤中各个模式的光传播的路径和速度不同，使得在光纤出射端各模式的到达时间不一致，产生时延差，引起光脉冲展宽，称为模间色散。

图2-20所示是模间色散时延差导致光脉冲展宽的示意图。其中，假设光纤端面上入射光线内含有两个模式的光脉冲（图左虚线），其存在时间完全重合，其合成光脉冲（图左实线）的宽度与单个光脉冲的宽度近似相同。经过光纤传输后，由于不同的时延，这两个模式的光脉冲（图右虚线）在出射端分开了，其合成光脉冲（图右实线）的宽度大于单个光脉冲的宽度。如果考虑多个模式的光脉冲，则出射端合成光脉冲的宽度要大得多。

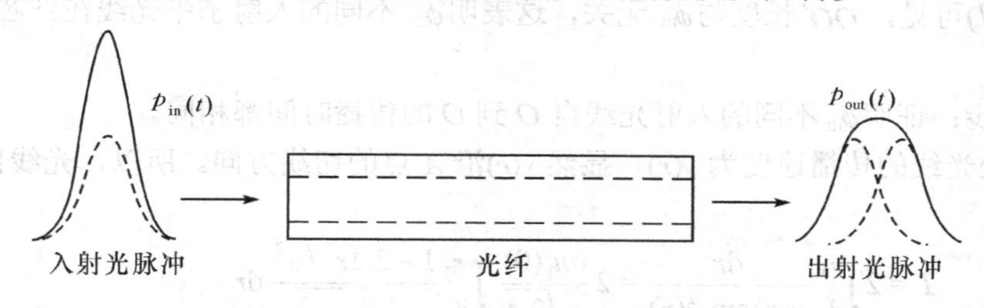

图2-20　模间色散时延差导致光脉冲展宽的示意图

如前所述，阶跃光纤的低阶模全反射次数少，传播路径短；而高阶模全反射次数多，传播路径长。因此，阶跃光纤内高阶模比低阶模时延大。而渐变光纤的低阶模靠近轴心线传播，路径短，但因轴心线附近折射率大，故传播速度慢；高阶模则与之相反。因此，渐变光纤内各个模的时延差不多。两者比较可见，阶跃光纤的模间色散大于渐变光纤的模间色散。

下面证明：**抛物渐变光纤（$\eta=2$）具有最小模间色散**。

- 第一步：证明光纤端面轴心处入射角ϕ_{in}不同的入射子午光线在纤芯内都通过轴心线上的O'点。

图2-21画出了抛物渐变光纤的一条子午光线传播曲线。其中，O点及O'点是传播曲线与轴心线先后相交的两个交点。取（r, z）坐标系，则O点及O'点的坐标分别为（$r_O=0, z_O=0$）及（$r_{O'}=0, z_{O'}=2z_{\text{m}}$）。另外，$A$点及$M$点分别是传播曲线上的任意点和径向最大值点，此两点坐标分别为（r, z）及（$r_{\text{m}}, z_{\text{m}}$）。记$O$点、$A$点及$M$点的切线与$z$轴夹角分别为$\phi_0$, $\phi(r)$及ϕ_{m}，显然$\phi_{\text{m}}=0$。则根据折射定律可得

$$n_1(0)\cos\phi_0 = n_1(r)\cos\phi(r) = n_1(r_{\text{m}})\cos\phi_{\text{m}} \tag{2-46}$$

所以，OO'直线段长度为

$$\overline{OO'} = 2z_{\text{m}} = 2\int_0^{r_{\text{m}}} \text{d}z = 2\int_0^{r_{\text{m}}} \frac{\text{d}r}{\tan\phi(r)} = 2\int_0^{r_{\text{m}}} \frac{\cos\phi_0}{\sqrt{1-2\Delta(r/a)^2-\cos^2\phi_0}}\text{d}r$$

$$=\frac{\pi a}{\sqrt{2\Delta}}\sqrt{1-2\Delta(r_{\mathrm{m}}/a)^2}\approx\frac{\pi a}{\sqrt{2\Delta}} \tag{2-47}$$

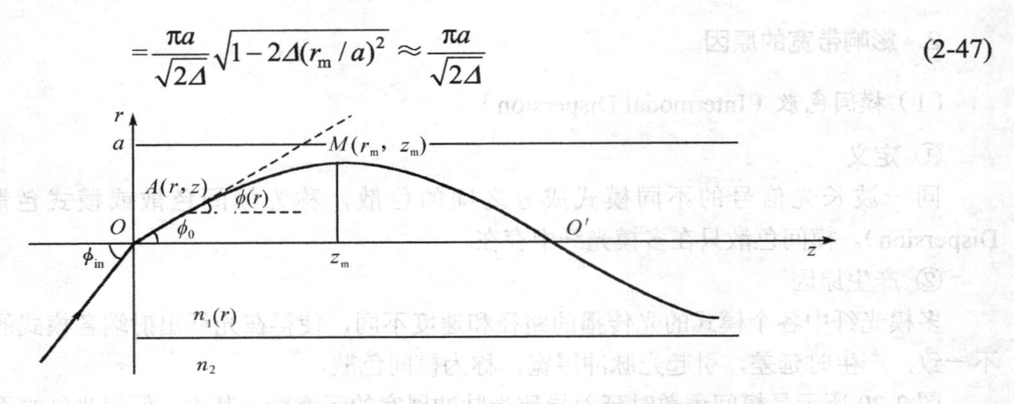

图 2-21　抛物渐变光纤子午光线模间色散时延差计算图

上面推导中利用了式(2-46)以及抛物渐变光纤的折射率关系式：

$$n_1(r)=n_1(0)\sqrt{1-2\Delta(r/a)^2}$$

由式(2-47)可见，$\overline{OO'}$ 长度与 ϕ_{in} 无关，这表明 ϕ_{in} 不同的入射子午光线在纤芯内都能汇聚于 O'点。

- 第二步：证明 ϕ_{in} 不同的入射光线自 O 到 O'的传播时间都相同。

设 A 点处光线的传播速度为 $v(r)$，显然 $v(r)$沿 A 点的切线方向。所以，光线自 O 到 O'的传播时间为

$$T=2\int_0^{r_{\mathrm{m}}}\frac{\mathrm{d}r}{v(r)\sin\phi(r)}=2\frac{an_1(0)}{c\sqrt{2\Delta}}\int_0^{r_{\mathrm{m}}}\frac{1-2\Delta r^2/a^2}{\sqrt{r_{\mathrm{m}}^2-r^2}}\mathrm{d}r$$

$$=\pi\frac{an_1(0)}{c\sqrt{2\Delta}}(1-\Delta r_{\mathrm{m}}^2/a^2)\approx\pi an_1(0)/(c\sqrt{2\Delta}) \tag{2-48}$$

上面推导中利用了 $v(r)=c/n_1(r)$、式(2-46)以及 $n_1(r)$与 $n_1(0)$的关系式。

可见，T 与 ϕ_0 无关，也即与 ϕ_{in} 无关，这表明 ϕ_{in} 不同的光线在纤芯内走完 $O\rightarrow O'$路径所用的时间相同，即不存在时延差。

以上两步证明得到的结论可以归纳为：从光纤端面轴心处同时入射的子午光线，不论其入射角 ϕ_{in} 是否相等，它们都能在抛物渐变光纤内同时汇聚于轴心线上的同一点。这个现象称为抛物渐变光纤子午光线的**自聚焦特性**。实际上，这只是一种理想情况。如果考虑到光纤制作工艺不能保证折射率具有精确的抛物线分布，再加上斜射光线的存在，则抛物渐变光纤总会存在一定的时延差，只不过很小而已。

③ 模间最大时延差的粗略估算

(a) 阶跃光纤

设阶跃光纤长为 L，则任意一条入射子午光线的传输时间为

$$t=\frac{L/\sin\theta_1}{c/n_1}=\begin{cases}\dfrac{Ln_1}{c}\equiv t_{\min} & (\theta_1\approx\pi/2\text{时})\\[2ex] \dfrac{Ln_1}{c\sin\theta_{\mathrm{c}}}=\dfrac{Ln_1^2}{cn_2}\equiv t_{\max} & (\theta_1=\theta_{\mathrm{c}}\text{时})\end{cases} \tag{2-49}$$

所以，t_{max} 与 t_{min} 的模间时延差为

$$\tau_{inter(L)}=t_{max}-t_{min}=\frac{Ln_1}{c}\left(\frac{n_1}{n_2}-1\right)\approx\frac{Ln_1^2}{cn_2}\Delta \tag{2-50}$$

单位长度阶跃光纤上的模间时延差则为

$$\tau_{inter(1)}=\tau_{inter(L)}/L\approx\frac{n_1}{c}\left(\frac{n_1}{n_2}\Delta\right)\approx\frac{n_1}{c}\Delta \tag{2-51}$$

例如，若阶跃光纤的 $n_1=1.5$，$\Delta=0.01$，$c=3\times10^5$ km/s，则 $\tau_{inter(1)}\approx50$ ns。

(b) 渐变光纤

取抛物渐变光纤，则任意一条入射光线（其径向峰值为 r_m）在单位长度光纤内的传输时间为

$$t=\frac{T}{\overline{OO'}}=\frac{\frac{\pi a}{\sqrt{2\Delta}}\frac{n_1(0)}{c}\left[1-\Delta(r_m/a)^2\right]}{\frac{\pi a}{\sqrt{2\Delta}}\sqrt{1-2\Delta(r_m/a)^2}}=\frac{n_1(0)}{c}\frac{1-\frac{\sin^2\phi_0}{2}}{\cos\phi_0}$$

$$=\frac{n_1(0)}{2c}\left(\cos\phi_0+\frac{1}{\cos\phi_0}\right)=\begin{cases}\frac{n_1(0)}{c}\equiv t_0 & (r_m=0,\ \text{即}\ \phi_0=0\ \text{时})\\ \frac{n_1(0)}{2c}\left(\sqrt{1-2\Delta}+\frac{1}{\sqrt{1-2\Delta}}\right)\equiv t_a & (r_m=a\ \text{时})\end{cases} \tag{2-52}$$

所以，$r_m=0$ 和 $r_m=a$ 的光线时延差为

$$\tau_{inter(1)}=t_a-t_0\approx\frac{n_1(0)}{c}\frac{\Delta^2}{2} \tag{2-53}$$

例如，若抛物渐变光纤的 $n_1(0)=1.5$，$\Delta=0.01$，则 $\tau_{inter(1)}\approx0.25$ ns。

从以上分析可见：抛物渐变光纤的模间时延差比阶跃光纤要小两个数量级左右。还可证得：抛物渐变光纤的模间时延差比非抛物渐变光纤（$\eta\neq2$）要小一个多数量级。

④ 模间色散带宽计算公式

由于模间时延差会导致光脉冲展宽，故可利用光脉冲的 3 dB 时宽（即半幅值时宽）来估计模间时延差的大小，用光脉冲的 3 dB 频宽（即半幅值频宽）来估计模间色散带宽的大小。

假设光脉冲为高斯型，即光脉冲强度为

$$p(t)=p(0)\,\mathrm{e}^{-t^2/(2\sigma^2)} \tag{2-54}$$

式中，$p(0)$是 $t=0$ 时刻的光脉冲强度值；σ是光脉冲均方根时宽的一半。则 $p(t)$的 3 dB 时宽 $\tau_{3\,dB}$ 定义为［参见图 2-22(a)］

$$p(t=\tau_{3\,dB}/2)\equiv p(t=0)/2$$

由此解得

$$\tau_{3\,dB}=2\sqrt{2\ln2}\,\sigma \tag{2-55}$$

式(2-55)表明，光脉冲的 3 dB 时宽是光脉冲均方根时宽的 $\sqrt{2\ln2}$ 倍。

另一方面，根据傅里叶变换关系可以求出 $p(t)$的频谱 $P(f)$为

$$P(f)=\int_{-\infty}^{\infty}p(t)\mathrm{e}^{-\mathrm{j}2\pi ft}\mathrm{d}t=p(0)\int_{-\infty}^{\infty}\mathrm{e}^{-t^2/(2\sigma^2)-\mathrm{j}2\pi ft}\mathrm{d}t=p(0)\sqrt{2\pi}\sigma\mathrm{e}^{(-\mathrm{j}2\pi f)^2\sigma^2/2} \tag{2-56}$$

式中，f是频率（Hz）。定义 $P(f)$的 3 dB 频宽 $f_{3\,dB}$ 为［参见图 2-22(b)］

$$P(f=f_{3\,\mathrm{dB}})\equiv P(f=0)/2$$

解得

$$f_{3\mathrm{dB}}=\frac{\sqrt{2\ln 2}}{2\pi\sigma}=\frac{2\ln 2}{\pi\tau_{3\mathrm{dB}}}=\frac{0.441}{\tau_{3\mathrm{dB}}(\mathrm{s})}(\mathrm{Hz})=\frac{0.441}{\tau_{3\mathrm{dB}}(\mathrm{ns})}(\mathrm{GHz})=\frac{441}{\tau_{3\mathrm{dB}}(\mathrm{ns})}(\mathrm{MHz}) \tag{2-57}$$

类比式(2-57)，可以定义模间时延差τ_{inter}和模间色散带宽B_{inter}分别为

$$\tau_{\mathrm{inter}}\approx\tau_{3\mathrm{dB}}\quad(\mathrm{ns}) \tag{2-58a}$$

$$B_{\mathrm{inter}}\approx 441/\tau_{\mathrm{inter}}\quad(\mathrm{MHz}) \tag{2-58b}$$

显然，要求B_{inter}越大越好，即τ_{inter}越小越好。

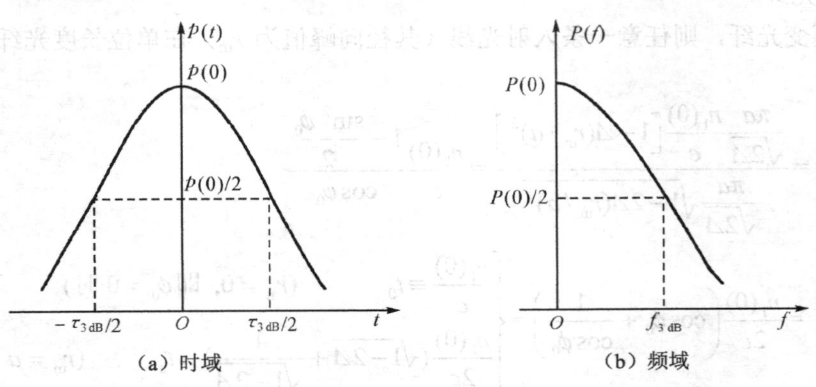

图 2-22　高斯型光脉冲波形

（2）模内色散（Intramodal Dispersion）

① 定义

同一个导波模式的不同光波长之间的色散，称为**模内色散或色度色散**（Chromatic Dispersion）。

② 产生原因

其一，是由于光源光谱不纯，此时同一个导波模式的光波不是单一波长，而是有一个谱宽。其二，是由于光纤石英材料的折射率不是一个常数，而是随光波长的增大而减小的，于是由式(2-1)的导入公式$n_0\sin\phi_0=n_1\sin\phi_1=n_1\cos\theta_c$可知，$n_1$小则$\phi_1$大即$\theta_c$小，故长波长光线反射次数多，以致其传输路径长；反之，短波长光线反射次数少，其传输路径短。其三，是由于波导结构与折射率分布等参量有关，波导结构的变化将影响光纤内光线的传播速度，使得不同路径光线之间的速度差不是常数，而是一个随传输路径变化的复杂函数。这三方面原因综合起来，导致同一个导波模式的不同波长光线之间产生时延差，引起光脉冲展宽，这种现象称为模内色散。通常，按照产生原因将模内色散细分为以下两类。

(a) 材料色散（Material Dispersion）

不考虑波导结构的影响，只考虑光源光谱不纯以及光纤石英材料的折射率随波长而变化这两个原因，所产生的模内色散称为材料色散。材料色散可以在单模光纤和多模光纤中存在。

研究已经证明：材料色散时延差为

$$\tau_{\mathrm{n}(L)}=D_{\mathrm{n}}(\lambda)\cdot\Delta\lambda\cdot L\cdot 10^{-3}\quad(\mathrm{ns}) \tag{2-59a}$$

式中，L为光纤长度（km）；$\Delta\lambda$为光源谱宽（nm）；$D_{\mathrm{n}}(\lambda)$为**材料色散系数**[ps/(nm·km)]，理论

上给出了

$$D_n(\lambda) = -\frac{\lambda}{c}\frac{d^2 n_1(\lambda)}{d\lambda^2} \tag{2-59b}$$

可见，$D_n(\lambda)$是一个与$n_1(\lambda)$有关的参数。实测表明，光纤石英材料的$n_1(\lambda)$是一条随λ增大而下降的曲线，在低于 1.27 μm 处有一个拐点，拐点左边和右边的曲线分别是凹下和凸起形状。所以，根据数学理论可知，$D_n(\lambda)$是一条随λ增大而由负值到零再到正值的上升曲线，零点就在 1.27 μm 附近。

材料色散带宽则可写为

$$B_{n(L)} = \frac{441}{\tau_{n(L)}} = \frac{441}{D_n(\lambda)\cdot\Delta\lambda\cdot L\cdot 10^{-3}} \text{（MHz）} \tag{2-60}$$

实际应用中，要求$B_{n(L)}$越大越好，也即要求$\tau_{n(L)}$越小越好。

(b) 波导色散（Waveguide Dispersion）

考虑光源光谱不纯以及波导结构的影响，所产生的模内色散称为波导色散。波导色散在单模光纤和多模光纤中都能够存在，但在多模光纤中其影响很小，通常可以略去。

同样，波导色散时延差可写为

$$\tau_{w(L)} = D_w(\lambda)\cdot\Delta\lambda\cdot L\cdot 10^{-3} \text{（ns）} \tag{2-61a}$$

式中，$D_w(\lambda)$称为**波导色散系数**[ps/(nm·km)]，与归一化频率 V 有关，理论上也给出了其值为

$$D_w(\lambda) = -\frac{n_1\Delta}{c\lambda}V\frac{d^2(Vb)}{dV^2} \tag{2-61b}$$

式中，$b = 1 - u^2/V^2$；u 是光纤横向归一化传播常数。研究表明，$D_w(\lambda)$是一条随λ增大而缓慢下降的曲线。改变波导结构参数可以改变$D_w(\lambda)$的大小，但$D_w(\lambda)$始终小于零。

波导色散带宽则为

$$B_{w(L)} = \frac{441}{\tau_{w(L)}} \text{（MHz）} \tag{2-62}$$

实际应用中，要求$B_{w(L)}$越大越好，即$\tau_{w(L)}$越小越好。

③ 模内总的色散

综上所述，模内总色散时延差为

$$\tau_{intra(L)} = \tau_{n(L)} + \tau_{w(L)} = D_{intra}(\lambda)\cdot\Delta\lambda\cdot L\cdot 10^{-3} \text{（ns）} \tag{2-63}$$

式中，

$$D_{intra}(\lambda) = D_n(\lambda) + D_w(\lambda) \tag{2-64}$$

称为**模内总色散系数**[ps/(nm·km)]。如上所述，$D_n(\lambda)$是一条随λ增大而由负值到零再到正值的上升曲线，零点就在 1.27 μm 附近；而 $D_w(\lambda)$是一条随λ变化而始终为负值的曲线。所以，$D_n(\lambda)$与 $D_w(\lambda)$的合成曲线 $D_{intra}(\lambda)$的零点将从 1.27 μm 处移至 1.31 μm 附近，称之为**零色散波长**（Zero-Dispersion Wavelength）。在实际中，通过改变折射率分布（利用掺杂剂 GeO_2 来实现）及芯径 a 等参量来改变波导色散的大小，可以使总色散为零的零色散波长最高移至 1.70 μm 处。通常，将零色散波长从 1.31 μm 处移至 1.55 μm 处，称之为**零色散位移波长**（Zero-Dispersion Shifted Wavelength）。

ITU-T 规定：

$$\text{多模光纤 } D_{\text{intra}}(\lambda) \leqslant \begin{cases} 120\ \text{ps/(nm}\cdot\text{km)} & \lambda = 0.85\ \mu\text{m} \\ 6\ \text{ps/(nm}\cdot\text{km)} & \lambda = 1.31\ \mu\text{m} \end{cases}$$

$$\text{单模光纤} D_{\text{intra}}(\lambda) \leqslant \begin{cases} 3.5\ \text{ps / (nm}\cdot\text{km)} & \lambda = 1.31\mu\text{m(G.652光纤)和}1.55\mu\text{m(G.653光纤)} \\ 20\ \text{ps/(nm}\cdot\text{km)} & \lambda = 1.55\mu\text{m(G.652光纤和G.654光纤)} \end{cases}$$

模内总色散带宽则为

$$B_{\text{intra}(L)} = \frac{441}{\tau_{\text{intra}(L)}} = (B_{\text{n}(L)}^{-1} + B_{\text{w}(L)}^{-1})^{-1} \quad (\text{MHz}) \tag{2-65}$$

【例 2-1】 已知光源波长λ分别为 0.85 μm 和 1.31 μm，光源谱宽$\Delta\lambda$都为 5 nm，试求 1 km 长多模光纤的模内总色散带宽允许值。

解 按照 ITU-T 规定，光源波长λ = 0.85 μm 时，$D_{\text{intra}}(\lambda) \leqslant 120$ ps/(nm·km)，故得

$$\tau_{\text{intra}(1)} \leqslant 120 \times 5 \times 1 \times 10^{-3}\ \text{ns} = 0.6\ \text{ns}$$

所以要求

$$B_{\text{intra}(1)} \geqslant 735\ \text{MHz}\cdot\text{km}$$

同理，按照 ITU-T 规定，光源波长λ = 1.31μm 时，$D_{\text{intra}}(\lambda) \leqslant 6$ ps/(nm·km)，故得

$$\tau_{\text{intra}(1)} \leqslant 6 \times 5 \times 1 \times 10^{-3}\ \text{ns} = 0.03\ \text{ns}$$

所以要求

$$B_{\text{intra}(1)} \geqslant 14.7\ \text{GHz}\cdot\text{km}$$

（3）光纤总的色散公式

从色散产生原因可以看出，模内两种色散之间具有一定的相关性，而模内与模间色散之间则不具有相关性。根据数学理论，几个相关量的合成采用线性相加的算法，而几个不相关量的合成则采用平方相加的算法。所以，光纤总的色散时延差为

$$\tau_{\text{T}} = \begin{cases} \tau_{\text{intra}} = \tau_{\text{n}} + \tau_{\text{w}} & \text{单模光纤} \\ \sqrt{\tau_{\text{intra}}^2 + \tau_{\text{inter}}^2} = \sqrt{(\tau_{\text{n}} + \tau_{\text{w}})^2 + \tau_{\text{inter}}^2} & \text{多模光纤} \end{cases} \tag{2-66}$$

光纤总的色散带宽为

$$B_{\text{T}} \approx \frac{441}{\tau_{\text{T}}} = \begin{cases} B_{\text{intra}} = 1/(B_{\text{n}}^{-1} + B_{\text{w}}^{-1}) & \text{单模光纤} \\ 1/\sqrt{B_{\text{intra}}^{-2} + B_{\text{inter}}^{-2}} = 1/\sqrt{(B_{\text{n}}^{-1} + B_{\text{w}}^{-1})^2 + B_{\text{inter}}^{-2}} & \text{多模光纤} \end{cases} \tag{2-67}$$

3. 带宽与光纤长度的关系

（1）模内色散

可将式(2-63)改写为

$$\tau_{\text{intra}(L)} = \tau_{\text{intra}(1)} L \tag{2-68a}$$

式中，

$$\tau_{\text{intra}(1)} = D_{\text{intra}}(\lambda) \cdot \Delta\lambda \cdot 1 \times 10^{-3} \quad (\text{ns}) \tag{2-68b}$$

$\tau_{\text{intra}(1)}$是 1 km 长度光纤的模内色散时延差。

所以，L km 长度光纤的模内色散带宽与光纤长度 L 的关系为

$$B_{\text{intra}(L)} = B_{\text{intra}(1)}/L \tag{2-69a}$$

式中，

$$B_{\text{intra}(1)}=441/\tau_{\text{intra}(1)}\ (\text{MHz}\cdot\text{km}) \tag{2-69b}$$

$B_{\text{intra}(1)}$是 1 km 长度光纤的模内色散带宽。

（2）模间色散

前面估算模间最大时延差时，得到了式(2-50)，已给出$\tau_{\text{inter}(L)}\propto L$，但这是在没有考虑衰减的情况下导出的式子。实际上，由于衰减的存在，L 越长则高阶模衰减越多，使得传输的模式总数目减少，因而模间色散变弱。这对模间色散时延差而言，相当于光纤的有效长度变小，可以表示为

$$\tau_{\text{inter}(L)}=\tau_{\text{inter}(1)}L^{\gamma}\qquad (\gamma<1) \tag{2-70}$$

式中，$\tau_{\text{inter}(1)}$是 1km 长度光纤的模间色散时延差；γ是有效长度因子，通常取$\gamma=0.5\sim0.9$。

所以，L km 长度光纤的模间色散带宽与光纤长度 L 的关系为

$$B_{\text{inter}(L)}=B_{\text{inter}(1)}/L^{\gamma} \tag{2-71a}$$

式中，

$$B_{\text{inter}(1)}\approx\frac{441}{\tau_{\text{inter}(1)}}\ (\text{MHz}\cdot\text{km}) \tag{2-71b}$$

【例 2-2】 设有 N 根多模光纤，其长度分别为 $L_1, L_2,\cdots, L_N$（km），将它们串联连接起来。试问：总的模内色散带宽 $B_{\text{intra}(L)}$、总的模间色散带宽 $B_{\text{inter}(L)}$及总的色散带宽 $B_{\text{T}(L)}$各为多少？

解　因为

$$B_{\text{intra}(L)}=B_{\text{intra}(1)}/L=B_{\text{intra}(1)}\Big/\sum_{i=1}^{N}L_i=\left[\sum_{i=1}^{N}B_{\text{intra}(L_i)}^{-1}\right]^{-1} \tag{2-72a}$$

$$\begin{aligned}B_{\text{inter}(L)}&=B_{\text{inter}(1)}/L^{\gamma}=\left[B_{\text{inter}(1)}^{-1/\gamma}L\right]^{-\gamma}=\left[\sum_{i=1}^{N}(B_{\text{inter}(1)}^{-1/\gamma}\cdot L_i)\right]^{-\gamma}\\&=\left[\sum_{i=1}^{N}(B_{\text{inter}(1)}/L_i^{\gamma})^{-1/\gamma}\right]^{-\gamma}=\left[\sum_{i=1}^{N}B_{\text{inter}(L_i)}^{-1/\gamma}\right]^{-\gamma}\end{aligned} \tag{2-72b}$$

所以

$$B_{\text{T}(L)}=1\Big/\sqrt{B_{\text{intra}(L)}^{-2}+B_{\text{inter}(L)}^{-2}} \tag{2-72c}$$

式中，$B_{\text{intra}(L_i)}$ 和 $B_{\text{inter}(L_i)}$ 分别为第 i 根光纤的模内色散带宽和模间色散带宽。这些式子可以作为公式使用。

4．光纤总带宽的实测公式

实际中，光纤总的色散带宽是通过测量得到的，所使用的公式如下。

总的色散时间展宽测量公式为

$$\tau_{\text{T}}=\sqrt{\tau_2^2-\tau_1^2}\quad (\text{ns}) \tag{2-73}$$

式中，τ_1 为光纤输入高斯型光脉冲 3 dB 时宽（ns）；τ_2 为光纤输出高斯型光脉冲 3 dB 时宽（ns）。采用高斯型光脉冲是因其比较接近实际情况。

总的带宽测量公式为

$$B_T = 441/\tau_T = 441\Big/\sqrt{\tau_2^2 - \tau_1^2} \quad (\text{MHz}) \tag{2-74}$$

其实，以上两个公式可以从理论上推导出来。借助电子学的概念，如果将光纤看成是一个用冲激响应函数$h(t)$和频率传输函数$H(f)$来描述的系统，其输入和输出光脉冲强度都是高斯型分布的，则可证得：① 式(2-73)的τ_T正好是光纤冲激响应函数$h(t)$的3 dB时宽；② 式(2-74)的B_T则是光纤频率传输函数$H(f)$的3 dB频宽。下面证明这两个结论。

证明 设光纤的输入和输出光脉冲强度分别为以下高斯型，即

$$p_{\text{in}}(t) = p_1 \text{e}^{-t^2/(2\sigma_1^2)} \quad 和 \quad p_{\text{out}}(t) = p_2 \text{e}^{-(t-t_d)^2/(2\sigma_2^2)} \tag{2-75}$$

式中，σ_1和σ_2分别为输入和输出光脉冲均方根时宽的一半；p_1是$t=0$时刻的输入光脉冲强度值；p_2是$t=t_d$时刻的输出光脉冲强度值；t_d是光纤的延时。

仿照式(2-55)的推导，定义$p_{\text{in}}(t)$和$p_{\text{out}}(t)$的3 dB时宽分别为τ_1和τ_2，即

$$p_{\text{in}}(t=\tau_1/2) \equiv p_{\text{in}}(t=0)/2 \quad 和 \quad p_{\text{out}}(t-t_d=\tau_2/2) \equiv p_{\text{out}}(t-t_d=0)/2$$

由此解得

$$\tau_1 = 2\sqrt{2\ln 2}\,\sigma_1 \quad 和 \quad \tau_2 = 2\sqrt{2\ln 2}\,\sigma_2 \tag{2-76}$$

再仿照式(2-56)的推导，可得$p_{\text{in}}(t)$及$p_{\text{out}}(t)$的频谱分别为

$$P_{\text{in}}(f) = \int_{-\infty}^{\infty} p_{\text{in}}(t)\text{e}^{-\text{j}2\pi f t}\text{d}t = p_1\sqrt{2\pi}\sigma_1 \text{e}^{-(2\pi f\sigma_1)^2/2} \tag{2-77a}$$

$$P_{\text{out}}(f) = \int_{-\infty}^{\infty} p_{\text{out}}(t)\text{e}^{-\text{j}2\pi f t}\text{d}t = p_2\sqrt{2\pi}\sigma_2 \text{e}^{-(2\pi f\sigma_2)^2/2 - \text{j}2\pi f t_d} \tag{2-77b}$$

所以

$$H(f) = \frac{P_{\text{out}}(f)}{P_{\text{in}}(f)} = H_0 \text{e}^{-(2\pi f)^2(\sigma_2^2-\sigma_1^2)/2 - \text{j}2\pi f t_d} \tag{2-78}$$

$$h(t) = \int_{-\infty}^{\infty} H(f)\text{e}^{\text{j}2\pi f t}\text{d}f = h_0 \text{e}^{-(t-t_d)^2/[2(\sigma_2^2-\sigma_1^2)]} \tag{2-79}$$

式中，$H_0 = (p_2\sigma_2)/(p_1\sigma_1)$；$h_0 = H_0/\sqrt{2\pi(\sigma_2^2-\sigma_1^2)}$。

若定义光纤冲激响应函数$h(t)$的3 dB时宽$\tau_{h,\,3\,\text{dB}}$为

$$h(t-t_d=\tau_{h,\,3\,\text{dB}}/2) \equiv h(t-t_d=0)/2$$

则由式(2-79)得到

$$\tau_{h,\,3\,\text{dB}} = 2\sqrt{2\ln 2(\sigma_2^2-\sigma_1^2)} = \sqrt{\tau_2^2-\tau_1^2} \tag{2-80}$$

上面第二个等号利用了式(2-76)。将式(2-80)与式(2-73)相比较，可见$\tau_T = \tau_{h,\,3\,\text{dB}}$，故得结论①。

若定义光纤频率传输函数$H(f)$的3 dB频宽$f_{H,\,3\,\text{dB}}$为

$$\left|H(f=f_{H,\,3\,\text{dB}})\right| \equiv H(f=0)/2$$

则由式(2-78)得到

$$f_{H,\,3\,\text{dB}} = \frac{\sqrt{2\ln 2}}{2\pi\sqrt{\sigma_2^2-\sigma_1^2}} = \frac{2\ln 2}{\pi\tau_{h,\,3\,\text{dB}}} \tag{2-81}$$

上面第二个等号利用了式(2-80)。将式(2-81)与式(2-74)相比较，可见$B_T = f_{H,3\,\text{dB}}$，故得结论②。

2.3.5　模场直径

1．基本概念

模场直径（Mode Field Diameter, MFD）表示基模光斑光强的集中程度。基模光斑的特点是中间亮、四周渐暗，没有明显的边界，其近场光强近似为高斯分布，即

$$P(r) = P(0)\,\mathrm{e}^{-2r^2/r_0^2} \tag{2-82a}$$

式中，r 是半径；$P(0)$是 $r=0$ 处（即光纤轴心线上）的光强；r_0 是常数。

模场直径 d_m 的最基本定义为

$$d_\mathrm{m} \equiv 2r_0 \tag{2-82b}$$

d_m 的物理意义是单模光纤近场光强 $P(r)$从最大值 $P(0)$下降到 $P(0)/\mathrm{e}^2$ 时所对应的光斑直径大小，此时 $r=r_0=d_\mathrm{m}/2$。模场直径 d_m 是单模光纤的一个重要参量。下面证明：在单模光纤中大约 99％的基模光功率在模场直径 d_m 以内的光纤圆柱空间中传输。

设 A 为单模光纤模场直径 d_m 以内横截面上的光功率，B 为单模光纤整个横截面上总的光功率，则

$$A = \int_0^{2\pi}\int_0^{d_\mathrm{m}/2} P(r) r\mathrm{d}r\mathrm{d}\varphi = 2\pi\, P(0)\int_0^{d_\mathrm{m}/2} \mathrm{e}^{-2r^2/r_0^2}\, r\mathrm{d}r = 2\pi\, P(0)/2(-r_0^2/2)[\,\mathrm{e}^{-d_\mathrm{m}^2/(2r_0^2)} - 1]$$

$$= (\pi/2)\, P(0) r_0^2 [1 - \mathrm{e}^{-2}\,]$$

$$B = \int_0^{2\pi}\int_0^{\infty} P(r) r\mathrm{d}r\mathrm{d}\phi = 2\pi\, P(0)\int_0^{\infty} \mathrm{e}^{-2r^2/r_0^2}\, r\mathrm{d}r = 2\pi\, P(0)/2(-r_0^2/2)[\,\mathrm{e}^{-\infty} - 1] = (\pi/2)\, P(0) r_0^2$$

故得 $A/B=1-\mathrm{e}^{-2}=0.99$。可见，模场直径 d_m 的确是一个能表示单模光纤内光强集中程度的重要参量。

模场直径 d_m 与纤芯直径 $2a$ 的近似关系是

$$d_\mathrm{m}/(2a) \approx 0.65 + 1.619V^{-1.5} + 2.879V^{-6} \tag{2-83}$$

式中，V 是归一化频率；$d_\mathrm{m}/(2a)$称为**归一化模场直径**。表 2-7 是归一化模场直径 $d_\mathrm{m}/(2a)$与归一化频率 V 的数值关系表，从中可见：①模场直径 d_m 大于纤芯直径 $2a$，这表明单模光纤中的光强除分布在纤芯内之外，还分布在靠近纤芯边界的包层内（即包层的一部分、而非全部）；②可以通过选择 V 来改变 $d_\mathrm{m}/(2a)$，从而控制单模光纤中光强的集中程度。所以，对于单模光纤来说，模场直径比纤芯直径更为重要。

表 2-7　归一化模场直径 $d_\mathrm{m}/(2a)$与归一化频率 V 的数值关系表

V	1	1.1	1.5	2	2.4	2.4048
$d_\mathrm{m}/(2a)$	5.148	3.678	1.784	1.267	1.100	1.099

为了确保基模光波在单模光纤中传输，d_m 不宜太大，否则基模光波过多地分流到包层内，容易逸出光纤外，造成光信号衰减。此外，还要求靠近纤芯边界的包层（称为内包层）具有同纤芯一样的极低损耗，在用化学气相沉积极低损耗的内包层时，需要通过掺杂材料，使沉积的内包层与外包层的折射率相同，这种包层称为**匹配包层**（Matched Cladding）。需要说明的是，单模光纤的纤芯直径一般为 8～10μm，包层直径为 125μm，故包层厚度约为 58μm 左

右，从节省成本和实际需要考虑，实际光纤的整个包层并非全是极低损耗材料。

ITU-T 规定：1.31 μm 常规单模光纤（G.652 光纤）的 $d_m = [(9.0 \sim 10.0) \pm 10\%]$ μm，1.55 μm 零色散位移单模光纤（G.653 光纤）的 $d_m = [(7.0 \sim 8.3) \pm 10\%]$ μm。

2. 模场直径与接头损耗的关系

（1）两根光纤对准连接

设两根单模光纤的模场直径分别为 d_{m1} 和 d_{m2}。将这两根光纤对准连接，也就是让两根光纤的纤芯轴心线处在同一条直线上，此时产生的接头损耗为

$$\alpha = 20\lg\left(\frac{d_{m1}}{2d_{m2}} + \frac{d_{m2}}{2d_{m1}}\right) \text{（dB）} \tag{2-84a}$$

显然，当 $d_{m1} = d_{m2}$ 时，$\alpha = 0$。

（2）两根光纤未对准连接

设两根单模光纤未对准连接，即两纤芯轴心线有横向偏移 d_s，则接头损耗为

$$\alpha = 20\lg\left(\frac{d_{m1}}{2d_{m2}} + \frac{d_{m2}}{2d_{m1}}\right) + 20\lg\left[\exp\left(8d_s^2/(d_{m1}^2 + d_{m2}^2)\right)\right] \text{（dB）} \tag{2-84b}$$

可见，当 $d_{m1} = d_{m2} = d_m$ 而 $d_s \neq 0$ 时，则式(2-84b)化简为

$$\alpha = 20\lg\left[\exp\left(4d_s^2/d_m^2\right)\right] \text{（dB）} \tag{2-84c}$$

当 $d_s = 0$ 而 $d_{m1} \neq d_{m2}$ 时，则式(2-84b)化为式(2-84a)。

2.4　光纤连接方式

1. 基本概念

光纤连接有两种方式，一种是永久性连接，另一种是非永久性连接。永久性连接通常用在通信线路上两根长光纤的连接上，需要使用熔接机将两根光纤的端面融化后将它们连接起来。非永久性连接是用在光纤与光收发器（带有尾纤）之间的连接或两根光纤的临时连接上，需要使用光纤连接器进行连接。

光纤连接起来之后会产生新的损耗，称为光纤连接损耗。光纤连接损耗分为内因损耗和外因损耗。内因损耗是由两根光纤的芯径（或模场直径）或折射率等固有参数不匹配引起的。外因损耗是因连接未共轴线或端面有间隙等原因而引起的。表 2-8 列出了各种光纤连接损耗的表达式。

表 2-8　各种光纤连接损耗的表达式

类　型	产生原因	损耗表达式	参量说明
内因损耗	纤芯直径不同	$\alpha_{core} = 20\lg(a_1/a_2)$	$a_1 < a_2$，分别为两纤芯半径
	模场直径不同	$\alpha_{MFD} = 20\lg[d_{m1}/(2d_{m2}) + d_{m2}/(2d_{m1})]$	d_{m1}, d_{m2} 分别为两模场直径
	数值孔径不同	$\alpha_{NA} = 20\lg(NA_1/NA_2)$	$NA_1 < NA_2$，分别为两光纤数值孔径

续表

类　型	产 生 原 因	损耗表达式	参 量 说 明
外因损耗	轴心线横向移位	单模光纤 $\alpha_{lat}=20\lg[\exp(2d_s/d_m)^2]$ 多模光纤 $\alpha_{lat}=10\lg\{1/[1-8d_s/(3\pi a)]\}$	d_s为两光纤轴线横向间距； a为纤芯半径
	轴心线成角度	单模光纤 $\alpha_{ang}=10\lg\{\exp[n\pi d_m\sin\theta/(2\lambda)]^2\}$ 多模光纤 $\alpha_{ang}=-10\lg\{1/[1-8n\sin\theta/(3\pi NA)]\}$	θ为两光纤轴心线夹角； n为包层折射率
	端面有间隙	单模光纤 $\alpha_{end}=10\lg\{[2z_s\lambda/(n\pi d_m^2)]^2+1\}$ 多模光纤 $\alpha_{end}=20\lg[z_s/(a_1\tan\theta_c)+1]$	z_s为两光纤端面间距； θ_c为全反射临界角
	端面有反射（回波）	$\alpha_{ref}=10\lg\{1/[1-R_1-R_2+2(R_1R_2)^{1/2}\cos(4\pi z_s/\lambda)]\}$	R_1, R_2分别为两光纤端面的反射率

注：光纤端面的反射波不仅产生回波损耗，而且回波会进入激光器的谐振腔，与激光光源产生相干作用，对激光光源形成噪声干扰。

光纤连接之前，需要进行预处理，包括从光缆中将光纤剥离出来、对光纤端面进行切割使其平整、对切割出来的端面进行清洁处理等。为了减小回波损耗，可以在端面间隙内填充折射率匹配液体。光纤连接时，要对准位置。这些都是要求很严格的工作，目的是为了减小光纤连接损耗。

2．光纤连接器

光纤连接器又称为光纤活动接头，其应用广泛，品种繁多，是光纤通信系统中不可缺少的基本元件。按结构的不同，光纤活动接头可以分为FC, SC, ST, MTP, FDDI, SMA（D4）, LC, MU, MT-RJ, VF-45, MiniMAC和Biconic等类型；按插针端面的不同，光纤活动接头可以分为PC, UPC, EUPC和APC等类型。光纤连接器按结构分类和按插针端面分类分别如表2-9和表2-10所示。

表2-9　光纤连接器按结构分类表

类　型	特　点	连 接 方 式	插 针 直 径	插 针 端 面	应 用 范 围
FC	常用光纤连接器	圆头螺口（Threaded）	2.5 mm	PC型	广泛
SC	常用光纤连接器	方头插拔（Push-Pull）	2.5 mm	PC或APC型	广泛
ST	常用光纤连接器	圆头卡口（Bayonet）	2.5 mm	PC或APC型	广泛
MTP	多芯光纤连接器	长方头插拔	2.5 mm		光纤带光缆
FDDI	FDDI网络光纤连接器	长方头插拔	2.5 mm		FDDI网络
SMA (D4)	光纤连接器	圆头螺口	2.0 mm	PC型	有
LC	小型单芯或双芯光纤连接器	小型长方头插拔	1.25 mm		高密度连接
MU	小型单芯光纤连接器	小型长方头插拔	1.25 mm	PC或APC型	高密度连接
MT-RJ	小型双芯光纤连接器	RJ-45式插拔	1.25 mm		高密度连接
VF-45	无插针新型单芯光纤连接器	RJ-45式插拔	1.25 mm		高密度连接
MiniMAC	小型多芯光纤连接器	方头插拔	1.25 mm		高密度连接
Biconic	双锥形光纤连接器	双锥形螺口	锥形	锥形	小

表 2-10　光纤连接器按插针端面分类表

类　型	插针端面特点
PC	球面形状物理接触（用来降低回波损耗，早期是平端面回波损耗大）
UPC	超抛光物理接触（用来降低回波损耗）
EUPC	增强超抛光物理接触
APC	8° 角的斜面形状物理接触（进一步降低回波损耗）

工程中还经常用到转接器和适配器。转接器用于不同型号的光纤连接器之间的连接；适配器（又称法兰盘）用于相同型号的光纤连接器之间的连接。此外，工程中也经常用到尾纤、跳线和桥接线。尾纤是指一端装有光纤连接器的短光纤；跳线是指两端装有相同型号的光纤连接器的短光纤；桥接线是指两端装有不同型号或不同插针端面的光纤连接器的短光纤。

2.5 光纤在通信领域中的应用

2.5.1 通信中使用的光纤及光波段划分

1. 通信中使用的光纤

（1）ITU-T G.651 光纤（国标 A_1 型多模光纤）

工作波长 $\lambda = 0.85$ μm（损耗约为 3.0 dB/km）或 1.31 μm（损耗约为 1.0 dB/km）。

纤芯直径 62.5 μm 或 50 μm，包层直径 125 μm。采用抛物渐变型折射率分布。

这种光纤的损耗较大，在光纤通信发展初期曾经使用在中、小容量和中、短距离光纤通信系统中。

目前，G.651 光纤细分为三类：OM1 即 62.5/125μm 多模光纤（使用 LED 光源），OM2 即 50/125μm 多模光纤（使用 LED 光源），OM3 即新一代多模光纤（使用 VCSEL-LD 光源，见 3.2.2 节）。

（2）G.652 光纤（国标 B_1 型单模光纤）

工作波长 λ=1.31 μm（损耗约为 0.40 dB/km），零色散（即高带宽）波长在 1.31 μm 附近，截止波长 λ_{cc}＜1.27 μm。

模场直径 9.0～10.0 μm，包层直径 125 μm。一般采用阶跃型折射率分布。

G.652 光纤是第一代单模光纤，又称为常规单模光纤。其优点是工作波长和零色散波长相同；缺点是其工作波长所对应的损耗值不是单模光纤的最小损耗值。

迄今为止，国内外已铺设的光纤光缆绝大多数是这类光纤，适用于光电混合型中继方式的大容量和长距离光纤通信系统中。

目前，G.652 光纤细分为四类：G.652A 普通单模光纤，G.652B 低双折射单模光纤，G.652C 低水峰单模光纤，G.652D 低水峰单模光纤。G.652 光纤的主要特性参数如表 2-11 所示。

表 2-11　G.652A~D 单模光纤的主要特性参数

名　称		G.652A	G.652B	G.652C	G.652D
最大损耗/(dB/km)		0.5 (1310nm) 0.4 (1550nm)	0.4 (1310nm) 0.35 (1550nm) 0.4 (1625nm)	0.4(1310~1625nm) 0.3 (1550nm)	0.4(1310~1625nm) 0.3 (1550nm)
色散系数		≤3.5 ps/(nm·km)(1310nm) ≤20 ps/(nm·km)(1550nm)	同左	同左	同左
零色散波长		1300~1324nm	同左	同左	同左
零色散斜率		≤0.093 ps/(nm^2·km)	同左	同左	同左
最大 PMD		不作要求或 0.5 ps/km$^{1/2}$	0.2 ps/km$^{1/2}$	0.5 ps/km$^{1/2}$	0.2 ps/km$^{1/2}$
适用范围	波段	O，C	O，C，L	O~L	O~L
	速率	2.5Gb/s(PMD 不作要求) 10Gb/s(PMD≤0.5)	10 或 40Gb/s	10Gb/s	10 或 40Gb/s

注：零色散斜率和 PMD（偏振膜色散）的含义见 5.2.6 节。

（3）G.653 光纤（国标 B_3 型单模光纤）

工作波长 λ=1.55 μm（损耗约为 0.20 dB/km），零色散波长移至 1.55 μm 附近（通过对折射率分布进行设计而实现此特点），截止波长 λ_{cc}＜1.27 μm。

模场直径 7.0～8.3 μm，包层直径 125 μm。一般采用双层纤芯折射率分布，制纤工艺复杂。

G.653 光纤是第二代单模光纤，又称为零色散位移光纤（Zero-Dispersion Shifted Fiber, ZDSF）。其优点是在工作波长上损耗很低；缺点是由于纤芯中的光功率密度过大，在 1.55 μm 附近零色散区产生了有害的交叉信道非线性效应，使得相邻波长信道之间相互干扰，信道间隔越小则干扰越大，从而限制了光纤信道间隔的缩小，不利于波分复用系统通信容量的进一步提高。

这种光纤在有些国家，特别是在日本被推广使用。我国北京至广州 3000 km 的光纤长途骨干网也曾使用过这种光纤。

（4）G.654 光纤（国标 B_2 型单模光纤）

工作波长 λ = 1.55 μm（损耗小于 0.20 dB/km），零色散波长在 1.31 μm 附近，截止波长 λ_{cc}＜1.53 μm。

模场直径 10.5 μm，包层直径 125 μm。

G.654 光纤又称为截止波长位移光纤（Cutoff Wavelength Shifted Fiber, CWSF），其与 G.652 光纤本质上相同，两者的主要不同点是：G.654 光纤的工作波长所对应的损耗值是单模光纤的最小损耗值。

G.654 光纤一直在海底光缆中应用，在标准上分为 A、B、C、D 四个子集，主要区别在于模场直径（MFD）范围和宏弯性能上有所不同。

从 2013 年 7 月起，ITU-T 开始讨论适用于陆地高速传输系统的 G.654E 光纤，基本原则是：在保持与现有陆地应用单模光纤基本性能一致的前提下，增大光纤有效面积，同时降低光纤衰减系数，从而提升超 100 Gb/s 的传输性能。2016 年 9 月 ITU-T SG15 全会上，G.654E 标准修订完成并通过，其主要特性参数如表 2-12 所示。

表 2-12　G.654E 单模光纤的主要特性参数

项　　目		G.654 E	项　　目		G.654 E
模场直径/μm (1550 nm)	中心值范围	11.5～12.5	色散系数/(ps/(nm·km)) (1550 nm)		18～23
	正负偏差	±0.7	零色散斜率/(ps/(nm^2·km)) (1550 nm)		0.05～0.07
有效面积典型值/μm^2(1550 nm)		110～130			
衰减系数/(dB/km) (1550 nm)		≤0.23	最大 PMD /(ps/km$^{1/2}$)		0.2
光纤截止波长/nm		≤1530	适用范围	波段	C+L
宏弯/dB (R30 mm×100 圈)	1550 nm	≤0.1		速率	超 100Gb/s
	1625 nm				

注：ITU-T 标准滞后于实际产品的指标，目前康宁生产的 G.654 E 光纤的衰减系数已低于 0.15 dB/km。

（5）G.655 光纤（国标 B_4 型单模光纤）

工作波长 $\lambda = 1.55$ μm（损耗约为 0.20 dB/km），非零色散波长区为 1.530～1.565 μm，截止波长 λ_{cc}＜1.45 μm。

模场直径 8.0～11.0 μm，包层直径 125 μm。

G.655 光纤是第三代单模光纤，又称为非零色散位移光纤（Non-Zero Dispersion Shifted Fiber, NZDSF）。G.655 光纤的优点是在工作波长上具有很小的合适色散，用以平衡交叉信道非线性效应，提高光纤信道间隔的密集度，有利于波分复用系统通信容量的扩大。

这种光纤已成为各国光纤通信网升级换代使用的主要光纤类型。

目前，G.655 光纤细分为三类：G.655A 非零色散位移光纤，G.655B 低色散斜率光纤，G.655C 大有效面积光纤。G.655 光纤的主要特性参数如表 2-13 所示。

表 2-13　G.655A~C 单模光纤的主要特性参数

名　　称		G.655A	G.655B	G.655C
最大损耗		0.35 dB/km (1550nm)	同左	同左
色散系数		0.1~6.0 ps/(nm·km)(C 波段)	2.6~6.0 ps/(nm·km)(C 波段) 4.0~8.6 ps/(nm·km)(L 波段)	2.0~6.0 ps/(nm·km)(C 波段) 4.5~11.2 ps/(nm·km)(L 波段)
零色散波长		1510nm	同左	同左
零色散斜率		0.07~0.10 ps/(nm^2·km)	0.05 ps/(nm^2·km)	0.1 ps/(nm^2·km)
最大 PMD		0.5 ps/km$^{1/2}$	0.5 ps/km$^{1/2}$	0.2 ps/km$^{1/2}$
适用范围	波段	C	C+L	C+L
	速率	10 Gb/s	10 Gb/s	10 或 40 Gb/s

（6）G.656 光纤

G.656 光纤是用于宽带即 S+C+L 波段传输的非零色散位移光纤，适用于密集波分复用系统（其含义见 5.2.1 节）。

（注：5.2.6 节有 G.652、G.654、G.655 主要特性的具体介绍）

2．光纤通信系统的光波段划分

如1.2.2节所述，光纤通信最早使用的三个波长是0.85μm，1.31μm和1.55μm。其中，0.85μm

对应的低损耗窗口（即第1窗口）是770～910nm；1.31μm对应的低损耗窗口（即第2窗口）是1260～1360nm，称为O波段（Original Wavelength Band）即初始波段；1.55μm对应的低损耗窗口（即第3窗口）是1530～1565nm，称为C波段（Conventional Wavelength Band）即常规波段。

对于单模光纤通信系统可能使用的其他波长范围，ITU-T也做了划分：1360～1460nm称为E波段（Extended Wavelength Band），即扩展波段；1460～1530nm称为S波段（Short Wavelength Band），即短波段（相对于C波段而言）；1565～1625nm称为L波段（Long Wavelength Band），即长波段（相对于C波段而言）；1625～1675nm称为U波段（Ultralong Wavelength Band），即超长波段。这些波段的划分如表2-14所示。

表 2-14　光纤通信系统的光波段划分

波段符号		O	E	S	C	L	U
波长范围/nm	850	1260～1360	1360～1460	1460～1530	1530～1565	1565～1625	1625～1675
俗 称	第 1 窗口	第 2 窗口	第 5 窗口		第 3 窗口	第 4 窗口	
光纤模式	多模	单模、多模	单模	单模	单模	单模	单模

2.5.2　光纤（光缆）应用概况

光纤（光缆）在我国的应用过程可以分为如下几个阶段：

第一阶段，光纤（光缆）取代市内局间中继线使用的市话电缆和 PCM 电缆［注：PCM 电缆是供双向 PCM 传输通信使用的高频屏蔽型电话电缆，该电缆在 1024 kHz（30 路）和 772 kHz（24 路）的频率下具有较好的近端串音衰减特性］。

第二阶段，光纤（光缆）取代有线通信干线上使用的高频对称电缆和同轴电缆。

第三阶段，光纤（光缆）取代接入网使用的市话主干电缆和配线电缆，并进入局域网和室内综合布线系统。

以上前两个取代已经基本上完成，现正在进行第三个取代。

目前，光纤（光缆）已经进入了有线通信的各个领域，包括邮电通信、广播通信、电力通信和军事通信等领域。然而，除干线光缆结构已较成熟外，接入网光缆、室内光缆和电力线路光缆等都还处于发展中。为了适应光纤通信的发展需要，我国在光缆结构改进、新材料应用和性能提高等方面都还有许多工作要做。下面分类进行介绍。

1．核心网光缆

核心网光缆即干线光缆，我国已在干线（包括国家干线、省内干线和区内干线）上全面采用光缆，其中多模光纤已被淘汰，全部采用单模光纤，包括 G.652 光纤和 G.655 光纤。G.653 光纤虽然在我国曾经采用过，但今后不会再发展。G.654 光纤因其模场直径较大，主要用于海底光缆中。

干线光缆中采用分立的光纤，不采用光纤带。干线光缆主要用于室外，在这些光缆中，曾经使用过的紧套层绞式和骨架式结构，目前已停止使用。当前我国广泛使用的干线光缆有松套层绞式和中心管式两种结构，并且优先采用前者。松套层绞式光缆生产效率高，便于中间分线，同时也能使光缆取得良好的拉伸性能和衰减温度特性，目前它已获得广泛的应用。

在长途线路中，由于距离长、分支少，光缆在系统中所占费用比例相对较高。因此，干线光缆将通过采用 G.655 光纤和波分复用技术来扩大容量。光缆本身的基础结构已相对成熟，不会有大的改变。但是，光缆的某些防护结构和性能仍有待开发完善。

海底光缆所受机械力、特别是拉力的作用，往往比陆地光缆要严峻得多。为此，海底光缆结构适应性的研究，光缆加强构件蠕变问题的研究，以及防止光纤氢损现象的研究，对确保光纤光缆的安全使用都是很重要的。据报道，针对海底使用环境条件已开发了一些实用产品。

2. 接入网光缆

接入网中的光缆距离短、分支多、分插频繁，为了增加接入网的容量，通常是增加光纤芯数。特别是在市内管道中，由于管道内径有限，在增加光纤芯数的同时增加光缆的光纤集装密度、减小光缆直径和质量，是很重要的。

接入网使用 G.652 普通单模光纤。接入网光缆中广泛采用光纤带形式，它可使光缆适应芯数大和光纤集装密度高的要求，而且可以通过光纤带整带接续的方式提高光缆接续效率。但是，在小芯数光缆情况下，也直接采用分立的光纤。

由于光纤带光缆中光纤集装密度增大，可能损害光缆的拉伸性能和衰减温度特性，还可能增大光纤的传输衰减。因此，在获得大芯数、小外径要求的同时，光纤带光缆还有许多课题值得研究。

接入网光缆主要用于室外，目前有松套层绞式、中心管式和骨架式三种类型。虽然这些结构在国内都得到了应用，但是都还需要在获得高集装密度、小尺寸、良好性能、便于制造、低成本和便于使用（如便于分线和下线）等方面经受考验。

3. 室内光缆

室内光缆包括局用光缆和综合布线用光缆两大部分。局用光缆布放在中心局或其他电信机房内，布放紧密有序和位置相对固定。综合布线光缆布放在用户端的室内，主要由用户使用，因此对其易损性应比局用光缆有更严格的要求。

多模光纤虽然不再用于核心网和接入网，但芯径/包层直径为 62.5/125 μm 的渐变型多模光纤在局域网和室内综合布线中仍有较多的应用。其原因是，局域网和室内综合布线传输距离较短，它所配套的光器件可选用发光二极管，价格比激光二极管便宜很多，而且多模光纤有较大的芯径与数值孔径，容易连接与耦合，相应的连接器、耦合器等元器件价格也低得多。今后，随着单模光纤系统的收发模块和相关设备成本的降低，自身价廉的单模光纤仍然有可能取代综合布线用的多模光纤。

随着我国光纤到户、光纤到路边系统和各种智能大厦的建设，对室内光缆产品的需求越来越大。目前所用的综合布线光缆芯数较小，这些光缆在品种、结构和性能等方面还急需进一步开发、完善和提高。国外正在探索采用多芯光纤，这样可使光缆外径小、质量轻、柔软性好。

室内光缆的防火性能应是基本要求之一。传统的 PVC 护套虽具有耐延燃性，但其防潮性能较差，不宜用于室外。国外已开发了室内室外兼用的光缆，它们既能耐室外低温和紫外线辐射，又能阻燃和便于弯曲布线。这种光缆采用 PVC 紧套光纤、吸水膨胀粉干式阻水和低烟无卤阻燃护套。

4．电力线路中的通信光缆

光纤是由介质材料制成的，光缆也可以做成全介质型，完全无金属。这种全介质光缆是电力系统最理想的通信线路。

用于电力线路杆路架空铺设的全介质光缆有全介质自承式（ADSS）结构。ADSS结构是将光缆与悬挂光缆的吊线用塑料连成整体，用来减少施工架挂工序。ADSS光缆在当前我国电力输电系统改造中得到了广泛应用。国内已能生产多种ADSS光缆满足市场需要，但在产品结构和性能方面，还需进一步完善。

在高压电力线路杆路架空铺设的另一类光缆是光纤架空复合地线（OPGW）。它把光纤放在电力线路的保护地线中，既用于通信，又作为保护地线。这种光缆往往在新建地线和更换旧地线时才可能采用。目前国内已能生产这类产品，但在产品结构和性能方面也还有待进一步提高。

5．汽车用光缆

光纤的应用已开始进入到汽车之中。据国外报道，在汽车总线中加入了一种带微型扎纹管的POF（聚合物光纤）光缆，能用于智能车的导航、无线电收音机、光盘唱机、高保真度系统和无线电话。由于POF能够不受干扰地实时工作，从而确保汽车的安全要求。阶跃型折射率分布POF的衰减为150 dB/km，100 m长度上的数据传输速率为50 Mb/s。如果采用渐变型折射率分布光纤，预期传输衰减可降低到10 dB/km和数据传输速率可达到5 Gb/s。

习　题　2

2.1　光波在真空中和介质中的传播速度有何关系？波长有何关系？频率有何关系？传播常数有何关系？

2.2　光纤的基本结构是怎样的？

2.3　何谓阶跃光纤？何谓渐变光纤？

2.4　何谓多模光纤？何谓单模光纤？

2.5　某通信公司在一大学校区内铺设的光缆类型参数为GYXTW，试说明其具体含义。

2.6　有一个直角等边三棱镜浸没在酒精（折射率 n_1=1.45）中，若垂直入射到直角邻边平面上的光能够在直角对边平面上产生全反射，试求：(1) 该棱镜的最小折射率 n_2 是多少？(2) 光在棱镜中的传播速度有多大？

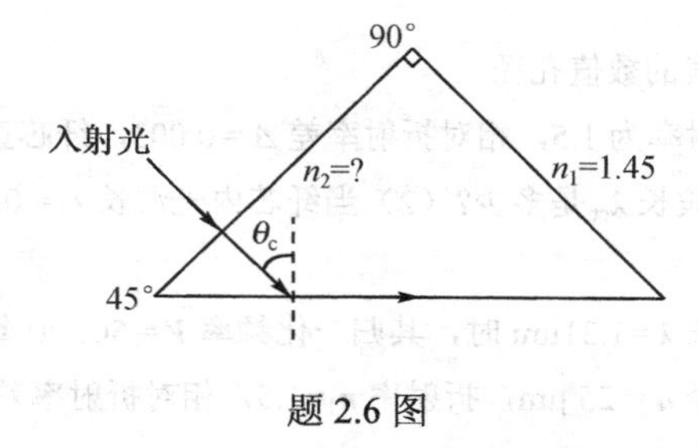

题2.6图

2.7　光波从空气中以 θ_1=60°的角度入射到一平板玻璃上，此时一部分光束被反射，另一部分被折射。如果反射光束与折射光束之间的夹角正好为90°，试求该玻璃板的折射率等于多少？又当光波从玻璃板入射到空气中时，该玻璃板的全反射临界角是多少？

2.8　一阶跃光纤，其纤芯折射率 n_1=1.52，包层折射率 n_2=1.49。试求

（1）光纤放置在空气中，光从空气中入射到光纤输入端面的最大接收角是多少？

（2）光纤浸在水中（n_0=1.33），光从水中入射到光纤输入端面的最大接收角是多少？

2.9　从几何光学理论来看，光纤中导波的形成必须具备哪几个条件？

2.10　利用菲涅耳（Fresnel）反射、折射公式，证明光波正入射时的电场反射系数和折射系数分别为

$$r_s = \frac{n_1 - n_2}{n_1 + n_2} = -r_p , \qquad t_s = \frac{2n_1}{n_1 + n_2} = t_p$$

式中，r_s 和 r_p 分别为 s 分量（垂直于入射面的电场分量）和 p 分量（平行于入射面的电场分量）的反射系数；t_s 和 t_p 分别为 s 分量和 p 分量的折射系数；n_1 和 n_2 分别为交界面两边的介质折射率。并证明：由光密介质正入射到光疏介质时，反射光的 s 分量没有相位突变，p 分量有 180° 的相位突变；由光疏介质正入射到光密介质时，反射光的 s 分量有 180° 的相位突变，p 分量没有相位突变。

2.11　$V \geqslant V_c$ 是导波存在的充分必要条件，其推导过程包含哪几个步骤？

2.12　为什么说当两根光纤的 $a, n_1, n_2, \lambda, \alpha$ 和 ϕ_{in} 都分别相同时，则长光纤比短光纤输出的高阶模要少？

2.13　为什么说当两根光纤的 $a, n_1, n_2, \alpha, \phi_{in}$ 和输出高阶模类型都分别相同时，则长光纤比短光纤的 λ 小？

2.14　若两根光纤的 $a, n_1, n_2, \alpha, \lambda$ 和输出高阶模类型都分别相同，试说明：这两根光纤的长度 L 是否必须相等？

2.15　求证：光纤端面入射角 ϕ_{in} 越小，则导波模的阶数越低。

2.16　光纤的相对折射率差的精确值为 $\Delta = \dfrac{n_1^2 - n_2^2}{2n_1^2}$，其近似值为 $\Delta' = \dfrac{n_1 - n_2}{n_1}$。若光纤的折射率 n_1=1.49，n_2=1.48，试计算精确值 Δ，近似值 Δ'，Δ 与 Δ' 之间的绝对误差和相对误差。

2.17　假设有一光纤的折射率 n_1=1.45，相对折射率差 $\Delta = 0.002$，试问：纤芯半径 $a = 3$ μm 或 5 μm 时，此光纤在 820 nm 波长上是单模光纤还是多模光纤？

2.18　设一多模阶跃光纤的纤芯直径为 50 μm，纤芯折射率 n_1= 1.48，Δ = 0.01，试计算在工作波长为 840 nm 时的归一化频率 V 是多少？光纤中存在多少个导波模式？

2.19　已知抛物渐变光纤的折射率为

$$\begin{cases} n_1(r) = n_1\left[1 - 2\Delta (r/a)^2\right]^{1/2} & (\text{纤芯}: 0 \leqslant r \leqslant a) \\ n_2 \quad (\text{包层}: r \geqslant a) \end{cases}$$

试求该光纤对子午光线的数值孔径。

2.20　某阶跃光纤的纤芯折射率为 1.5，相对折射率差 Δ = 0.003，纤芯直径为 7 μm，试问：（1）该光纤的 LP_{11} 高阶模的截止波长 λ_{ct} 是多少？（2）当纤芯内光波长 λ_1 = 0.57 μm 和 0.87 μm 时，能否实现单模传输？

2.21　一阶跃光纤当工作波长 λ =1.31μm 时，其归一化频率 V = 50。计算该光纤的理论截止波长。

2.22　一阶跃光纤，纤芯半径 a = 25 μm，折射率 n_1=1.5，相对折射率差 Δ=1%，长度 L = 1 km。试求

（1）光纤的数值孔径；

（2）子午光线的最大时延差；

（3）若将光纤的包层和和涂敷层去掉，求裸光纤的 NA 和最大时延差。

2.23　若要制造一石英纤芯的阶跃多模光纤，其归一化频率 $V = 75$，数值孔径 NA = 0.30，工作波长 $\lambda = 0.85\ \mu\text{m}$，如果 $n_1 = 1.45$，则包层折射率 n_2 是多少？纤芯半径应为多大？

2.24　已知 LD 发出的激光，其中心波长 $\lambda = 1.31\ \mu\text{m}$，谱线宽度 $\Delta\lambda = 0.002\ \mu\text{m}$，将其入射到单模光纤内，问该单模光纤每千米产生的模内色散带宽是多少？

2.25　若光脉冲经光纤色散而展宽，其时域波形为高斯分布型，即 $s(t) = s(0)e^{-t^2/2\sigma^2}$。又设 τ 为 $s(t)$ 的半幅值宽度（即 3 dB 宽度），f_c 为 $s(t)$ 的傅里叶频谱 $S(f)$ 的半幅值宽度。试求：（1）σ 与 τ 的关系？（2）f_c 与 τ 的关系？

2.26　由于光纤的色散作用，使得方差为 σ_1 的高斯型输入光脉冲展宽为方差 σ_2（$\sigma_2 > \sigma_1$）的高斯型输出光脉冲。试求光纤频率传输函数 $|H(f)|$ 与 f_c 的关系，其中 f_c 是 $|H(f)|$ 的 3 dB 频宽。

2.27　一单模光纤的模场直径 d_m 为 9.9 μm，用两根这样的光纤连接时，试计算当横向偏移 d_s 为 1 μm 时的连接损耗。

2.28　为什么 APC 型光纤连接器的插针端面做成 8° 角的斜面形状？它适合单模光纤还是多模光纤的连接？

第3章　光发送设备

3.1　光端机的基本概念

3.1.1　光端机的功能

光端机是位于电端机和光纤之间不可缺少的设备。如前所述，光端机包含发送和接收两大单元。其中，发送单元将电端机发出的电信号转换成符合一定要求的光信号后，送至光纤传输；接收单元将光纤传送过来的光信号转换成电信号后，送至电端机处理。可见，光端机的发送单元是完成电/光转换（即 E/O 转换），光端机的接收单元是完成光/电转换（即 O/E 转换）。通常，一套光纤通信设备含有两个光端机和两个电端机。对于 TDM 系统，单工和半双工方式只需要一根光纤；全双工方式则需要两根光纤。图 3-1 所示是光端机在光纤通信系统中的部位图。

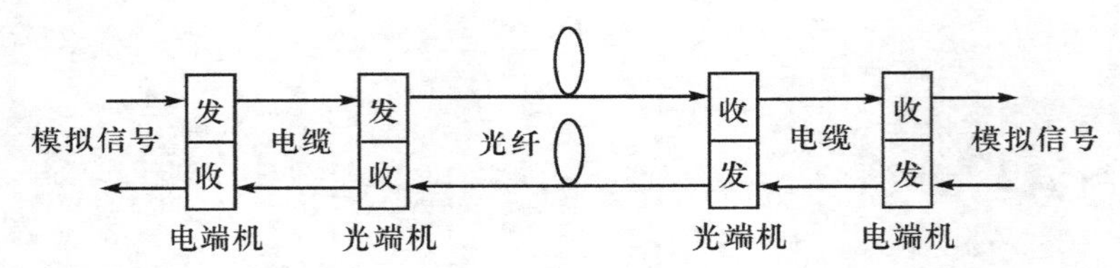

图 3-1　光端机在光纤通信系统中的部位图

光纤通信系统分为光纤数字通信系统和光纤模拟通信系统两大类型，本书只讨论光纤数字通信系统。对于这类系统，目前普遍使用的是**脉冲编码-强度调制**（PCM-IM）型光纤数字通信系统，其中电端机是采用脉冲编码调制（PCM）方式的数字复用设备（即包括 A/D、D/A 变换器和复接、分接设备），光端机是采用强度调制（IM）方式的光/电和电/光转换设备。

3.1.2　光端机基本框图

图 3-2 所示是光端机的基本组成框图。可以看出，光端机由输入电路、输出电路、光发送电路、光接收电路和其他一些辅助电路（包括监控、告警，以及图 3-2 中没有画出的公务电话、区间通信、自动倒换、电源等电路）组成。其中，输入电路包括输入接口和码型变换两个部分，输出电路包括输出接口和码型反变换两个部分。

输入电路和光发送电路一起构成光端机的发送单元，输出电路和光接收电路一起则构成光端机的接收单元。

下面分别讨论光端机各个组成部分的功能。

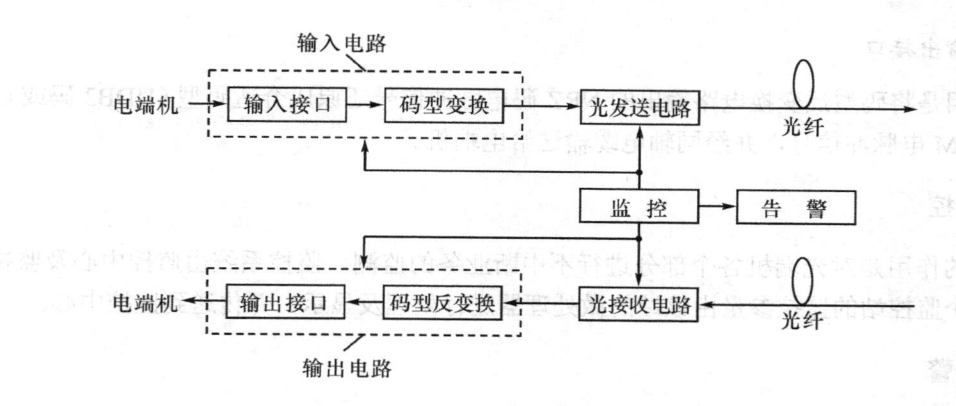

图 3-2　光端机的基本组成框图

1．输入电路

输入电路包括输入接口和码型变换两个部分。

（1）输入接口

输入接口的作用有两个，即

① 用阻抗特性合适的同轴电缆将光端机与电端机连接起来；

② 将电端机（即数字复用设备）输出的 PCM 电脉冲信号（基群、二次群、三次群为 HDB3 码，四次群为 CMI 码）变换成为单极性的不归零二进制电脉冲信号（称为 NRZ 码）。

（2）码型变换

码型变换的作用是将输入接口送来的 NRZ 码电脉冲信号变换成光纤码型电脉冲信号。所谓光纤码型，是指适合在光纤线路中传输的码型。

2．光发送电路

光发送电路的作用是将码型变换电路输出的光纤码型电脉冲信号进行 E/O 转换，使之变换成为光纤码型光脉冲信号，送入光纤传输。

3．光接收电路

光接收电路的作用是将光纤传送过来的光纤码型光脉冲信号（有失真）进行 O/E 转换、放大及均衡处理，使之变换成与发送端波形相同的光纤码型电脉冲信号。

4．输出电路

输出电路包括输出接口和码型反变换两个部分。

（1）码型反变换

其作用是将光接收电路输出的光纤码型电脉冲信号还原成为 NRZ 码电脉冲信号。

（2）输出接口

其作用是将码型反变换电路输出的 NRZ 码电脉冲信号还原成合适码型（HDB3 码或 CMI 码）的 PCM 电脉冲信号，并经同轴电缆输送给电端机。

5．监控

监控的作用是对光端机各个部分进行不中断业务的监测。监控系统由监控中心及监控站组成，各个监控站的监控参量由该站的微处理器进行处理及显示，并传送到监控中心。

6．告警

告警的作用是根据监控系统的监测结果，当通信质量受到影响时，及时发出声、光告警。

7．其他电路

倒换系统：其作用是当光端机性能恶化影响通信时，可自动或手动倒换到备用系统上工作。

区间通信：其作用是为传输线路上的中间站点提供上、下线路的通信功能。

公务电话：其作用是为值机维护人员提供公务使用的联络电话，用于端站与端站、端站与中继站之间系统的维护与管理。

区间通信和公务电话通常是在码型变换时，采用TDM复用方式插入填充码元构成辅助信道来实现的。

8．供电系统

供电系统的作用是将机房供给的−60 V、−48 V、−24 V 直流电压变换成光端机各个部分所需要的±12 V、±8 V、±5 V 等工作电压。

3.2　光发送电路

3.2.1　基本组成和主要性能指标

1．光发送电路的基本组成

光发送电路主要是由驱动电路、发光器件、自动功率控制（APC）电路和自动温度控制（ATC）电路组成的，其中心功能是将输入电脉冲信号转换为输出光脉冲信号，即进行电/光转换。图 3-3 所示是光发送电路的基本组成框图。其中，发光器件使用激光二极管（LD）或发光二极管（LED）。驱动电路起调制作用，调制分为内调制（即直接调制）和外调制（即间接调制）。内调制是直接在光源上调制，系统结构较简单，广泛用于光纤通信系统中；外调制是在光输出通路上加调制器，对光源性能影响小，但系统结构复杂，目前未能广泛应用。图 3-3 中给出的驱动电路，是用输入电信号的大小来直接调制发光器件的发光强度，所以属于内调制。驱动电路的输入电脉冲信号和发光器件的输出光脉冲信号都要求是光纤码型信号。

APC 电路用来使输出光信号的功率稳定而不随外界条件变化，ATC 电路用来使发光器件工作温度恒定。发光器件与光纤的耦合通常采用微透镜将发光器件输出的光信号聚焦在光纤的入射端面上，再进入光纤内。在实际产品中，通常将图 3-3 中的发光器件 LD 或 LED、驱动电路、APC 电路等集成在一起封装在金属外壳内，构成光发送模块（Optical Transmitter Module）。

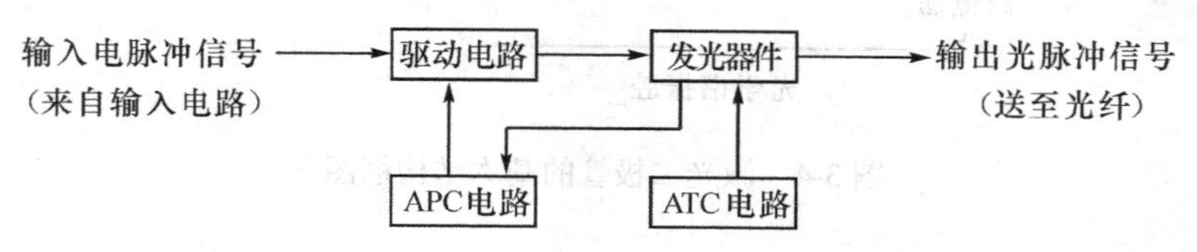

图 3-3　光发送电路的基本组成框图

2．光发送电路的主要性能指标

（1）平均发送光功率 P_T

正常工作条件下光发送电路输出的平均光功率，称为平均发送光功率。通常，P_T 使用毫瓦分贝（dBm）为单位，即

$$P_T(\text{dBm}) = 10\lg\frac{P_T(\text{mW})}{1(\text{mW})}$$
$$= 10\lg\frac{P_T(\text{W})}{10^{-3}(\text{W})} = 10\lg\frac{P_T(\mu\text{W})}{10^{3}(\mu\text{W})} \tag{3-1}$$

可见，P_T 为 1 mW 时相当于 0 dBm，P_T 为 1 W 时相当于 30 dBm，P_T 为 1 μW 时相当于−30 dBm。

平均发送光功率与光发送电路（驱动电路）的输入电脉冲信号幅度和码型有关。所以，离线测试时应在正常工作的注入电流条件下进行，并且测试信号使用伪随机码，以便尽可能接近实际情况。

（2）消光比（Extinction Ratio，EX）

光发送电路输出全“1”码时的平均输出光功率 P_1 与输出全“0”码时的平均输出光功率 P_0 之比，称为消光比，即

$$\text{EX} \equiv 10\lg(P_1/P_0)\ (\text{dB}) \tag{3-2}$$

消光比的大小会影响光接收电路的接收灵敏度，在 3.2.4 节将对此进行分析。

3.2.2　激光二极管（LD）

1．基本结构

图 3-4 是激光二极管（Laser Diode，LD）的基本结构图。可以看出，激光二极管由 PN 结半导体材料、前镜面、后镜面、电激励等构成。其中，前镜面具有部分反射功能（其透射发出的光称为前向光），后镜面具有全部反射或部分反射功能（从具有部分反射功能的后镜面透射发出的光称为背向光）。前、后镜面之间夹有 PN 结半导体材料，一起构成光学谐振腔。电激励用来使半导体材料处于粒子数反转状态。激光从前镜面输出。

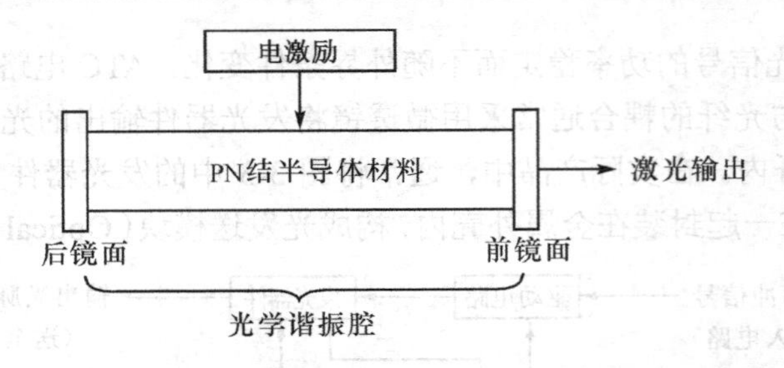

图 3-4　激光二极管的基本结构框图

2. LD的工作原理

（1）半导体材料的能级结构

半导体材料中的电子处于分立能级上，其中高能级称为导带（自由电子占据的能带），低能级称为**价带**（由共价键的价电子所占据的能带），高、低能级之间称为禁带，如图 3-5 所示。

图 3-5　半导体材料电子能级示意图

导带和价带都是由一系列分立的能级构成的，电子可以占据导带和价带的能级，但不能占据禁带。若用 E_C 表示导带底的能级，E_V 表示价带顶的能级，则禁带宽度（又称为带隙）$E_g = E_C - E_V$。在零热力学温度（即−273℃）时，价带中有电子，导带中没有电子；在常温时，价带中有一些电子因热激发而获得足够的能量，可以越过禁带而进入导带，同时在价带中留下空穴。在热平衡状态下，价带能级上的电子总数 N_V 远多于导带能级上的电子总数 N_C，即$\gg N_V \gg N_C$。

（2）半导体材料中电子能态的变化

半导体材料中的电子能态可以按照以下三种方式发生变化。

① 自发辐射

其特点是：无外界作用时，处在高能级上的电子可以自动跃迁到低能级，释放的能量转换为光子辐射出去，如图 3-6(a)所示。图中辐射光子的能量为 $h\upsilon = E_{C(i)} - E_{V(j)}$，其中 $E_{C(i)}$ 和 $E_{V(j)}$ 分别表示导带和价带内的某一个能级（可为 E_C 和 E_V 或其他能级），υ 是光子频率，$h = 6.6256 \times 10^{-34}$ J·s，J 是焦耳（Joule），s 是秒，h 称为普朗克（Planck）常数。

自发辐射发出的光子彼此不相干（即传播方向、相位和偏振不同），称为非相干光。

② 受激辐射

其特点是：在外来入射光的作用下，处在高能级上的电子受到感应后，也可以跃迁到低能级上，释放的能量也是转换为光子辐射出去，如图 3-6(b)所示。

受激辐射发出的光子彼此相干（即其传播方向、频率、相位、偏振都与外来光子相同），称为相干光。激光二极管输出的就是这种相干光。受激辐射时，输入一个光子，可以得到两个相干光子（新生光子和输入光子）；这两个光子再刺激其他原子，又可以得到四个相干光子；依次类推，就能在一个入射光子的作用下，获得大量特征完全相同的光子，这个现象称为光放大。

③ 受激吸收

其特点是：在外来入射光的作用下，处在低能级上的电子可以吸收入射光子的能量而跃迁到高能级上，如图 3-6(c)所示。

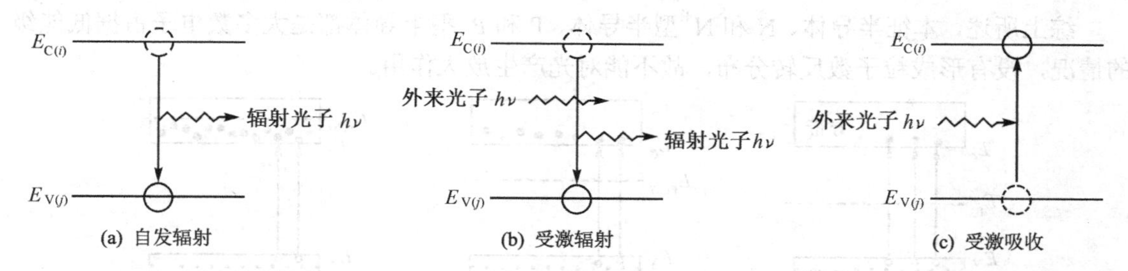

图 3-6　半导体材料电子能态转换方式示意图

在热平衡状态下，半导体材料中同时并存以上三种物理过程，其中自发辐射的概率远大于受激辐射的概率，并且受激辐射的概率与导带上的电子总数 N_C 成正比，受激吸收的概率与价带上的电子总数 N_V 成正比。所以，若要受激辐射占有主导地位，就必须使导带上的电子总数 N_C 远大于价带上的电子总数 N_V，这称为**粒子数反转状态**。

电子不仅可以在价带和导带之间跃迁，也可在导带或价带内的不同能级之间跃迁。通常，将电子在价带内的运动等效看成是“空穴”沿相反方向的运动。电子和空穴统称为载流子。

（3）PN 结的能带和电子分布

理论指出，在热平衡状态下，能量为 E 的能级被一个电子占据的概率遵循费米（Fermi）分布，即

$$P(E)=\frac{1}{1+\exp[(E-E_f)/k_B T]} \tag{3-3}$$

式中，T 是热力学温度（即 K 氏温度，0 K= –273 ℃）；k_B 是玻耳兹曼（Boltzmann）常量，等于 $1.380\,54\times10^{-23}$ J/K；E_f 是费米能级。可见，比 E_f 高的能级上电子占据的概率很小，且能级越高则电子占据的概率越小；比 E_f 低的能级上电子占据的概率很大，且能级越低则电子占据的概率越大。

在通常室温下，本征半导体（即完全未掺杂质的半导体）的费米能级 E_f 近似位于禁带正中间，因而导带中有一定数量的电子，价带中则留下相应数量的空穴，如图3-7(a)所示。也就是说，本征半导体能带中的电子和空穴是成对产生的。

在本征半导体中掺入一定量的施主杂质，则构成 N 型半导体，其费米能级 $E_{f(N)}$ 向导带移动，轻掺杂时 $E_{f(N)}$ 低于导带底能级 E_C，重掺杂时 $E_{f(N)}$ 高于 E_C 而进入导带，如图 3-7(b),(c)所示。N 型半导体导带中的电子比本征半导体要多，其中小部分来自于价带，大部分来自于施主能级（位于禁带内靠近导带底）。因而，N 型半导体导带中的电子多于价带中的空穴，但仍少于价带中的电子（注：重掺杂 N 型半导体称为 N 型简并半导体，用符号 N^+ 表示）。

在本征半导体中掺入一定量的受主杂质，则构成 P 型半导体，其费米能级 $E_{f(P)}$ 向价带移动，轻掺杂时 $E_{f(P)}$ 高于价带顶能级 E_V，重掺杂时 $E_{f(P)}$ 低于 E_V 而进入价带，如图 3-7(d),(e)所示。P 型半导体价带中的空穴比本征半导体要多，其中小部分是由于电子从价带跃迁到导带

而生成，大部分是由于电子从价带跃迁到受主能级（位于禁带内靠近价带顶）而生成。因而，P 型半导体导带中的电子少于价带中的空穴，也少于价带中的电子（注：重掺杂 P 型半导体称为 P 型简并半导体，用符号 P^+表示）。

综上所述，本征半导体、N 和 N^+型半导体、P 和 P^+型半导体都是大多数电子占据低能级的情况，没有形成粒子数反转分布，故不能对光产生放大作用。

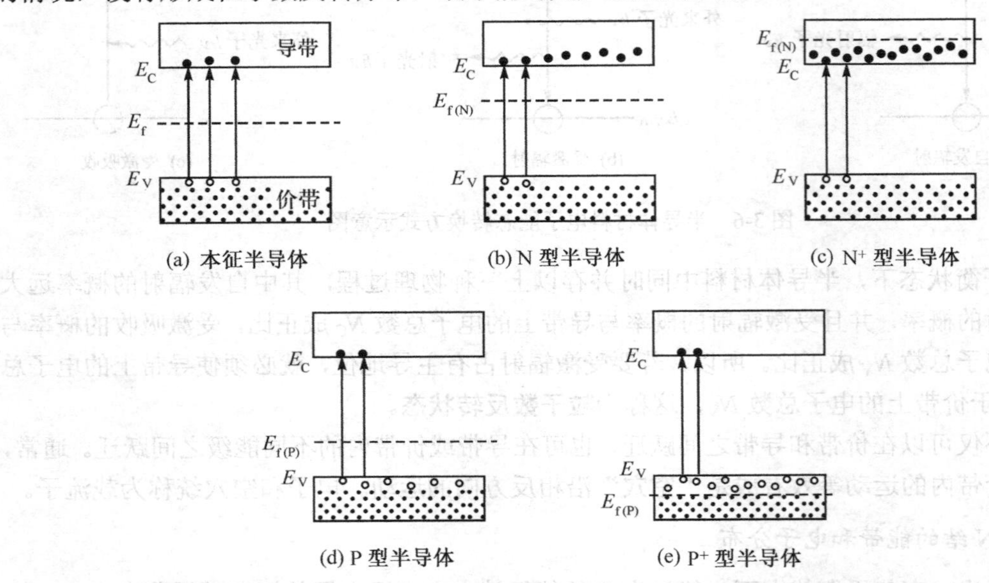

图 3-7　几种类型半导体的能带电子及空穴分布示意图

（4）电激励

为了便于分析电激励的具体作用，下面先讨论无电激励时 PN 结的情况，然后再讨论有电激励时 PN 结的情况。

① PN 结未加电压时的特点

P^+型半导体和 N^+型半导体接触形成 PN 结后，由于载流子浓度不同产生了扩散运动，N 区导带中的电子会向 P 区扩散，以致在靠近交界面的地方剩下了带正电的离子；同样，P 区价带中的空穴也会向 N 区扩散，于是在靠近交界面的地方剩下了带负电的离子。这样，在 P^+型和 N^+型半导体交界面的两侧形成了带相反电荷的“空间电荷区”，产生了自建电场，其方向由 N 区指向 P 区，如图 3-8(a)所示。在自建电场作用下电子和空穴产生了漂移运动，使得 N 区价带中的空穴向 P 区漂移，P 区导带中的电子向 N 区漂移。扩散和漂移形成方向相反的电流，在平衡状态下，这两种电流相等，使总电流为零，等效于空间电荷区的电阻值很大，载流子很少，称为耗尽层。耗尽层内的自建电场产生了一个电位差 V_D，称为接触电位差或接触势垒。

在平衡状态下，P 区和 N 区的费米能级达到同一个水平，以致能带发生弯曲，弯曲的高度为 $E_{C(P)}-E_{C(N)}= E_{V(P)}-E_{V(N)}=eV_D$，如图 3-8(b)所示。弯曲部分的水平宽度等于耗尽层的宽度，耗尽层对 N 区导带中的电子和 P 区价带中的空穴构成了势垒。由图可见，由于势垒的阻挡作用，平衡状态下的PN结半导体不具有粒子数反转分布的特性，对外来光不可能有放大作用。

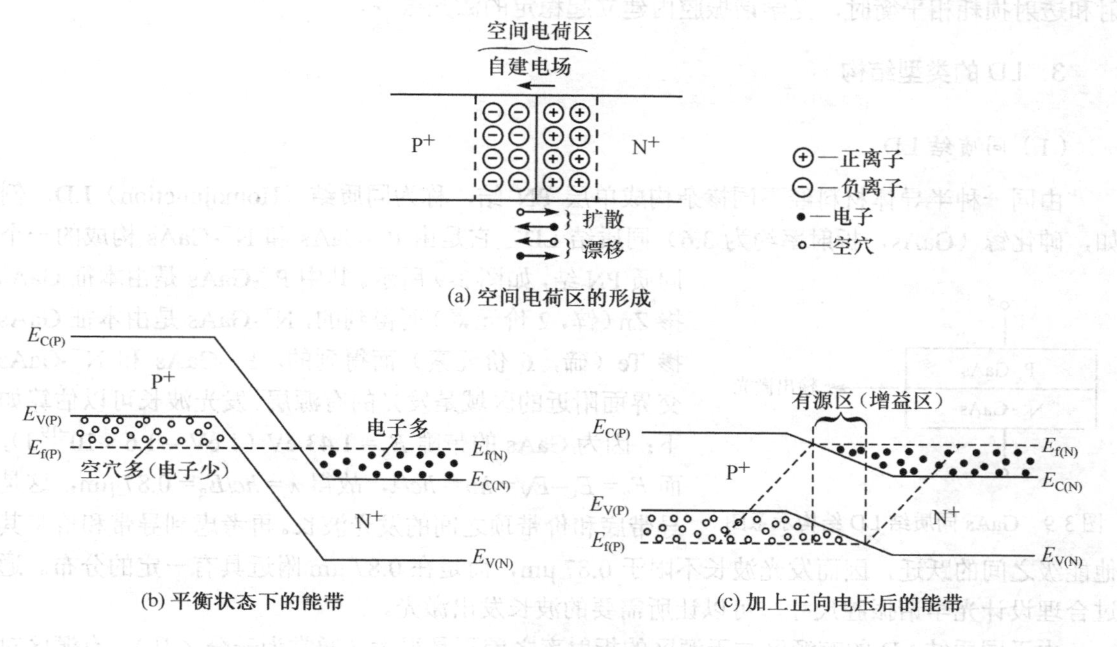

图3-8 PN结能带示意图

② PN结加上正向电压时的特点

该正向电压V削弱了原来的自建电场，使PN结势垒降低为$e(V_D-V)$，平衡状态被破坏，统一的费米能级不再存在。在这种情况下，N区导带中的电子和P区价带中的空穴就容易越过势垒，向对方扩散一定的长度，被称为非平衡载流子，如图3-8(c)所示。这些扩散载流子的浓度随扩散长度而逐渐减小，这种减小对应于图中N区的$E_{f(N)}$在P区随非平衡电子减少而下降，P区的$E_{f(P)}$在N区随非平衡空穴减少而上升。于是，在PN结交界处附近，由$E_{f(P)}$和$E_{f(N)}$构成的菱形区域内，出现了一个**增益区**（也称为**有源区**或**激活区**），在增益区内价带主要由空穴占据（故电子很少），而导带主要由电子占据，这就形成了粒子数的反转分布，对外来光能够产生放大作用。

综上所述，电激励的作用是使半导体PN结产生出一个增益区，使其中的导带电子数远大于价带电子数，形成粒子数反转状态，成为光放大的媒质（称为激活物质）。

（5）光学谐振腔

如前所述，前、后镜面之间夹有处于粒子数反转状态的PN结半导体材料，构成了光学谐振腔。其作用是使轴向（垂直于镜面方向）运动的光子在腔内来回多次反射形成光振荡，并激励已处于粒子数反转的半导体材料，不断地产生受激辐射，使放出的光子数目雪崩式地增加。此过程称为光的正反馈。

PN结半导体材料刚刚加上电压时，有源区发出的光以自发辐射为主，它们占据了较宽的波长范围，辐射方向很不一致。只有那些沿轴向运动、且波长符合光学谐振腔尺寸的光子，才能在两个反射镜之间来回反射，并激励有源区产生受激辐射而放出相同的相干光子，使轴向光场得到不断放大而加强。当光放大获得的增益与激活物质的吸收损耗，以及反射镜的散射和透射损耗相平衡时，光学谐振腔内建立起稳定的激光振荡。

3. LD 的类型结构

（1）同质结 LD

由同一种半导体材料经不同掺杂构成单层 PN 结，称为同质结（Homojunction）LD。例如，砷化镓（GaAs，折射率约为 3.6）同质结 LD，它是由 P^+-GaAs 和 N^+-GaAs 构成的一个同质 PN 结，如图 3-9 所示。其中 P^+-GaAs 是由本征 GaAs 掺 Zn（锌，2 价元素）而得到的，N^+-GaAs 是由本征 GaAs 掺 Te（碲，6 价元素）而得到的。P^+-GaAs 和 N^+-GaAs 交界面附近的区域是发光的有源层。发光波长可以估算如下：因为 GaAs 的带隙 $E_g = 1.43$ eV（1 eV = 1.6×10^{-19} J），而 $E_g = E_C - E_V = h\upsilon = hc/\lambda$，故得 $\lambda = hc/E_g = 0.87$ μm，这是导带底和价带顶之间的发光波长。再考虑到导带和价带其他能级之间的跃迁，因而发光波长不限于 0.87 μm，而是在 0.87 μm 附近具有一定的分布。通过合理设计光学谐振腔尺寸，可以让所需要的波长发出激光。

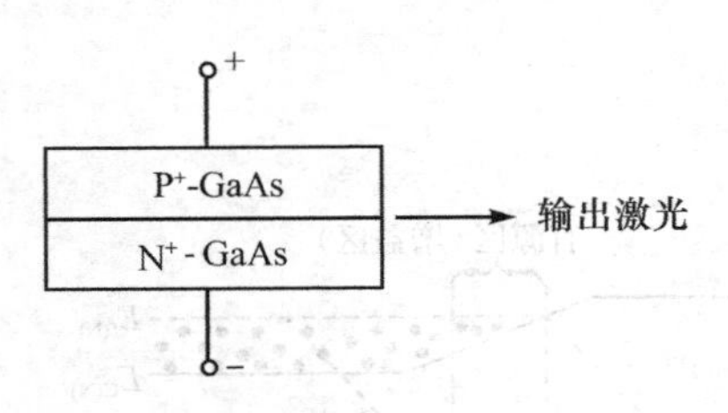

图 3-9　GaAs 同质结 LD 结构示意图

由于同质结 LD 的有源区与无源区的折射率之差不是很大（通常为千分之几），有源区对光波的束缚作用较弱，有一部分光波仍有可能进入无源区，故其损耗较大。此外，有源区内扩散注入的载流子浓度不高，为了产生激光，需要较大的阈值电流，这会影响 LD 的性能。

（2）异质结 LD

由不同的半导体材料经掺杂构成单层 PN 结或多层 PN 结，前者称为单异质结（Single Heterojunction）LD，后者称为多异质结 LD。常用的是双异质结（Double Heterojunction）LD。

例如 GaAlAs/GaAs 单异质结 LD，它是在 P-GaAs 和 N-GaAs 构成的同质 PN 结的一侧，再由 P^+-GaAlAs（砷化镓铝）和 P-GaAs 构成一个单异质 PN 结，如图 3-10(a)所示。图中 P-GaAs 是发光的有源层，发光波长为 0.85 μm。

又如 InGaAsP/InP 双异质结 LD，它是由 InGaAsP（磷砷化镓铟）分别与 P-InP（磷化铟）和 N-InP 构成两个异质 PN 结，如图3-10(b)所示。其中，前一个异质结两边材料的导电类型相反，称为反型异质结；后一个异质结两边材料的导电类型相同，称为同型异质结。图 3-10(b) 中 InGaAsP 是发光的有源层，发光波长为 1.31 μm 或 1.55 μm。

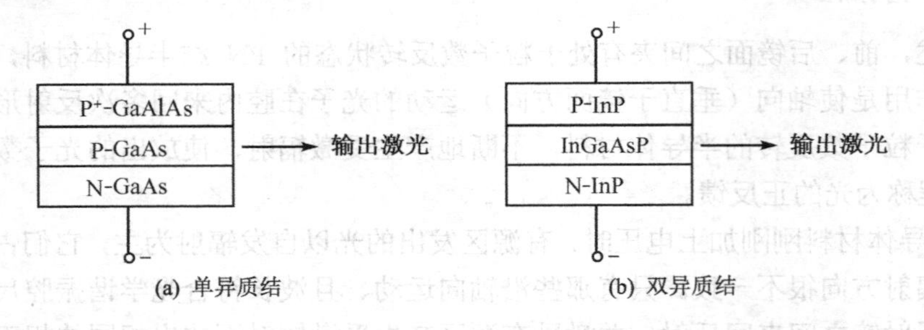

图 3-10　异质结LD结构示意图

异质结 LD 的有源层厚度通常为 100～200 nm。由于异质结 LD 的有源区与无源区的折射率之差较大（通常为百分之几），故双异质结 LD 是在有源层的两侧限制载流子和光波，而单异质结 LD 只是在有源层的一侧（即单异质结一侧）限制载流子和光波，故双异质结 LD 的损耗小。

注：① GaAlAs（砷化镓铝）的详细写法为 $Ga_{1-x}Al_xAs$（0＜x＜1），表示在 GaAs 中掺入 AlAs（砷化铝）而构成，下标表示 AlAs 占有 x 比例，GaAs 占有 1-x 比例，通过选择合适的 x 可以得到所需要的发光波长。GaAlAs 也可写成 AlGaAs。②InGaAsP（磷砷化镓铟）的详细写法为 $In_{1-x}Ga_xAs_yP_{1-y}$（0＜x,y＜1），表示在 InP 中掺入 GaAs 而构成，通过选择合适的 x 和 y 也可得到所需要的发光波长。

（3）量子阱 LD

量子阱（Quantum Well, QW）LD 是由两种不同半导体的薄层材料交替堆叠构成的，其中一种是宽带隙半导体材料（如 GaAlAs 等），另一种是窄带隙半导体材料（如 GaAs 等）。夹在两层宽带隙半导体材料之间的窄带隙半导体材料起着载流子（电子和空穴）陷阱的作用，称为量子阱，构成有源层。

量子阱 LD 的有源层厚度为 1～10 nm，比普通双异质结 LD 的有源层厚度（100～200 nm）要薄很多。由于有源层极薄，载流子在垂直于有源层方向上的运动受到束缚，使材料的电性质和光学性质发生很大的变化，以致半导体的能带结构和载流子的运动产生不同于普通双异质结 LD 的变化，其结果是明显提高了量子阱 LD 的以下性能，即阈值电流（参见下面的定义）更低、温度特性更好、激光强度更大（可达 100mW）、谱线更窄、调制性能更好等。

量子阱 LD 可分为单量子阱（Single Quantum Well, SQW）、多量子阱（Multiple Quantum Well, MQW）以及其他结构量子阱。例如，1480nm 的 InGaAsP MQW-LD 可用作掺铒光纤放大器的泵浦源。

上述同质结 LD、异质结 LD 和量子阱 LD 统称为法布里–珀罗激光器（Fabry-Perot Laster, FPL），其谐振腔属于平行端面反射型（称为法布里–珀罗谐振腔），它是利用有源区纵向（即长度方向）两端的自然解理面形成前、后镜面提供光的正反馈而构成的。所以，FPL 是边发光型。此外，FPL 属于多模 LD，即发射多个纵模（其定义见下文）。

（4）其他类型 LD

① 分布反馈激光器（Distributed Feedback Laster, DFBL）：其谐振腔不是平行端面反射型，而是在有源区平面之上沿有源区纵向制成一条周期性变化的反射光栅（称为布拉格光栅），通过布拉格光栅对光子的反射（称为布拉格反射）来提供光的正反馈和波长选择。DFBL 是边发光型，中心波长为 1550nm。

② 分布布拉格反射激光器（Distributed Bragg Reflector Laster, DBRL）：其谐振腔不是平行端面反射型，而是在有源区纵向两个端面的延长线上各制成一条纵向布拉格光栅，通过它们产生的布拉格反射作用来提供光的正反馈和波长选择。DBRL 是边发光型，中心波长为 1550nm。

③ 垂直腔面发射激光器（Vertical-Cavity Surface-Emitting Laser, VCSEL）：有源区是由半导体异质结构成的。有源区平面两边是由 GaAs（n_1=3.6）和 AlAs（n_2=2.9）交替堆叠而成的

多层反射面构成谐振腔来提供光的正反馈。VCSEL 是面发光型，发射光垂直于异质结平面，中心波长为 850nm 或 1310nm。VCSEL 比其他 LD 的价格低，多用在 OM3 多模光纤上。

以上三种激光器属于单模 LD，即仅发射一个纵模（其定义见下文），谱线宽度很窄。

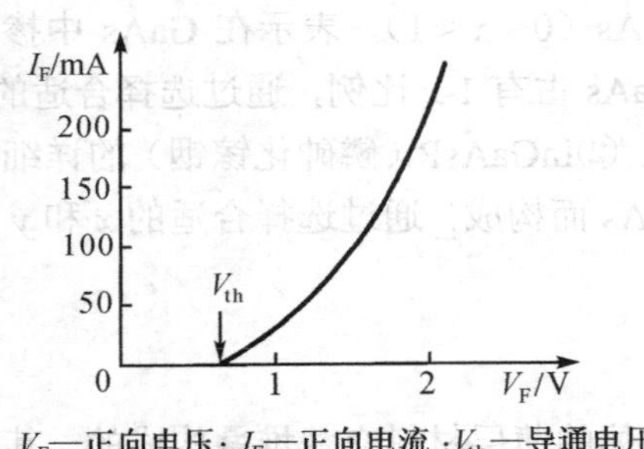

V_F—正向电压；I_F—正向电流；V_{th}—导通电压

图 3-11 LD 的伏安特性曲线

4. LD 的主要特性

（1）LD 的伏安特性（*I-V* 特性）

LD 是在正向偏置电压（简称正向电压）下工作，通常其导通电压小于 1 V。当正向偏置电压小于导通电压时，LD 没有电流产生；当正向偏置电压大于导通电压时，LD 有电流产生，该电流随正向电压升高而增大。LD 导通时其导通电阻（即正向结电阻）很小。LD 的伏安特性如图3-11 所示。

（2）LD 的输出光功率特性（*P-I* 特性）

图 3-12 所示是 LD 的输出光功率特性曲线，其中 P 为输出光功率，I 为注入电流（即正向电流）。图中 I_{th} 称为**阈值电流**。当 $I<I_{th}$ 时，P 随 I 增大而缓慢上升，在该区域内 LD 发出非相干的荧光；当 $I>I_{th}$ 时，P 随 I 增大而急剧上升，在该区域内 LD 发出激光。通常，I_{th} 的大小在几十至一百多毫安范围内。

I_{th} 随器件工作温度变化的关系为

$$I_{th} = I_0 e^{T/T_0} \tag{3-4}$$

式中，I_0 为常数；T 是工作温度（K）；T_0 是特征温度（K）。由式(3-4)可见，I_{th} 随 T 升高按指数增长。参数 T_0 表示 I_{th} 对温度的敏感程度，T_0 越大，则器件的温度稳定性越好。通常，长波长 LD 比短波长 LD 的 T_0 小，例如 InGaAsP-LD 的 T_0＝50～80 K，而 GaAs-LD 的 T_0＞120 K。所以，长波长 LD 比短波长 LD 的温度稳定性差。图 3-12(b)是不同温度下 LD 输出光功率特性曲线的变化。可以看出：温度越高，则 I_{th} 越大，且曲线斜率越小，输出光功率明显下降。T 升高到足够大时，LD 将停止激射，此温度称为停射温度。

LD 的输出光功率可为几至一百多毫瓦，其中用于光纤通信的 LD 其输出光功率一般只有几毫瓦。

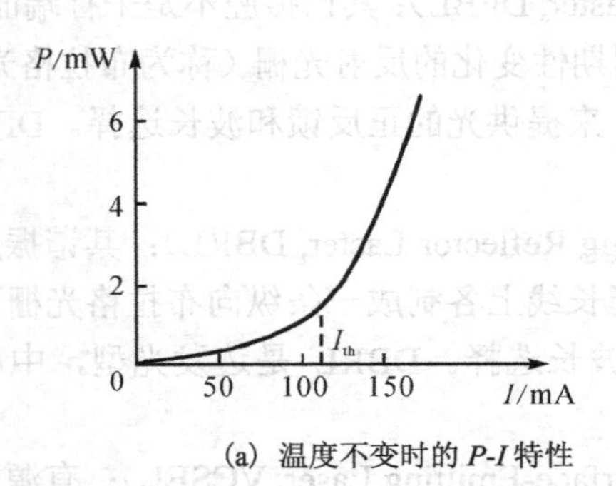

图 3-12 LD的输出光功率特性曲线

由 P-I 特性曲线可以定义以下两个特性参数，即

① 微分量子效率η_d

微分量子效率 η_d 定义为

$$\eta_d \equiv \frac{\text{输出光子数的增量}}{\text{注入电子数的增量}} = \frac{\Delta P/(h\nu)}{\Delta I/e} = \frac{e}{h\nu}\cdot\frac{\Delta P}{\Delta I} \tag{3-5}$$

式中，$\Delta P/\Delta I$ 等于 P-I 特性曲线的斜率。可见，应当适中选择η_d。η_d 不可太小，否则 $\Delta P/\Delta I$ 太小，致使输出光功率很小；η_d 也不可太大，否则输出激光的噪声大，以致自动功率控制调整困难。通常取 $\Delta P/\Delta I\approx$0.8 mW/10 mA 为宜。微分量子效率又称为外量子效率。

② 功率转换效率η_p

功率转换效率η_p 定义为

$$\eta_p \equiv \frac{\text{输出光功率}}{\text{消耗电功率}} = \frac{P}{IV} \tag{3-6}$$

可见，η_p 在 $I\leqslant I_{th}$时很小，在 $I>I_{th}$时迅速增大。通常η_p 取值为 5%～10%，高于气体激光器。

根据 P-I 特性曲线，可以获得 LD 的下述选用准则：

- 选择 I_{th} 小的器件，以增加温度稳定性；
- 选择 I_{th} 附近 $P<50$ μW 的器件，以增大消光比（参见 3.2.4 节驱动电路）；
- 选择 P-I 特性比较直的器件，以防止功率自脉动现象（参见下面 LD 的调制特性）。

（3）LD 的光谱特性

LD 发出的激光有**单模**和**多模**之区别。单模激光是指 LD 发出的激光是单纵模（Single-Longitudinal Mode, SLM），其光谱只有一根谱线，谱线峰值波长 λ_0 称为中心波长，谱线宽度（即谱线半峰值点宽度或 3 dB 点宽度）小于 0.1 nm，故光谱很窄，如图 3-13(a)所示；多模激光则是指 LD 发出的激光是多纵模（Multi-Longitudinal Mode, MLM），其光谱有多根谱线，对应于多个中心波长，其中最大峰值波长 λ_0 称为主中心波长，谱线宽度（即谱线包络半峰值点宽度或 3 dB 点宽度）为几个纳米，故光谱较宽，如图 3-13(b)所示。

此外，LD 光谱的中心波长会随注入电流增大向长波长方向少量移动，这是由于注入电流增大会使 PN 结温度上升，从而使半导体禁带宽度变窄，导致发射光子的频率下降，波长增大。

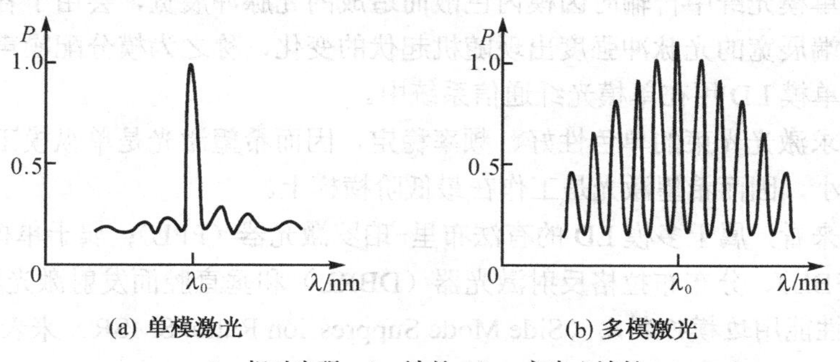

(a) 单模激光　(b) 多模激光

P—相对光强；λ—波长；λ_0—主中心波长

图 3-13　LD的光谱特性曲线

LD 发出的激光划分为不同的模式，是按照光波在光学谐振腔内所形成的完整驻波个数来

分类的。这种分类使得不同的模式能够反映光波不同的传播方向和不同的谐振频率（或波长）。实用中，常将激光的模式分解为**纵模**和**横模**，纵模是指沿光学谐振腔纵向（z 轴）的电磁场分布模式，而横模是指沿光学谐振腔横向（x 轴及 y 轴）的电磁场分布模式。谐振频率主要由纵模决定，而传播方向主要由横模决定。理论指出，各个纵模的谐振频率是等间隔均匀分布的。对于一个给定的激光器，并不是所有的模式都能被激发起来，只有那些等于谐振腔的谐振频率（称为谐振条件、驻波条件或相位条件）、并且其光放大增益大于或等于谐振腔的固有衰减（称为阈值增益条件）的模式才能被激发起来。

在实际应用中，需要注意光源与光纤的不同组合会产生不同的噪声。

① 单模或多模LD用在多模光纤通信系统中，会出现**模式噪声**（Modal Noise）或称为**光斑噪声**（Speckle Noise）。其产生原因在于单模和多模LD属于相干性光源，并且多模光纤的输入光功率是分配到多模光纤各个模式上的，因此当这些模式的相对相位保持恒定时，就会产生相干加强或相干抵消的现象，以致光纤输出端横截面上的光斑亮度不再均匀，而是在黑色背景上面分布着若干大小不等、形状各异的小亮点，这些小亮点的数目与传播模式的数目大致相等。由于分配到各个模式上的光功率存在波动，而且在传输过程中各个模式因路径不同会有不同的衰减，相位也会有不同的变化，这些因素能够影响模式相干，使光纤输出端的光斑图随时间发生变化，也即横截面上光斑图的平均亮度是时变的。在光纤通信系统中每个光脉冲（即码元）有一定的时间宽度，经光纤传输后输出的每个光脉冲是由在码元时间宽度内的一系列连续光斑图构成的，这些光斑图的平均亮度不同，因而经光检测器件转换后输出的电脉冲信号的幅度也会有波动，这就构成了噪声干扰。由于单模LD比多模LD的光源相干性更强，所以单模LD用在多模光纤通信系统中产生的模式噪声更严重。消除模式噪声的方法是：单模或多模LD用在单模光纤通信系统中，非相干光源LED（发光二极管）用在多模光纤通信系统中。

② 多模LD用在单模光纤通信系统中，会出现**模分配噪声**（Mode Partition Noise, MPN）。其产生原因有两个：一是由于多模LD的各个纵模存在波长差异，在单模光纤中会产生模内色散，使得多模LD的各个纵模产生传输时延差，在光纤输出端叠加后引起光脉冲展宽；二是由于多模LD的各个纵模强度不是固定不变的，而是随时间存在此起彼伏的波动现象。因而，这些纵模在单模光纤中传输时因模内色散而造成的光脉冲展宽，会由于各个纵模强度的波动，使得输出端展宽的光脉冲强度出现随机起伏的变化，称之为模分配噪声。消除模分配噪声的方法是：单模LD用在单模光纤通信系统中。

光纤通信要求激光光束的单色性好、频率稳定，因而希望激光是单纵模工作；还要求激光光束的发散角小，因而希望激光是工作在最低阶横模上。

从具体器件来看，属于多模LD的有法布里-珀罗激光器（FPL）；属于单模LD的有分布反馈激光器（DFBL）、分布布拉格反射激光器（DBRL）和垂直腔面发射激光器（VCSEL）。

单模LD的性能用**边模抑制比**（Side Mode Suppression Ratio, SMSR）来表示，即

$$\text{SMSR} \equiv \frac{\text{主模功率}}{\text{最大的边模功率}} = 10\lg\frac{P_0}{P_{\text{sm}}}\ (\text{dB}) \tag{3-7}$$

为了确保单纵模工作，ITU-T G.957规定：1310nm或1550nm单模LD的SMSR≥30dB。

（4）LD 的调制特性

目前实用的光纤数字通信系统，是利用输入电脉冲信号来直接改变 LD 的注入电流，从而调制 LD 的输出光功率，以获得输出光脉冲信号。这种调制是一种基于脉冲波形的电/光转换。为了保证高速传输，要求这种调制得到的光脉冲信号能够跟得上输入电脉冲信号的快速变化，使转换前后的电、光脉冲序列之间具有良好的一一对应关系，否则就会产生误码，丢失所传输的信息。

实用中，常使用可调制频率这个指标来反映 LD 器件的调制性能。所谓可调制频率，是指在无误码情况下 LD 输入电脉冲序列中相邻码元最小允许间隔时间的倒数，数值上等于码元最大允许速率。目前，LD 器件的可调制频率可以达到 10 GHz 以上。

影响 LD 调制性能的有以下一些失真现象，需要采取相应的措施来尽量消除。

① 电光延迟

LD 输出光脉冲相对于注入电脉冲有一个纳秒数量级的时间延迟，称为电光延迟时间。如图 3-14 所示，其中 t_{d1} 是前一个光脉冲相对于前一个电脉冲的电光延迟时间，而 t_{d2} 和 t'_{d2} 则是后一个光脉冲相对于后一个电脉冲的电光延迟时间。电光延迟产生的原因在于有源区电子浓度的增加随时间呈指数关系，LD 在加上注入电流的瞬时，电子浓度不能立即达到粒子数反转所需要的数值（称为电子浓度阈值），而是有一个上升时间，这就导致了电光延迟的发生。可以通过对 LD 加直流预偏置电流，使有源区电子浓度预先达到一定的起始值来减小电光延迟时间。

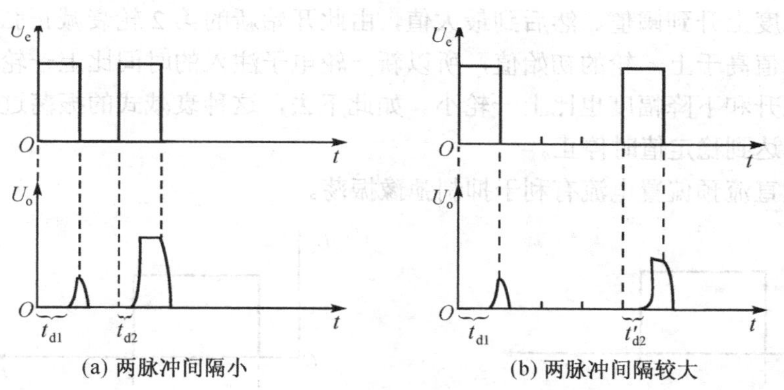

(a) 两脉冲间隔小　　(b) 两脉冲间隔较大

U_e—电脉冲幅度；　U_o—光脉冲幅度

图 3-14　LD输出光脉冲的电光延迟及码型效应

② 码型效应

两个相邻的波形相同的电脉冲调制 LD 时输出两个光脉冲，会出现电光延迟时间不相同、光脉冲幅度不相等的现象，称为码型效应。如图 3-14 所示，图 3-14(a)中 $t_{d1} > t_{d2}$，图 3-14(b)中 $t_{d1} > t'_{d2}$。在图 3-14(a), (b)中，前一个光脉冲比后一个光脉冲的幅度要小。

码型效应产生原因在于，电脉冲过后存储在有源区内的电子数目是通过自发辐射按指数形式$\exp(-t/\tau_{sp})$减少的，式中 τ_{sp} 是自发辐射的复合寿命。如果调制速率很高，使得两个电脉冲的间隔时间小于 τ_{sp}，会使后一个电脉冲到来时，前一个电脉冲注入的电子没有完全复合消失，起到了直流预偏置的作用，致使后一个光脉冲的延迟时间减小，使输出幅度增加。所以，码型效应可使紧跟在长连“0”后的“1”码光脉冲比其他位置“1”码光脉冲的幅度要小，并且连“0”数越多，其后“1”码光脉冲的幅度就越小，从而导致误码产生。如图 3-14 所示，图 3-14(a)中两个电脉冲（即“1”码）之间的连“0”数为 1，图 3-14(b)中两个脉冲之间的连“0”数为 3，因此图 3-14(b)中后一个光脉冲的幅度要比图 3-14(a)中的小；如果图 3-14(a), (b)中两个电脉冲之间的连“0”数继续增大，则图 3-14(a), (b)中后一个光脉冲的幅度将继续降低，最终会等于前一个光脉冲的幅度。

可以通过将 LD 偏置在 I_{th} 附近的方法来消除码型效应，因为在阈值电流附近，有无电脉冲作用时，有源区内电子浓度的变化不是很大，因而所有光脉冲延迟时间的差别较小，使得所有光脉冲的幅度基本上相同。

③ 弛豫振荡

LD 输出光脉冲的前沿平顶出现初始过冲的衰减振荡，称为弛豫振荡。其变化过程如图 3-15 所示。光脉冲弛豫振荡的原因是，由于光腔内光子密度的变化与有源区电子浓度的变化不同步，前者滞后于后者，两者相互依存和制约。因此，电子浓度从初始值上升到阈值以前，光子密度始终为零；当电子浓度从阈值上升到最大值时，光子密度才从零上升到稳定值、然后到最大值（即图 3-15 中光脉冲平顶上左起第 1 个波峰）。在此过程中，电子浓度因大量跃迁而从最大值下降到阈值、然后到最小值（高于初始值），致使光子密度从最大值下降到稳定值、然后到最小值（即图中光脉冲波形平顶上左起第 1 个波谷）。至此，完成了光脉冲平顶上第 1 轮衰减正弦波过程。当电子浓度下降到最小值时，电脉冲向有源区注入新的电子，使电子浓度上升到阈值、然后到最大值，由此开始新的第 2 轮衰减正弦波过程。由于电子浓度的起始值高于上一轮的初始值，所以新一轮电子注入的时间比上一轮短，电子浓度和光子密度的上升和下降幅度也比上一轮小。如此下去，这种衰减式的振荡过程重复进行，直到输出光功率达到稳定值时停止。

适当地加大直流预偏置电流有利于抑制弛豫振荡。

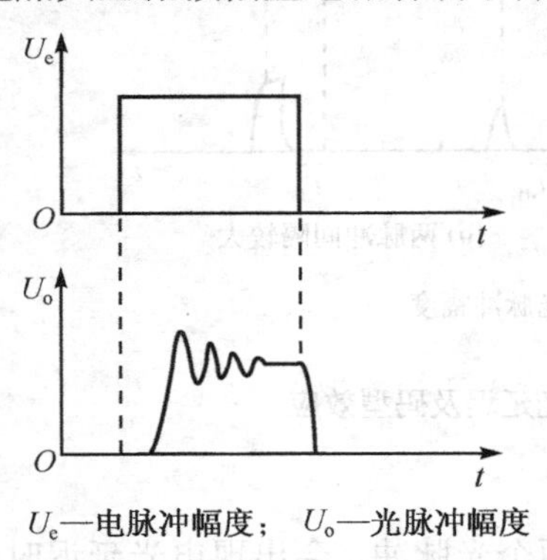

图 3-15　LD 输出光脉冲的弛豫振荡现象

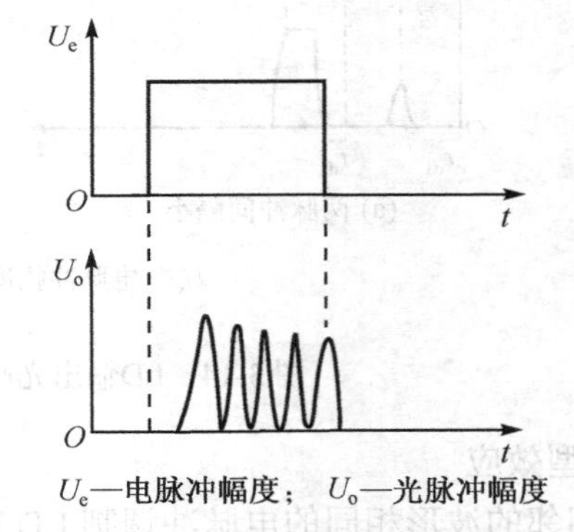

图 3-16　LD 输出光脉冲的自脉动现象

④ 自脉动

LD 输出光脉冲成为一种持续的振荡波形，该振荡与调制方式（直流调制或脉冲调制）无关，仅当 LD 的注入电流较大时才发生，并且振荡频率随注入电流增大而升高，这种振荡称为自脉动现象。其变化过程如图 3-16 所示。自脉动现象是由于 LD 内部结构不均匀，导致光增益存在非线性而引起的一种双稳态现象。随着 LD 制作工艺技术的提高，自脉动现象已不是LD的共性问题。

⑤ 结发热效应

由于PN结温度变化而引起的光脉冲形状的失真变化，称为结发热效应。其产生原因是，调制电流注入LD后，一部分电功率转换为激光功率，另一部分电功率则在PN结区耗散为热能，使结温逐渐升高，引起*P-I*特性发生变化。这样，在用电脉冲调制LD时，在“1”码电脉冲持续期间，由于结温随时间上升，导致I_{th}随时间增大，从而使LD输出光功率随时间而减小，致使输出光脉冲的顶部不再平坦，成为前高后低样的形状。在“1”码电脉冲过后，结温将随时间而下降，以致I_{th}也随时间而减小，致使LD输出光功率随时间而增大，结果使输出光脉冲的底部也不再平坦，成为前低后高的形状。以上变化过程如图3-17所示。码元速率越低或连“1”码越长，则结发热效应越明显。

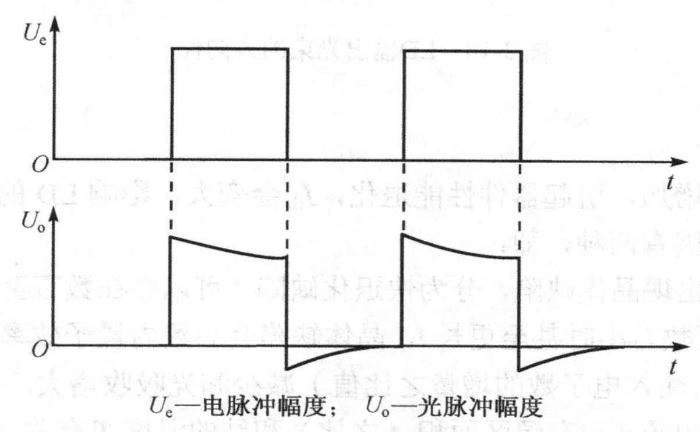

图3-17 LD输出光脉冲的结发热效应

⑥ 频率啁啾（Chirp）

对LD进行直接光强调制（又称为内调制）时，调制电流的变化会影响激光波长的稳定性，导致激光频率随时间变化而偏离其稳态值，引起谱线动态展宽的现象，称为激光频率啁啾。带有频率啁啾的光脉冲在色散光纤中传输时，脉冲形状将发生变化，使矩形脉冲的前、后沿变斜缓，容易产生码间干扰。所以，频率啁啾限制了码率的提高。可以采用G.653零色散位移光纤（ZDSF）来减小频率啁啾的影响。最根本的方法是，采用外调制（即在LD输出通路上利用电光晶体等光学元件来对光束进行幅度或相位调制）等技术来消除频率啁啾现象。

（5）LD的方向特性

LD的方向性是指LD输出光束的空间发散程度。通常，LD输出光束随传输距离增大而逐渐发散开来。光束发散越小，光强集中的程度就越高，与光纤耦合就越容易。常用LD的水平发散角和垂直发散角两个特性参数来描述LD的方向性。其中，在平行于PN结平面的方向上，远场光强下降到最大值一半之处对LD输出端面的张角大小，称为**水平发散角**，用$\theta_{/\!/}$来表示；在垂直于PN结平面的方向上，远场光强下降到最大值一半之处对LD输出端面的张角大小，称为**垂直发散角**，用$\theta_{\perp}$来表示。

图3-18是LD的水平发散角、垂直发散角以及远场光强分布曲线的示意图。其中，图3-18(a)中*O*点的光强就是图3-18(b)中的光强最大值。目前，LD器件的$\theta_{/\!/}\approx 5^\circ\sim 10^\circ$，$\theta_{\perp}\approx 30^\circ\sim 50^\circ$，故发散角是一个椭圆锥形，其水平张角小于垂直张角。所以，LD器件的水平方向性优于垂直

方向性。LD 与光纤的直接耦合效率为百分之十至百分之几十，其中 LD 与单模光纤的直接耦合效率比 LD 与多模光纤的直接耦合效率要低。

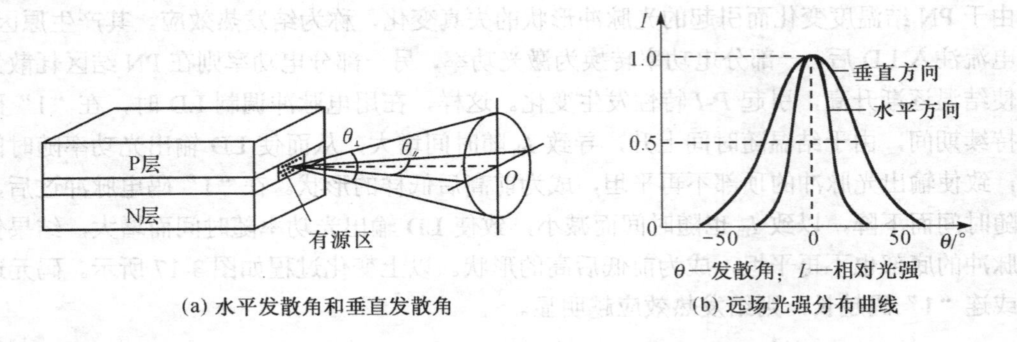

(a) 水平发散角和垂直发散角　　(b) 远场光强分布曲线

图 3-18　LD输出光束的方向性

（6）LD 的寿命

LD 使用时间累计增加，引起器件性能退化，I_{th} 会变大，影响 LD 的寿命。

LD 性能退化的原因有两种，即：

① 半导体有源区出现晶体缺陷，分为快退化缺陷（可以存在数百至数千小时）和慢退化缺陷（可以存在数千至数万小时甚至更长）。晶体缺陷会导致内量子效率（定义为有源区辐射光子数的增量与有源区注入电子数的增量之比值）减少和光吸收增大。这种退化与有源区电流密度 J（定义为注入电流 I 与有源区面积 A 之比）和结的温度 T 有关，J 或 T 越大则退化越厉害。

② 谐振腔前、后镜片损伤，分为机制性损伤和侵蚀性损伤。前者是一种快退化，发生在 LD 短时间内工作在大的光功率时，会使镜片反射率极大减少，导致阈值电流增大和外量子效率减少；后者是一种慢退化，发生在较长工作时间内，会使镜片反射率减少和非辐射载流子复合增大，导致内量子效率减少和阈值电流增大。

通常，用高温加速老化的方法使潜在退化因素充分暴露，将快退化器件筛选掉。目前，LD 的寿命为百万小时左右。

实用中，当 $I_{th} = 1.5I_{th0}$ 时（I_{th0} 是 LD 最初使用时的阈值电流），即认为该 LD 器件的寿命终止而停止使用。

3.2.3 发光二极管（LED）

1. 基本结构

发光二极管（Light Emitting Diode, LED）有 PN 结（同质或异质结），无光学谐振腔，不一定需要粒子数反转。所以，LED 只能发出自发辐射光。

按照光输出位置的不同，LED 分为面发光二极管（SLED）和边发光二极管（ELED）。如图 3-19 所示，面发光二极管是正面发光，其输出光束的方向垂直于 PN 结平面；边发光二极管是端面发光，其输出光束的方向平行于 PN 结平面。

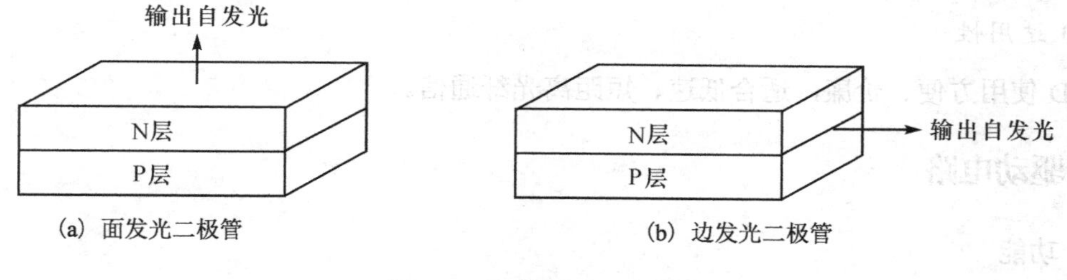

图 3-19　两类发光二极管

2. 基本特点

（1）*I-V* 特性

LED 工作在正向偏置条件下，有 1 V 左右的导通电压和小的导通电阻。其 *I-V* 特性与 LD 相似。

（2）*P-I* 特性

LED 的 *P-I* 特性曲线如图 3-20 所示，在低注入电流范围内其线性程度比 LD 好，且不存在 I_{th}。所以，LED 适合用在光纤模拟通信系统中。

LED 光功率的温度稳定性也比 LD 好，其功率温度系数约为−1%/℃（称为负温度系数），即 LED 光功率随温度上升而缓慢减小。

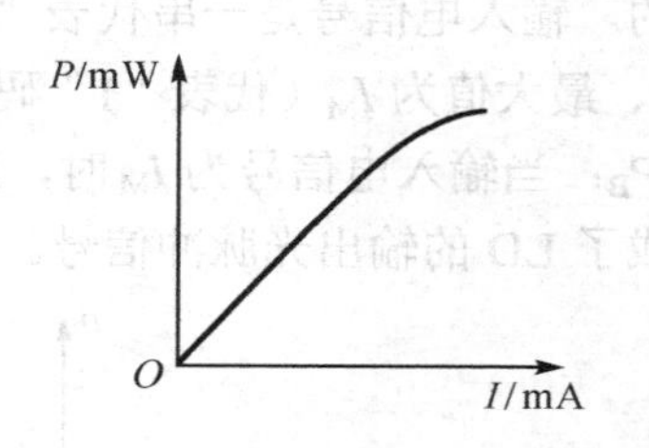

图 3-20　LED 的输出光功率特性曲线

LED 的输出光功率最大可达几个毫瓦。

（3）光谱特性

LED 发出非相干光，其光谱比 LD 宽。例如，长波长 InGaAsP/InP LED 的谱宽可达 100 nm，短波长 GaAlAs/GaAs LED 的谱宽也有几十纳米。

（4）调制特性

LED 的可调制频率比 LD 低。其中，面发光型 LED 的可调制频率仅为几十兆赫兹，边发光型 LED 的可调制频率可达 200 MHz 以上。

（5）方向特性

LED 的发散角比 LD 大。其中，面发光型 LED 的发散角在各个方向比较均匀，约为 120°，发散角是一个圆锥形；边发光型 LED 的发散角不均匀，$\theta_{//}\approx120°$，$\theta_{\perp}\approx25°\sim35°$，故发散角是一个椭圆锥形，其水平张角大于垂直张角。从总体上看，边发光型 LED 比面发光型 LED 的发散角小。所以，边发光型 LED 与光纤的耦合效率要高于面发光型。LED 与光纤的直接耦合效率通常小于10%。所以，LED 的入纤光功率只有几十微瓦，比 LD 要小一个数量级以上。

（6）寿命

LED 的器件结构比 LD 简单，其性能退化的原因主要是半导体有源区的晶体缺陷。LED 的寿命比 LD 长，可达百万小时以上。

（7）适用性

LED 使用方便、价廉，适合低速、短距离光纤通信。

3.2.4　驱动电路

1．功能

驱动电路的作用是，用输入电信号来调制发光器件的正向注入电流，从而调制发出的光强，完成电信息向光信息的转换。这种驱动方式称为**直接光强度调制**（DOIM）。

2．LD 驱动电路原理

图 3-21 所示是 LD 驱动原理示意图。其中，LD 的 *P-I* 特性曲线可以近似用两条相交的直线段来表示，交点 x 对应的电流是阈值电流 I_{th}。为了使 LD 发出激光，调制前要在 LD 上加一个大于 0 的偏置电流 I_B，称为**预偏置电流**。所以，输入电信号（即调制信号）是叠加在 I_B 上面的。输入电信号是一串代表“0”“1”码的矩形电流脉冲，脉冲幅度最小值为 0（代表“0”码）、最大值为 I_M（代表“1”码）。由图 3-21 可见，当输入电信号为 0 时，LD 的输出光功率为 P_B；当输入电信号为 I_M 时，LD 的输出光功率为 P_A（$P_A > P_B$）。因此，输入电脉冲信号转换成了 LD 的输出光脉冲信号。

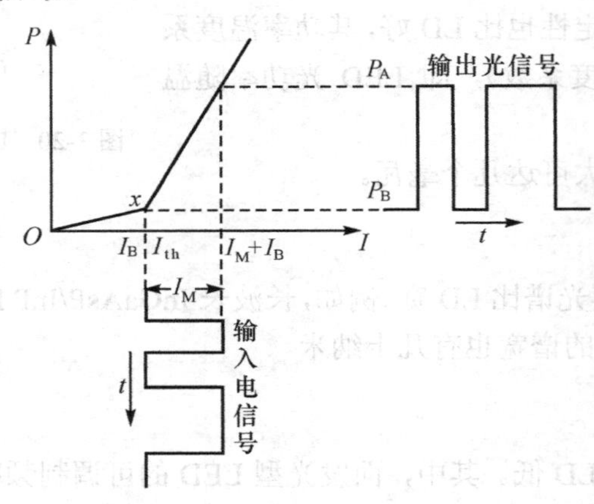

图 3-21　LD驱动原理示意图

3.2.1 节已经定义了光发送电路的主要性能指标——消光比 EX，其定义式为式(3-2)，即

$$\mathrm{EX} \equiv 10\lg\left(P_1 / P_0\right) \text{（dB）}$$

式中，P_1 是输入电信号为全“1”码时 LD 的平均输出光功率；P_0 是输入电信号为全“0”码时 LD 的平均输出光功率。这样的定义符合实际测试情况，这是因为实测时 LD 的输出光信号不是单个光脉冲而是一串光脉冲（称为码流），用光功率计测得的是码流的平均光功率。那么，P_1, P_0 与图 3-21 中的 P_A, P_B 有怎样的关系呢？如上所述，P_A 是有信号时的输出光功率，P_B 是无信号时的输出光功率。假设码流中功率为 P_A 的光脉冲有 n_A 个，功率为 P_B 的光脉冲有 n_B 个，则 LD 的平均输出光功率为 $P_T=（n_A P_A+ n_B P_B）/（n_A+ n_B）$。可见当 $n_A \neq 0$、$n_B=0$ 时，$P_T=$

$P_A=P_1$；当 $n_A=0$，$n_B\neq0$ 时，$P_T=P_B=P_0$；当 $n_A=n_B$ 时，$P_T=(P_A+P_B)/2$。

由于预偏置电流 I_B 的存在，以致无电信号输入时，LD 也会有一定的光功率输出，这对光接收机而言是一种噪声，会降低光接收机的信噪比。因此，从提高信噪比而言，希望 I_B 越小越好。但是，减小 I_B 将使 LD 的输出谱线宽度增加（因为荧光成分增大了）。并且，当输入脉冲最大幅度 I_M 不变时，减小 I_B 会使输出光功率降低。为了使输出光功率不降低，就需要增大 I_M，这会使调制电流的幅度变化过大，影响调制速度。所以，兼顾得失，通常取 $I_B=(0.7\sim1)I_{th}$。

在 I_B 满足上述取值范围的条件下，应适当选择 EX 的大小，根据实际经验通常取 EX 为 10 dB 较合适（即 $P_1=10P_0$）。

3．单管集电极型 LD 驱动电路

图 3-22 所示是单管集电极型 LD 驱动电路原理图。其中，LD 接在半导体三极管 VT 的集电极上，LD 的预偏置电流 I_B 由电阻 R_B 支路提供。输入电信号 V_{in} 接入 VT 的基极。VT 工作在导通-截止的开关状态。V_{in}, VT 和 LD 的工作关系如表 3-1 所示。当 V_{in} 为“0”码时，则 VT 截止，LD 上只有电流 I_B 流过，故 LD 不发出激光；当 V_{in} 为“1”码时，则 VT 导通，LD 上有电流 I_M+I_B 流过，故 LD 发出激光。单管集电极驱动电路适用于低速率光纤通信系统。

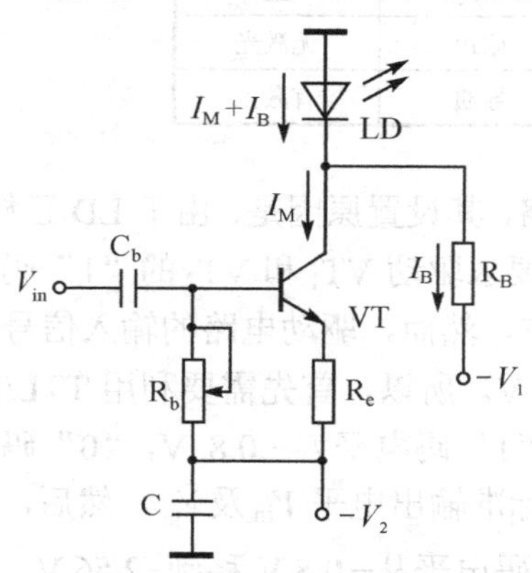

图 3-22　单管集电极型 LD 驱动电路原理图

表 3-1　V_{in}, VT 和 LD 的工作关系

V_{in}	VT	LD
0	截止	无激光
1	导通	有激光

4．射极耦合电流开关型 LD 驱动电路

图 3-23 所示是射极耦合电流开关型 LD 驱动电路原理图。其中，半导体三极管 VT_1 和 VT_2 通过射极电阻 R_e 耦合形成电流开关。VT_2 的基极经过 R_2 和 C_2 接收输入电信号 V_{in}，VT_1 的基极经过 R_1 和 C_1 接收 V_{in} 的反相信号 $\overline{V}_{in}$。VT_2 的集电极连接 LD，LD 的预偏置电流 I_B 由电阻 R_B 和电感 L 支路提供，L 是用来阻止脉冲调制电流 I_M 流入 I_B 回路。VT_1 和 VT_2 轮流工作在导通/截止的开关状态。$\overline{V}_{in}$, V_{in}, VT_1, VT_2 和 LD 的工作关系如表 3-2 所示。当 V_{in} 为“0”码时，则 VT_1 导通、VT_2 截止，LD 上只有电流 I_B 流过，故 LD 不发出激光；当 V_{in} 为“1”码时，则 VT_1 截止、VT_2 导通，LD 上有电流 I_M+I_B 流过，故 LD 发出激光。射极耦合电流开关驱动电路适用于中速率和高速率光纤通信系统。

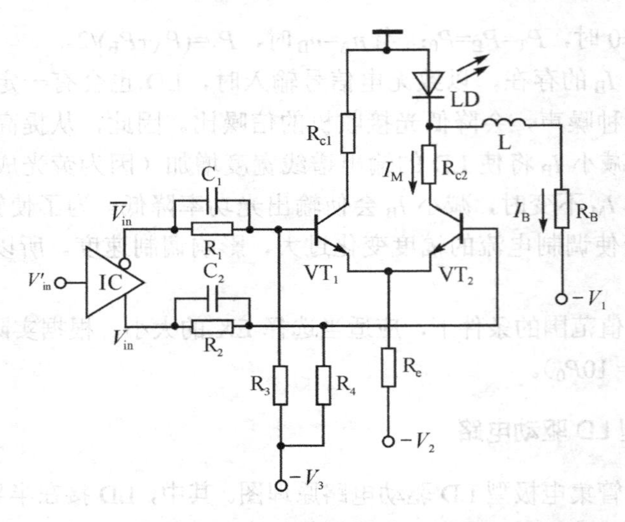

图 3-23　射极耦合电流开关型LD驱动电路原理图

表 3-2　$\bar{V}_{in}$，V_{in}，VT_1，VT_2 和 LD 的工作关系

$\bar{V}_{in}$	V_{in}	VT_1	VT_2	LD
1	0	导通	截止	无激光
0	1	截止	导通	有激光

图 3-23 中的集成电路 IC 是 TTL/ECL 电平转换电路，其设置原因是，由于 LD 正极接地，故 VT_1 和 VT_2 构成的 ECL 电路必须使用负电源，以致要求驱动 VT_1 和 VT_2 的“1”码输入电平应为−2.56 V 左右，“0”码输入电平应为−3.04 V 左右。然而，驱动电路的输入信号来自前级 TTL 电路，其“1”码电平≥3 V，“0”码电平≤0.35 V。所以，首先需要利用 TTL/ECL 电平转换电路将 TTL 电平转换成 ECL 标准电平，即其“1”码电平为−0.8 V，“0”码电平为−1.6 V。图 3-23 中是将 TTL 输入电平 V'_{in} 转换成 ECL 标准输出电平 V_{in} 及 $\bar{V}_{in}$。然后，再利用电阻 R_1～R_4 构成的 ECL 电平移动电路，进一步将“1”码电平从−0.8 V 移到−2.56 V，“0”码电平从−1.6 V 移到−3.04 V，以适应 VT_1 和 VT_2 基极工作电平的要求。图 3-23 中的电容 C_1 和 C_2 用来加快脉冲前沿的上升时间，称为加速电容。

5．单管集电极型 LED 驱动电路

LED 的单管集电极驱动电路可以采用与图 3-22 相似的驱动电路。由于 LED 不存在 I_{th}，通常不需要提供预偏置电流 I_B，故不需要设置 R_B 支路。但是，对于 *P-I* 特性曲线起始部分线性程度较差的 LED，为了不使输出光功率太微弱，可以通过提供小的预偏置电流 I_B（2～3 mA）的方法来提高输出光功率，这种情况下就需要 R_B 支路。所以，应根据具体使用要求来决定是否设置 R_B 支路。

6．射极耦合电流开关型 LED 驱动电路

图3-24是射极耦合电流开关型 LED 驱动电路原理图。其中 VT_1 和 VT_2 形成射极耦合电流

开关，其输入端的 TTL/ECL 电平转移电路包括 TTL/ECL 电平转换和 ECL 电平移动两种电路，与图3-23 相同。LED 连接在 VT_2 的集电极上，有 I_B 供电支路。VT_3 和稳压二极管 VD 构成恒流源电路，用来稳定驱动电流 I_M。恒流源电路的工作原理如下：VD 使 VT_3 的基极电位稳定，从而使 VT_3 的基极电流稳定，导致 VT_3 的集电极电流（即 VT_1 与 VT_2 的射极电流之和）稳定，在 VT_1 截止、VT_2 导通时导致 VT_2 的集电极电流（即 LED 驱动电流 I_M）稳定。用链图简化表示为 V_{b3} 稳定→I_{b3} 稳定→I_{c3}（即 I_{e1}+I_{e2}）稳定→I_{c2} 即 I_M 稳定（当 VT_1 截止、VT_2 导通时）

稳压二极管 VD 除了有稳定 I_M 的作用外，对 LED 的输出光功率尚有温度补偿作用，下面来分析这个作用。如前所述，LED 输出光功率具有负温度特性，当工作温度上升时输出光功率就会下降。另一方面，如果选择正电压温度系数的稳压二极管，工作温度上升则 VD 两端电压增大，从而使 VT_3 的基极电位增大，导致 VT_3 的基极电流增大，致使 VT_3 的集电极电流增大，在 VT_1 截止、VT_2 导通时导致 VT_2 的集电极电流（即 LED 驱动电流 I_M）增大，使得 LED 输出光功率增大。通过合理的设计，能使恒流源电路因温度上升而导致的 LED 光功率增大恰好补偿 LED 自身因温度上升而引起的输出光功率下降。用链图简化表示为工作温度↑→V_{VD}↑→V_{b3}↑→I_{b3}↑→I_{c3}↑→I_{c2} 即 I_M↑（当 VT_1 截止、VT_2 导通时）→LED 光功率↑→补偿了 LED 输出光功率的负温度特性。

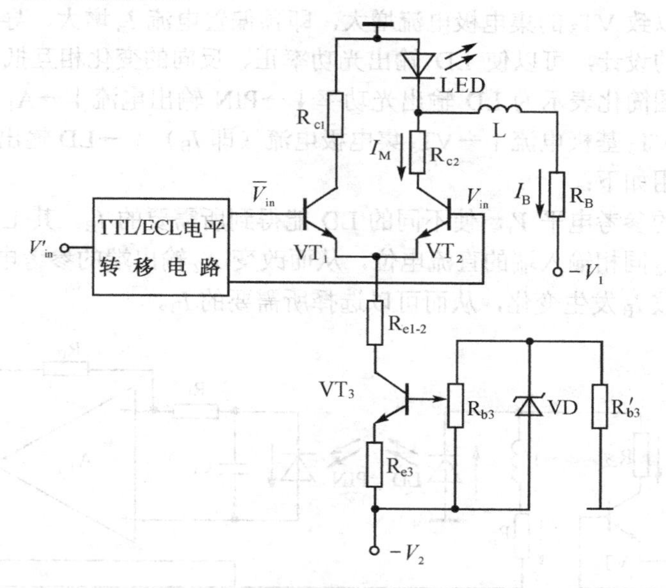

图 3-24　射极耦合电流开关型LED驱动电路原理图

3.2.5　自动功率控制（APC）电路

1．功能

APC 电路的作用是稳定 LD 输出光功率，使其不随温度升高和累计使用时间增长而改变。影响 LD 输出光功率不稳定的因素有：

① 温度升高，则 I_{th} 增大，且 *P-I* 曲线斜率 $\Delta P/\Delta I$ 减小，使输出光功率减小，甚至停止发射激光；

② 累计使用时间增长，器件性能逐渐退化，则 I_{th} 也会增大，且 $\Delta P/\Delta I$ 减小，使输出光功率减小。

2. 典型电路：平均光功率控制型 APC 电路

图 3-25 所示是平均光功率控制型 APC 电路原理图。该电路由输入通道、负反馈控制环路和参考通道三大部分组成。其中，输入通道是由 VT_1, VT_2, LD, R_B 和 L 构成的射极耦合电流开关型 LD 驱动电路，有 V_{in}，$\bar{V}_{in}$ 两路输入（其中输入端的 TTL/ECL 电平转移电路未画出），L 用来阻止脉冲式交流 I_M 流入 I_B 回路。负反馈控制环路则由光检测器件 PIN、运算放大器 A_1 和 A_3、半导体三极管 VT_3 等组成。参考通道由运算放大器 A_2 等组成，只有 $\bar{V}_{in}$ 一路输入。

负反馈控制环路的工作流程是：PIN 接收 LD 发出的背向光后输出光生电流，光生电流经 C_1 平滑滤波后送入由 A_1, R_{f1} 和 R_1 构成的并联负反馈放大器，放大后得到输出信号 V_P（V_P 与 LD 输出光功率的平均值成正比），V_P 送入由 A_3, R_2 和 C_5 构成的比较积分放大器的反相输入端，比较积分放大器的输出信号送入 VT_3 的基极去控制预偏置电流 I_B，从而控制 LD 的输出光功率。具体控制过程如下：如果由于温度或使用时间等原因使 LD 输出光功率下降，则背向光减弱，使 PIN 输出电流减小，导致 A_1 输出电压（即 V_P）下降，使 A_3 输出电压上升，致使 VT_3 的基极电流增大，以致 VT_3 的集电极电流增大，即预偏置电流 I_B 增大，导致 LD 的输出光功率增大。通过适当的设计，可以使 LD 输出光功率正、反向的变化相互抵消，从而维持输出光功率不变。用链图简化表示为 LD 输出光功率↓→PIN 输出电流↓→A_1 输出电压↓→V_P↓→A_3 输出电压↑→VT_3 基极电流↑→VT_3 集电极电流（即 I_B）↑→LD 输出光功率↑。

参考通道的作用如下：

（1）提供合适的参考电平 V_r，使不同的 LD 能得到所需要的 I_B。其工作原理是，通过手动调节 R_5 来改变 A_2 同相输入端的直流电位，从而改变 A_2 输出端的参考电平 V_r，使 A_3 输出电压跟随变化，导致 I_B 发生变化，从而可以选择所需要的 I_B。

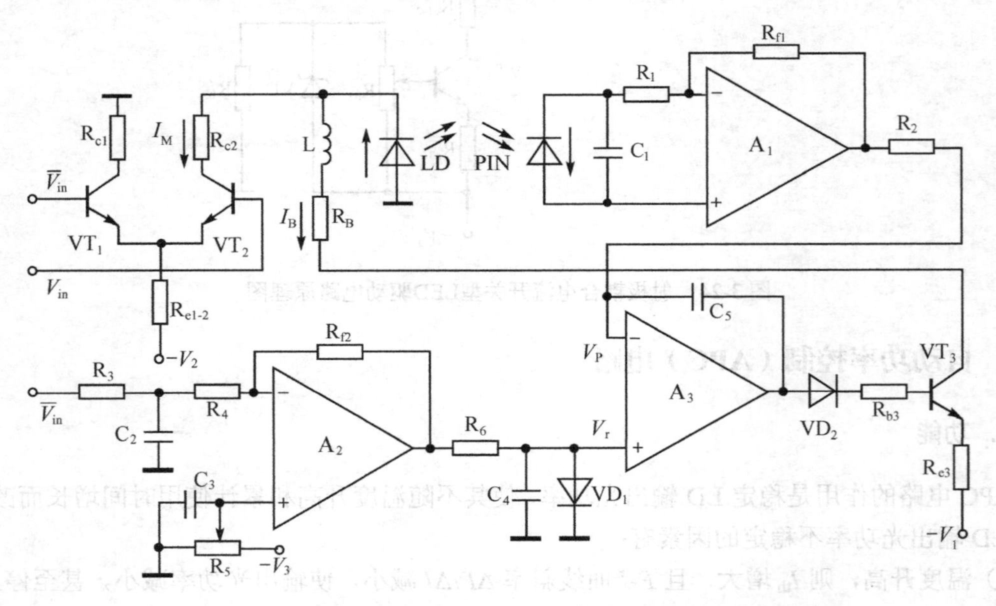

图 3-25　平均光功率控制型APC电路原理图

（2）当输入通道无信号输入或输入信号为长连“0”码时，参考通道能使反馈控制过程不动作，避免误码发生。其工作原理是，输入通道无信号输入或输入信号为长连“0”码时，$V_{in}=0$ V，故 LD 输出光功率很小，以致 V_p 也很小，导致 I_B 很大，使 LD 输出光功率增大，容易产生误码。然而，参考通道则因 $\overline{V}_{in}=1$ V，使 V_r 很小，导致 I_B 很小，使 LD 输出光功率下降。通过恰当的设计，能使参考通道抵消反馈控制的作用，等效于使反馈控制过程不动作。

最后需要指出的是，APC 电路仅适用于温度升高不大时的光功率调整，如果温度过高则不能采用该方法。其原因是，温度过高，导致 I_{th} 很大，使 LD 输出光功率下降很多，经 APC 作用后 I_B 增加很大，致使 LD 管芯温度进一步升高，使 I_{th} 更大，如此恶性循环下去，会烧坏 LD。温度过高情况下的光功率稳定问题，需要使用 3.2.6 节介绍的自动温度控制电路。

3.2.6　自动温度控制（ATC）电路

1．功能

ATC 电路的作用是，使 LD 管芯（即封装在管壳内的 LD 芯片）的工作温度保持在 20℃左右，以提高 LD 的工作稳定性和寿命。

2．典型电路：半导体致冷型 ATC 电路

图 3-26 所示是半导体致冷型 ATC 电路原理图。其中电阻 R_1, R_2, R_3 和热敏电阻 R_t 一起构成惠斯通电桥（Wheatstone Bridge），该电桥对角两端连接到运算放大器 A 的差动输入端，运算放大器 A 的输出端连接到半导体三极管 VT 的输入端，VT 的发射极串连有致冷器。致冷器与 LD, PIN 和热敏电阻紧密放置在一起，图 3-26 中用虚框表示。

实际制作方法是，在 LD 芯片封装前，将 LD 的正电极面紧贴在由镀金铜块制成的热沉上，而热敏电阻和半导体致冷器冷端也贴在热沉上，然后连同检测背向光的 PIN（供 APC 电路使用）一起封装在同一个管壳内。

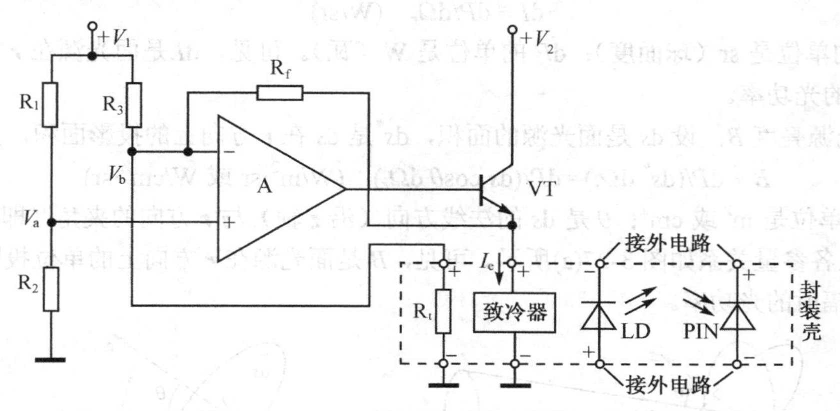

图 3-26　半导体致冷型ATC电路原理图

致冷器用来降低 LD 管芯（即 LD 芯片）的温度。致冷器是由特殊半导体制成的，当其通以直流电流时，则一端吸热致冷（称为冷端），另一端放热（称为热端）。半导体致冷器冷端的致冷量大小与其通过的直流电流成正比关系。

热敏电阻 R_t 用来测量 LD 管芯的温度。图 3-26 中选用负温度系数的热敏电阻，即热敏电阻 R_t 的阻值大小与所测量的温度成反比。

惠斯通电桥的平衡条件是：$R_1R_t = R_2R_3$，此时 $V_a = V_b$。即在平衡条件下，惠斯通电桥对角两端电位相等。

ATC 电路在使用前，要先确定标准工作状态，其方法是

① 首先确定 LD 管芯工作温度，通常取为 20℃；

② 查知该温度下热敏电阻之阻值大小 $R_{t\,(20℃)}$；

③ 选取 $R_1 = R_2$，$R_3 = R_{t\,(20℃)}$。

于是，此状态下 $V_a = V_b$，故运算放大器 A 无差动信号输入，因而 A 无输出电压，以致 VT 无基流，使得 VT 无足够射极电流 I_e，所以 20℃状态下致冷器不致冷。

标准工作状态确定后，实际使用时的控制过程是：当 LD 管芯温度升高超过 20℃时，则热沉温度也随之上升超过 20℃，导致阻值 R_t 减小，使电位 V_b 下降，以致 A 的差动输入信号增大，使 A 的输出电压升高，以致 VT 有基流注入，因而 VT 射极电流增大，致冷器获得足够的致冷电流能够致冷，使热沉温度降低，LD 管芯温度随之下降。用链图简化表示为 LD 管芯温度↑→热沉温度↑→阻值 R_t↓→V_b↓→A 的输出电压↑→VT 基流↑→致冷电流 I_e 产生→致冷器致冷→热沉温度↓→LD 管芯温度↓

3.2.7 光源（LD 和 LED）与光纤的耦合

1. 光源与光纤的直接耦合效率

（1）光度学基本概念

① 面光源发光强度 dI：设 dΩ_r 是面光源在 $\boldsymbol{r}$ 方向的立体角，dP 是面光源在 dΩ_r 内辐射的光功率，则

$$\mathrm{d}I \equiv \mathrm{d}P/\mathrm{d}\Omega_r \quad (\mathrm{W/sr})$$

式中，dΩ_r 的单位是 sr（球面度）；dP 的单位是 W（瓦）。可见，dI 是面光源在 $\boldsymbol{r}$ 方向单位立体角内辐射的光功率。

② 面光源亮度 B：设 ds 是面光源的面积，ds^*是 ds 在 $\boldsymbol{r}$ 方向上的投影面积，则

$$B \equiv \mathrm{d}P/(\mathrm{d}s^*\,\mathrm{d}\Omega_r) = \mathrm{d}P/(\mathrm{d}s\cos\theta\,\mathrm{d}\Omega_r) \quad (\mathrm{W/m^2 \cdot sr}\ 或\ \mathrm{W/cm^2 \cdot sr})$$

式中，ds 的单位是 m^2 或 cm^2；θ 是 ds 的法线方向（沿 z 轴）与 $\boldsymbol{r}$ 方向的夹角（即 ds 与 ds^*的夹角）。以上各参量关系如图 3-27(a)所示。可见，B 是面光源在 $\boldsymbol{r}$ 方向上的单位投影面积在单位立体角内辐射的光功率。

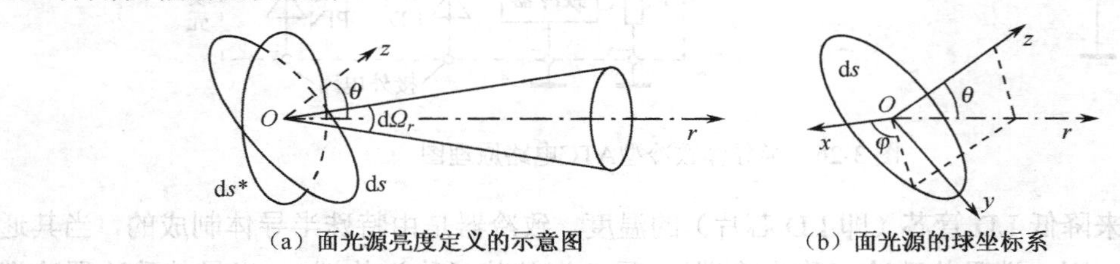

（a）面光源亮度定义的示意图　　（b）面光源的球坐标系

图 3-27　面光源的亮度

利用 $\mathrm{d}I=\mathrm{d}P/\mathrm{d}\Omega_r$，可将上式改写为

$$B \equiv \mathrm{d}I/\mathrm{d}s^{*}=\mathrm{d}I/(\mathrm{d}s\cos\theta)$$

可见，面光源亮度 B 是面光源在 $\boldsymbol{r}$ 方向的单位投影面积上的发光强度。

例：辐射光功率为 1mW 的面发光型和边发光型 LED，其亮度 B 大约分别为 $25\mathrm{W/cm^2 \cdot sr}$ 和 $10^3\mathrm{W/cm^2 \cdot sr}$。

③ 余弦发射体：若面光源的发光强度 dI 随方向变化的关系为 $\mathrm{d}I=\mathrm{d}I_0\cos\theta$（$\mathrm{d}I_0$ 是常数），则其亮度 $B=\mathrm{d}I/(\mathrm{d}s\cos\theta)=\mathrm{d}I_0/\mathrm{d}s$ 与方向无关。称此面光源为余弦发射体或朗伯（Lambert）发射体。例如，太阳像一个亮度均匀的大圆盘，它是近似的余弦发射体；面发光型 LED 也是近似的余弦发射体，从远场看它像一个亮度均匀的微小圆盘。

（2）面发光型 LED 与光纤直接耦合效率的计算

利用面光源亮度 B 的公式可得

$$\mathrm{d}P=B\,\mathrm{d}s\cos\theta\,\mathrm{d}\Omega_r=B\,\mathrm{d}s\cos\theta\sin\theta\,\mathrm{d}\theta\,\mathrm{d}\varphi \tag{3-8}$$

式中，$\mathrm{d}\Omega_r=\sin\theta\,\mathrm{d}\theta\mathrm{d}\varphi$（$r, \theta, \varphi$ 为球坐标）；ds 是面发光型 LED 的有源区发光面积，位于 xOy 平面上；θ 是 $\mathrm{d}\Omega_r$ 的 $\boldsymbol{r}$ 方向与 z 轴的夹角，也是面发光型 LED 发散角的一半；φ 是 $\boldsymbol{r}$ 在 xOy 平面上的投影与 x 轴的夹角。以上各参量关系如图 3-27(b)所示。

由式(3-8)得到面发光型 LED 直接耦合进入光纤的功率为

$$P_{\mathrm{in}}=\iint_{\theta,\varphi}\mathrm{d}P(\theta,\varphi)=\int_0^{2\pi}\int_0^{\phi_0}B\mathrm{d}s\cos\theta\sin\theta\mathrm{d}\theta\mathrm{d}\varphi=\pi B\,\mathrm{d}s\sin^2\phi_0=\pi B\,\mathrm{d}s\,(\mathrm{NA})^2 \tag{3-9}$$

式中，$\mathrm{NA}=\sin\phi_0$ 是光纤数值孔径，ϕ_0 是光纤端面临界入射角。计算中利用了余弦发射体亮度 B 与方向无关的特点，故直接移出积分号外。式(3-9)中 φ 的积分限从 0 到 2π，φ 所在的（x, y）平面（即 SLED 的有源区发光面）垂直于纸面；θ 的积分限从 0 到ϕ_0（即发散角 $\theta\leqslant\phi_0$ 的光线可以在光纤内传播），θ 所在的（z, r）平面在纸面内（z 轴与 L 线段重合）。以上各参量如图 3-28 所示。可见，式(3-9)是面发光型 LED 向锥角 2θ（$=2\phi_0$）的球扇形空间方向辐射的光功率。

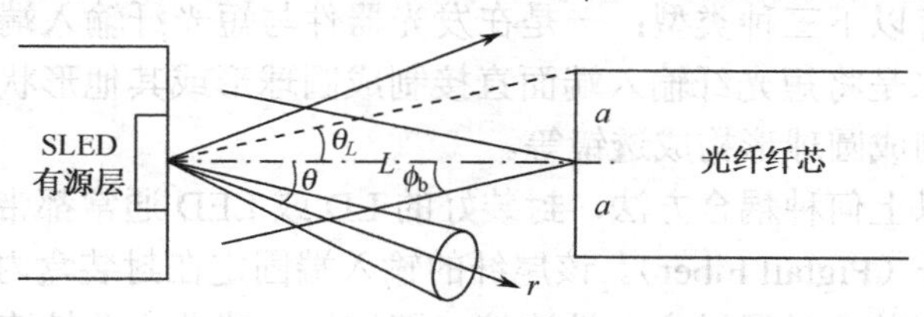

图 3-28　SLED与光纤耦合示意图

另一方面，面发光型 LED 向半圆球空间方向辐射的总的光功率为

$$P_{\mathrm{t}}=\int_0^{2\pi}\int_0^{\pi/2}B\mathrm{d}s\cos\theta\sin\theta\mathrm{d}\theta\mathrm{d}\varphi=\pi B\,\mathrm{d}s \tag{3-10}$$

所以，面发光型 LED 与光纤直接耦合效率为

$$\eta\equiv P_{\mathrm{in}}/P_{\mathrm{t}}=(\mathrm{NA})^2 \tag{3-11}$$

可见，直接耦合效率 η 等于光纤数值孔径 NA 的平方。由于多模光纤和单模光纤的数值孔径大约分别为 0.20 和 0.10，故面发光型 LED 与多模光纤的直接耦合效率约为 4%，与单模光纤的直接耦合效率约为 1%。以上讨论表明，由于发光器件的发散角与光纤端面临界入射角

不匹配，以致发散角大于光纤端面临界入射角的光线不能进入光纤传输，这是直接耦合效率低的一种原因。

以上计算中没有考虑光源与光纤端面之间距离 L 的影响，下面分析这种影响。由图 3-28 可见，$\tan\theta_L = a/L$，若 $\theta_L = \phi_0$，则记 $L_0 = a/\tan\phi_0$，称为直接耦合临界距离。显然，当 $\theta_L > \phi_0$ 即 $L < L_0$ 时，则式(3-9)中 θ 的积分上限是 ϕ_0；当 $\theta_L < \phi_0$ 即 $L > L_0$ 时，则式中 θ 的积分上限是 θ_L。所以，$L < L_0$ 时直接耦合进入光纤的功率 P_{in} 大于 $L > L_0$ 时直接耦合进入光纤的功率。因而，$L < L_0$ 时的直接耦合效率 η 大于 $L > L_0$ 时的直接耦合效率。可以估算 L_0 的数值大小，由于光纤 n_1, n_2 交界面上的全反射临界角 $\theta_c = 82°$（见 2.2.3 节标量模），故 $\phi_1 = 90° - \theta_c = 8°$，于是 $\sin\phi_0 = n_1\sin\phi_1 = 1.48\ \sin 8° \approx 0.21$，取多模光纤的纤芯半径 $a \approx 31\mu m$，则得 $L_0 = a/\tan\phi_0 = a\cos\phi_0/\sin\phi_0 \approx 144\mu m$；取单模光纤 $a \approx 4.5\mu m$，则得 $L_0 \approx 21\mu m$。可见，光源与单模光纤的直接耦合临界距离要比与多模光纤的直接耦合临界距离短得多。以上讨论表明，若光源与光纤端面之间的距离过长，则一部分发散角小于光纤端面临界入射角的光线不能接触纤芯，无法进入光纤传输，也会降低直接耦合效率，这是直接耦合效率低的另一种原因。

2. LD 和 LED 与光纤的耦合方法

耦合效率与光源类型、光纤类型、耦合间距等有关。在实际应用中，通常采用以下两种方法来提高 LD 或 LED 与光纤的耦合效率。

（1）改进的直接耦合方法

它是在制作发光器件时，通过工艺方法将端面经过处理的一段短光纤插入到发光器件的衬底近旁，使光纤端面尽量平行靠近有源区发光面，通过调整光纤端面位置达到最佳耦合状态，然后用粘接剂将光纤固定。显然，由于光纤端面靠近有源区，有源区发出的光线到达光纤端面时其发散程度还不太严重，有利于改善耦合效率。

（2）透镜耦合的方法

它是在发光器件与一段短光纤的端面之间利用透镜将发光器件的发散光会聚起来射入该短光纤。采用的透镜有以下三种类型：一是在发光器件与短光纤输入端面之间固定放置微型聚焦透镜或透镜组；二是将短光纤输入端面直接制成圆球形或其他形状构成一个透镜；三是将发光器件的透光区制成圆球形构成透镜等。

可见，无论采用以上何种耦合方法，封装好的 LD 或 LED 通常都带有一段与光源耦合好的短光纤，称之为尾纤（Pigtail Fiber）。该尾纤的输入端固定在封装盒内接收光源发出的光信号，尾纤的输出端在封装盒外通过永久性连接（即熔接）或非永久性连接（即光纤连接器）方式与下游光纤连通。

3.3 输入电路

3.3.1 基本概念

输入电路是介于电端机和光发送电路之间的电路单元，是上游光端机的重要组成部分。如前所述，输入电路由输入接口和码型变换两个部分组成。其中，输入接口的功能是将上游电端机输出的 PCM 电脉冲信号（基群、二次群、三次群为 HDB3 码，四次群为 CMI 码）变换成为单极性的不归零二进制电脉冲信号（称为 NRZ 码）；码型变换的功能是将输入接口送来的 NRZ 码电脉冲信号变换成光纤码型电脉冲信号（*m*B1H 码或 *m*B*n*B 码），并输送给光发送电路。图 3-29 所示是输入电路示意图。

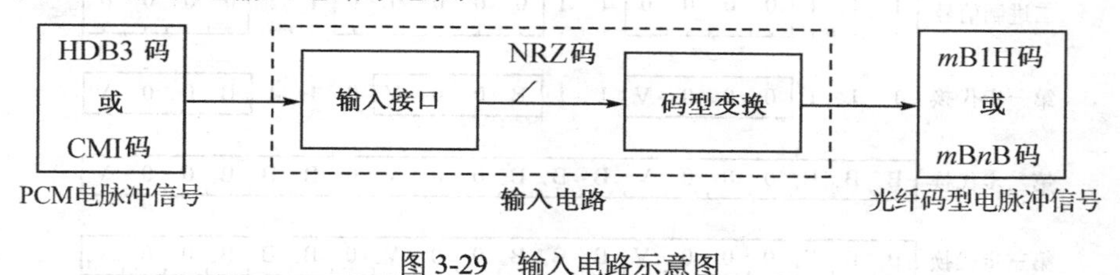

图 3-29　输入电路示意图

鉴于电端机输出的 PCM 电脉冲信号的码型有 HDB3 码和 CMI 码之区别，所以下面分别讨论这两种码型的输入电路。

3.3.2　光纤通信的码型

1．输入接口码型

（1）定义

由电端机经电缆输送给光端机输入电路的 PCM 电脉冲信号的码型，称为输入接口码型（Input Interface Code）。ITU-T 有如下规定：

PCM 一次群（基群）码率 2.048 Mb/s
PCM 二次群码率 8.448 Mb/s
PCM 三次群码率 34.368 Mb/s
} 输入接口码型为 HDB3 码

PCM 四次群码率 139.264 Mb/s　　输入接口码型为 CMI 码

（2）HDB3 码

HDB3 码（High Density Bipolar Codes 3，三阶高密度双极性码）是三元归零码（$\pm A$, 0），其中幅度 $\pm A$ 表示“1”码，幅度 0 表示“0”码。HDB3 码只可作为输入接口码，不能作为光纤线路码。

① HDB3 码的构造方法

第一步，将已知的二进制信号中出现的四连“0”码（即四空号），用下述取代节来代替：

{“000V”　（条件：两相邻 V 脉冲之间的“1”码个数为奇数时）
{“B00V”　（条件：两相邻 V 脉冲之间的“1”码个数为偶数时）

其中，B 表示符合极性交替规则的传号，V 表示违反极性交替规则的传号（称为破坏点）。

对于二进制信号中的第 1 个取代节，其 V 脉冲之前没有别的 V 脉冲，该取代节的确定方法是：若其 V 脉冲前的“1”码个数为奇数，则取代节为“000V”；为偶数，则取代节为“B00V”。

第二步，将二进制信号中的“1”码和取代节中的 B 脉冲，依据极性交替规则，依次用 B_+（即正极性 B 脉冲）、B_-（即负极性 B 脉冲）归零脉冲来代替。

第三步，将取代节中的 V 脉冲，依据违反极性交替的规则，分别用 V_+（即正极性 V 脉冲）或 V_-（即负极性 V 脉冲）归零脉冲来代替。

例如，将二进制信号“11100001100000110000”转换成为 HDB3 码，其转换步骤如图 3-30 所示。

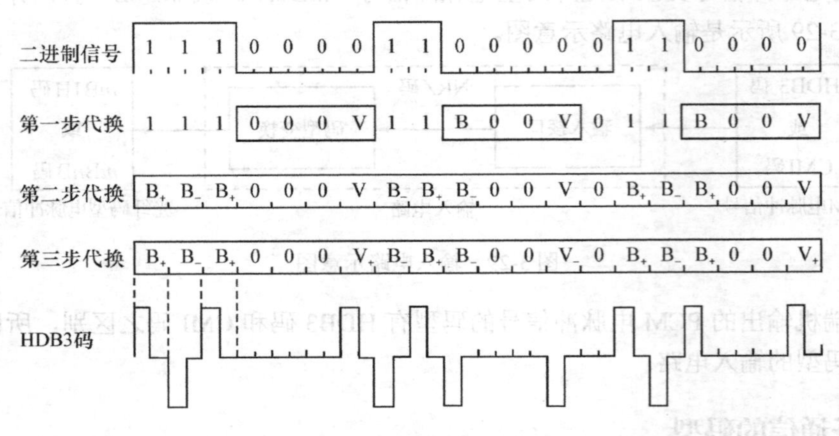

图 3-30　HDB3 码的构造方法

② HDB3 码的特点

- 从 HDB3 码的全部码字来看，V 脉冲违反极性交替规则。据此，接收端很容易从 HDB3 码码流中去掉相应的取代节，恢复四连“0”；
- B（即 B_+, B_-）脉冲和 V 脉冲分别符合极性交替规则，两相邻 V 脉冲之间的 B_+和 B_-的总个数为奇数；
- HDB3 码的最长连“0”码数为 3；
- 线路中出现单个误码，将影响 B, V 脉冲的极性规律，或者使连“0”码数超过最大许可值 3。据此，可作为差错检测。

（3）CMI 码

CMI 码（Coded Mark Inversion，符号反转码）是二元不归零码，可以作为输入接口码及光纤线路码（实际系统中的光纤线路码通常采用同类型的其他码型）。

① CMI 码的构造方法

将二进制信号中的“1”码交替用“11”和“00”NRZ 码来代替，“0”码用“01”NRZ 码来代替。代替前后的时间宽度保持不变，即原码（即二进制信号）的 1 个码元宽度等于新码（即 CMI 码）的 2 个码元宽度。

例如，将二进制信号“1101001110011000”转换成为 CMI 码，其转换步骤如图 3-31 所示。

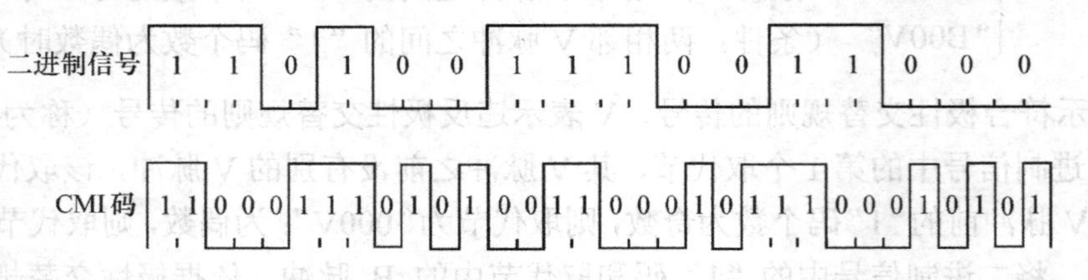

图 3-31　CMI码的构造方法

② CMI 码的特点

- 有较多的电平跃变；
- 最长连码数为 3，据此可用来检测差错；
- 从两位码元来看，“10”为禁用码组，可用来检测差错。

2. 光纤线路码型

（1）定义

光纤中传输的光脉冲信号的码型称为光纤线路码型（Fiber Line Code），简称光纤码型。其实，光纤线路码型不仅用在光纤中传输的光脉冲信号上，而且也用在光发送电路输入的电脉冲信号上，以及用在光接收电路传输和输出的电脉冲信号上。这是因为光发送电路的输入电脉冲信号和光纤中输入的光脉冲信号分别为同一个 E/O 转换器的输入和输出信号，而 E/O 转换不改变码型，故这两类脉冲信号的码型是相同的。同样，光纤中输出的光脉冲信号和光接收电路传输并输出的电脉冲信号也分别是同一个 O/E 转换器的输入和输出信号，O/E 转换也不改变码型，所以此两类信号的码型也是相同的。

总之，光纤线路码型首先是指光纤中传输的光脉冲信号的码型。没有光纤，就不会有光纤线路码型。至于光发送电路输入的电脉冲信号以及光接收电路传输和输出的电脉冲信号也采用这种码型，这是由于这些电路与光纤相连而必然产生的结果。

（2）设计要求

光纤线路码型是针对光脉冲信号的，所以该码型除了应适合通信之外，还必须适应光脉冲的特点。归纳起来，其设计要求有以下几条，即

① 该码型为单极性不归零二元码（即“0”“1”二元码），以便于对应光的强、弱两种状态。采用这种简单的对应方式，可以使光纤通信设备做得相对简单一些。

② “0”“1”码分布均匀，直流分量衡定，以利于幅度判决。

③ 最长连“0”、连“1”数少，以利于定时脉冲提取。

④ 可以实现在线（即不中断业务）检测误码和传送辅助信息（如监控、公务、数据、区间通信等）。

⑤ 实现码型的电路简单，功耗小，成本低。

上述设计要求中，第一条是光纤线路码型的最基本要求。判断一个码型能否用于光纤线路码型，首先就看该码型是否为单极性 NRZ 码。按照这个标准来衡量，下面将要介绍的字变换码和插入码都是光纤线路码。

（3）冗余度的获取方法

为了实现传送辅助信息等功能，需要增加光纤线路码的冗余度，利用冗余度插入若干填充码元（称为冗余码）来传送辅助信息。光纤线路码的冗余度是在输入电路的码型变换单元内完成的，如图 3-32 所示。其中，输入码是单极性 NRZ 码型，输出码是光纤线路码型。m 是输入码总的符号（即电平）数，s_1 是输入码每秒输入符号数（称为波特率，即符号速率），P 是输入码各个符号出现的等概率。同样，n 为输出码总的符号数，s_2 为输出码每秒输出符号

数，Q为输出码各个符号出现的等概率。

下面讨论冗余度的获取方法。

图 3-32　光纤线路码冗余度的产生

设输入码第 i 个符号出现的概率为 P_i，则该符号携带的信息量定义为 $\log(1/P_i)$（注：log 是未标注“底”的对数符号），故 1 个符号的平均信息量为 $\sum_{i=1}^{m} P_i \log\left(\frac{1}{P_i}\right)$。若每秒输入 s_1 个符号，则每秒内总的平均输入信息量为

$$c_1 = s_1 \sum_{i=1}^{m} P_i \log\left(\frac{1}{P_i}\right) = s_1 mP \log\left(\frac{1}{P}\right) \tag{3-12}$$

式中，第 2 个等式利用了输入码各个符号出现概率相等的假设；c_1 称为信息速率，当 log 的底取 2 时，c_1 是比特率。

同样，可得每秒内总的平均输出信息量为

$$c_2 = s_2 \sum_{i=1}^{n} Q_i \log\left(\frac{1}{Q_i}\right) = s_2 nQ \log\left(\frac{1}{Q}\right) \tag{3-13}$$

式中，Q_i 为输出码第 i 个符号出现的概率；第 2 个等式也利用了输出码各个符号是等概率出现的假设。

冗余度定义为

$$R \equiv \frac{c_2 - c_1}{c_1} > 0 \tag{3-14}$$

故需 $c_2 > c_1$，由式(3-12)和式(3-13)可见，

$$s_2 nQ \log\left(\frac{1}{Q}\right) > s_1 mP \log\left(\frac{1}{P}\right) \tag{3-15}$$

讨论：

① 若 $s_2 = s_1$，则需

$$nQ \log\left(\frac{1}{Q}\right) > mP \log\left(\frac{1}{P}\right) \tag{3-16a}$$

当 $n > m$ 时，必定满足上式。这是因为 $nQ = mP = 1$；当 $n > m$ 时必有 $Q < P$，即 $Q\log Q < P\log P$，所以 $Q\log(1/Q) > P\log(1/P)$。

以上分析表明，当 $s_2 = s_1$ 时，为了保证有冗余度，必须使 $n > m$。也就是说，当输入码速率和输出码速率相等时，为了保证有冗余度，必须使输出码符号数增加。

② 若 $n = m$，则需

$$s_2 Q \log\left(\frac{1}{Q}\right) > s_1 P \log\left(\frac{1}{P}\right) \tag{3-16b}$$

然而，此时 $Q = P$（见上面证明），故上式化为 $s_2 > s_1$。

以上分析表明，当 $n=m$ 时，为了保证有冗余度，必须使 $s_2>s_1$。也就是说，当输入码符号数与输出码符号数相等时，为了保证有冗余度，必须使输出码速率增加。由于光纤线路码型是两电平信号（$n=m=2$），属于此种情况，故需要提高输出码速率才能获得冗余度。

（4）字变换码：*m*B*n*B 码（*m* 和 *n* 是正整数，且 $n>m$）

① *m*B*n*B 码的构造方法

将输入二进制码每 *m* 比特分成一组作为一个码字，在不改变每组时间宽度的条件下，根据一定的规则将其变换成 *n*（$n>m$）比特一组的新码输出，则新码速率是原码速率的 *n*/*m* 倍。该新码即为 *m*B*n*B 码。

二进制 *m*B 码有 2^m 个码字，而二进制 *n*B 码则有 2^n 个码字。构建 *m*B*n*B 码，就是要从 *n*B 码的 2^n 个码字中挑选出 2^m 个码字使用，而剩下 (2^n-2^m) 个码字不使用，这样所得称为 *m*B*n*B 码的一种模式。所以，构建 *m*B*n*B 码存在一个取舍码字的问题。如何取舍码字，有一个可以参考的取舍规则是：尽量选用“**码字数码和（WDS）**”绝对值最小的码字，而禁用“码字数码和”绝对值最大的码字。

“码字数码和”的最初定义是：将 *n*B 码字中“1”码用“+1”表示，“0”码用“−1”表示，则 *n*B 码字中的所有“+1”与“−1”之和便称为 WDS。其实，简单地说，*n*B 码字中“1”码个数减去“0”码个数就得到了 WDS。因此，若“1”码个数为 n_1，“0”码个数为 n_0，则“码字数码和”为

$$\mathrm{WDS}=n_1-n_0$$

显然，WDS 可以是正整数、负整数或零。若 WDS＝0，则表示“1”码个数等于“0”码个数；若 WDS＝1，则表示“1”码个数比“0”码个数多 1 个；若 WDS＝−1，则表示“1”码个数比“0”码个数少 1 个；其余依次类推。

例如，3B 码字“110”其 WDS＝1；3B 码字“100”其 WDS＝−1；4B 码字“1100”其 WDS＝0。

可见，上述取舍规则的实质是使 *m*B*n*B 码的“0”“1”分布均匀。

目前，常用的字变换码有 1B2B, 2B3B, 3B4B, 5B6B, 7B8B 等，其中 5B6B 码在光纤通信中有所使用。

表 3-3 给出了两种 1B2B 码。其中，方案一是最简单的 1B2B 码，“00”“11”为禁字码，最长连码数为 2，该码称为曼彻斯特码（Manchester Code），常用在计算机网络中。方案二有两种模式，模式 1 和模式 2 交替使用，“10”为禁字码，最长连码数为 3，此码就是 CMI 码。两种方案的 1B2B 码速率都是原输入码速率的 2/1 倍。不难看出，曼彻斯特码完全采用了上述 WDS 取舍规则，而 CMI 码只是部分采用了 WDS 取舍规则（由于码字不长，不会影响“0”，“1”码的分布均匀性）。

表 3-4 给出了一种 2B3B 码。其中，模式 1 和模式 2 交替使用，“011”“101”和“111”为禁字码。最长连码数为 7。2B3B 码速率是原输入码速率的 3/2 倍。

表 3-5 给出了两种 3B4B 码。其中，每种方案都有两个模式，在各自方案内模式 1 和模式 2 交替使用。方案一的禁字码为“0000”“0010”“0100”“1011”“1101”和“1111”共 6 个。方案二的禁字码为“0000”“0011”“1100”和“1111”共 4 个。最长连码数为 6。3B4B 码速率是原输入码速率的 4/3 倍。

表 3-3　两种 1B2B 码

输入 1B	输出 2B		
	方案一	方案二	
		模式 1	模式 2
0	01	01	同左
1	10	00	11

表 3-4　一种 2B3B 码

输入 2B	输出 3B	
	模式 1	模式 2
00	001	同左
01	010	同左
10	100	同左
11	110	000

表 3-5　两种 3B4B 码

输入 3B	输出 4B			
	方案一		方案二	
	模式 1	模式 2	模式 1	模式 2
000	0001	1110	1011	0100
001	0011	同左	1110	0001
010	0101	同左	0101	同左
011	0110	同左	0110	同左
100	1001	同左	1001	同左
101	1010	同左	1010	同左
110	1100	同左	0111	1000
111	1000	0111	1101	0010

5B6B 码的构建比以上几种码要复杂一些。构建 5B6B 码，就是要从 6B 码的 $2^6=64$ 个码字中挑选出 $2^5=32$ 个码字使用，而余下 32（$=2^6-2^5$）个码字不使用。6B 码的 64 个码字中，按照 WDS 来分类，有 WDS = 0, WDS =±2, WDS =±4 和 WDS =±6 共 7 类。其中，WDS = 0 共有 $C_6^3=20$ 个码字，WDS=±2 分别有 $C_6^4=15$ 和 $C_6^2=15$ 个码字，WDS =±4 分别有 $C_6^5=6$ 和 $C_6^1=6$ 个码字，WDS =±6 分别有 $C_6^6=1$ 和 $C_6^0=1$ 个码字。表 3-6 列出了 6B 码每个分类的码字。

表 3-6　6B 码按照 WDS 的分类码表

WDS = 0 共有 20 个码字									
111000	110100	110010	110001	101100	101010	101001	011100	011010	011001
000111	001011	001101	001110	010011	010101	010110	100011	100101	100110
WDS = 2 共有 15 个码字									
111100	111010	111001	110110	110101	110011	101110	101101	101011	011110
011101	011011	100111	010111	001111					
WDS = −2 共有 15 个码字									
000011	000101	000110	001001	001010	001100	010001	010010	010100	100001
100010	100100	011000	101000	110000					

续表

WDS = 4 共有 6 个码字								
111110	111101	111011	110111	101111	011111			
WDS = −4 共有 6 个码字								
000001	000010	000100	001000	010000	100000			
WDS = 6 有 1 个码字								
111111								
WDS = −6 有 1 个码字								
000000								

按照上述码字取舍规则来构建 5B6B 码，首先应当选用 WDS = 0 的 20 个码字，然后再从 WDS = 2 的 15 个码字中选用 12 个，一共得到了 32 个码字，构成 5B6B 码的模式 1（称为正组）；同时，选用 WDS = −2 的 12 个码字（通常是模式 1 的 WDS = 2 的 12 个码字的反码），连同 WDS = 0 的 20 个码字，一起构成 5B6B 码的模式 2（称为负组）。模式 1 和模式 2 交替使用，构成了 5B6B 码。其余未选用的 20 个码字（即 WDS = ±2 的 6 个码字，WDS = ±4 的 12 个码字，WDS = ±6 的 2 个码字）成为禁字码。

由于从 WDS=2 的 15 个码字中选用 12 个码字时，一般不选用“111100”和“001111”，故有 C_{15-2}^{12}=13 种组合方式，故可得到 13 种有差别的正组。此外，正组中的 32 个码字与 5B 中的 32 个码字的对应有多种方式。另外，正组中 WDS = 2 的码字与负组中 WDS = −2 的码字的对应也有多种方式。所以，用以上方法构建 5B6B 码，可以有很多种方案，这也是许多文献列举的 5B6B 码不尽相同的原因。

② *m*B*n*B 码的特点

- 电平跃变增多，最长连“0”数少，便于提取定时信息和恢复基线；
- 禁字码可供差错检测使用；
- 引入了一定的冗余码，但这些冗余码的比特值都是固定的，不能用来传送辅助信息。

（5）插入码型

① *m*B1P 码

将输入二进制码每 *m* 比特分为一组，在不改变每组时间宽度的条件下，每组末尾插入一位奇偶校验码（称为 P 码），即构成 *m*B1P 码。插入 P 码的规则是：当该组码元内“1”的个数为偶数（包括全 0）时，则末尾插入码为“1”；当该组码元内“1”的个数为奇数时，则末尾插入码为“0”。该规则称为偶 1 奇 0 规则。或者，当该组码元内“1”的个数为偶数（包括全 0）时，则末尾插入码为“0”；当该组码元内“1”的个数为奇数时，则末尾插入码为“1”。该规则称为偶 0 奇 1 规则。

例如：二进制码“10000 00000 01111 11111”，其 5B1P 码为“10000**0**00000**1**01111**1**11111**0**”（偶 1 奇 0）或“10000**1**00000**0**01111**0**11111**1**”（偶 0 奇 1）。其中粗黑体数字为 P 码。

*m*B1P 码特点如下：

- *m*B1P 码速率是原来二进制码速率的$(m+1)/m$倍，即变换后单个码元的传送时间变短了。
- 当 *m* 为奇数时，则最长连“0”或连“1”数为 2*m*；当 *m* 为偶数时，则最长连“0”数为 2*m*，但无法减少连“1”数。例如：4B1P 码“1000000001111111111”，其最长连“0”数为 $2m=8$，而连“1”数则为 11＞8。
- 只能检测 1 个误码，出现双数误码时无法检出。

② *m*B1C 码

将输入二进制码每 *m* 比特分为一组，在不改变每组时间宽度的条件下，每组末尾插入该组内任一码元（通常为最末位码元）的补码（称为 C 码），即构成 *m*B1C 码（**注**：在计算机中，正数的补码定义为反码）。

例如：二进制码“11010 11111”，其 5B1C 码为“11010111111**0**”（粗黑体数字为 C 码）。

*m*B1C 码的特点如下：

- *m*B1C 码速率是原来二进制码速率的$(m+1)/m$倍。
- 插入最末位码元的补码时，最长连“0”或连“1”数为 $m+1$。
- 可以检测 1 个相关码元的误码。

③ *m*B1H 码（光纤通信中使用较多）

将输入二进制码每 *m* 比特分为一组，在每组时间宽度内，按照一定的要求分别插入补码 C、帧码 F、公务（电话信道）码 S_c、监控码 M、数据码 D 和区间通信码 S 等（这些码统称为 H 码），即构成 *m*B1H 码。*m*B1H 码速率是原来二进制码速率的$(m+1)/m$倍。

【例 3-1】　4B1H 码（用于国产 GD34H 型光端机）

4B1H 码的帧结构如图 3-33 所示。此码型一帧由 16 个子帧组成，每一个子帧含有 10 比特（码元）。其中 B 是主通道通信码，每个子帧内有 8 比特的 B 码；$C_1, C_2, \cdots, C_{16}$ 分别为其前紧邻 B 码的补码，统称为 C 码；$H_1, H_2, \cdots, H_{16}$ 统称为 H 码。

子帧1	H_1	B	B	B	B	C_1	B	B	B	B
子帧2	H_2	B	B	B	B	C_2	B	B	B	B
						⋮				
子帧*i*	H_i	B	B	B	B	C_i	B	B	B	B
						⋮				
子帧16	H_{16}	B	B	B	B	C_{16}	B	B	B	B

图 3-33　4B1H码的帧结构（每个小方格占 1 比特）

H 码的用途分别为

H_1	H_2	H_3	H_4	H_5	H_6	H_7	H_8	H_9	H_{10}	H_{11}	H_{12}	H_{13}	H_{14}	H_{15}	H_{16}
‖	‖	‖	‖	‖	‖	‖	‖	‖	‖	‖	‖	‖	‖	‖	‖
F_1	S_1	S_2	S_3	F_2	S_4	S_5	S_6	F_3	S_7	S_8	S_9	F_4	S_{10}	S_{11}	S_{12}
‖		‖		‖		‖		‖		‖		‖		‖	
1		D_1		0		M		0		D_2		1		S_C	

其中，$\{F_1, F_2, F_3, F_4\}$是帧同步码，分别取{1, 0, 0, 1}。$\{S_1, S_2, \cdots, S_{12}\}$是 S 码，其中 $S_2 = D_1$ 是供倒换使用的数据码，$S_8 = D_2$ 是备用的数据码，$S_5 = M$ 是监控码，$S_{11} = S_C$ 是提供公务电话信道的公务码，余下 8 个 S 码$\{S_1, S_3, S_4, S_6, S_7, S_9, S_{10}, S_{12}\}$作为区间通信码（可容纳 30 条话路）。

C 码的用途分别为

$$C_i = \begin{cases} C & i\text{为奇数}\{1,3,5,7,9,11,13,15\}\text{时} \\ C^* & i\text{为偶数}\{2,4,6,8,10,12,14,16\}\text{时} \end{cases}$$

其中，C^*称为区间通信选择码。当只用 30 条话路时，C^*用 C 代替；当需用 2×30 条话路时，C^*用区间通信码代替，即$\{C_2, C_4, C_6, C_8, C_{10}, C_{12}, C_{14}, C_{16}\}$分别取为$\{S_1, S_3, S_4, S_6, S_7, S_9, S_{10}, S_{12}\}$。

4B1H 码的特点如下：

① 4B1H 码总速率等于输入二进制码速率（即 PCM 三次群速率）乘以 4B1H 码速率增大倍数，即为

$$34.368\ \text{Mb/s} \times 5/4 = 42.960\ \text{Mb/s}$$

② 1 帧长为 10 b×16 =160 b，每个码元速率为

$$42.960\ \text{Mb/s} \div 160 = 268.5\ \text{kb/s}$$

③ 1 帧内主通道通信码（B 码）共有 480 路（即一个子帧的 B 码共有 30 路），总速率为

$$268.5\ \text{kb/s} \times 8 \times 16 = 34.368\ \text{Mb/s}$$

故 4B1H 码是通过 B 码直接装载 PCM 三次群的。

④ 1 帧内冗余码速率分别为

$$\begin{cases} 30\text{路区间通信码}S_{1,3,4,6,7,9,10,12}\text{的总速率为}268.5\text{kb/s}\times 8=2.148\text{Mb/s} \\ \text{帧码}F_1F_2F_3F_4\text{的总速率为}268.5\ \text{kb/s}\times 4=1.074\text{Mb/s} \\ \text{补码C的总速率为}268.5\ \text{kb/s}\times\begin{cases}16=4.296\text{Mb/s} & (30\text{路区间通信时}) \\ 8=2.148\text{Mb/s} & (2\times 30\text{路区间通信时})\end{cases} \\ D_1, D_2, M, S_c\text{的码速率各为}268.5\text{kb/s} \end{cases}$$

所以，区间通信可为 30 路（用上述 8 个 S 码）或 60 路（用上述 8 个 S 码和偶数序号的 8 个 C 码）。

⑤ 最长连“0”或连“1”数为

$$\begin{cases} 10 & (30\text{路区间通信时}) \\ 20 & (2\times 30\text{路区间通信时}) \end{cases}$$

实际出现概率较少。

【例 3-2】　8B1H 码（用于国产 GD140H 型光端机）

8B1H 码的帧结构如图 3-34 所示。此码型一帧由 32 个子帧组成，每一个子帧含有 18 比特。其中 B 是主通道通信码，每个子帧内有 16 比特的 B 码；C 为其前紧邻 B 码的补码；H_1, H_2, …, H_{32} 统称为 H 码。

子帧1	H_1	B	B	B	B	B	B	B	B	C	B	B	B	B	B	B	B	B
子帧2	H_2	B	B	B	B	B	B	B	B	C	B	B	B	B	B	B	B	B
	⋮																	
子帧i	H_i	B	B	B	B	B	B	B	B	C	B	B	B	B	B	B	B	B
	⋮																	
子帧32	H_{32}	B	B	B	B	B	B	B	B	C	B	B	B	B	B	B	B	B

图 3-34　8B1H码的帧结构（每个小方格占 1 比特）

H 码的用途分别为

H_1	H_2	H_3	H_4	H_5	H_6	H_7	H_8	H_9	H_{10}	H_{11}	H_{12}	H_{13}	H_{14}	H_{15}	H_{16}	H_{17}	H_{18}	H_{19}	H_{20}	H_{21}	H_{22}	H_{23}	H_{24}	H_{25}	H_{26}	H_{27}	H_{28}	H_{29}	H_{30}	H_{31}	H_{32}
‖	‖	‖	‖	‖	‖	‖	‖	‖	‖	‖	‖	‖	‖	‖	‖	‖	‖	‖	‖	‖	‖	‖	‖	‖	‖	‖	‖	‖	‖	‖	‖
F_1	S_1	S_2	S_3	S_4	S_5	S_6	S_7	F_2	S_8	S_9	S_{10}	S_{11}	S_{12}	S_{13}	S_{14}	F_3	S_{15}	S_{16}	S_{17}	S_{18}	S_{19}	S_{20}	S_{21}	F_4	S_{22}	S_{23}	S_{24}	S_{25}	S_{26}	S_{27}	S_{28}
‖				‖				‖				‖				‖				‖				‖				‖			
1				D_1				0				M				0				D_2				1				S_C			

其中，$\{F_1, F_2, F_3, F_4\}$是帧同步码，分别取$\{1, 0, 0, 1\}$。$\{S_1, S_2, \cdots, S_{28}\}$是 S 码，其中 $S_4 = D_1$ 是供倒换使用的数据码，$S_{18} = D_2$ 是备用的数据码，$S_{11} = M$ 是监控码，$S_{25} = S_C$ 是提供公务电话信道的公务码，余下 24 个 S 码作为区间通信码，即

$$\begin{cases} S_{1,\,5,\,8,\,12,\,15,\,19,\,22,\,26} & \text{区间通信1 (30个话路)} \\ S_{2,\,6,\,9,\,13,\,16,\,20,\,23,\,27} & \text{区间通信2 (30个话路)} \\ S_{3,\,7,\,10,\,14,\,17,\,21,\,24,\,28} & \text{区间通信3 (30个话路)} \end{cases}$$

8B1H 码的特点如下：

① 8B1H 码速率等于输入二进制码速率（即 PCM 四次群速率）乘以 8B1H 码速率增大倍数，即为

$$139.264 \text{ Mb/s} \times 9/8 = 156.672 \text{ Mb/s}$$

② 1 帧长为 18 b × 32 = 576 b，每个码元速率为 156.672 Mb/s ÷ 576 = 272 kb/s。

③ 1 帧内主通道通信码（B）共有 1920 路（即一个子帧的 B 码共有 60 路），总速率为

$$272 \text{ kb/s} \times 16 \times 32 = 139.264 \text{ Mb/s}$$

故 8B1H 码是通过 B 码直接装载 PCM 四次群的。

④ 1 帧内冗余码速率分别为

$$\begin{cases} 3 \times 30\text{ 路区间通信码总速率为 } 272 \text{ kb/s} \times 8 \times 3 = 6.528 \text{ Mb/s} \\ \text{帧码 } F_1F_2F_3F_4 \text{ 总速率为 } 272 \text{ kb/s} \times 4 = 1.088 \text{ Mb/s} \\ \text{补码 C 总速率为 } 272 \text{ kb/s} \times 32 = 8.704 \text{ Mb/s} \\ D_1, D_2, M, S_c \text{ 码速率各为 } 272 \text{ kb/s} \end{cases}$$

所以，区间通信总共 90 路（用上述 24 个 S 码）。

⑤ 最长连“0”或连“1”数为 18（即两相邻 C 码之间的码元个数加上前 C 码）。

【例 3-3】　1B1H 码（用于国产 GD/MF34HL, GD/MF140HL 型光端机）

34 Mb/s 的 1B1H 码的帧结构如图 3-35 所示。此码型一帧由 32 个子帧组成，每一个子帧含有 8 比特。其中 B 是主通道通信码，每个子帧内有 4 比特的 B 码；C 为其前紧邻 B 码的补码；$H_1, H_2, \cdots, H_{32}$ 统称为 H 码；G_1, G_2 是区间通信码。

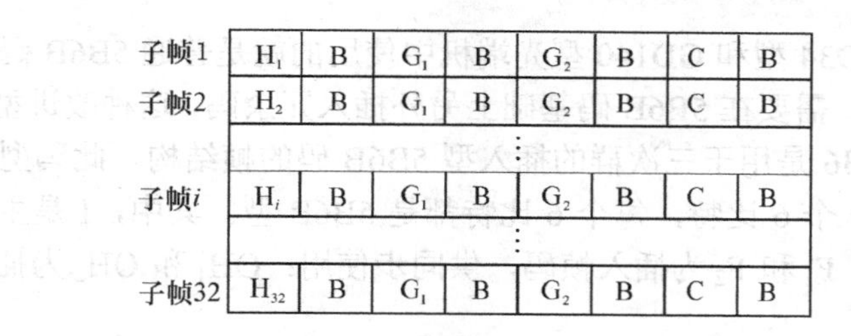

图 3-35　34 Mb/s的 1B1H码的帧结构（每个小方格占 1 比特）

H 码的用途分别为

H_1	H_2	H_3	H_4	H_5	H_6	H_7	H_8	H_9	H_{10}	H_{11}	H_{12}	H_{13}	H_{14}	H_{15}	H_{16}
‖	‖	‖	‖	‖	‖	‖	‖	‖	‖	‖	‖	‖	‖	‖	‖
F_1	S_1	S_2	S_3	S_4	S_5	S_6	S_7	F_2	S_8	S_9	S_{10}	S_{11}	S_{12}	S_{13}	S_{14}
‖		‖		‖		‖		‖		‖		‖		‖	
1		D_1		S_{C1}		D_2		0		D_3		M		D_4	

H_{17}	H_{18}	H_{19}	H_{20}	H_{21}	H_{22}	H_{23}	H_{24}	H_{25}	H_{26}	H_{27}	H_{28}	H_{29}	H_{30}	H_{31}	H_{32}
‖	‖	‖	‖	‖	‖	‖	‖	‖	‖	‖	‖	‖	‖	‖	‖
F_3	S_{15}	S_{16}	S_{17}	S_{18}	S_{19}	S_{20}	S_{21}	F_4	S_{22}	S_{23}	S_{24}	S_{25}	S_{26}	S_{27}	S_{28}
‖		‖		‖		‖		‖		‖		‖		‖	
0		D_5		R		D_6		1		D_7		S_{C2}		D_8	

其中，$\{F_1, F_2, F_3, F_4\}$是帧同步码，分别取$\{1, 0, 0, 1\}$。$\{S_1, S_2, \cdots, S_{28}\}$是 S 码，其中 $S_2 = D_1$（可用于跨段监控），$S_6 = D_2, S_9 = D_3, S_{13} = D_4, S_{16} = D_5, S_{20} = D_6, S_{23} = D_7, S_{27} = D_8$ 分别为数据码，$S_{11} = M$ 是本段监控码，$S_{18} = R$ 是倒换码，$S_4 = S_{C1}$ 是提供跨段公务电话的公务码，$S_{25} = S_{C2}$ 是提供本段公务电话的公务码。余下 16 个 S 码作为区间通信码，即

$$\begin{cases} S_{1,\ 5,\ 8,\ 12,\ 15,\ 19,\ 22,\ 26} & \text{区间通信1 (30个话路)} \\ S_{3,\ 7,\ 10,\ 14,\ 17,\ 21,\ 24,\ 28} & \text{区间通信2 (30个话路)} \end{cases}$$

1B1H 码的特点如下：

① 1B1H 码速率等于输入二进制码速率（即 4 个 PCM 二次群速率）乘以 1B1H 码速率增大倍数，即为

$$(8.448\ \text{Mb/s} \times 4) \times 2 = 67.584\ \text{Mb/s}$$

② 1 帧长为 $8\ \text{b} \times 32 = 256\ \text{b}$，每个码元速率为 $67.584\ \text{Mb/s} \div 256 = 264\ \text{kb/s}$。

③ 1 帧内主通道通信码（B）共有 480 路（即一个子帧的 B 码共有 15 路），总速率为

$$264\ \text{kb/s} \times 4 \times 32 = 33.792\ \text{Mb/s}$$

故 1B1H 码是通过 B 码直接装载 4 个 PCM 二次群的。

④ 1 帧内冗余码速率分别为

$$\begin{cases} \text{120 路区间通信码 } G_1 \text{ 总速率为 } 264\ \text{kb/s} \times 32 = 8.448\ \text{Mb/s} \\ \text{120 路区间通信码 } G_2 \text{ 总速率为 } 264\ \text{kb/s} \times 32 = 8.448\ \text{Mb/s} \\ 2 \times 30 \text{ 路区间通信码总速率为 } 264\ \text{kb/s} \times 8 \times 2 = 4.224\ \text{Mb/s} \\ \text{帧码 } F_1F_2F_3F_4 \text{ 总速率为 } 264\ \text{kb/s} \times 4 = 1.056\ \text{Mb/s} \\ \text{补码 C 总速率为 } 264\ \text{kb/s} \times 32 = 8.448\ \text{Mb/s} \\ D_{1\sim8}, M, S_{c1\sim2}, R \text{ 码速率各为 } 264\ \text{kb/s} \end{cases}$$

所以，区间通信总共 300 路（用 32 个 G_1 码、32 个 G_2 码和 16 个 S 码）。

⑤ 最长连“0”或连“1”数为 8（即两相邻 C 码之间的码元个数加上前 C 码）。

【例 3-4】　插入型 5B6B 码（用于 34 Mb/s, 140 Mb/s）

如前所述，普通 5B6B 码中的冗余码，因其比特数值固定，不能用来传送监控信息和用

作区间通信。在国产 GD34 型和 GD140 型光端机中使用的就是普通 5B6B 码。

为了传送辅助信息，需要在 5B6B 码基础上另外插入冗余码，这种改进型的 5B6B 码称为插入型 5B6B 码。图 3-36 是用于三次群的插入型 5B6B 码的帧结构。此码型一帧由 2 个子帧组成，每个子帧含有 60 个 6 比特，每个 6 比特都是 5B6B 型。其中，I 是主通道通信码，每个子帧内有 58 个 I 码；F_1 和 F_2 为插入帧码，供同步使用；OH_1 和 OH_2 为插入顶端信号，用来传送监控信息。

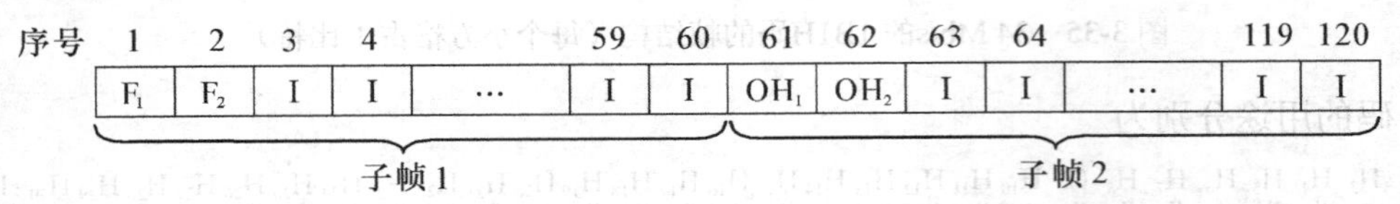

图 3-36　插入型 5B6B 码的帧结构（每个小方格占 6 比特）

插入型 5B6B 码的主要参数如下：

① 插入型 5B6B 码总速率等于输入二进制码速率（即 PCM 三次群速率）乘以插入型 5B6B 码速率增大倍数，即为

$$34.368\ \text{Mb/s} \times 6/5 \times 60/58 = 42.663\ 724\ \text{Mb/s}$$

② 1 帧长为 6 b × 60 × 2 = 720 b，每个码元速率为 42 663.72 4 kb/s÷720 = 59.255 kb/s。

③ 1 帧内主通道通信码（B）总速率为 59.255 kb/s ×（5 × 58 × 2） = 34.368 Mb/s，共有 480 路。故插入型 5B6B 码是通过 B 码直接装载 PCM 三次群的。

④ 1 帧内冗余码速率分别为

- 顶端信号 OH_1 和 OH_2 的总速率为 59.255 kb/s ×（6 × 2） = 711.06 kb/s；
- 帧信号 F_1 和 F_2 的总速率为 59.255 kb/s ×（6 × 2） = 711.06 kb/s；
- 所有 I 码的 1 个冗余比特的总速率为 59.255 kb/s ×（1 × 58 × 2） = 6873.58 kb/s。

3.3.3　HDB3 码输入电路

1．HDB3 码输入电路的基本组成

图 3-37 所示是 HDB3 码输入电路的主要组成框图。其输入信号是 HDB3 码，来自电端机；输出信号是光纤码型电脉冲信号，送往光发送电路。

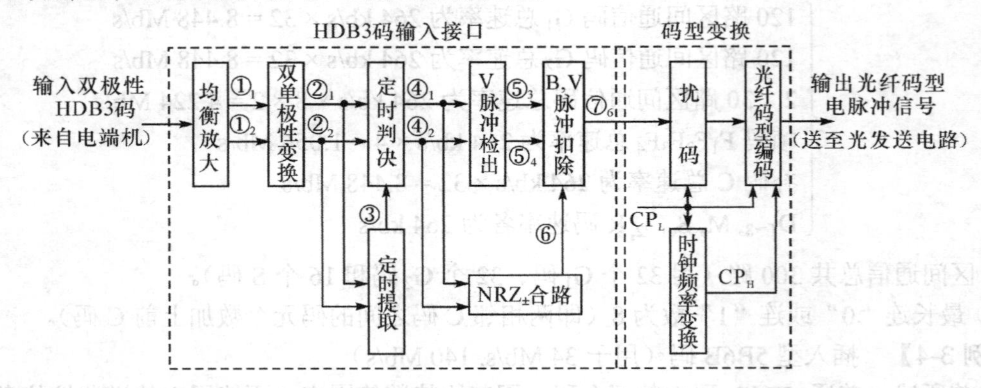

图 3-37　HDB3 码输入电路的主要组成框图

由图 3-37 可见，HDB3 码输入电路是由 HDB3 码输入接口和码型变换两个部分组成。其中，HDB3 码输入接口主要包括均衡放大、双/单极性变换、定时提取、定时判决、V 脉冲检出、NRZ$_{\pm}$ 合路以及 B, V 脉冲扣除七个单元。码型变换则包括扰码、时钟频率变换和编码三个单元。在输入接口部分，也可将双/单极性变换或定时判决之后的各单元合称为 HDB3 码译码（解码）单元。

图 3-37 中，①$_1$ 和①$_2$ 分别表示均衡放大单元输出的 HDB3 码和 $\overline{\text{HDB3}}$ 码；②$_1$ 和②$_2$ 分别表示双/单极性变换单元输出的单极性 HDB3$_+$ 和 HDB3$_-$ 信号；③表示定时提取单元输出的时钟脉冲 CP 序列；④$_1$ 和④$_2$ 分别表示定时判决单元输出的单极性 NRZ$_+$ 和 NRZ$_-$信号；⑤$_3$ 和⑤$_4$ 分别表示 V 脉冲检出单元输出的 V$_+$ 和 V$_-$信号；⑥表示 NRZ$_{\pm}$ 合路输出的 NRZ+B+V 信号；⑦$_6$ 表示 B, V 脉冲扣除单元输出的单极性 NRZ 信号。以上各个波形如图 3-38 所示。

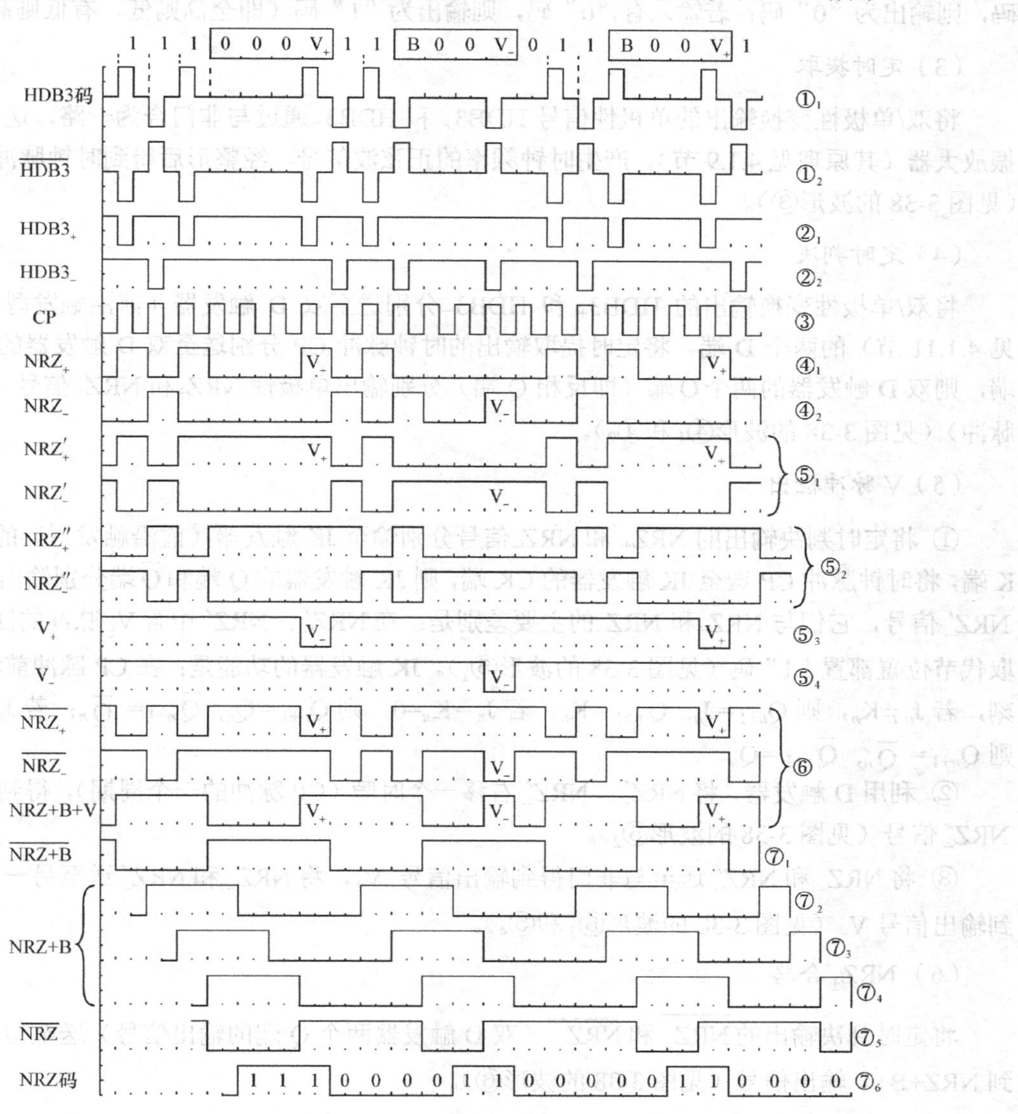

图 3-38　HDB3 码输入接口主要波形示意图

2. HDB3 码输入电路主要组成单元的功能

下面对 HDB3 码输入电路的主要组成单元简要介绍如下。

（1）均衡放大

将来自电端机的遭到衰减和畸变的 PCM 信号（双极性 HDB3 码）进行频率补偿和放大，输出两路互为反相的信号：HDB3 码和 $\overline{\text{HDB3}}$ 码（见图 3-38 时序波形①$_1$ 和①$_2$）。

（2）双/单极性变换

将均衡放大输出的 HDB3 码和 $\overline{\text{HDB3}}$ 码分别经过与非门进行幅度判决，转换成单极性的 HDB3_+ 和 HDB3_- 信号（都是 RZ 信号）（见波形②$_1$ 和②$_2$）。与非门的功能是：若输入全为“1”码，则输出为“0”码；若输入有“0”码，则输出为“1”码（即全高则低，有低则高）。

（3）定时提取

将双/单极性变换输出的单极性信号 HDB3_+ 和 HDB3_- 通过与非门合为一路，送至 LC 谐振放大器（其原理见 4.1.9 节），产生时钟频率的正弦波信号，经整形后得到时钟脉冲序列 CP（见图 3-38 的波形③）。

（4）定时判决

将双/单极性变换输出的 HDB3_+ 和 HDB3_- 分别送至双 D 触发器（前沿触发型，其原理见 4.1.11 节）的两个 D 端，将定时提取输出的时钟脉冲 CP 分别送至双 D 触发器的两个 CK 端，则双 D 触发器的两个 $\overline{\text{Q}}$ 端（即反相 Q 端）分别输出单极性 NRZ_+ 和 NRZ_- 信号（含 B，V 脉冲）（见图 3-38 的波形④$_1$ 和④$_2$）。

（5）V 脉冲检出

① 将定时判决输出的 NRZ_+ 和 NRZ_- 信号分别输至 JK 触发器（前沿触发型）的 J 端和 K 端，将时钟脉冲 CP 送至 JK 触发器的 CK 端，则 JK 触发器的 Q 端和 $\overline{\text{Q}}$ 端分别输出 NRZ'_+ 和 NRZ'_- 信号，它们与 NRZ_+ 和 NRZ_- 的主要差别是：在 NRZ'_+，NRZ'_- 中含 $\text{V}_\pm$ 脉冲的四连“0”取代节位置都置“1”码（见图 3-38 的波形⑤$_1$）。JK 触发器的功能是：在 CP 脉冲前沿触发时刻，若 $\text{J}_n \neq \text{K}_n$，则 $\text{Q}_{n+1} = \text{J}_n$，$\overline{\text{Q}}_{n+1} = \text{K}_n$；若 $\text{J}_n = \text{K}_n=0$，则 $\text{Q}_{n+1} = \text{Q}_n$，$\overline{\text{Q}}_{n+1} = \overline{\text{Q}}_n$；若 $\text{J}_n = \text{K}_n=1$，则 $\text{Q}_{n+1} = \overline{\text{Q}}_n$，$\overline{\text{Q}}_{n+1} = \text{Q}_n$。

② 利用 D 触发器，将 NRZ'_+，NRZ'_- 右移一个时隙（CP 脉冲的一个周期），得到 NRZ''_+ 和 NRZ''_- 信号（见图 3-38 的波形⑤$_2$）。

③ 将 NRZ_+ 和 NRZ''_+ 送至与非门得到输出信号 V_+，将 NRZ_- 和 NRZ''_- 送至另一与非门得到输出信号 V_-（见图 3-38 的波形⑤$_3$ 和⑤$_4$）。

（6）$\text{NRZ}_\pm$ 合路

将定时判决输出的 $\overline{\text{NRZ}_+}$ 和 $\overline{\text{NRZ}_-}$（双 D 触发器两个 Q 端的输出信号）送至与非门，得到 NRZ+B+V 输出信号（见图 3-38 的波形⑥）。

（7）B, V 脉冲扣除

① 将 V 脉冲检出单元输出的 V_+ 和 V_-，以及 $NRZ_\pm$ 合路输出信号 NRZ + B + V 送至与非门，得到输出信号 $\overline{NRZ+B}$（即扣掉了 V 脉冲）（见图 3-38 的波形⑦₁）。将扣掉 V 脉冲的 $\overline{NRZ+B}$ 送至 4 比特移位寄存器的 D_1 端，则其 $\overline{Q_1}$（与 D_2 端相连）、Q_2（与 D_3 端相连）、Q_3 端分别输出移位 1 比特、2 比特、3 比特的 NRZ + B 信号（见图 3-38 的波形⑦₂, ⑦₃ 和⑦₄）。

② 将 Q_3 端输出的移位 3 比特的 NRZ+B 信号，以及 V 脉冲检出输出的 V_+ 和 V_- 一起送至与非门，得到输出信号 $\overline{NRZ}$（扣掉了 B, V 脉冲）（见图 3-38 的波形⑦₅），将其送至 D_4 端，则从 $\overline{Q_4}$ 端得到移位 1 比特的 NRZ 码（见图 3-38 的波形⑦₆），这就是 HDB3 码的解码信号。

（8）扰码

将输入接口送来的单极性 NRZ 码进行扰码处理，使码序列随机化，从而可以减少长连“0”和长连“1”数，有利于下游电路提取时钟信号和抑制基线漂移。

扰码方法：利用最长线性反馈移位寄存器（即最长 M 序列发生器）使输入码序列随机化，从而得到输出扰码序列。

所谓线性反馈移位寄存器（又称为 M 序列发生器），是带有模 2 和（即异或）反馈的 m 级移位寄存器，其电路结构如图 3-39 所示。它由 m 个 D 触发器组成，其中上一级触发器的 Q 输出端连接下一级触发器的 D 输入端。c_i（$i=1, 2, \cdots, m-1$）分别为各个触发器 DT_i（$i=1, 2, \cdots, m-1$）的反馈线连接状态，$c_i=1$ 表示该反馈线连通（参与反馈），$c_i=0$ 表示该反馈线断开（不参与反馈）。触发器 DT_m 和参与反馈的各个 DT_i 的 Q 端输出数码经过模 2 运算，其和反馈输入到触发器 DT_1 的 D_1 端。触发器 DT_m 的 Q_m 端作为该寄存器的串行输出端口（其实任一触发器的 Q 端都可以作为串行输出端口），也可同时利用各触发器的输出端作为并行输出端口。时钟脉冲 CP（即定时提取单元输出的 CP 脉冲）作为移位控制脉冲，在 CP 脉冲的依次触发下，上一级触发器的状态依次移位到下一级触发器，这样就可以从输出端得到与 CP 脉冲节拍等长的 M 序列。注：模 2 和（即异或）的功能是：若输入全同，则输出为“0”码；若输入相异，则输出为“1”码（即全同则低，不同则高）。

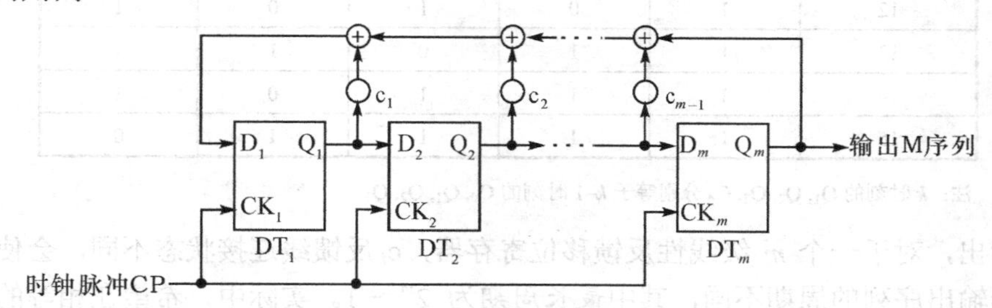

图 3-39　M 序列发生器原理图

图 3-40 所示是一个四级（最长）M 序列发生器，它由四个 D 触发器组成，其中反馈线连接状态为 $c_1=c_2=0, c_3=1$，即反馈值 $Q_0=Q_3\oplus Q_4$（$\oplus$ 表示模 2 加法）。表 3-7 是该发生器各输出端口的状态变化表。其中第 0 个 CP 脉冲（即 0 时刻）所在的一行是 $Q_{1\sim4}$ 的初始状态，初始状态可以任意取值（除掉全“0”产生死循环之外），现取为全“1”，于是 $D_{2\sim4}=1$，而 $D_1=Q_0=Q_3\oplus Q_4=0$。在第一个 CP 脉冲触发下，这四个 D 端状态分别移位到对应的 Q 端，便

得到 $Q_1 = 0$, $Q_{2\sim4} = 1$ 的状态。依据同样的分析，可以得到第二个及其以后各个 CP 脉冲触发下的状态变化情况。由表 3-7 可见：①从第 15 个 CP 脉冲起，该发生器的状态与前面重复，故该发生器输出序列的周期为 $2^4 - 1 = 15$；②该发生器一个周期输出序列为“111100010011010”，其中最长连码数为 4（四连“1”码），从一个周期来看“0”，“1”分布较均匀。

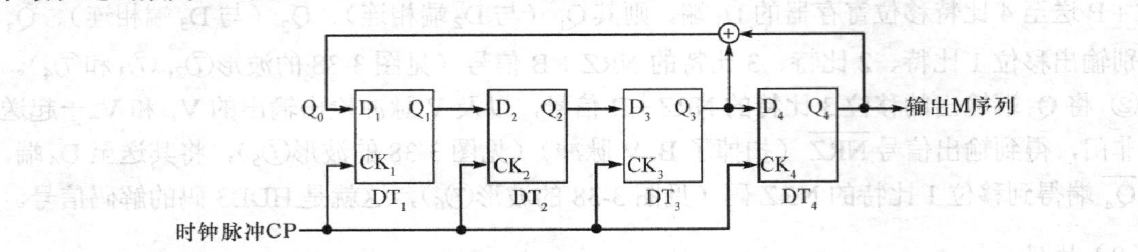

图 3-40　四级（最长）M 序列发生器

表 3-7　四级（最长）M 序列发生器各输出端口状态表

移位脉冲 CP	各级输出（M 序列）				
	Q_1	Q_2	Q_3	Q_4	$Q_0 = Q_3 \oplus Q_4$
0	1	1	1	1	0
1	0	1	1	1	0
2	0	0	1	1	0
3	0	0	0	1	1
4	1	0	0	0	0
5	0	1	0	0	0
6	0	0	1	0	1
7	1	0	0	1	1
8	1	1	0	0	0
9	0	1	1	0	1
10	1	0	1	1	0
11	0	1	0	1	1
12	1	0	1	0	1
13	1	1	0	1	1
14	1	1	1	0	1
15	1	1	1	1	0

注：k 时刻的 Q_1, Q_2, Q_3, Q_4 分别等于 k–1 时刻的 Q_0, Q_1, Q_2, Q_3。

研究指出，对于一个 m 级线性反馈移位寄存器，c_i 反馈线连接状态不同，会使线性反馈移位寄存器输出序列的周期不同，其中最长周期为 $2^m - 1$。实际中，希望在相等的级数下产生尽可能长的序列。表 3-8 给出了最长 M 序列发生器的级数与反馈线关系表。例如，级数 $m = 4$，则反馈线为（4,1）或（4,3），表示反馈值 $Q_0 = Q_1 \oplus Q_4$ 或 $Q_0 = Q_3 \oplus Q_4$。可见，图 3-40 给出的四级 M 序列发生器满足这个关系，故为四级最长 M 序列发生器。

总之，M 序列发生器是对带有模 2 和反馈的 m 级移位寄存器的统称。其中，具有最长周期的称为最长 M 序列发生器。显然，最长 M 序列发生器是带有特定的模 2 和反馈的 m 级移位寄存器。

表 3-8　最长 M 序列发生器的级数与反馈线关系表

级数 m	反　馈　线	级数 m	反　馈　线	级数 m	反　馈　线
2	(2, 1)	10	(10, 3) 或 (10, 7)	18	(18, 7) 或 (18, 11)
3	(3, 1) 或 (3, 2)	11	(11, 2) 或 (11, 9)	19	(19, 5, 2, 1) 或 (19, 18, 17, 14)
4	(4, 1) 或 (4, 3)	12	(12, 6, 4, 1) 或 (12, 11, 8, 6)	20	(20, 3) 或 (20, 17)
5	(5, 2) 或 (5, 3)	13	(13, 4, 3, 1) 或 (13, 12, 10, 9)	21	(21, 2) 或 (21, 19)
6	(6, 1) 或 (6, 5)	14	(14, 10, 6, 1) 或 (14, 13, 8, 4)	22	(22, 1) 或 (22, 21)
7	(7, 3) 或 (7, 4)	15	(15, 1) 或 (15, 14)	23	(23, 5) 或 (23, 18)
8	(8, 4, 3, 2) 或 (8, 6, 5, 4)	16	(16, 12, 3, 1) 或 (16, 15, 13, 4)	24	(24, 7, 2, 1) 或 (24, 23, 22, 17)
9	(9, 4) 或 (9, 5)	17	(17, 3) 或 (17, 14)	25	(25, 3) 或 (25, 22)

图 3-41 所示是七级扰码器框图。当输入码序列 S 全为“0”时，该扰码器便是七级最长 M 序列发生器（见表 3-8），其周期为 $2^7-1=127$。此时，反馈序列 $Q_0=Q_4\oplus Q_7$，也是最长 M 序列。当输入码序列 S 不全为“0”时，则输入码序列 S⊕反馈序列 $Q_0=$ 输出扰码序列 G。表 3-9 是该扰码器输入和输出状态表。其中，假设 0 时刻初始状态为 $Q_{1\sim6}=1$，$Q_7=0$，输入码序列 S 全为“1”。可见，当输入码 S 为长连“1”码时，输出扰码 G 却是“0”，“1”相掺的码，长连“1”数大为减少。该扰码器的死循环状态是：当 7 个触发器全为“1”，输入也是全“1”时，则输出扰码也是全“1”；当 7 个触发器全为“0”，输入也是全“0”时，则输出扰码也是全“0”。在实际系统中，有避免死循环的措施。

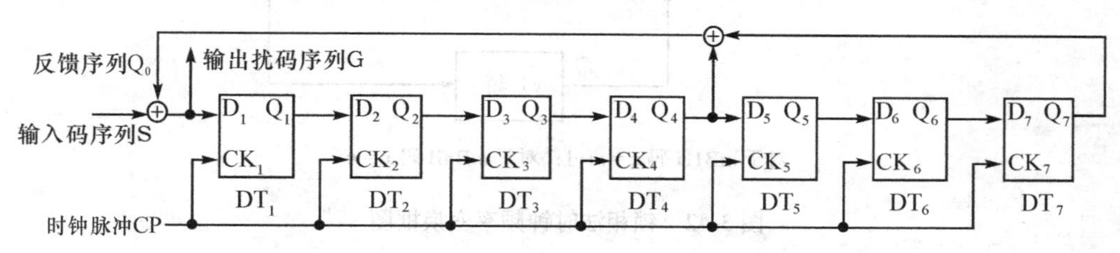

图 3-41　七级扰码器框图

表 3-9　七级扰码器输入和输出状态表

移位脉冲 CP	各级输出（M 序列）								输入码	输出扰码
	Q_1	Q_2	Q_3	Q_4	Q_5	Q_6	Q_7	$Q_0=Q_4\oplus Q_7$	S	$G=S\oplus Q_0$
0	1	1	1	1	1	1	0	1	1	0
1	0	1	1	1	1	1	1	0	1	1
2	1	0	1	1	1	1	1	0	1	1
3	1	1	0	1	1	1	1	0	1	1
4	1	1	1	0	1	1	1	1	1	0
5	0	1	1	1	0	1	1	0	1	1
6	1	0	1	1	1	0	1	0	1	1
7	1	1	0	1	1	1	0	1	1	0
8	0	1	1	0	1	1	1	0	1	1
9	1	0	1	1	0	1	1	0	1	1
10	1	1	0	1	1	0	1	0	1	1
⋮										

注：k 时刻的 $Q_1, Q_2, \cdots, Q_7$ 分别等于 $k-1$ 时刻的 $G, Q_1, Q_2, \cdots, Q_6$。

（9）时钟频率变换

将定时提取电路输出的时钟脉冲序列 CP_L（PCM 信号时钟，即定时提取单元输出的 CP 脉冲）变换成光线路码时钟脉冲序列 CP_H，两者速率关系是

$$CP_H速率 = CP_L速率 \times \begin{cases}(m+1)/m & (光线路码为mB1H码) \\ n/m & (光线路码为mBnB码,\ n>m)\end{cases} \tag{3-17}$$

图 3-42 所示是锁相法时钟频率变换框图。其中，来自定时提取电路的 CP_L 时钟脉冲序列，其脉冲重复频率（即脉冲周期的倒数）为 f_L，经过 m 分频器，得到重复频率为 $f_L' = f_L/m$ 的脉冲序列，输入到鉴相器。另一方面，压控振荡器产生本地 CP_H 时钟脉冲序列，其脉冲重复频率为 f_H，经过 x 分频器（mB1H 码时 $x = m + 1$，mBnB 码时 $x = n$），得到重复频率为 $f_H' = f_H/x$ 的脉冲序列，也输入到鉴相器。根据式(3-17)的速率关系，考虑到数值上 f_H=CP_H速率，f_L=CP_L速率，可以看出输入到鉴相器的这两个脉冲序列的重复频率相等，即 $f_L' = f_H'$。然而，它们之间的相位可能存在差异。鉴相器比较这两个脉冲序列的相位，产生一个对应于两信号相位误差的电压信号 V_d，经低通滤波器滤掉高频和噪声干扰后，得到直流控制电压 V_c。用 V_c 去控制压控振荡器输出信号的相位，使相位误差信号 V_d 朝减小的方向改变。如此循环反馈作用，最终获得稳定准确的 CP_H 时钟脉冲序列。

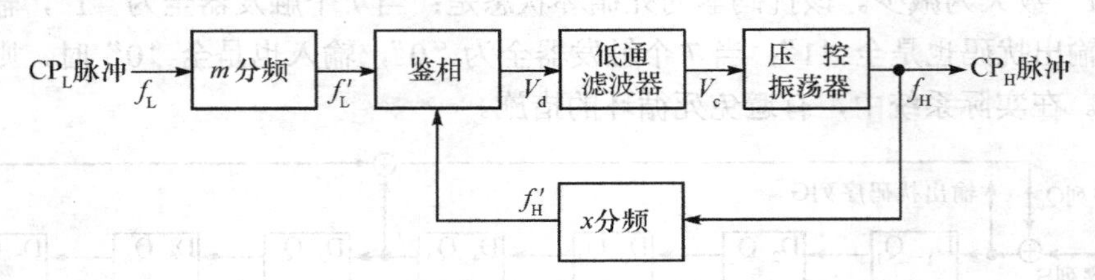

对于 mB1H 码 $x = m$+1；对于 mBnB 码 $x = n$

图 3-42　锁相法时钟频率变换框图

例如，从 PCM 三次群到 4B1H 码的时钟频率变换，此时 m = 4, x = m+1= 5，CP_L速率 = 34.368 Mb/s。故 CP_H速率 = CP_L速率 ×（m+1）/m = 34.368 Mb/s × 5/4 = 42.960 Mb/s。所以，f_L = 34.368 MHz，f_H = 42.960 MHz。因而，$f_L' = f_L/m$ = 34.368 MHz/4 = 8.592 MHz，$f_H' = f_H/x$ =42.960 MHz/5 = 8.592 MHz。

鉴相器两输入端的信号重复频率相同（为 8.592 MHz），通过鉴相器后可将该两信号的相位差异检测出来，输出一个相位误差电压信号，经低通滤出高频后，去控制压控振荡器输出信号的相位，直至获得稳定准确的 CP_H 信号为止。

（10）光纤码型编码

将扰码器输出的单极性 NRZ 信号（CP_L速率），按 m 比特一组形成 mB 码，然后按变换规则构成 mB1H 码或 mBnB 码，此新码为 CP_H速率，输送给光发送电路。

【例 3-5】　4B1H 码编码电路

如图 3-43 所示，4B1H 码编码电路由缓存器、写入时序电路、插入逻辑、读出时序电路组成。其中 34.368 Mb/s 的 NRZ 码输入缓存器。缓存器是 4D 触发器，它利用时钟频率变换电路中的四分频信号（$f_L' = f_L/4$ = 34.368 MHz/4 = 8.592 MHz）作为写入时序脉冲，有顺序地将 34.368 Mb/s 的码流分为 4 比特一组写入缓存器。由缓存器并行输出的 4B 码（图 3-43 中

B_1～B_4）与 H 码一起并行送入插入逻辑单元。插入逻辑是一个 5 选 1 电路，它利用时钟频率变换电路中的五分频信号（$f'_H = f_H/5 = 42.960\ \text{MHz}/5 = 8.592\ \text{MHz}$）作为读出时序脉冲，由插入逻辑输出 42.960 Mb/s 的 4B1H 码流。

插入逻辑的输入和输出信号波形如图 3-44 所示，其中 A, B, C 端输入脉冲的相位互异，重复频率都为 8.592 MHz，是 CP_H 重复频率的 1/5（见时序波形①, ②, ③, ④）。按照表 3-10 给出的插入逻辑关系，可以得到 Y 端的输出信号，此即 4B1H 码（见时序波形⑤）。

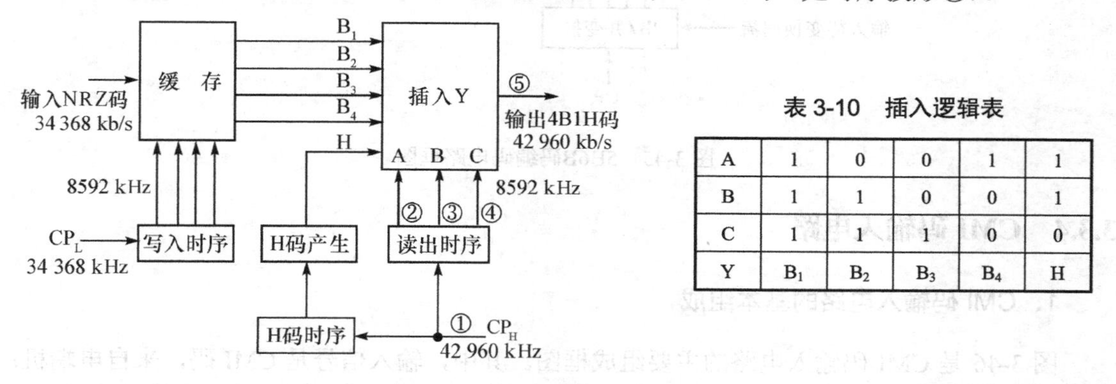

图 3-43　4B1H码编码电路框图

表 3-10　插入逻辑表

A	1	0	0	1	1
B	1	1	0	0	1
C	1	1	1	0	0
Y	B_1	B_2	B_3	B_4	H

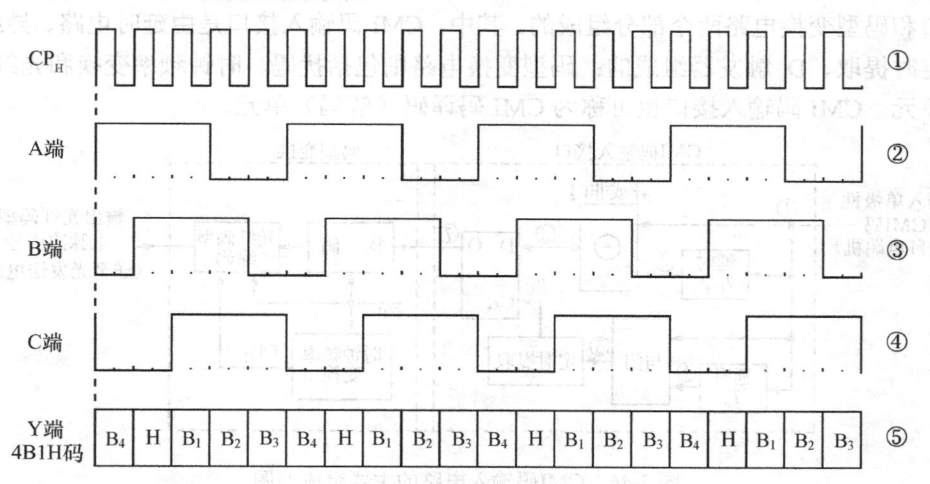

图 3-44　插入逻辑的输入和输出信号波形

【例 3-6】　5B6B 码编码电路

如图 3-45 所示，5B6B 码编码电路由只读存储器、串/并变换、并/串变换、模式控制组成。只读存储器内事先存入已设计好的 5B6B 码表，其中原码每 5 比特一组作为地址码，新码每 6 比特一组作为存储内容。将待变换的码流输入到串/并变换器（由缓存器构成），按原码时钟 CP_L 变换成 5 比特一组的并行码输送到可编程只读存储器（PROM）的地址码入口。PROM 根据收到的地址码查找码表，并行输出相应的 6 比特码。该 6 比特并行码通过并/串变换器（由六选一电路构成），按新码时钟 CP_H 串行输出已变换的 5B6B 码。图 3-45 中 M, C 为模式控制线，M 线将“码字数码和”WDS 的数值传送给模式控制电路，模式控制电路通过 C 线控制模式的选取。

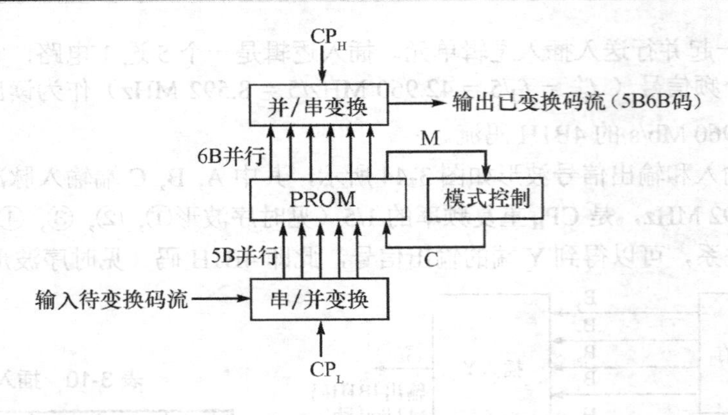

图 3-45　5B6B码编码电路框图

3.3.4　CMI 码输入电路

1．CMI 码输入电路的基本组成

图 3-46 是 CMI 码输入电路的主要组成框图。其中，输入信号是 CMI 码，来自电端机；输出信号是光纤码型电脉冲信号，送往光发送电路。由图可见，CMI 码输入电路是由 CMI 码输入接口和码型变换电路两个部分组成的。其中，CMI 码输入接口是由延时电路、异或非门、与门、定时提取、D 触发器组成的；码型变换电路则包括扰码、时钟频率变换和光纤码型编码三个单元。CMI 码输入接口也可称为 CMI 码译码（解码）单元。

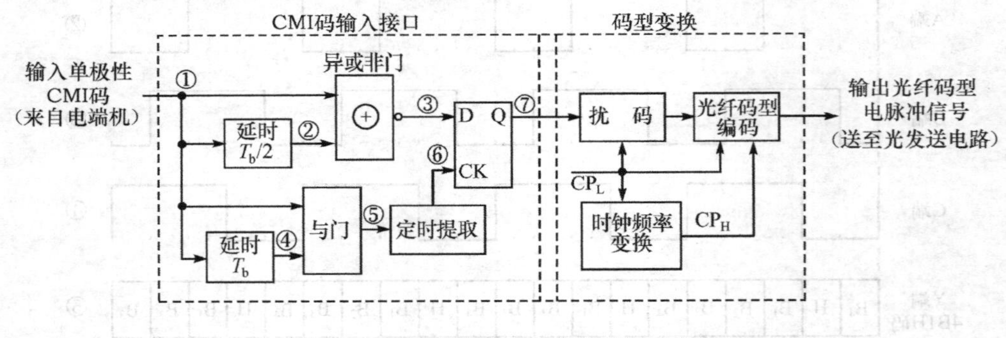

图 3-46　CMI码输入电路的主要组成框图

图 3-46 中，①表示输入的单极性 CMI 码；②表示经过延时 $T_b/2$ 的 CMI 码；③表示异或非门输出的时序信号；④表示经过延时 T_b 的 CMI 码；⑤表示与门输出的时序信号；⑥表示定时提取单元输出的时钟脉冲 CP 序列；⑦表示 D 触发器输出的 NRZ 码。以上各个波形如图 3-47 所示。

2．CMI 码输入电路主要组成单元的功能

下面对 CMI 码输入电路的主要组成单元简要介绍如下。

（1）延时

将来自电端机的输入 CMI 码（见图 3-47 的时序波形①）分别延时 $T_b/2$ 和 T_b，得到延时

CMI 码（见时序波形②和④）。其中 T_b 是原始 PCM 码（即 CMI 码的生成码）的码元周期，所以，$T_b/2$ 恰为 CMI 码的单个码元周期。

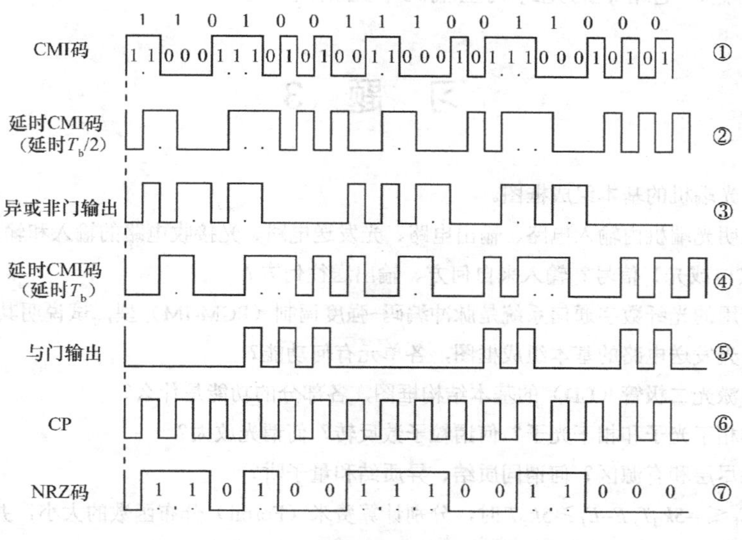

图 3-47　CMI码输入接口主要波形示意图

（2）异或非门

将来自电端机的输入 CMI 码和延时 T_b /2 的 CMI 码分别送入异或非门的两个输入端，经过“异或非”运算后得到新的时序信号（见时序波形③）。异或非门的功能是：若输入全同，则输出为“1”码；若输入相异，则输出为“0”码（即全同则高，不同则低）。

（3）与门

将来自电端机的输入 CMI 码和延时 T_b 的 CMI 码分别送入与门的两个输入端，经过“与”运算后得到 RZ 码（见时序波形⑤）。与门的功能是：若输入全为“1”码，则输出为“1”码；若输入有“0”码，则输出为“0”码（即全高则高，有低则低）。

（4）定时提取

将与门输出的 RZ 码送至 LC 谐振放大器，产生时钟频率的正弦波信号，经整形后得到时钟脉冲序列 CP（见波形⑥）。

（5）D 触发器

将异或非门输出的时序信号送至 D 触发器（前沿触发型）的 D 端，将定时提取输出的时钟脉冲 CP 送至 D 触发器的 CK 端，则 D 触发器的 Q 端输出单极性 NRZ 码（见波形⑦），这就是 CMI 码的解码信号。

（6）扰码

与 HDB3 码输入电路中的扰码单元相同。

（7）时钟频率变换

与 HDB3 码输入电路中的时钟频率变换单元相同。

（8）光纤码型编码

与 HDB3 码输入电路中的光纤码型编码单元相同。

习　题　3

3.1　试画出光端机的基本组成框图。

3.2　列表说明光端机内输入电路、输出电路、光发送电路、光接收电路的输入和输出是何种码型的哪一类（电或光）信号？输入来自何方、输出送往何方？

3.3　目前使用的光纤数字通信系统是脉冲编码-强度调制（PCM-IM）型，试说明其含义。

3.4　试画出光发送电路的基本组成框图，各单元有何功能？

3.5　试画出激光二极管（LD）的基本结构框图，各部分的功能是什么？

3.6　何谓非相干光子和相干光子？何谓粒子数反转？何谓光放大？

3.7　何谓耗尽层和有源区？何谓同质结、异质结和量子阱？

3.8　当 $E-E_f \leqslant -5k_BT, E-E_f \geqslant 5k_BT$ 时，分别计算费米（Fermi）分布函数的大小，并说明其物理意义。

3.9　利用 GaAs 半导体材料做成激光二极管，已知 GaAs 的禁带宽度 $E_g=E_C-E_V=2.176\times10^{-19}$ J，试求：（1）发出的激光之波长是多少？（2）用 eV 作为单位时的 E_g 等于多少？

3.10　一个 GaAs 激光二极管发出红外光，其波长 $\lambda=850$ nm，输出光功率 $P=5$ mW。试求：（1）该红外光中单个光子的能量是多少？（2）该激光二极管每秒钟发射多少个光子？

3.11　发光器件的微分量子效率（又称为外量子效率）η_d 和功率转换效率 η_p 的定义是什么？若定义发光器件的内量子效率 η_{int} 和谐振腔效率 η_{cav} 分别为

$$\eta_{int} \equiv \frac{\text{有源区辐射光子数的增量}}{\text{有源区注入电子数的增量}}$$

$$\eta_{cav} \equiv \frac{\text{谐振腔输出光子数的增量}}{\text{有源区辐射光子数的增量}}(\text{仅对LD})$$

试问：$\eta_d, \eta_p, \eta_{int}, \eta_{cav}$ 之间有何关系？

3.12　已知 LD 的波长为 1.31 μm，微分量子效率为 10%，试求该 LD 的 *P-I* 特性曲线的斜率，此斜率是否包含阈值电流以下的部分？

3.13　何谓激光的纵模和横模？何谓单模激光和多模激光？

3.14　何谓模分配噪声和模式噪声？

3.15　何谓消光比和可调制频率？

3.16　何谓 F-B 激光器、DFB 激光器、DBR 激光器和 VCSE 激光器？

3.17　列表说明 LD 的电光延迟、码型效应、弛豫振荡、自脉动、结发热效应、频率啁啾的产生原因、现象和消除方法？

3.18　设 LD 的光学谐振腔长为 L，谐振腔内半导体材料的折射率为 n，试证明 LD 输出激光的频率为 $f=\dfrac{qc}{2nL}$，其中 q 是正整数（称为纵模指数）。此式称为激光纵模的相位条件（又称为谐振条件）。

3.19　理论指出，LD 的纵模频率间隔 $\Delta f=\dfrac{c}{2nL}$，其中 n 是谐振腔内半导体材料的折射率，L 是谐振腔长度。若某一 GaAs 激光二极管的 $\lambda = 850$ nm，$L = 0.5$ mm，$n = 3.7$，试求该激光器的纵模波长间隔是多少？

3.20　列表说明 LD 与 LED 在结构、I-V 特性、P-I 特性、光谱、可调制频率、发散角、寿命和应用等方面有何区别？

3.21　LED 的量子效率定义为

$$\eta_{\mathrm{d}} \equiv \frac{\text{输出电子数}}{\text{注入电子数}} = \frac{P/(h\nu)}{I/e}$$

若波长 1.31 μm 的 LED，当驱动电流为 50 mA 时，产生 2 mW 的输出光功率。试计算量子效率 η_{d}。

3.22　何谓驱动电路？何谓 LD 的预偏置电流 I_{B}？应当如何选择 I_{B}？

3.23　画出输入电路示意框图，并说明为什么要使用输入电路？

3.24　何谓输入接口码型？PCM 一次群至四次群的输入接口码型是何种码？

3.25　HDB3 码和 CMI 码各有什么特点？

3.26　按照转换步骤，试将二进制信号“1010000000001”转换成为 HDB3 码。

3.27　按照转换步骤，试将二进制信号“1000011000001”转换成为 CMI 码。

3.28　将以下 HDB3 码还原为二进制 NRZ 码（写出数字序列并画出波形），指出其中是否有误码。

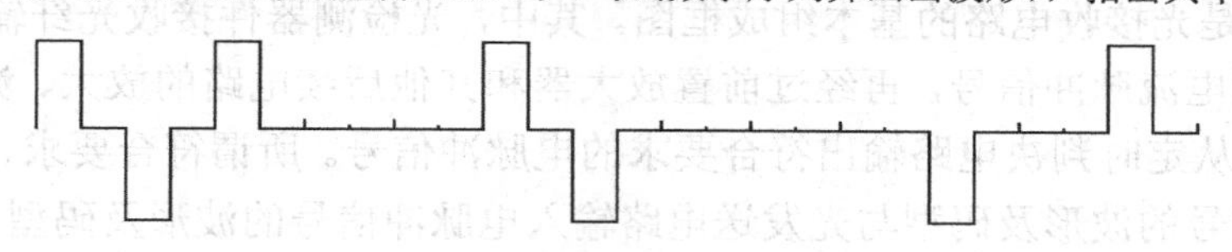

题 3.28 图

3.29　将以下 CMI 码还原为二进制 NRZ 码（写出数字序列并画出波形），指出其中是否有误码。

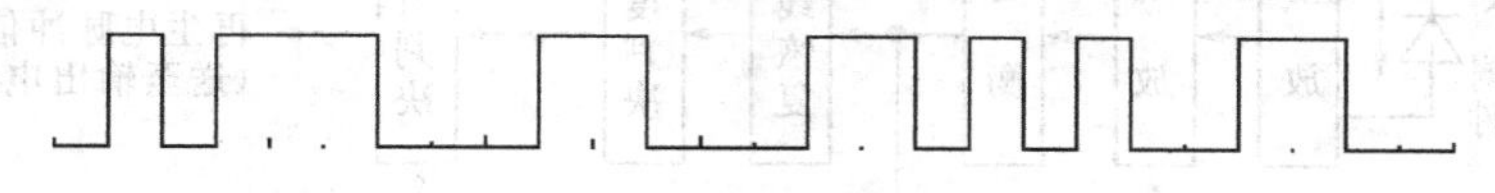

题 3.29 图

3.30　何谓光纤线路码型，其最基本的特点是什么？哪几类码符合此特点？

3.31　何谓冗余度？获取冗余度的方法有哪些？

3.32　何谓 mBnB 码？何谓码字数码和（WDS），有什么用处？

3.33　按照题 3.33 表中规则，试举例说明 1B2B 码（即 CMI 码）的最长连码数是多少？

3.34　按照题 3.34 表中规则，试举例说明 2B3B 码的最长连码数是多少？

题 3.33 表

输入 1B	输出 2B	
	模式 1	模式 2
0	01	同左
1	00	11

题 3.34 表

输入 2B	输出 3B	
	模式 1	模式 2
00	001	同左
01	010	同左
10	100	同左
11	110	000

第4章　光接收设备

4.1　光接收电路

4.1.1　基本构成和主要性能指标

1．光接收电路的基本构成

光接收电路主要是由光检测器件、前置放大器、主放大器、均衡器、基线恢复、幅度判决、非线性处理、时钟提取、限幅移相、定时判决、峰值检波、自动增益控制（AGC）和告警等电路组成的，其中心功能是将输入光脉冲信号转换为输出电脉冲信号，即进行光/电转换。

图4-1所示是光接收电路的基本组成框图。其中，光检测器件接收光纤输出的光脉冲信号并将其转换为电流脉冲信号，再经过前置放大器和其他后续电路的放大、滤波、整形、判决等处理，最后从定时判决电路输出符合要求的电脉冲信号。所谓符合要求，是指光接收电路输出电脉冲信号的波形及码型与光发送电路输入电脉冲信号的波形及码型相同，故称为再生电脉冲信号。

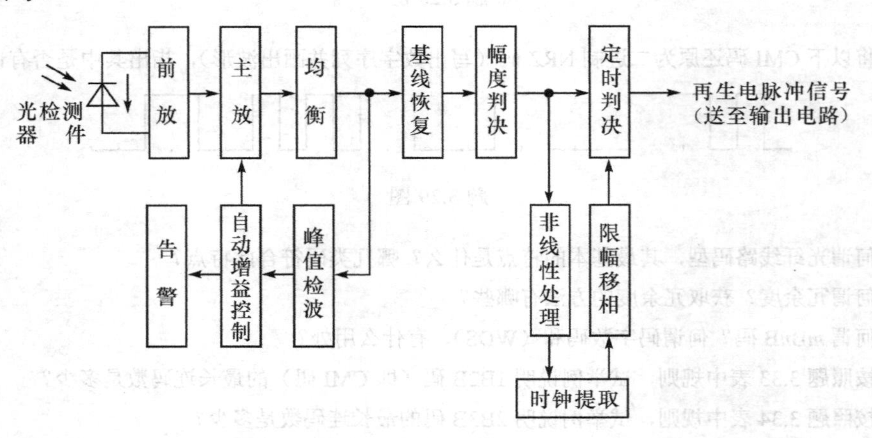

图4-1　光接收电路的基本组成框图

2．光接收电路的主要性能指标

（1）灵敏度 S_r

灵敏度 S_r 定义为

$$S_r \equiv 10\lg(P_r/10^{-3}) \text{（dBm）} \tag{4-1}$$

式中，P_r 是在给定误码率（在观测时间内出现差错的码元数目与总的码元数目之比称为误码率）条件下，光接收机所需要的最小平均光功率，单位是 W；S_r 的单位是 dBm。dBm 与 W 的关系式为 0 dBm = 10^{-3} W。

灵敏度反映出光接收机接收弱光信号的能力大小，其实质是反映了光接收机的噪声性能。光接收机能够接收的光信号越微弱，则表明该接收机的内在噪声就越少，输出信噪比性能就越好。

光接收机的灵敏度指标主要由光检测器件和前置放大器的性能所决定。

（2）动态范围 D

动态范围 D 定义为

$$D \equiv 10\lg\left(\frac{P_{max}}{P_{min}}\right)\ (\text{dB}) \tag{4-2}$$

式中，P_{max} 和 P_{min} 分别是光接收机在所期望的误码率条件下的最大和最小平均接收光功率。显然，P_{min} 就是灵敏度 S_r 对应的 P_r。

动态范围表示光接收机在指定的误码率条件下所能接收的光功率变化范围的大小，它反映光接收机适应强光信号的能力。如上所述，光接收机的输入光功率过小，导致输出信噪比减小，会使系统的误码率增大。反之，光接收机的输入光功率过大，也会使系统的误码率增大。其原因是：输入光功率过大会使光接收机过载，导致其输出信号失真，当过载严重时便会增大系统的误码率。

4.1.2　光检测器件（PIN 和 APD）

1．类型

（1）本征 PN 型光电二极管（PIN Photodiode, PIN）

如图 4-2(a)所示，PIN 光电二极管是在薄的 P 区和 N 区之间夹入一层较厚的本征半导体材料，以增加 PN 结耗尽区的宽度，称为 I 区。由于外加反向电压与耗尽区（基本上是 I 区）自建电场方向相同，致使耗尽区势垒升高，耗尽区电位梯度增大，即电场增强。当入射光照射 PIN 后，入射光子在 I 区内因受激吸收而产生电子-空穴对（称为光生载流子）。在 I 区电场作用下，光生电子向 N 区加速漂移，光生空穴向 P 区加速漂移，形成光生电流，从而将光信号转换成电信号。

PIN 的特点是：光电转换效率较高（无光生电流放大作用），响应速度快。

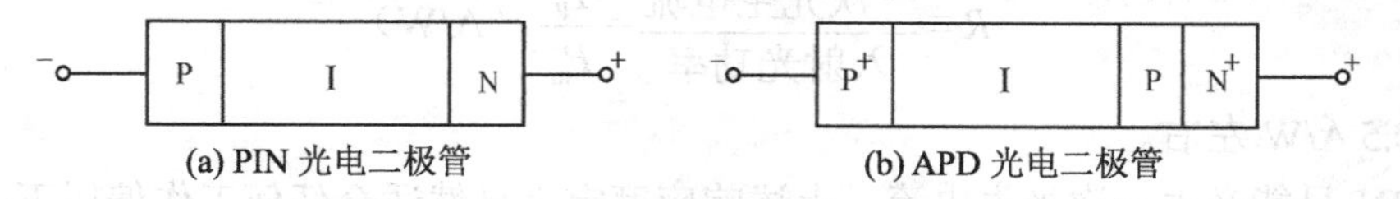

图 4-2　光电二极管结构示意图

（2）雪崩型光电二极管（Avalanch Photodiode, APD）

如图 4-2(b)所示，APD 光电二极管是在薄的重掺杂的 P^+区和 N^+区之间夹入 I 区（较厚）和 P 区，I 区是耗尽区（作为光子的主要吸收区），P 区是高电场区（高于 I 区电场，作为碰撞电离区）。当入射光照射 APD 后，入射光子在 I 区内激发产生电子-空穴对（称为一次电子-空穴对），其中的一次电子在 I 区电场作用下加速向 P 区运动，到达 P 区后在 P 区更强电场作用下获得更大加速，并与 P 区晶格碰撞，将束缚在价带中的电子激发到导带，产生新的电子-空穴对。然后，一次电子、新生电子及新生空穴在 P 区内被加速，又去碰撞别的原子产生另外新的电子-空穴对。如此连锁反应下去，使新的光生载流子数目迅速增多，光生电流迅速增大，产生雪崩倍增效应。外加反向电压越高，则雪崩倍增效应越强。

相对于一次电子-空穴对而言，所有新的电子-空穴对称为二次电子-空穴对。

APD 的特点是：光电转换效率高（有光生电流放大作用，即雪崩倍增作用），响应速度快。

光电二极管又称为光敏二极管。如上所述，其工作方式为负偏置方式，其中 PIN 的负偏压约为几至几十伏，APD 的负偏压约为几十至一百多伏。

2. 光电二极管的主要特性参数

（1）截止工作波长λ_c（即上限使用波长）

由于光生载流子条件为 $h\nu \geqslant E_g$（E_g 为半导体材料禁带宽度），即$\lambda \leqslant hc/E_g$，因此定义截止工作波长λ_c为

$$\lambda_c \equiv hc/E_g \tag{4-3}$$

则$\lambda \leqslant \lambda_c$时能产生光生电流，$\lambda > \lambda_c$时不能产生光生电流。

可以计算一些常用半导体材料的λ_c，例如，Ge 的λ_c=1.6 μm，属于长波长；Si 的λ_c=1.06 μm，属于短波长。

（2）暗电流 I_d

定义：无光照射时，光电二极管的反向电流，称为暗电流 I_d。希望暗电流 I_d 越小越好。一般，PIN 的 I_d＜1 nA，APD 的 I_d=1～几十 nA。

暗电流产生的散粒噪声电流均方值为

$$\overline{i_d^2} = \begin{cases} 2eI_d\Delta f & \text{(PIN)} \\ 2eI_d\Delta f G^{2+x} & \text{(APD)} \end{cases} \tag{4-4}$$

式中，G 是 APD 倍增因子；x 是附加噪声指数。它们的含义将在下面介绍。

（3）响应度 R

定义：单位入射光功率所产生的一次光生电流，称为响应度 R，即

$$R \equiv \frac{\text{一次光生电流}}{\text{入射光功率}} = \frac{I_P}{P_{in}} \quad \text{(A/W)} \tag{4-5}$$

通常，$R = 0.5$ A/W 左右。

由于 PIN 只能产生一次光生电流，上述响应度定义显然适合任何工作偏压下的 PIN。然而，APD 不仅产生一次光生电流，还大量产生二次光生电流，所以上述响应度定义仅适用于低偏压（此时无倍增）测试条件下的 APD。

（4）量子效率η

定义：一个入射光子所产生的一次光生电子数，称为量子效率η，即

$$\eta \equiv \frac{\text{一次光生电子数}}{\text{入射光子数}} = \frac{I_P / e}{P_{in} / h\nu} = \frac{I_P}{P_{in}} \frac{h\nu}{e} = R\frac{hc}{e\lambda} = 1.24\frac{R}{\lambda(\mu m)} \tag{4-6}$$

由于入射光照射光电二极管时，光子被吸收而产生一次电子–空穴对，而一次光生电子和光生空穴在移动过程中有可能与别的空穴或电子复合而消失，这两个过程同时存在。所以，一个入射光子所产生的一次光生电子数等于或小于 1。通常，$\eta = 30\% \sim 90\%$。同理，量子效率η的定义适合任何工作偏压下的 PIN，但仅适用于低偏压无倍增测试条件下的 APD。

耗尽区宽度大一些，有利于增大η。其原因是，光子被吸收而产生一次电子–空穴对，既可发生在耗尽区也可发生在非耗尽区（如 PIN 的 P 区和 N 区）。在耗尽区内产生的一次电子–空穴对，受耗尽区较高电场的作用，能够快速漂移运动到外电路形成光生电流。在非耗尽区内产生的一次电子–空穴对，由于非耗尽区电场近似为零，只能形成少数载流子（P 区内是电子，N 区内是空穴）的慢速扩散移动，在移动过程中与别的空穴或电子复合而消失的机会很大，形成光生电流的可能性很小。所以，增加耗尽区宽度，可以增大入射光子落在耗尽区内的比例，从而提高η值。

由式(4-6)可得

$$R = \frac{\eta e}{h\nu} = \frac{\eta e\lambda}{hc} = \eta\lambda / 1.24 \tag{4-7}$$

可见，当 $\eta = 1/2$（即 50%量子效率）时，$R = 0.342$ A/W（λ=0.85 μm），0.523 A/W（λ=1.31 μm）和 0.624 A/W（λ = 1.55 μm）。

（5）响应时间τ

定义：光生载流子在耗尽区内的渡越时间τ_d与光检测回路的 RC 时间常数τ_{RC}之和，称为响应时间τ，即

$$\tau \equiv \tau_d + \tau_{RC} \tag{4-8}$$

式中，

$$\tau_d \approx \text{耗尽区宽度 } w \text{ / 光生载流子漂移速度 } v \tag{4-9}$$

$$\tau_{RC} = [\text{（光电二极管等效串联电阻 } R_d + \text{负载电阻 } R_L\text{）// 光电二极管等效并联电阻 } R_p] \times \text{光电二极管结电容 } C_d \tag{4-10}$$

式中的符号“//”表示对其两边的电阻进行并联运算，并且各个参数取自于光电二极管等效电路，如图 4-3 所示。图中$i_P(t)$为一次瞬时光生电流。通常，$R_d \ll R_L \ll R_p$，故

$$\tau_{RC} \approx R_L C_d$$

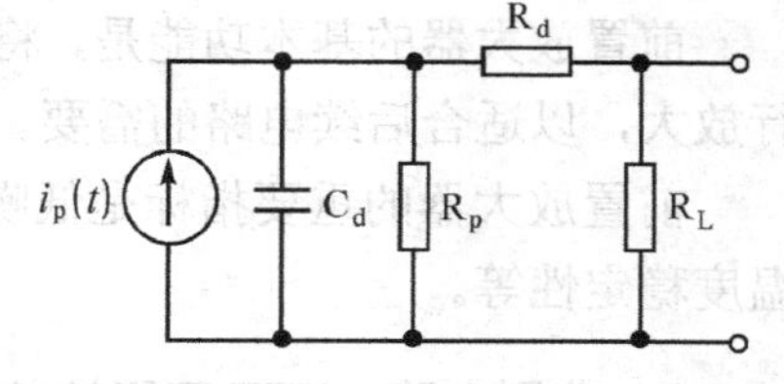

图 4-3　光电二极管等效电路

与τ_d和τ_{RC}相关的截止频率分别为

$$f_d = \frac{1}{2\pi\tau_d} \quad \text{和} \quad f_{RC} = \frac{1}{2\pi\tau_{RC}}$$

（6）APD 倍增因子 G

定义：APD 有倍增时总的光生电流与未倍增的一次光生电流之比，称为倍增因子 G，即

$$G \equiv \frac{\text{有倍增时总的光生电流}}{\text{未倍增的一次光生电流}} = \frac{I_{PG}}{I_P} \tag{4-11}$$

式中，未倍增的一次光生电流 I_P 是指 APD 在低偏压无倍增测试条件下的光生电流大小。

实际中，G 也用下述经验公式来表示，即

$$G=\frac{1}{1-(V/V_{\mathrm{B}})^{m}} \tag{4-12}$$

式中，V 为外加反向偏压；V_{B} 为击穿电压；m 是常数因子（与器件材料、入射波长等有关）。

由式(4-12)可见，G 与 V 有关。当 V 很低时，G 近似等于最小值 1；随着 V 的增加，G 从 1 开始逐渐增大；当 V 接近 V_{B} 时，G 急剧上升，导致 APD 不稳定而不能使用。所以，选用击穿电压高的 APD，可以在保证器件稳定工作的前提下使 G 尽可能增大。通常 $G=10\sim100$。

此外，G 与温度有关，即 G 随温度上升而减小。

由于雪崩倍增过程中每个一次电子-空穴对产生二次电子-空穴对的数目是随机的，上面定义的 G 是一个统计平均量。

利用式(4-11)和式(4-5)，可以综合写出

$$I_{\mathrm{P(PIN)}}=RP_{\mathrm{in}} \quad 和 \quad I_{\mathrm{PG(APD)}}=GRP_{\mathrm{in}} \tag{4-13}$$

（7）量子噪声与 APD 附加噪声指数

定义：光束中光子数目波动引起光生电流波动，产生光生电流散粒噪声，称为量子噪声，其均方值为

$$\overline{i_{\mathrm{q}}^{2}}=\begin{cases}2eI_{\mathrm{P}}\Delta f & (\mathrm{PIN})\\ 2eI_{\mathrm{P}}\Delta fG^{2+x} & (\mathrm{APD})\end{cases} \tag{4-14}$$

上述 APD 式子中的 $2eI_{\mathrm{P}}\Delta fG^{2}$ 是倍增噪声，G^{x} 是倍增噪声附加项（其实质是因倍增过程的随机性而引起的附加噪声）。x 称为附加噪声指数，取值范围是 $x\leqslant1$，与器件材料及工艺有关。例如，Si-APD（短波长 0.85 μm）的 $x=0.3\sim0.5$，Ge-APD（长波长 1.31 μm）的 $x=0.8\sim1.0$，InGaAsP-APD（长波长 1.31 μm）的 $x=0.5\sim0.7$。

4.1.3 前置放大器

1. 基本功能

前置放大器的基本功能是，将光检测器件输出的微弱电流信号（通常为 $10^{-7}\sim10^{-5}$ A）进行放大，以适合后续电路的需要。

前置放大器的重要指标是低噪声和高灵敏度，以及合适的带宽、大的动态范围和良好的温度稳定性等。

2. 典型电路：FET 互阻抗前置放大器

图 4-4 所示是 FET 互阻抗前置放大器电路图。其中 $\mathrm{VT_1}$ 是 N 沟道场效应管（FET），接成共源方式。$\mathrm{VT_2}$ 是超高频三极管，接成共基方式。$\mathrm{VT_3}$ 和 $\mathrm{VT_4}$ 是超高频三极管，接成共集方式（即射极跟随器）。$\mathrm{VT_1}$, $\mathrm{VT_2}$ 和 $\mathrm{VT_3}$ 组成反相放大器，负反馈电阻 R_{f} 跨接在该反相放大器的输入和输出端之间，构成电压并联负反馈前置放大器，或称为互阻抗前置放大器。所谓互阻抗，是指放大器输出电压与输入电流之比。可以证明：该负反馈前置放大器的互阻抗近似等于 R_{f}。该电路的主要特点是：由于采用了共源-共基-共集方式，内部反馈小，即后级

电路对前级电路的影响小，电路稳定性好；由于采用了负反馈，使放大器输入阻抗有所减小，有利于增大带宽。

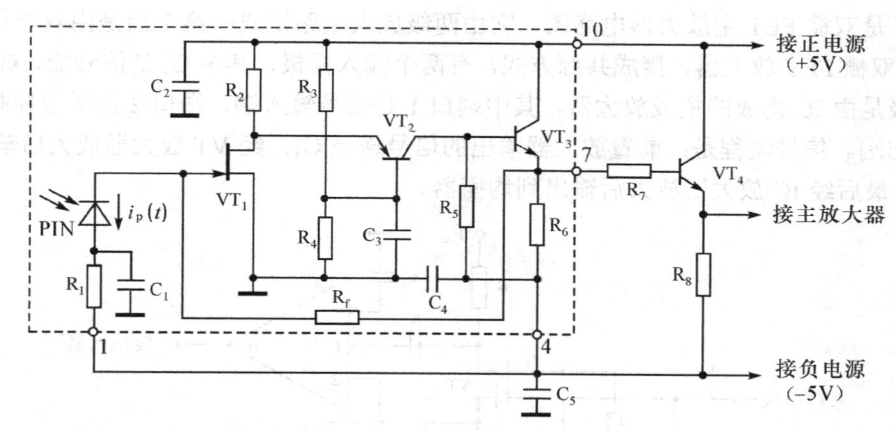

虚线框旁的数字 1, 4, 7 和 10 是 PIN-FET 光接收组件的引脚号

图 4-4　FET互阻抗前置放大器电路

图 4-4 中虚线框以内的电路是 PIN-FET 集成组件，它利用混合集成工艺，将 PIN 光电二极管与 FET 互阻抗前置放大器混合集成在一起，做成 PIN-FET 光接收组件。其主要优点是减小了引线分布电容，有利于提高带宽和稳定性等。表 4-1 所示是 PIN-FET 光接收组件的主要技术指标（BER=10^{-9}时）。

表 4-1　PIN-FET 光接收组件的主要技术指标（BER=10^{-9}时）

名　称	技 术 指 标
工作波长 λ/μm	1.0～1.65
灵敏度 S_r/dBm	−53(8 Mb/s), −47(34 Mb/s), −42(140 Mb/s), −30(565 Mb/s)
最小平均输入光功率 P_r/W	5.0×10^{-9}(8 Mb/s), 2.0×10^{-8}(34 Mb/s), 6.3×10^{-8}(140 Mb/s), 1.0×10^{-6}(565 Mb/s)
动态范围 D/dB	≥20
输出噪声有效值 V_n/mV	0.30～0.40

在实际产品中，通常将光检测器件 PIN 或 APD、前置放大器、必要的功能电路集成在一起封装在金属外壳内，构成光接收模块（Optical Receiver Module）。

4.1.4　主放大器

1．基本功能

主放大器的基本功能是，将前置放大器输出电压信号（通常为毫伏数量级）放大到适合于后级判决电路所需要的幅度范围（几伏数量级）。

主放大器的电压增益变化范围要求比较大，以适应前端入射光功率动态范围大的特点，为此需要有自动增益控制（AGC）。

2. 典型电路：双栅 FET 主放大器

图 4-5 是双栅 FET 主放大器电路图，它由两级放大电路组成：第 1 级是由双栅场效应管 VT 构成的双栅 FET 放大器，接成共源方式，有两个输入栅极，其中 G_1 是信号栅，G_2 是控制栅；第 2 级是由 IC 构成的集成放大器，其中端口 1 是信号输入端，端口 2 是增益控制端，端口 6 是输出端。信号流程是：前置放大器输出的信号送至 G_1，经 VT 放大器放大后输送到 IC 的端口 1，最后经 IC 放大器放大后输出到均衡器。

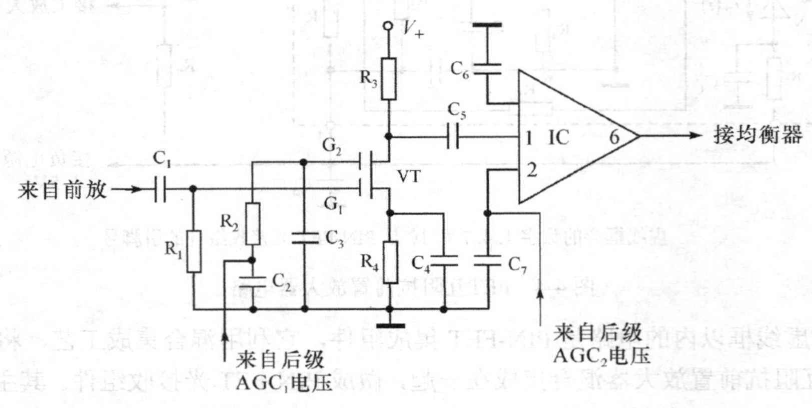

图 4-5　双栅FET主放大器电路图

自动增益控制（AGC）方式是：采用两级 AGC 电路，第一路是将后级电路产生的 AGC_1 电压送至 G_2 以控制 VT 放大器的增益，第二路是将后级电路产生的 AGC_2 电压送至 IC 的端口 2 以控制 IC 放大器的增益。其中，第一路是正控制作用，即 VT 放大器增益与控制电压 AGC_1 成正比；第二路是反控制作用，即 IC 放大器增益与控制电压 AGC_2 成反比。所以，AGC_1 和 AGC_2 电压的选取要分别适合正控制和反控制的作用。表 4-2 和表 4-3 分别表示了 VT 放大器在正控制作用下和 IC 放大器在反控制作用下有关参量的变化。可见，当入射光功率微弱（即前放输出信号微弱）时，AGC_1 电压升高，使 VT 放大器增益变大，同时 AGC_2 电压下降，使 IC 放大器增益变大。反之，当入射光功率较强（即前放输出信号较强）时，AGC_1 电压下降，使 VT 放大器增益变小，同时 AGC_2 电压升高，使 IC 放大器增益变小。这样，通过两级增益控制，使主放大器总的电压控制范围可达 50 dB 左右，能很好适应前端 PIN-FET 光接收组件入射光功率动态范围大的特点。

表 4-2　VT 放大器的正控制作用下有关参量的变化

入射光功率	AGC_1 电压	VT 增益
弱	高	高
强	低	低

表 4-3　IC 放大器的反控制作用下有关参量的变化

入射光功率	AGC_2 电压	IC 增益
弱	低	高
强	高	低

3．级联放大器的噪声系数

如前所述，光接收机的灵敏度是光接收机的重要性能指标，其实质是反映了光接收机的噪声性能。下面将要证明由前置放大器和主放大器构成的级联放大器的噪声系数 NF 满足以下公式，即

$$NF = NF_1 + \frac{NF_2 - 1}{K_{P1}} \tag{4-15}$$

式中，NF_1 和 NF_2 分别为前置放大器和主放大器的噪声系数；K_{P1} 为前置放大器的功率增益。

证明如下：将级联放大器简画如图 4-6 所示，其中 P_{si} 和 P_{ni} 分别为级联放大器的输入信号功率和输入噪声功率，P_{so} 和 P_{no} 分别为级联放大器的输出信号功率和输出噪声功率，K_P 和 NF 分别为级联放大器的功率增益和噪声系数，K_{P1} 和 NF_1 分别为前置放大器的功率增益和噪声系数，K_{P2} 和 NF_2 分别为主放大器的功率增益和噪声系数，P_{n1} 和 P_{n2} 分别为前置放大器和主放大器的自身噪声输出功率。

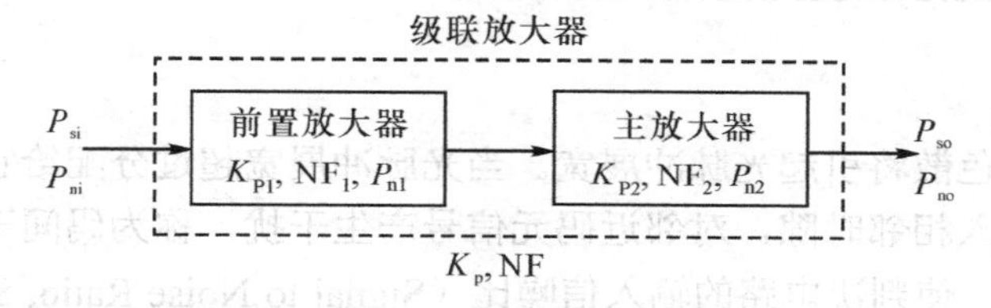

图 4-6　级联放大器噪声系数计算图

按照噪声系数的定义，级联放大器噪声系数的一般公式为

$$NF \equiv \frac{\text{输入信噪功率比}}{\text{输出信噪功率比}} = \frac{P_{si}/P_{ni}}{P_{so}/P_{no}} = \frac{P_{no}}{P_{ni}K_P} \tag{4-16}$$

对于图 4-6 中的级联放大器，则有

级联放大器的功率增益 $K_P = K_{P1}K_{P2}$

级联放大器的输出噪声功率 $P_{no} = P_{ni}K_{P1}K_{P2} + P_{n1}K_{P2} + P_{n2}$

将以上两式代入式(4-16)中，化简得到

$$NF = 1 + \frac{P_{n1}}{P_{ni}K_{P1}} + \frac{P_{n2}}{P_{ni}K_{P1}K_{P2}} \tag{4-17a}$$

另一方面，分别计算前置放大器和主放大器的噪声系数 NF_1 和 NF_2，两者具有可比性的条件是必须有相同的输入噪声功率。为此，令它们的输入噪声功率均为 P_{ni}，则前置放大器和主放大器的输出噪声功率分别为

$$\begin{cases} P_{n1o} = P_{ni}K_{P1} + P_{n1} \\ P_{n2o} = P_{ni}K_{P2} + P_{n2} \end{cases}$$

故得

$$NF_1 = \frac{P_{n1o}}{P_{ni}K_{P1}} = 1 + \frac{P_{n1}}{P_{ni}K_{P1}} \tag{4-17b}$$

$$NF_2 = \frac{P_{n2o}}{P_{ni}K_{P2}} = 1 + \frac{P_{n2}}{P_{ni}K_{P2}} \tag{4-17c}$$

利用式(4-17b)和式(4-17c)，可以将式(4-17a)化简得到式(4-15)。

从式(4-15)可见，当 K_{P1} 足够大时，以致右边第二项很小可以略去，则 $NF \approx NF_1$。这表明，当前置放大器的功率增益足够大时，级联放大器的噪声系数主要由前置放大器的噪声系数来决定。所以，减小级联放大器噪声系数的关键是：使前置级具有高增益和低噪声。

4.1.5 均衡器

1．基本功能

均衡器的基本功能是，对主放大器输出的失真的数字脉冲信号进行整形，使其变为升余弦信号，以利于克服码间干扰进行幅度判决。

2．码间干扰（Intersymbol Interference, ISI）

（1）产生原因

如前所述，光纤色散将引起光脉冲展宽。当光脉冲展宽超过分配给它们的时隙时，以致一部分光脉冲能量进入相邻时隙，对邻近码元信号产生干扰，称为码间干扰。而留在本时隙内的光脉冲能量减小，使判决电路的输入信噪比（Signal to Noise Ratio, SNR）降低。所以，码间干扰是产生误码的重要原因。

从傅里叶信号分析来看，由于光纤通信系统（光发射机 + 光纤 + 光接收机）的带宽是有限的，其传输的数字脉冲信号（即码元信号）的频带受到限制，必然会在时域上延伸，而导致码间干扰。

例如，若单个脉冲信号的频谱如图 4-7(a)所示，即为

$$S(\omega) = \begin{cases} 1 & -\omega_c \leqslant \omega \leqslant \omega_c \\ 0 & \omega\text{为其他值} \end{cases} \tag{4-18}$$

式中，ω_c 是截止频率。由图 4-7(a)可见，该频谱的截止边沿陡峭，称为尖锐截止。具有以上频谱的信号称为尖锐截止低通信号。

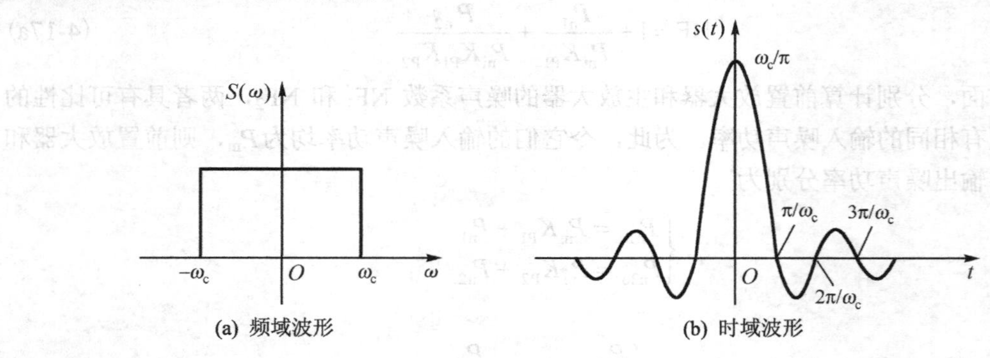

图 4-7　尖锐截止低通脉冲信号的波形图

相应的时域函数为

$$s(t)=\frac{1}{2\pi}\int_{-\infty}^{\infty}S(\omega)\mathrm{e}^{\mathrm{j}\omega t}\mathrm{d}\omega=\frac{1}{2\pi}\int_{-\omega_c}^{\omega_c}\mathrm{e}^{\mathrm{j}\omega t}\mathrm{d}\omega=\begin{cases}\delta(t) & \omega_c\text{无限时}\\ \dfrac{\sin(\omega_c t)}{\pi t} & \omega_c\text{有限时}\end{cases} \tag{4-19}$$

可见，当脉冲频谱有限时，脉冲的时域函数为 $\sin(\omega_c t)/(\pi t)$，其波形如图 4-7(b) 所示，是一个中间为波峰、两边是衰减振荡（称为拖尾）的对称波形。其中，波峰（即主峰）的最大值为 ω_c/π，它的两旁是一系列次峰，次峰幅度依次为负值或正值，其绝对值按 t^{-1} 逐渐减小。这些次峰分布在较宽的时间范围上，必定会伸入到邻近时隙产生干扰。

图4-7(b) 的波形还有以下特点：其主峰最大值对应时刻（即主峰中心时刻）为 0，而各个零点对应时刻分别为$\pm\pi/\omega_c$, $\pm 2\pi/\omega_c$, $\pm 3\pi/\omega_c$, … 可见，主峰最大值对应时刻以及各零点对应时刻是等间隔分布的，其间隔时间 $\Delta t=\pi/\omega_c$。

（2）码间干扰消除方法

若单个码元的时域展宽波形的主峰峰值对应时刻以及各个零点对应时刻是等间隔分布的，并且其间隔时间 Δt 等于码元周期 T_b，则用这种码元时域展宽波形组成的码元序列，在传号（即“1”码）码元波形的主峰峰值对应时刻上不会出现其他码元信号的非零值，因而不会产生码间干扰。在空号（即“0”码）码元的零值中心时刻上也不会出现其他码元信号的非零值，同样不会产生码间干扰。所以，在传号码元的主峰峰值对应时刻上和在空号码元的零值中心时刻上进行幅度判决，不会产生误码。

下面具体说明这个道理。如图 4-8 所示，四个形如图 4-7(b) 的传号脉冲和一个空号脉冲组成二进制码“11101”。其中，t_1, t_2, t_3 和 t_5 分别为各个传号脉冲的主峰峰值对应时刻，t_4 为空号脉冲的零值中心时刻。由于码元周期 T_b 等于传号脉冲波形的零点间隔时间，也等于传号脉冲的主峰峰值对应时刻与其相邻零点的间隔时间，故每个传号脉冲的主峰峰值对应时刻恰好与其他三个传号脉冲的零点对应时刻相重合。可见，在 t_1, t_2, t_3 和 t_5 时刻，都只有一个传号脉冲的主峰峰值，而其他传号脉冲的幅值在此时刻都为零，所以不能产生码间干扰。而在 t_4 时刻，除了空号脉冲的零幅值外，其他四个传号脉冲的幅值在此时刻也都为零，故也没有码间干扰。所以，在 t_1, t_2, t_3, t_4 和 t_5 时刻进行幅度判决，可以准确得到二进制码“11101”，不会产生误码。

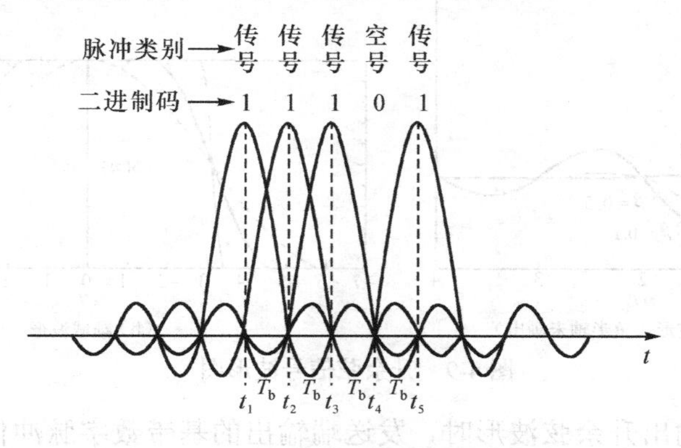

图 4-8　码间干扰消除方法示意图

从以上例子还可看出，如果幅度判决时刻发生偏移或者码元波形产生横向抖动，那么在判决时刻上就会出现多个码元非零值的叠加，容易造成干扰。所以，应当选择一种码元波形，使其不仅具有等间隔分布的主峰峰值时刻和零点时刻，而且还应具有比上述尖锐截止的低通信号更短和更细的拖尾（即次峰个数少、幅度低）。这种波形的信号就是下面将要介绍的升余弦信号。

（3）升余弦信号的特点

升余弦信号的时域函数为

$$s(t)=\frac{\sin\left(\frac{\pi t}{T_b}\right)\cos\left(\frac{\pi\beta}{T_b}t\right)}{\frac{\pi t}{T_b}\left[1-\left(\frac{2\beta t}{T_b}\right)^2\right]} \tag{4-20}$$

式中，β 称为滚降因子，通常取 $\beta=0.5\sim1$。

升余弦信号的频域函数为

$$S(\omega)=\begin{cases}1 & 当|\omega|\leqslant\frac{\pi}{T_b}(1-\beta)时\\ \frac{1}{2}\left(1-\sin\left(\frac{\omega T_b-\pi}{2\beta}\right)\right) & 当\frac{\pi}{T_b}(1-\beta)\leqslant|\omega|\leqslant\frac{\pi}{T_b}(1+\beta)时\\ 0 & 当\omega为其他值时\end{cases} \tag{4-21}$$

图 4-9 所示是升余弦信号的波形图。从图4-9(a)可以看出，当 $t=0$ 时，$s(t)=1$（最大）；当 $t=kT_b$（$k=\pm1,\pm2,\cdots$）时，$s(t)=0$。所以，升余弦信号的主峰对应时刻以及各零点对应时刻是等间隔分布的，其间隔时间 $\Delta t=T_b$。还可以看出，升余弦信号的次峰幅度的绝对值按 t^{-3} 迅速减小。此外，随 β 增大，主峰峰值和零点不变，但峰体有点变瘦；而次峰随 β 增大则有很大的变化，当 β 越接近 1 时次峰衰减得越快，当 $\beta=1$ 时次峰基本上就没有了。从图4-9(b)可以看出，$S(\omega)$ 的截止边沿不陡峭，而是圆滑截止的，并且随 β 增加，圆滑弧度变长。

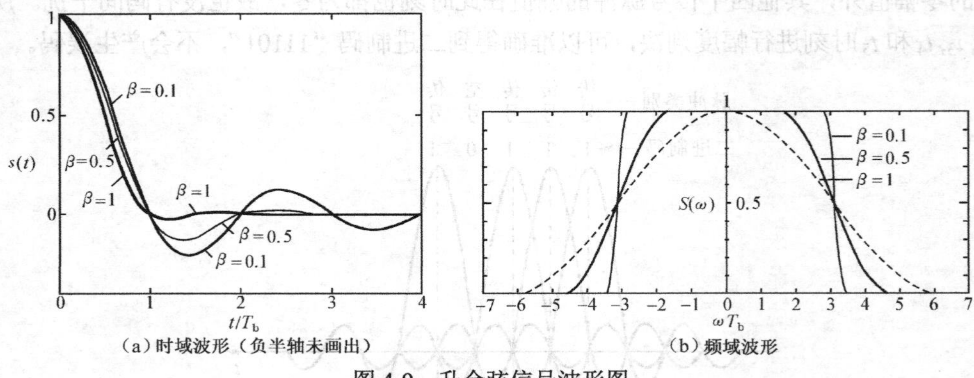

（a）时域波形（负半轴未画出）　　（b）频域波形

图 4-9　升余弦信号波形图

因此，当均衡器输出升余弦波形时，发送端输出的基带数字脉冲信号，只要严格按照

$f_b = 1/T_b$ 的速率发送，则在均衡器输出信号的波峰峰值处不会产生码间干扰。

3. 均衡电路

均衡电路是专门的滤波及频率补偿电路，其输出波形应当接近升余弦波。实现方法是，补偿某些频率、抑制某些频率。

由于均衡器的频谱特性 $H_{eq}(\omega) = S_{out}(\omega)/S_{in}(\omega)$，其中 $S_{in}(\omega)$ 和 $S_{out}(\omega)$ 分别是均衡器的输入和输出频谱特性，而 $S_{out}(\omega)$ 为升余弦频谱。所以，只要确定了 $S_{in}(\omega)$，就可以求出 $H_{eq}(\omega)$。这是严格的设计方法，也是比较复杂的方法。目前光纤数字通信系统采用单模光纤，对于 140 Mb/s 以下的系统，光纤通信系统的脉冲时间展宽很小。因此，均衡器可以做得比较简单，有时就用 RC 或 LC 滤波器来实现，滤波器中一部分元件数值需要通过实验（观测眼图）来进一步调整确定。

图 4-10 所示是 LRC 滤波器均衡电路图。其中，输入信号 $s_{in}(t)$ 来自主放大器，输出信号 $s_{out}(t)$ 送往宽带放大器放大（本书省略宽带放大器的介绍）。图 4-10 中，VT_1 集电极上的电感 L、可调电阻 R_c 和电容 C_c 一起构成 VT_1 集电极滤波负载。VT_1 发射极上的可调电阻 R_e 和电容 C_e 也有补偿高频的滤波作用。R_c 和 R_e 的功能是

$$R_c \begin{cases} \text{大} & \text{增益高、带宽窄} \\ \text{小} & \text{增益低、带宽大} \end{cases}$$

$$R_e \begin{cases} \text{大} & \text{增益低，其中低频增益} \leqslant \text{高频增益（当 } R_e \text{ 的滑动头移至接地端时取等号）} \\ \text{小} & \text{增益高，其中低频增益} < \text{高频增益} \end{cases}$$

调试电路时，必须根据眼图（见下一节介绍）的状况来调整 R_c 和 R_e。

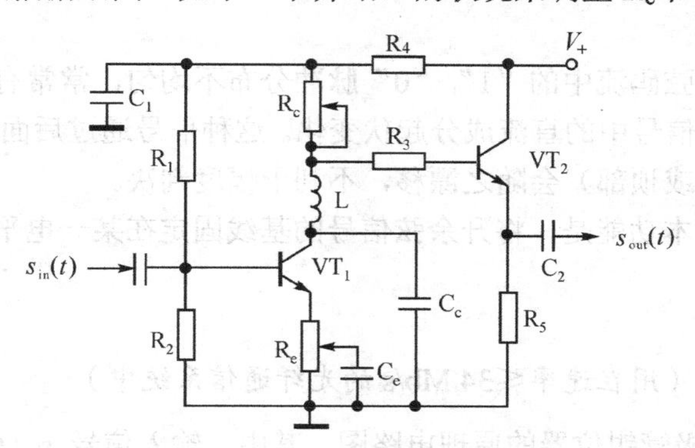

图 4-10 LRC 滤波器均衡电路图

4. 眼图

所谓眼图（Eye Diagram），就是用示波器观测得到的脉冲序列信号在一个或多个周期内的叠加波形。图 4-11 是升余弦信号（$\beta=1$）在四个 T_b 周期内的眼图，其中上凸轮廓线和下凹轮廓线恰如眼睛的上、下眼皮，构成了四只眼睛。图中，眼图的上凸轮廓线和下凹轮廓线都是由单根弧线构成的，这是理想情况下的波形；实际的眼图波形受码间干扰和噪声的影响，其每段轮廓线都是由多条形状和位置有差异的弧线叠加而成的，以致每段“眼皮”轮廓线都

成为粗细不均匀的“扭麻花”样的曲线。码间干扰越大，则轮廓线越粗，以致上凸轮廓线和下凹轮廓线之间的距离越靠近，“眼睛”就越眯。

眼图的实现方法是：将均衡器输出信号送到示波器垂直输入端，将码元定时脉冲送到示波器外同步输入端，使示波器水平扫描周期与码元的一个或多个周期同步，则在示波器屏幕上可以观察到有一只或多只“眼睛”的眼图。眼图张开程度越大，则码间干扰越小，越有利于判决。

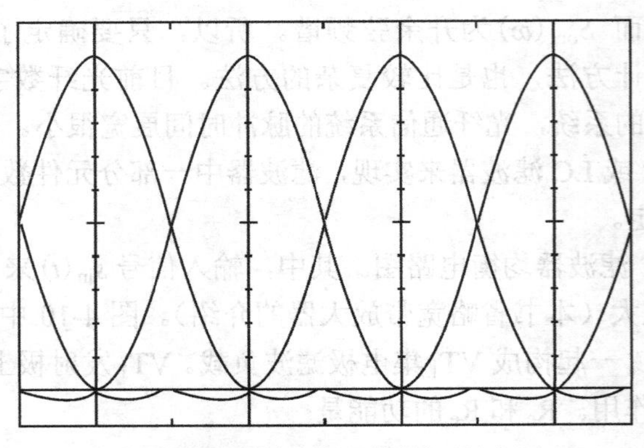

由上凸和下凹轮廓线形成四只“眼睛”

图 4-11　升余弦信号的眼图

4.1.6　基线恢复

1．基本功能

均衡器输出的升余弦码流中的“1”，“0”脉冲分布不均匀，常常有数目不等的连续“1”或连续“0”出现，致使信号中的直流成分起伏变化。这种信号通过后面各级交流耦合电路时，信号基线（即信号底部或顶部）会随之漂移，不利于幅度判决。

基线恢复电路的基本功能是，将升余弦信号的基线固定在某一电平上不变。

2．典型电路

（1）二极管钳位器（用在速率≤34 Mb/s 的光纤通信系统中）

图 4-12 所示是二极管钳位器的原理电路图。其中，输入信号 $s_{\text{in}}(t)$ 是负脉冲序列，其电压幅度为 $-V_{\text{m}}$。电路条件是 $E_2 > E_1 > E_2 - V_{\text{m}}$，其第一个不等式用来确保当 $s_{\text{in}}(t) = 0$（包括无输入信号）时二极管 VD 截止；第二个不等式用来确保当 $s_{\text{in}}(t) = -V_{\text{m}}$ 时二极管 VD 导通。电路条件还要求，二极管 VD 导通内阻 $r_{\text{D}} \ll$ 负载电阻 R_{L}，以便充电很快、放电很慢。

由图 4-12 可见，当无输入信号时，输出端保持 E_2 电位不变，即 $s_{\text{out}}(t) = E_2$，此时 VD 截止。当加上负跳变输入信号的瞬时（对应于图 4-12(b)中 $s_{\text{in}}(t)$ 的负脉冲前沿），由于电容 C 上的电压不能瞬时跟随跳变，而是保持为零，致使负跳变电压全部加到负载 R_{L} 上，故输出信号 $s_{\text{out}}(t) = E_2 - V_{\text{m}}$。此时，VD 开始导通。在 $s_{\text{in}}(t)$ 保持 $-V_{\text{m}}$ 的期间，电压 $-V_{\text{m}}$ 和 E_1 经过 r_{D} 对电容 C 充电［充电电荷的极性如图 4-12(a)中所示］，由于充电时间常数 $r_{\text{D}}C$ 小，电容 C 上充电电压很快上升，导致 $s_{out}(t)$ 也很快上升，直到 $s_{out}(t) = E_1$ 为止，此时 VD 开始截止，充电结束。

当 $s_{in}(t)$ 从 $-V_m$ 正跳变为零时［对应于图 4-12(b)中 $s_{in}(t)$ 的负脉冲后沿］，电容 C 上电压同样不能瞬时跟随跳变，以致正跳变电压全部加到 R_L 上，故输出信号 $s_{out}(t) = E_1 + V_m$。此时，VD 截止。在 $s_{in}(t)$ 保持零值的期间，电容 C 经过 R_L 放电，由于放电时间常数 R_LC 很大，电容 C 上电压下降很慢，致使 $s_{out}(t)$ 也很慢下降。

以上过程周而复始，输出脉冲信号的底部被钳位在电平 E_1 上。

需要说明的是，在实际光端机的二极管钳位器电路中，其输入端和输出端总是接有半导体三极管电路，钳位器的直流供电方式比图 4-12 所示的简化方式要复杂一些。此外，针对 $s_{in}(t)$ 正、负极性的不同，以及脉冲底部和顶部钳位的差别，二极管 VD 和直流电源 E_1, E_2 的连接方式有多种变化，这些都需要根据实际需求情况来进行设计。

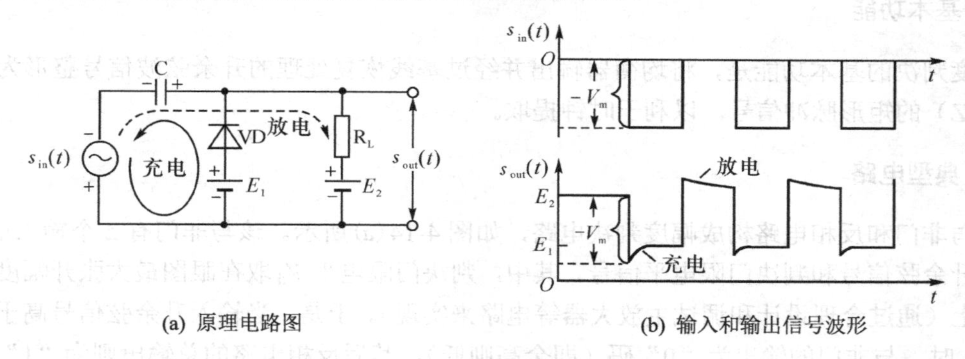

图 4-12 二极管钳位器的原理电路图

（2）*差分电路负反馈钳位器（用在速率为 140 Mb/s 的光纤通信系统中）*

图 4-13 所示是差分电路负反馈钳位器的电路图。其中，VT_1 和 VT_2 构成差分放大器，VT_3 提供负反馈作用。该电路输入信号 $s_{in}(t)$ 直流成分的变化对输出信号 $s_{out}(t)$ 直流成分变化的影响，是通过以下两个独立的过程进行的，即

- 第一个过程：不考虑负反馈时，单独的 VT_1 和 VT_2 差分放大器的输入端对输出端的影响

$s_{in}(t)$ 直流成分 $\overline{V_{in}}$ 上升→VT_1 基极电流 I_{b1} 增大→VT_1 集电极电流 I_{c1} 增大→VT_1 集电极电位 V_{c1} 下降→$s_{out}(t)$ 直流成分 $\overline{V_{out}}$ 下降

- 第二个过程：单独负反馈作用对电路的影响

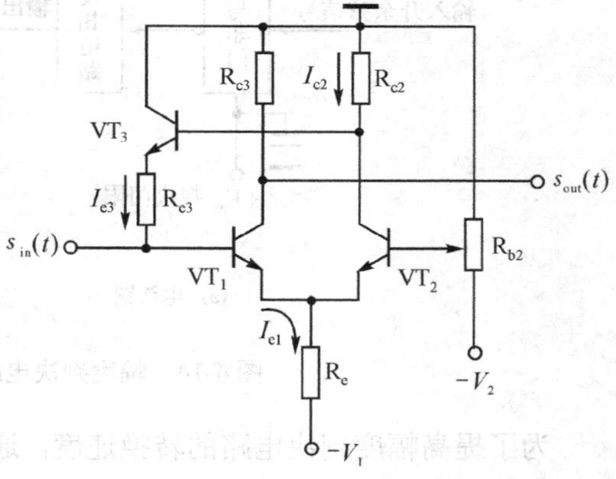

图 4-13 差分电路负反馈钳位器

$s_{in}(t)$ 直流成分 $\overline{V_{in}}$ 上升→VT_1 基射间电位 V_{be1} 上升→VT_1 射极电流 I_{e1} 增大→VT_1 和 VT_2 射极电位 V_{e12} 上升→VT_2 基射间电位 V_{be2} 减小→VT_2 集电极电流 I_{c2} 减小→VT_2 集电极电位 V_{c2} 上升→VT_3 基射间电位 V_{be3} 增大→VT_3 射极电流 I_{e3} 增大→VT_1 基极电位 V_{b1} 下降→VT_1 基极电流 I_{b1} 减小→VT_1 集电极电流 I_{c1} 减小→VT_1 集电极电位 V_{c1} 上升→$\overline{V_{out}}$ 上升

即

$$\overline{V_{\rm in}}\uparrow \to V_{\rm be1}\uparrow \to I_{\rm e1}\uparrow \to V_{\rm e12}\uparrow \to V_{\rm be2}\downarrow \to I_{\rm c2}\downarrow \to V_{\rm c2}\uparrow \to V_{\rm be3}\uparrow \to I_{\rm e3}\uparrow \to$$
$$V_{\rm be1}\downarrow \to I_{\rm b1}\downarrow \to I_{\rm c1}\downarrow \to V_{\rm c1}\uparrow \to \overline{V_{\rm out}}\uparrow$$

合理地设计电路，可以使以上两个过程的作用相互抵消，使得$\overline{V_{\rm out}}$不随$\overline{V_{\rm in}}$而变化，即让$\overline{V_{\rm out}}$保持不变，从而实现了钳位。

调整 R_{b2}，可以改变 VT_2 基极电位，从而可以改变输出信号 $s_{\rm out}(t)$ 的基线位置。

4.1.7 幅度判决

1. 基本功能

幅度判决的基本功能是，将均衡器输出并经过基线恢复处理的升余弦波信号整形为非归零（NRZ）的矩形脉冲信号，以利于时钟提取。

2. 典型电路

由与非门和反相电路构成幅度判决电路，如图 4-14(a)所示。该与非门有 2 个输入信号，即输入升余弦信号和判决门限电平信号。其中，判决门限电平 $V_{\rm d}$ 取在眼图最大张开幅度的一半位置上（通过合理设计和调试主放大器等电路来实现）。于是，当输入升余弦信号高于判决门限 $V_{\rm d}$ 时，与非门的输出为“0”码（即全高则低），其后反相电路的总输出则为“1”码；当输入升余弦信号低于判决门限 $V_{\rm d}$时，与非门的输出为“1”码（即有低则高），其后反相电路的总输出则为“0”码。如图 4-14(b)所示。

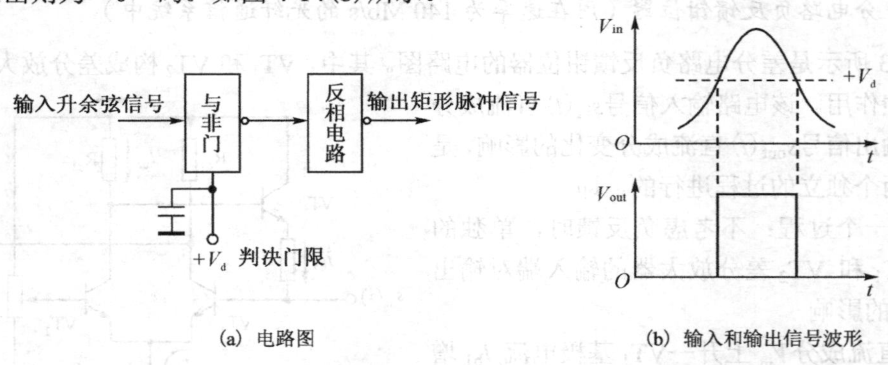

(a) 电路图　　(b) 输入和输出信号波形

图 4-14　幅度判决电路及其输入和输出信号波形图

为了提高幅度判决电路的转换速度，通常用抗饱和 TTL 与非门和反相电路串联构成幅度判决电路。所谓抗饱和 TTL 与非门，是将普通 TTL 与非门中的所有晶体管的基极和集电极用肖特基势垒二极管（Schottky Barrier Diode，SBD）跨接而成的电路，也称为 SBDTTL 与非门，或简称 STTL 与非门。其电压传输特性（即输出电压随输入电压的变化关系）是一个前沿陡峭、后沿略有斜度的矩形曲线。该后沿称为转折区，转折区中间对应的输入电压称为阈值电压，通过电路设计和调试，可以得到满足条件的阈值电压（等于眼图最大张开幅度的一半）作为判决门限电平 V_d。

3．判决门限与误码率的关系

设基线恢复电路的输出电信号是

$$x(t)=s(t)+n(t)\qquad 0\leqslant t\leqslant T_b \tag{4-22}$$

式中，$s(t)$ 是待判决的升余弦信号；$n(t)$ 是 $N(0,\sigma^2)$ 形正态噪声；T_b 是码元周期。取 $t=t_j$ 为判决时刻，则 $s(t_j)$ 和 $n(t_j)$ 分别为

$$s(t_j)=\begin{cases}V_1 & \text{“1”码时}\\ V_0 & \text{“0”码时}\end{cases}\quad \text{和}\quad n(t_j)=\begin{cases}n_1(t_j) & \text{“1”码时}\\ n_0(t_j) & \text{“0”码时}\end{cases} \tag{4-23}$$

式中，V_1 是“1”码的信号峰值；V_0 是“0”码的信号零值。所以，观测模型为

$$\begin{cases}x(t_j)=V_1+n_1(t_j) & \text{“1”码时}\\ x(t_j)=V_0+n_0(t_j) & \text{“0”码时}\end{cases} \tag{4-24}$$

式中，含有“1”码的 $x(t_j)$ 和含有“0”码的 $x(t_j)$ 出现的概率密度分别为

$$p(x/V_1)=p(n_1)=\frac{1}{\sqrt{2\pi}\sigma_1}\mathrm{e}^{-n_1^2/(2\sigma_1^2)}=\frac{1}{\sqrt{2\pi}\sigma_1}\mathrm{e}^{-(x-V_1)^2/(2\sigma_1^2)} \tag{4-25}$$

$$p(x/V_0)=p(n_0)=\frac{1}{\sqrt{2\pi}\sigma_0}\mathrm{e}^{-n_0^2/(2\sigma_0^2)}=\frac{1}{\sqrt{2\pi}\sigma_0}\mathrm{e}^{-(x-V_0)^2/(2\sigma_0^2)} \tag{4-26}$$

式中，σ_1 和 σ_0 分别为“1”码和“0”码时的均方根噪声电压。

图 4-15 所示是 $p(x/V_1)$ 和 $p(x/V_0)$ 随 x 变化的曲线，其中已假设 $\sigma_1>\sigma_0$。图中任意设定了判决门限 V_d。判决准则为

$$x\begin{cases}\geqslant V_d & \text{判为“1”码}\\ <V_d & \text{判为“0”码}\end{cases} \tag{4-27}$$

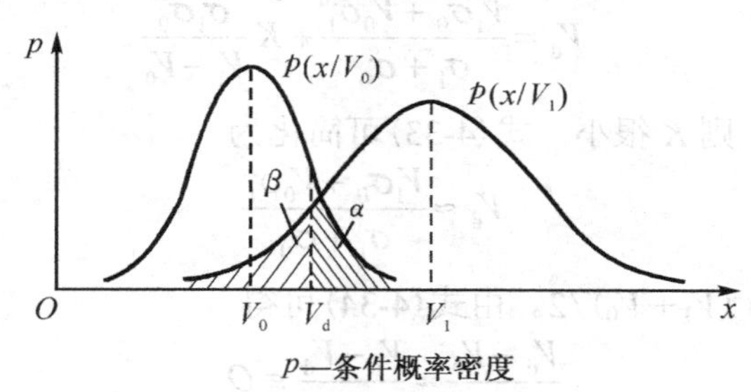

图 4-15　虚警概率和漏警概率

由图 4-15 可见，虚警概率 α（发“0”码而错判为“1”码）为

$$\alpha=\int_{V_d}^{\infty}p(x/V_0)\mathrm{d}x=\frac{1}{\sqrt{2\pi}\sigma_0}\int_{V_d}^{\infty}\mathrm{e}^{-(x-V_0)^2/(2\sigma_0^2)}\mathrm{d}x=\frac{1}{\sqrt{2\pi}}\int_{(V_d-V_0)/\sigma_0}^{\infty}\mathrm{e}^{-u^2/2}\mathrm{d}u$$

$$=1-\Phi\left(\frac{V_d-V_0}{\sigma_0}\right) \tag{4-28}$$

漏警概率β（发“1”码而错判为“0”码）为

$$\beta=\int_{-\infty}^{V_{\mathrm{d}}}p(x/V_1)\mathrm{d}x=\frac{1}{\sqrt{2\pi}\sigma_1}\int_{-\infty}^{V_{\mathrm{d}}}\mathrm{e}^{-(x-V_1)^2/(2\sigma_1^2)}\mathrm{d}x=\frac{1}{\sqrt{2\pi}}\int_{-\infty}^{(V_{\mathrm{d}}-V_1)/\sigma_1}\mathrm{e}^{-u^2/2}\mathrm{d}u$$

$$=\Phi\left(\frac{V_{\mathrm{d}}-V_1}{\sigma_1}\right)\tag{4-29}$$

式中，$\Phi(u_0)=\dfrac{1}{\sqrt{2\pi}}\int_{-\infty}^{u_0}\mathrm{e}^{-u^2/2}\mathrm{d}u$，称为标准正态分布函数。显然，$\Phi(-u_0)=1-\Phi(u_0)$。

所以，总的错误概率 P_{e}（即误码率或误比特率 BER）为

$$\mathrm{BER}=P_{\mathrm{e}}=P(V_0)\alpha+P(V_1)\beta\tag{4-30}$$

式中，$P(V_0)$是发“0”码的概率；$P(V_1)$是发“1”码的概率，且 $P(V_0)+P(V_1)=1$。式(4-30)是误码率与判决门限 V_{d} 的一般关系式。

幅度判决时，选择判决门限 V_{d} 的目的是使误码率减至最小，即

$$P_{\mathrm{e}}\xrightarrow{\text{选择最佳}V_{\mathrm{d}}}\min\tag{4-31}$$

式(4-31)等价于 $\mathrm{d}P_{\mathrm{e}}/\mathrm{d}V_{\mathrm{d}}=0$，即

$$\frac{\mathrm{d}P_{\mathrm{e}}}{\mathrm{d}V_{\mathrm{d}}}=P(V_0)\left(\frac{\mathrm{d}\alpha}{\mathrm{d}V_{\mathrm{d}}}\right)+P(V_1)\left(\frac{\mathrm{d}\beta}{\mathrm{d}V_{\mathrm{d}}}\right)$$

$$=-\frac{P(V_0)}{\sqrt{2\pi}\sigma_0}\mathrm{e}^{-(V_{\mathrm{d}}-V_0)^2/(2\sigma_0^2)}+\frac{P(V_1)}{\sqrt{2\pi}\sigma_1}\mathrm{e}^{-(V_{\mathrm{d}}-V_1)^2/(2\sigma_1^2)}=0$$

以上推导中利用了数学公式$\dfrac{\mathrm{d}}{\mathrm{d}x}\int_c^x f(y)\mathrm{d}y=f(x)$（$c$ 为任意常数）。最后，由上式化简得到

$$-\frac{(V_{\mathrm{d}}-V_1)^2}{2\sigma_1^2}+\frac{(V_{\mathrm{d}}-V_0)^2}{2\sigma_0^2}=\ln\left(\frac{P(V_0)\sigma_1}{P(V_1)\sigma_0}\right)\equiv K\tag{4-32}$$

故得最佳判决门限为

$$V_{\mathrm{d}}=\frac{V_1\sigma_0+V_0\sigma_1}{\sigma_1+\sigma_0}+K\frac{\sigma_1\sigma_0}{V_1-V_0}\tag{4-33}$$

若 $P(V_1)\approx P(V_0)$，$\sigma_1\approx\sigma_0$，则 K 很小，式(4-33)可简化为

$$V_{\mathrm{d}}\approx\frac{V_1\sigma_0+V_0\sigma_1}{\sigma_1+\sigma_0}\tag{4-34}$$

可见，若 $\sigma_1=\sigma_0$，则 $V_{\mathrm{d}}=(V_1+V_0)/2$。由式(4-34)可得

$$\frac{V_{\mathrm{d}}-V_0}{\sigma_0}\approx\frac{V_1-V_{\mathrm{d}}}{\sigma_1}\equiv Q\tag{4-35}$$

于是，最小误码率 P_{e} 为

$$P_{\mathrm{e}}=P(V_0)[1-\Phi(Q)]+P(V_1)\Phi(-Q)=[P(V_0)+P(V_1)]\Phi(-Q)=\Phi(-Q)\tag{4-36}$$

即

$$P_{\mathrm{e}}(Q)=\frac{1}{\sqrt{2\pi}}\int_{-\infty}^{-Q}\mathrm{e}^{-u^2/2}\mathrm{d}u\tag{4-37}$$

由于 Q 与最佳判决门限 V_{d} 有关，所以式(4-37)是最小误码率与最佳判决门限 V_{d} 的关系式。光纤通信一般要求 $P_{\mathrm{e}}=10^{-9}$，则由式(4-37)可得对应的 $Q\approx6$。

4．灵敏度与误码率的关系

设 $P(V_0)=P(V_1)=1/2$，则平均电压脉冲幅度为

$$V=\frac{1}{2}(V_0+V_1) \tag{4-38}$$

即

$$\text{平均每}2T_{\text{b}}\text{内出现}\begin{cases}1\text{个传号电压脉冲}V_1\\1\text{个空号电压脉冲}V_0\end{cases}$$

由于光脉冲与电脉冲的一一对应关系，故有 $P(P_{\text{r0}})=P(P_{\text{r1}})=1/2$，则平均光功率为

$$P_{\text{r}}=(P_{\text{r0}}+P_{\text{r1}})/2 \tag{4-39}$$

即

$$\text{平均每}2T_{\text{b}}\text{内出现}\begin{cases}1\text{个传号输入光功率}P_{\text{r1}}\\1\text{个空号输入光功率}P_{\text{r0}}\end{cases}$$

由式(4-35)可得

$$Q(\sigma_1+\sigma_0)=V_1-V_0=V_1(1-V_0/V_1)=V_1(1-\rho) \tag{4-40}$$

即

$$V_1=Q\frac{\sigma_1+\sigma_0}{1-\rho} \tag{4-41}$$

式中，$\rho=V_0/V_1$ 称为脉高比。

如果预先给定 $P_{\text{e}}, \rho, \sigma_1$ 及 σ_0，则按以下步骤可以确定灵敏度 S_{r}，即

$$P_{\text{e}}\xrightarrow{\text{据式(4-37)}}Q\xrightarrow{\text{据式(4-41)}}V_1\xrightarrow{\text{据}\rho\text{的定义式}}V_0\xrightarrow{\text{据式(4-38)}}$$

$$V\xrightarrow{\text{由测量确定}}P_{\text{r}}\xrightarrow{\text{据}S_{\text{r}}\text{的定义式}}S_{\text{r}}$$

4.1.8　非线性处理

1．基本功能

非线性处理的基本功能是，将幅度判决输出的非归零（Non-Return to Zero, NRZ）矩形脉冲序列信号变为归零（Return to Zero, RZ）矩形脉冲序列信号，以利于提取时钟信号。

NRZ 与 RZ 脉冲序列信号的区别如下：

（1）时域：NRZ 脉冲宽度 τ 等于码元周期 T_{b}，而 RZ 脉冲宽度 τ 小于码元周期 T_{b}。

（2）频域：NRZ 脉冲序列信号的功率谱没有时钟频率的线谱分量，而 RZ 脉冲序列信号的功率谱有时钟频率的线谱分量。

图 4-16 所示是单极性 NRZ 和 RZ 脉冲序列信号的波形图。其中 $s(t)$ 是时域函数，其对应的二进制码为“1011…”，图中已取 RZ 脉冲的 $\tau=T_{\text{b}}/2$。$G(f)$ 是 $s(t)$ 的功率谱密度，可见 NRZ 脉冲序列的 $G(f)$ 在 $f=f_{\text{b}}$（$=1/T_{\text{b}}$）的整数倍时为零值，而 RZ 脉冲序列的 $G(f)$ 在 $f=2f_{\text{b}}$ 的整数倍时为零值（一般言之，若 RZ 脉冲的 $\tau=T_{\text{b}}/m$，其中 $m=2, 3, 4,\cdots$，则 $G(f)$ 在 $f=mf_{\text{b}}$ 的整数倍时为零）。所以，RZ 码在 $f=f_{\text{b}}$ 时 $G(f)\neq 0$，即存在 f_{b} 的线谱分量；而 NRZ 码在 $f=f_{\text{b}}$ 时 $G(f)=0$，即不存在 f_{b} 的线谱分量。

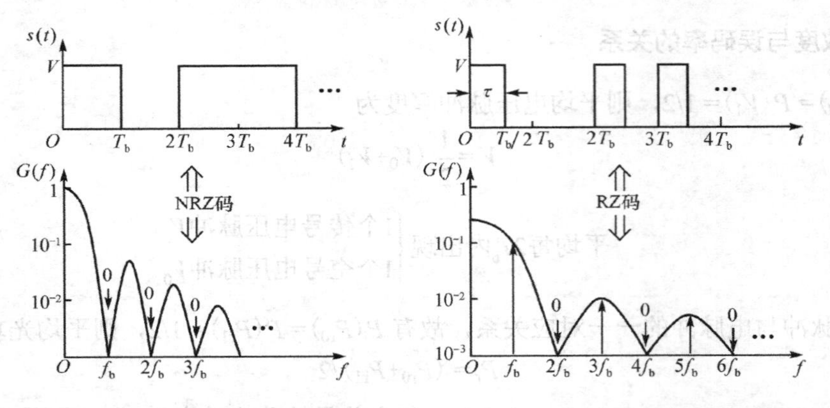

(a) NRZ 脉冲序列信号的时域和频域波形　(b) RZ 脉冲序列信号的时域和频域波形

$G(f)$曲线的纵轴坐标值是相对值

图 4-16　单极性NRZ和RZ脉冲序列信号的波形图

2. 典型电路

图 4-17 所示是非线性处理电路及其各点信号的波形图。其中，A 点输入信号来自幅度判决电路，D 点输出信号送往时钟提取电路。延时单元取延时 $\tau = T_b/2$。与门的功能是：全高则高，有低则低。由图 4-17(b) 可见，A 点输入的 NRZ 脉冲信号，其对应的二进制码为“101100101”；而 D 点输出的 RZ 脉冲信号，其对应的二进制码为“101000101”。由于此 RZ 信号只是用来提取时钟信号而不是用来传输信息的，因此允许此 RZ 信号与输入 NRZ 信号的码流数字可以不相同。

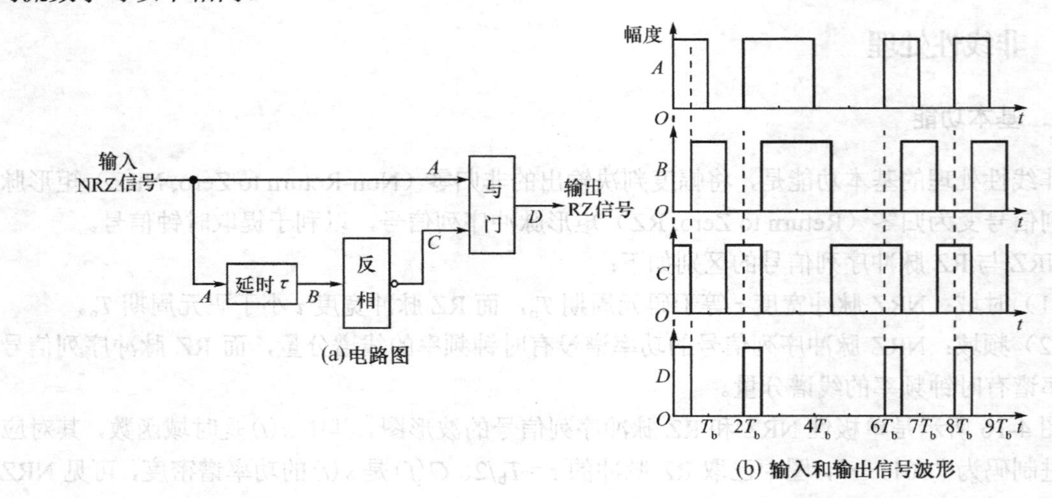

(a) 电路图　(b) 输入和输出信号波形

图 4-17　非线性处理电路及其各点信号的波形图

4.1.9　时钟提取

1．基本功能

时钟提取的基本功能是，从非线性处理电路输出的 RZ 信号中获得按时钟频率 f_b 振荡的余弦信号。其中 $f_b = 1/T_b$。

2．典型电路：LC 谐振放大器

图 4-18 所示是 LC 谐振放大器电路及其输入和输出信号波形图。其中，电感 L 和电容 C_1, C_2（C_2 是微调电容）构成 LC 谐振回路，能与输入信号中的相应谐波共振。输入信号 $s_{in}(t)$ 来自非线性处理电路，输出信号 $s_{out}(t)$ 送往限幅移相电路。图 4-18 中的 $s_{out}(t)$ 是衰减余弦振荡信号，它是对应于 $s_{in}(t)$ 为单个 RZ 脉冲时的谐振输出。理论上已推导出 $s_{out}(t)$ 为

$$s_{out}(t) = K_0 e^{-\omega_b t/(2Q)} \cos(\omega_b t) \tag{4-42}$$

式中，K_0 是常数，与 $s_{in}(t)$ 脉冲幅度和增益有关；Q 是 LC 谐振回路的等效品质因数，其值越大，则幅度衰减越慢；ω_b 是谐振角频率。$s_{out}(t)$ 的两相邻正波峰间隔为 $2\pi/\omega_b$，每一个正波峰将处理成为后续电路的时标。

若令式(4-42)右边 K_0 及指数项为

$$K(t) = K_0 e^{-\omega_b t/(2Q)} \tag{4-43}$$

则 $K(t)$是图 4-18 中 $s_{out}(t)$波形的幅度包络线（即图中的虚线）。

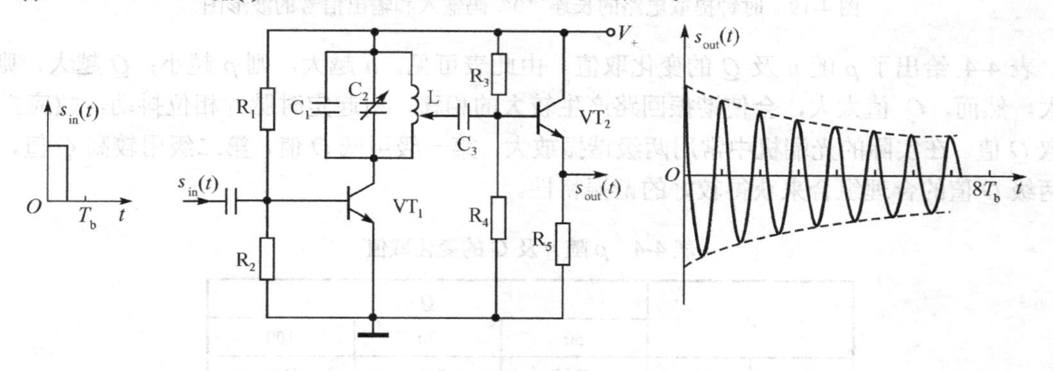

图 4-18　LC谐振放大器电路及其输入和输出信号波形图

该电路的主要设计步骤如下：

（1）确定 L 和 C_1, C_2

选择 L, C_1 及 C_2 使得

$$\omega_b = 2\pi f_b = \frac{1}{\sqrt{L(C_1 + C_2)}} \tag{4-44}$$

式中，f_b 是码元频率。例如，三次群的 4B1H 码，其 f_b = 42.96 MHz。由于 C_2 是微调电容，故式(4-44) 中的 C_2 应取其中间值。

（2）确定 Q

如图 4-19 所示，谐振放大器输入 RZ 脉冲的连“0”数越多，则输出衰减越大。设输入“1”脉冲之后，连“0”数目为 n，则 n 个连“0”之后对应时刻 $t=(n+1)T_b$ 的输出振幅为

$$K_{n+1}=K_0\mathrm{e}^{-\omega_0 t/(2Q)}=K_0\mathrm{e}^{-(n+1)\pi/Q}$$

式中，K_{n+1} 是 $K[t=(n+1)T_b]$ 的简写。故振幅衰减比为

$$\rho=\frac{K_{n+1}}{K_0}=\mathrm{e}^{-(n+1)\pi/Q} \tag{4-45}$$

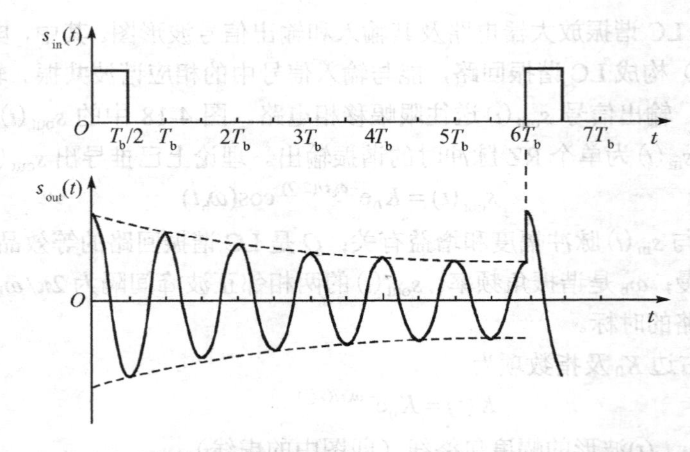

图 4-19　时钟提取电路的长连“0”码输入和输出信号的波形图

表 4-4 给出了 ρ 随 n 及 Q 的变化取值。由此表可见，n 越大，则 ρ 越小；Q 越大，则 ρ 越大。然而，Q 值太大，会使谐振回路产生较大的相移，引起定时脉冲相位抖动，故应折中选取 Q 值。在实际的光端机中常用两级谐振放大，第一级用低 Q 值，第二级用较高 Q 值，通过两级 Q 值的合理组合来获得较好的谐振特性。

表 4-4　ρ 随 n 及 Q 的变化取值

ρ		Q		
		50	70	100
n	5	69%	76%	83%
	9	53%	64%	73%
	12	47%	58%	69%

4.1.10　限幅移相

1．基本功能

限幅移相的基本功能是，将时钟提取电路输出的一列幅度变化很大的余弦振荡信号进行限幅，得到矩形脉冲信号，再经过移相和电平变换，变成后续电路所需要的时钟信号。

2．典型电路：射极耦合限幅移相电路

图 4-20 所示是射极耦合限幅移相电路及其输入和输出信号的波形图。其中，输入信号$s_{in}(t)$是衰减余弦振荡信号，来自时钟提取电路；输出信号 $s_{out}(t)$是定时脉冲信号，送往定时判决电路。图 4-20 中的限幅功能由 VT_1～VT_4 完成，移相功能由输出端的 R 和 C 完成。

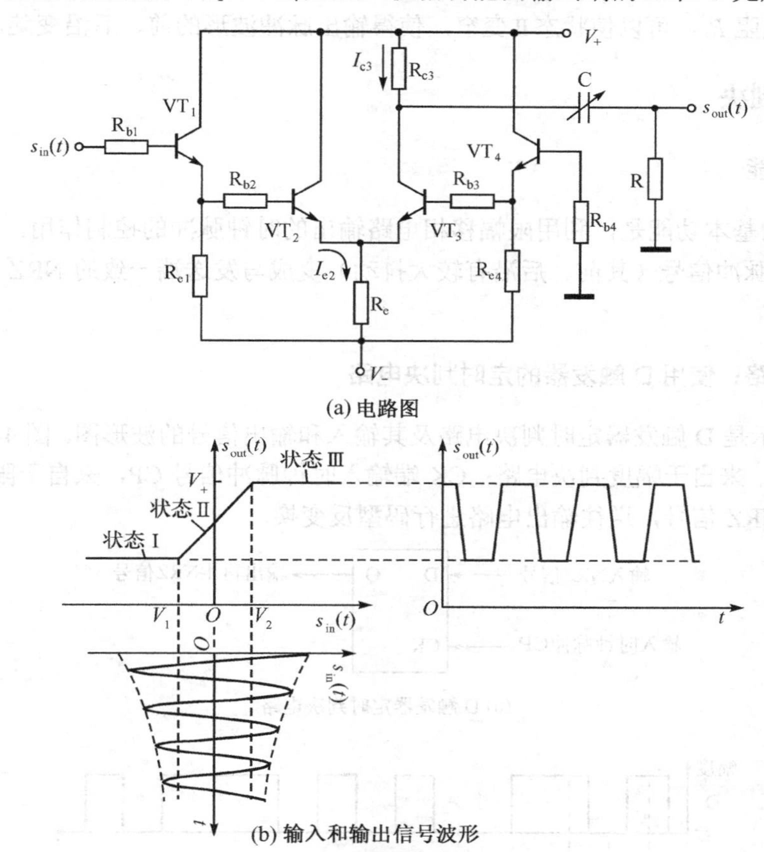

状态Ⅰ：VT_2 截止、VT_3 导通；状态Ⅱ：VT_2 和 VT_3 同时导通；状态Ⅲ：VT_2 导通、VT_3 截止

图 4-20　射极耦合限幅移相电路及其输入和输出信号的波形图

该电路工作状态的确定按以下方法进行，即选择两个临界电压 V_1（<0 V）和 V_2（>0 V），其要求是：

（1）当 $s_{in}(t) \leqslant V_1$ 时，使 VT_2 截止、VT_3 导通。此时，VT_3 集电极电压 $V_{c3}=V_+ - I_{c3}R_{c3}$，其中 I_{c3} 不随 $s_{in}(t)$变化（因 VT_2 截止），故 V_{c3} 不随 $s_{in}(t)$变化，可记为 $V_{c3\,(\mathrm{I})}$。因此 $s_{out}(t) = V_{c3\,(\mathrm{I})}$，如图 4-20(b)中状态Ⅰ的水平线段所示。

（2）当 $V_1 < s_{in}(t) < V_2$ 时，使 VT_2 导通。此时，VT_2 射极电流 I_{e2} 增大→VT_2 射极电位 V_e 上升→VT_3 基射间电位 V_{be3} 下降→VT_3 集电极电流 I_{c3} 减小→VT_3 集电极电压 V_{c3} 上升。这时，VT_2 和 VT_3 同时导通。

并且，$s_{in}(t)$继续增大→I_{c3} 进一步减小→V_{c3} 进一步上升。此时，$V_{c3}=V_+ - I_{c3}R_{c3}$，其中 I_{c3}

随 $s_{in}(t)$线性变化，故 V_{c3} 随 $s_{in}(t)$增大而线性上升，可记为 $V_{c3\,(II)}$。因此 $s_{out}(t)=V_{c3\,(II)}$，如图 4-20(b)中状态 II 的斜线段所示。

（3）当 $s_{in}(t) \geq V_2$ 时，使 VT_2 充分导通，以致 VT_3 截止。此时 $V_{c3}=V_+$，不随 $s_{in}(t)$ 变化，可记为 $V_{c3(III)}$。因此 $s_{out}(t)=V_{c3(III)}$，如图 4-20(b)中状态III的水平线段所示。

当 $s_{in}(t)$ 为衰减余弦波时，则该电路可将 $s_{in}(t) < V_1$ 和 $s_{in}(t) > V_2$ 的部分限幅。

通过调整电阻 R_e，可以使状态 II 变窄，使得输出脉冲波形的前、后沿变陡。

4.1.11　定时判决

1. 基本功能

定时判决的基本功能是，利用限幅移相电路输出的时钟脉冲的控制作用，将幅度判决电路输出的 NRZ 脉冲信号（其前、后沿有较大抖动）变成与发送端一致的 NRZ 脉冲信号（抖动很小）。

2. 典型电路：使用 D 触发器的定时判决电路

图 4-21 所示是 D 触发器定时判决电路及其输入和输出信号的波形图。图 4-21(a)中，D 端输入 NRZ 信号，来自于幅度判决电路；CK 端输入时钟脉冲信号 CP，来自于限幅移相电路；Q 端输出再生 NRZ 信号，送往输出电路进行码型反变换。

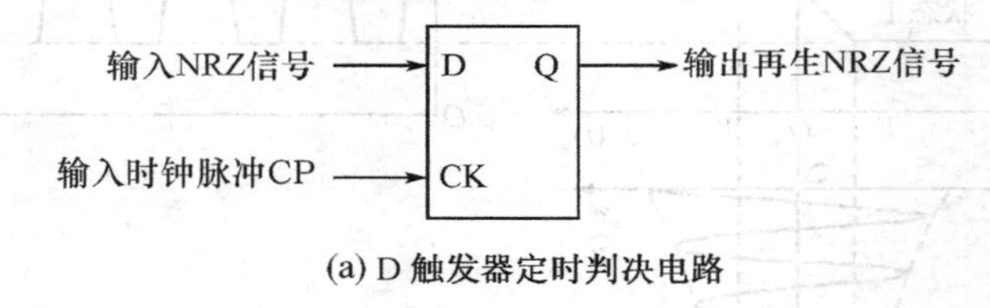

(a) D 触发器定时判决电路

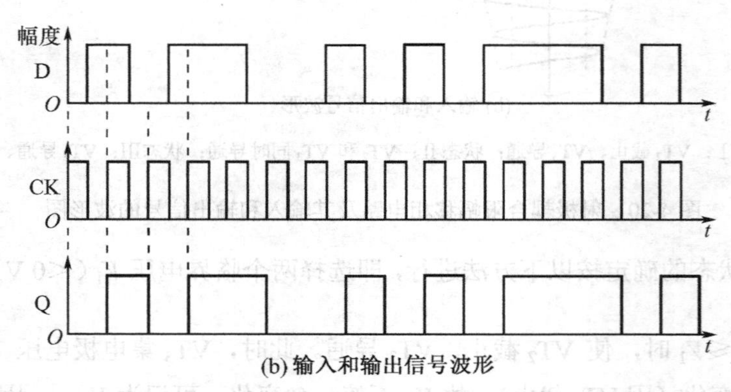

(b) 输入和输出信号波形

图 4-21　D触发器定时判决电路及其输入和输出信号的波形图

D 触发器的工作模式为

$$Q_{n+1} \xrightarrow{\text{CP 脉冲前沿触发}} D_n$$

即在 CP 脉冲前沿触发时刻，D 端信号电平的高低状态将成为 Q 端信号从此时刻开始的一个 T_b 时宽（即 CP 脉冲周期）内的电平状态。在定时判决电路中，通常将 CP 脉冲前沿触发时刻对准 D 端输入脉冲的中间位置，这可以通过调节前级限幅移相电路的电容 C 来完成。

由图 4-21(b)可见，Q 端输出信号的二进制码与 D 端输入信号的二进制码相同，都为“101100101011101”，两者又都是 NRZ 码。不同之处在于，D 端输入脉冲的前、后沿有较大的抖动，而 Q 端输出脉冲的前、后沿抖动很小。其原因是：CP 脉冲前沿处在 D 端输入脉冲的中间部位，故触发判决不受 D 端脉冲前、后沿抖动的影响。此外，CP 脉冲本身来自于时钟提取电路，该电路具有滤波抑噪作用；而且，CP 脉冲来到定时判决电路之前所经历的电路处理较少，受噪声干扰也就较小。所以，CP 脉冲前、后沿抖动更微小。

4.2 输出电路

4.2.1 基本概念

输出电路是介于光接收电路和电端机之间的电路单元，是下游光端机的重要组成部分。如前所述，输出电路由码型反变换电路和输出接口两个部分组成。其中，码型反变换电路的功能是将光接收电路输出的光纤线路码型电脉冲信号（*m*B1H 码或 *m*B*n*B 码）还原成为单极性 NRZ 码电信号；输出接口的功能是将码型反变换电路输出的单极性 NRZ 码电信号还原成为 HDB3 码或 CMI 码电信号，并经同轴电缆输送给下游电端机。图 4-22 是输出电路示意图。

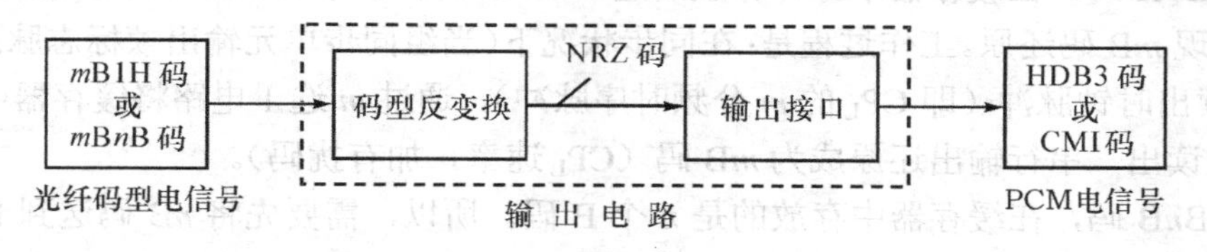

图 4-22　输出电路示意图

下面分别讨论输出电路的码型反变换和输出接口两个单元。

4.2.2 码型反变换电路

图 4-23 所示是码型反变换电路框图。可见，码型反变换电路由缓存器、*m*B 码还原、组同步、时钟频率变换、解扰码和误码监测等单元组成。图中，输入端的光纤码型（*m*B1H 或 *m*B*n*B 码）电脉冲信号来自光接收电路的定时判决单元，输出端的 NRZ 码电脉冲信号送往输出接口单元。

下面简要介绍码型反变换电路的各个组成单元。

1．缓存器

由 D 触发器构成多级缓存器，其中 *m*B1H 码为 $(m+1)$ 级，*m*B*n*B 码为 n 级。

利用写入时钟脉冲，将输入光纤码型（*m*B1H 或 *m*B*n*B 码，CP_H 速率）电脉冲信号依次存入各级缓存器。对于 *m*B1H 码，其写入时钟脉冲为 CP_H 的 $(m+1)$ 分频时序脉冲；对于 *m*B*n*B 码，其写入时钟脉冲为 CP_H 的 n 分频时序脉冲。

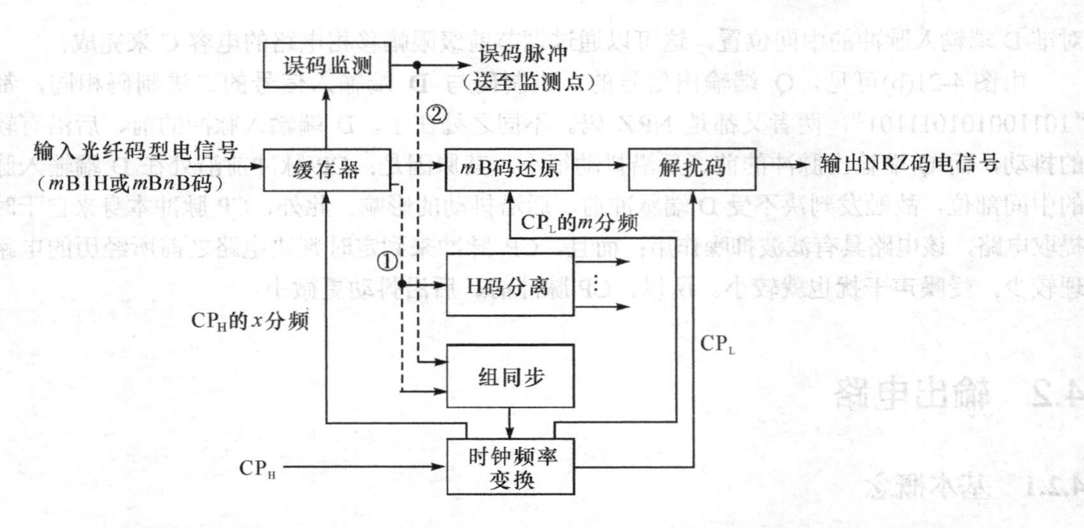

*m*B1H 码 $x = m+1$，*m*B*n*B 码 $x = n$；虚线①用于 *m*B1H 码的连接，虚线②用于 *m*B*n*B 码的连接

图 4-23　码型反变换电路框图

2. *m*B 码还原

对于 *m*B1H 码，在缓存器中分开存放的是 *m* 个 B 码和 1 个 H 码。所以，使用 *m* 选 1 电路就可以实现 *m*B 码还原。工作过程是：在同步状况下（当组同步单元输出帧标志脉冲 $F_1F_2F_3F_4$ 时），利用读出时钟脉冲（即 CP_L 的 *m* 分频时序脉冲），通过 *m* 选 1 电路将缓存器中存放的 *m* 个 B 码依次读出，串行输出还原成为 *m*B 码（CP_L 速率，加有扰码）。

对于 *m*B*n*B 码，在缓存器中存放的是 *n* 个 B 码。所以，需要先将 *n*B 码送到 PROM（可编程只读存储器）的地址码入口，通过查找码表将 *n*B 码对应的 *m*B 码选出。然后再用 *m* 选 1 电路来实现 *m*B 码的串行输出。

3. H 码分离

在同步状况下，利用读出时钟脉冲，将寄存器中存放的 H 码依类别分离输出。

4. 组同步

使 *m*B 码还原电路对光纤码型的分组与输入电路中编码器对 NRZ 输入信号的分组正确对应。

（1）*m*B1H 码组同步

通常使用帧码同步法。帧码的比特值及其位置都是有规律的，若能准确找出帧码，则各个分组就能准确定位，也就实现了输出和输入电路中的分组同步。实际操作时，是通过监测搜寻 4 个帧码（$F_1F_2F_3F_4$），若其中比特值不符合，则将分组后移一个比特，再行监测，直至帧同步码检出正确时（产生帧标志脉冲输出）为止。此过程称为同步捕捉。

为了防止因一个或多个帧码本身出现误码而被误判为不是帧码，从而导致大量的无意义的同步捕捉。通常规定只有连续 N_f 次检出帧码错，才判为失步，而进行同步捕捉。N_f 称为前方保护复帧数。同时，为了防止因码流中的非帧码偶然出现与 4 个帧码相同的情况而被误判为是帧码，还规定只有连续 N_z 次检出帧码正确，才判为同步。N_z 称为后方保护复帧数。

（2）*m*B*n*B 码组同步

通常使用大误码监测法。所谓大误码是指，由于 *m*B*n*B 码的构造遵循一定的规则，并且有禁字，若码型反变换时没有实现组同步，则误码监测电路将会检测到远远高于组同步情况时的误码，称为大误码。简言之，大误码是非同步时出现的误码，而同步时出现的误码称为真误码（或称为小误码，因其误码率远远小于大误码的误码率）。出现大误码时，则将分组后移一个比特，再行监测，直至分组同步时为止。此过程也称为同步捕捉。

为了防止在同步时偶尔出现过大的真误码而引起不必要的同步捕捉，可以采用经验法则：若连续两次在大于或等于 *M* 个码字中找到多于 *N* 次误码时，则将分组后移 1 比特。例如 5B6B 码 *M*= 510，*N*=15。

5．时钟频率变换

将光纤线路码时钟 CP_H 变为 PCM 码时钟 CP_L，并产生它们的分频时钟。原理与输入电路中的时钟频率变换单元相类似。

6．解扰码

将*m*B 码还原电路输出的*m*B 码（加有扰码）去掉扰码，还原成为普通单极性的 NRZ 码，送至输出接口电路。

图 4-24 所示是七级解扰器框图。由图可见，输出解扰码序列 $\hat{S}$ = 输入扰码序列 $\hat{G}$ ⊕ 反馈序列 $Q_0 = \hat{G} \oplus Q_4 \oplus Q_7$。在无误码的情况下，则 $\hat{G} = G$（输入电路中码型变换单元内扰码器的输出）。于是，输出解扰码序列 $\hat{S} = G \oplus Q_4 \oplus Q_7$ = 输入码序列 S（输入电路中码型变换单元内扰码器的输入），其中第 2 个等号利用了图 3-41 中的序列关系式 $G= S \oplus Q_0$。

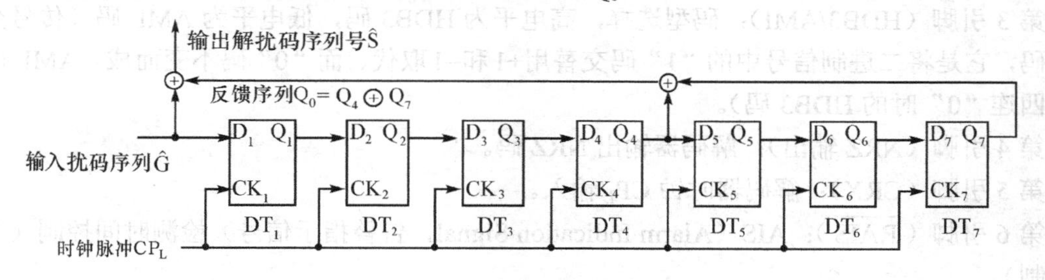

图 4-24　七级解扰器框图

7．误码监测

（1）*m*B*n*B 码监测

① 禁字检测法：检测禁字（例如 1B2B 码禁字 10，2B3B 码禁字 011, 101, 111，等），以及模式不应连续出现的某些码组。

② WDS 检测法：检测"码字数码和（WDS）"，如果其值超出设计规定的数值范围，或者两组模式的 WDS 数值不是交替出现的，则判定误码发生。

例如，5B6B 码的 WDS= $\begin{cases}0和2 & （模式1）\\ 0和-2 & （模式2）\end{cases}$，故 WDS 的数值范围是{−2, 0, 2}，其中 WDS = ±2 交替出现。产生误码时，就会破坏这些规律。

③ RDS（运行数码和）检测法：检测码流中任意两个比特位之间的所有“1”码和“0”码的代数和，称为 RDS。对于一个码表来说，其 RDS 中存在一个最大值。如果检测到 RDS 超出该最大值，则有误码发生。

（2）*m*B1H 码监测

采用 C 码监测法：

$$C码\oplus\overline{B_m}码=\begin{cases}0 & 无误码时\\ 1 & C或B_m有1个误码时\end{cases} \tag{4-46}$$

式中，⊕是模 2 加法（即全同则低，不同则高）；$\overline{B_m}$ 码是 B_m 码（即第 *m* 个 B 码）的反码；C 码是其前紧邻的 B_m 码的补码（见图 3-33～图 3-35），对二进制码而言补码定义为反码。

4.2.3　输出接口电路

1．HDB3 码形成电路

（1）基群（2.048 Mb/s）、二次群（8.448 Mb/s）HDB3 码编码电路

用单片集成电路 CD22103（HDB3 编解码器）来实现，其功能框图如图4-25所示。其中各引脚功能如下：

第 1 引脚（NRZ 输入）：编码器输入 NRZ 码。

第 2 引脚（CTX）：编码器时钟 CP_L 输入。

第 3 引脚（HDB3/AMI）：码型选择，高电平为 HDB3 码，低电平为 AMI 码（传号交替反转码，它是将二进制信号中的“1”码交替用+1和−1取代、而“0”码不变而成。AMI 码是没有四连“0”时的 HDB3 码）。

第 4 引脚（NRZ 输出）：解码器输出 NRZ 码。

第 5 引脚（CRX）：解码器时钟 CP_L 输入。

第 6 引脚（$\overline{RAIS}$）：AIS（Alarm Indication Signal，告警指示信号）检测时间控制（负脉冲控制）。

第 7 引脚（AIS）：AIS 输出，有 AIS 为高电平，无 AIS 为低电平。

第 8 引脚（V_{SS}）：接地。

第 9 引脚（ERR）：误码检测输出。

第 10 引脚（CKR）：B_+, B_-, V_+, V_-码相“或”后输出。

第 11 引脚（+HDB3 输入）：解码器 $HDB3_+$（即 B_+, V_+）码输入。

第 12 引脚（LTE）：HDB3 编解码内部环回测试控制（检测本级电路是否正常），高电平环回，低电平断开环回。

第 13 引脚（−HDB3 输入）：解码器 $HDB3_-$（即 B_-, V_-）码输入。

第 14 引脚（−HDB3 输出）：编码器 $HDB3_-$（即 B_-, V_-）码输出。

第 15 引脚（+HDB3 输出）：编码器 HDB3$_+$（即 B$_+$, V$_+$）码输出。

第 16 引脚（V_{DD}）：+5 V 电源。

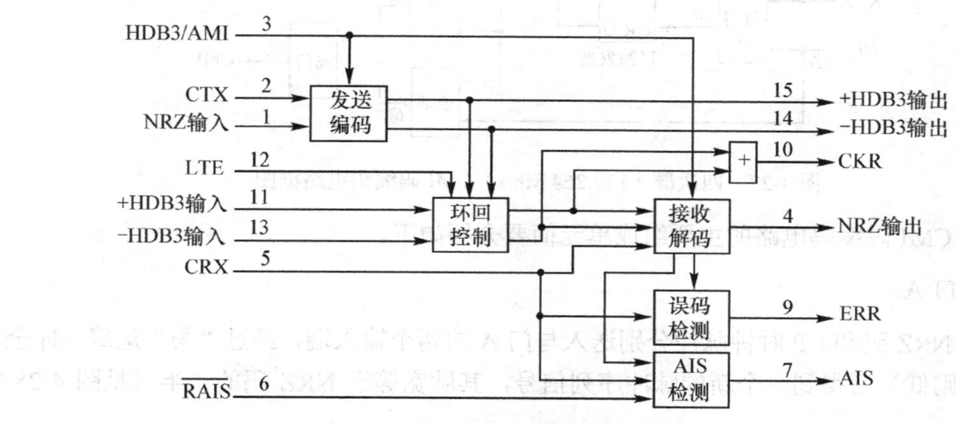

图 4-25　HDB3 编解码器CD22103 功能框图

（2）三次群（34.368 Mb/s）HDB3 码编码电路

图 4-26 所示是三次群 HDB3 码编码电路框图，它是由四连"0"检出、加"V"、加"B"和极性交替等单元组成的。

- 四连"0"检出：使用 4D 触发器构成的移位寄存器，以及"与非"门来实现。
- 加"V"：所有取代节的尾部都加上 V 脉冲。所用电路与四连"0"检出电路是同一个。
- 加"B"：NRZ +V 信号中两相邻 V 脉冲间传号个数是偶数，则取代节的头部加 B 脉冲；是奇数，不加 B 脉冲。使用"与或非"门（即 2 个与门后接同一个或非门，或非门功能见下文）组成的模 2 计数器，以及 JK 触发器来实现。
- 极性交替：NRZ+B 信号中传号极性交替，V 形成破坏点。使用"与非"门和变压器来实现。

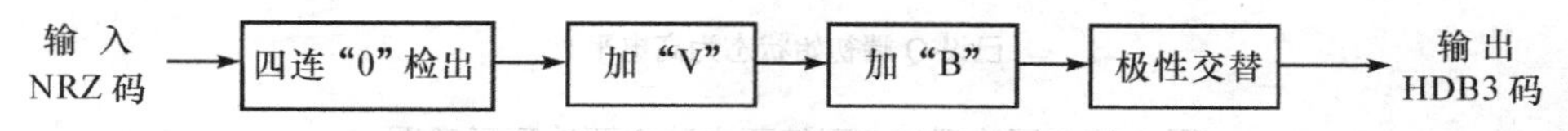

图 4-26　三次群HDB3 码编码电路框图

2．CMI 码形成电路（用于四次群）

图 4-27 所示是四次群（139.264 Mb/s）CMI 码编码电路框图，它是由与门、T′触发器、或非门和或门等单元组成的。图中，①表示输入端的 NRZ 码信号（来自码型反变换电路的解扰码单元）；②表示输入端的 CP_L 时钟脉冲序列（来自码型反变换电路的时钟频率变换单元）；③表示与门 A 输出的时序信号；④表示 T′ 触发器 Q 端输出的时序信号；⑤表示与门 B 输出的时序信号；⑥表示或非门输出的时序信号；⑦表示或门输出的时序信号，此即整个编码电路输出端的 CMI 码。以上各个波形如图 4-28 所示。

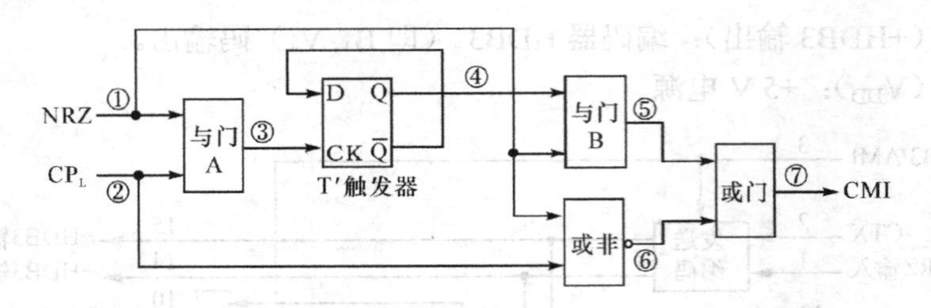

图 4-27　四次群（139.264 Mb/s）CMI 码编码电路框图

下面对 CMI 码编码电路的主要组成单元简要介绍如下。

（1）与门 A

将输入 NRZ 码和 CP 时钟脉冲分别送入与门 A 的两个输入端，经过“与”运算（即全高则高，有低则低）后得到一个新的脉冲序列信号，其脉宽等于 NRZ 码的一半（见图 4-28 时序波形③）。

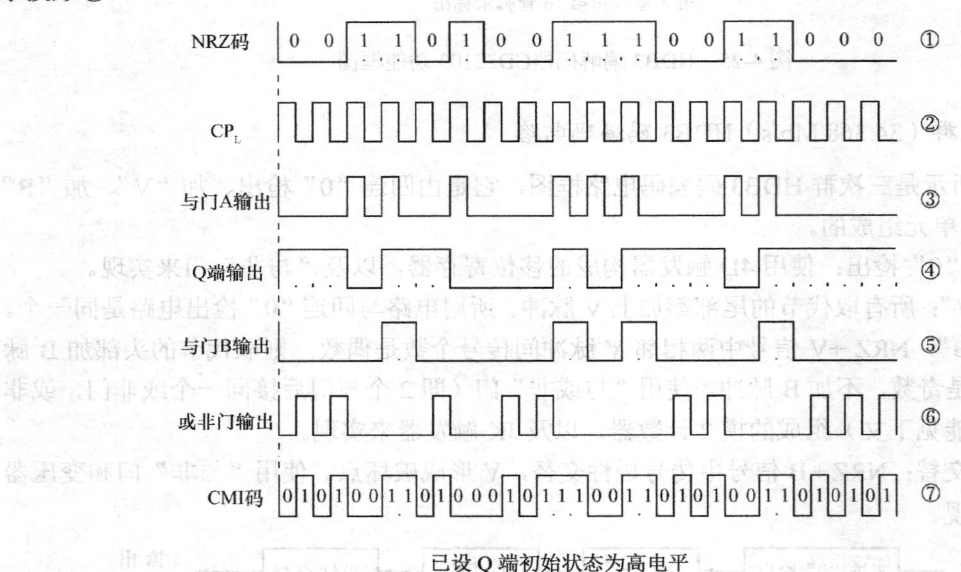

图 4-28　四次群CMI码编码电路主要波形示意图

（2）T′ 触发器

T′ 触发器的功能是：CK 端每来一个时钟触发脉冲（上升沿触发），Q 端的状态就会改变一次。

若设 Q 端的初始状态为高电平，则将上述与门 A 输出的脉冲序列信号送入 T′触发器的 CK 端后，该 Q 端的状态就会跟随发生改变，从而输出一个脉冲序列信号，其脉宽与 NRZ 码相同（见时序波形④）。

（3）与门 B

将输入 NRZ 码和上述 T′触发器 Q 端的输出脉冲序列信号分别送入与门 B 的两个输入端，经过“与”运算后得到一个脉冲序列信号，其脉宽与 NRZ 码相同（见时序波形⑤）。

（4）或非门

或非门的功能是：若输入全为“0”码，则输出为“1”码；若输入有“1”码，则输出为“0”码（即全低则高，有高则低）。

将输入NRZ码和CP时钟脉冲分别送入或非门的两个输入端，经过“或非”运算后得到一个脉冲序列信号，其脉宽等于NRZ码的一半（见时序波形⑥）。

（5）或门

或门的功能是：若输入全为“0”码，则输出为“0”码；若输入有“1”码，则输出为“1”码（即全低则低，有高则高）。

将与门B输出的脉冲序列信号和或非门输出的脉冲序列信号分别送入或门的两个输入端，经过“或”运算后得到CMI码信号（见时序波形⑦）。

4.3 光模块

4.3.1 基本概念

1．光模块的定义及分类

光模块（Optical Module）是采用光电子集成线路（PEIC）和光子集成线路（PIC）技术及工艺，将光电子器件、功能电路和光电接口等封装在同一外壳中组成的器件。其优点是小型化、性能好、成本低，基本上无需人工逐一装配。光模块已成为光电型器件的主流产品。

光模块按照组成结构的不同，分为以下几种：

- 光发送模块（Optical Transmitter Module）是将输入电信号转换为光信号的部件，由光发送器、电/光转换、相应的功能电路等封装组成。
- 光接收模块（Optical Receiver Module）是将输入光信号转换为电信号的部件，由光接收器、光/电转换、相应的功能电路等封装组成。
- 光收发一体模块（Optical Transceiver Module）是既能将输入电信号转换为光信号，又能将输入光信号转换为电信号的部件，由光发送器、光接收器、相应的功能电路和光电接口等封装组成。光收发一体模块大量用在光纤通信中，是光纤通信不可缺少的核心部件。
- 光转发模块（Optical Translator Module）是一些集成了特定变换功能的部件，例如：粗波分复用（CWDM）光模块、密集波分复用（DWDM）光模块、光分插复用器（OADM）模块、掺铒光纤放大器（EDFA）光模块、无源光网络（A/BPON、EPON、GPON）光模块等。

2．常用光模块简介

（1）1 Gb/s光模块

- GBIC（Giga Bit-rate Interface Converter）：千兆位接口转换器，采用SC接口，可热插拔，尺寸大，是早期产品，广泛应用在千兆位交换机和路由器上。

- SFF（Small Form Factor）：小封装光模块，一般速度不高于千兆位每秒，采用LC接口、MT-RJ接口（RJ45），尺寸小，广泛应用在以太网无源光网络（EPON）系统中的光网单元（ONU）一侧。

（2）10 Gb/s光模块

- SFP（Small Form-factor Pluggable）：小封装可插拔光模块，速率≤10 Gb/s，采用LC接口、RJ45接口，体积比GBIC小一半（又称为mini-GBIC）。其他功能基本与GBIC一致，是较晚出现的光模块，也是目前应用最广泛的光模块产品。
- SFP+：小封装可插拔光模块，为SFP的升级产品，速率10 Gb/s，与SFP尺寸一样。具有比X2和XFP封装更紧凑的外形尺寸，成本比XFP低，采用LC接口。
- XENPAK（10 Gigabit Ether Net Transceiver Package）：万兆位以太网收发器光模块，采用SC接口，技术成熟度较高，应用比较广泛，体积大、功耗大。
- X2：万兆位以太网收发器光模块，由XENPAK改进而来，体积缩小了40%左右，成本高，用在交换机、路由器上。
- XFP：万兆位封装可插拔光模块，采用LC接口，体积小、价格低，广泛应用在万兆位以太网、SONET等多种系统中。

（3）40 Gb/s光模块

- QSFP+（Quad Small Form-factor Pluggable）：40 Gb/s小封装可插拔四通道光模块，采用4×10 Gb/s的方式传输40 Gb/s光信号。

（4）100 Gb/s光模块

- QSFP28：新一代100 Gb/s小封装可插拔四通道光模块，现已成为100 Gb/s光模块的主流封装结构，符合IEEE 802.3bm标准，采用4×25 Gb/s的方式传输100 Gb/s光信号。
- CFP/CFP2/CFP4：100 Gb/s封装可插拔光模块，是早期100 Gb/s光模块的封装方式，其中CFP2尺寸是CFP的一半，CFP4尺寸是CFP2的一半。
- CXP：100 Gb/s可插拔光模块，是早期100 Gb/s光模块的封装方式。

（5）粗波分复用（CWDM）、密集波分复用（DWDM）光模块

- SFP CWDM：SFP封装粗波分复用光模块，波长间隔为20 nm，信道数有4、8、16个可以选择，速率155 Mb/s、622 Mb/s、1.25 Gb/s，传输距离40 km/80 km，广泛应用于以太网、光纤通信、同步光纤网、SDH传送网。
- SFP DWDM：SFP封装密集波分复用光模块，波长间隔为0.4 nm、0.8 nm、1.6 nm等不同规格，信道数有8、16、32、40个可以选择，速率2.125 Gb/s、2.5 Gb/s，传输距离40 km/80 km，应用范围与SFP CWDM相同。

4.3.2 光模块型号命名方法

1. 光模块型号命名中的参量含义

各个厂家的光模块型号命名不太统一，比较常见的一种命名是：

光模块封装类型符号-传输速率符号-以太网类型符号

其中，光模块封装类型符号是上文列出的各种封装类型符号；传输速率符号有以下几种：**FE** 代表百兆位每秒，**GE** 或 **1 Gb/s** 代表千兆位每秒，**10 Gb/s** 代表万兆位每秒，**100 Gb/s** 代表十万兆位每秒；以太网类型符号比较繁杂，大致有下述几类：

（1）使用 IEEE 802.3x 协议的千兆位以太网（见 7.3.2 节）

- **SX**：表示 1000Base-SX，使用 1 根或 2 根多模光纤（0.85 μm），最远传输 550 m（芯径 50 μm）或 220 m（芯径 62.5 μm）。
- **LX**：表示 1000Base-LX，使用 1 根或 2 根多模或单模光纤（均为 1.31 μm），最远传输 550 m（多模光纤）或 5 km（单模光纤）。

（2）使用 IEEE 802.3x 协议的万兆位以太网（见 7.3.2 节）

- **SR**：表示 10GBase-SR，使用 2 根多模光纤（0.85 μm），最远传输 300 m（芯径 50 μm）或 35 m（芯径 62.5 μm）。
- **LR**：表示 10GBase-LR，使用 2 根单模光纤（1.31 μm），最远传输 10 km。
- **ER**：表示 10GBase-ER，使用 2 根单模光纤（1.55 μm），最远传输 40 km。

（3）使用 IEEE 802.3ae 协议的万兆位以太网（见 7.4.3 节）

- **SW**：表示 10GBase-SW，使用 2 根多模光纤（0.85 μm），最远传输 300 m（芯径 50 μm）或 35 m（芯径 62.5 μm）。
- **LW**：表示 10GBase-LW，使用 2 根单模光纤（1.31 μm），最远传输 10 km。
- **EW**：表示 10GBase-EW，使用 2 根多模光纤（1.55 μm），最远传输 40 km。
- **LX4**：表示 10GBase-LX4，使用 2 根多模或单模光纤（均为 1.31 μm），最远传输 300 m（多模光纤）或 10 km（单模光纤）。

（4）使用 IEEE 802.3bm 协议的四万兆位以太网

- **SR4**：表示 40GBase-SR4，采用 8 芯多模光纤进行传输，100 m/OM3，150 m/OM4。
- **LR4**：用来代表 40GBase-LR4，有 4 个波长（1310 nm 附近），每个波长 10 Gb/s、10 km/单模（SMF）
- **ER4**：表示 40GBase-ER4，有 4 个波长（1310 nm 附近），每个波长 10 Gb/s、40 km/单模（SMF）

（5）使用 IEEE 802.3bm 协议的十万兆位以太网

- **SR4**：表示 100GBase-SR4，采用 20 芯多模光纤进行传输，70 m/OM3，100 m/OM4。
- **LR4**：表示 100GBase-LR4，有 4 个波长（1310 nm 附近），每个波长 25 Gb/s、10 km/单模（SMF）。
- **ER4**：表示 100GBase-ER4，有 4 个波长（1310 nm 附近），每个波长 25 Gb/s、40 km/单模（SMF）。

除上述参量符号外，以下一些参量符号在命名中也可能会出现：

① 光纤模式符号

SM 表示单模；**MM** 表示多模。

② 光波长符号

有 850 nm，1310 nm，1550 nm，以及粗波分、密集波分复用的具体波长。

③ 接口符号

LC、**SC** 表示光接口；**T** 或 **RJ45** 表示电接口。

④ 连接方式

可热插拔，非热插拔。

⑤ 传输方式符号

BiDi 表示单纤双向传输，用在单纤双向 WDM（波分复用）系统中。

⑥ 附属功能符号

DDM（Digital Diagnostic Monitoring）表示数字诊断监控，以便用户能够实时监控工作温度、工作电压、工作电流、发射和接收光功率等。

DOM（Digital Optical Monitoring）表示数字光学监控，其功能与 DDM 类似。

RGD（Reliable General Devices）表示可靠通用的器件，这种光模块可在恶劣条件下使用。

2．光模块基本特性参量列表

利用光模块封装类型与一些基本特性参量，如光波长、速率、接口、插拔方式、尺寸等具有某些固定的关系，可以得到光模块基本特性参量列表，如表 4-5 所示。

表 4-5　光模块基本特性参量列表

封装类型	名　称	波　长	速　率	接　口	插拔方式	尺寸
SFP	小封装可插拔光模块	850 nm, 1310 nm, 1550 nm 或其他	125 Mb/s, 1.25 Gb/s, 1 Gb/s, 10 Gb/s	LC 光口	可热插拔	小
			1.25 Gb/s 等	RJ45 电口	可热插拔	小
GBIC	千兆位接口转换器	同上	1.25 Gb/s, 2.5 Gb/s	SC 光口	可热插拔	大
				RJ45 电口	可热插拔	大
SFF	小封装光模块	同上	1 Gb/s	LC 光口	非热插拔	小
SFP+	小封装可插拔光模块	同上	10 Gb/s	LC 光口	可热插拔	小
XFP	万兆位封装可插拔光模块	同上	10 Gb/s	LC 光口	可热插拔	小
X2	万兆位以太网收发器	同上	10 Gb/s	LC 光口	可热插拔	小
XENPAK	万兆位以太网收发器	同上	10 Gb/s	SC 光口	可热插拔	大
QSFP+	小封装可插拔四通道收发器	同上	4×10 Gb/s	LC 光口	可热插拔	小
QSFP28	同上	同上	4×25 Gb/s	LC 光口	可热插拔	小
CFP,CFP2,CFP4	100 Gb/s 封装可插拔光模块	同上	40 Gb/s, 100 Gb/s	LC 光口	可热插拔	小

从表 4-5 可以看出：每一种封装类型的接口、连接方式和尺寸都是唯一确定的；有一些封装类型的波长和速率有几个值，则需要利用传输速率符号、以太网类型符号才能唯一确定它们。

【例 4-1】 华为（Huawei）SFP-GE-LH70-SM1550 光模块有怎样的含义？

解： ①由 SFP 确定其是小封装可插拔光模块、LC 光口、RJ45 电口、可热插拔、小尺寸（见表 4-5）；②由 GE 确定速率为 10 Gb/s；③由 LH70 确定最远传输 70 km；④由 SM1550 确定是单模 1550 nm。

【例 4-2】 思科（Cisco）QSFP28-100G-LR4 光模块有怎样的含义？

解： ①由 QSFP28 确定其是小封装可插拔四通道光模块，每个通道速率为 25 Gb/s，总速率为 4×25 Gb/s，LC 光接口、可热插拔、小尺寸（见表 4-5）；②由 LR4 确定是单模 1310 nm、最远传输 10 km（见 4.3.2 节以太网类型符号第(5)条）。

习　题　4

4.1　试画出光接收电路的基本组成框图，各单元有何功能？

4.2　光接收机的灵敏度、动态范围是怎样定义的？有何用处？

4.3　列表说明 PIN 和 APD 的结构、工作电压、工作机理之特点。

4.4　列表说明光电二极管的截止工作波长、暗电流、响应度、量子效率、响应时间、倍增因子、量子噪声的定义、物理意义和数值范围。

4.5　已知：（1）Si-PIN 光电二极管的量子效率 $\eta = 0.7$，波长 $\lambda = 0.85\ \mu m$；（2）Ge-PIN 光电二极管的 $\eta = 0.4$，$\lambda = 1.6\ \mu m$。计算它们的响应度 R。

4.6　已知 Si-PIN 光电二极管的耗尽区宽度为 40 μm，InGaAs-PIN 光电二极管的耗尽区宽度为 4 μm，两者的光生载流子漂移速度为 10^5 m/s，结电容为 1 pF，负载电阻为 100 Ω。试问：这两种光电二极管的带宽各为多少？

4.7　为什么要进行前置放大？

4.8　为什么要进行主放大？

4.9　级联放大器噪声系数的表示式是怎样的？采用什么方法来减小它？

4.10　为什么要进行均衡处理？

4.11　光纤通信中码间干扰产生的原因是什么？采用什么方法予以消除？

4.12　何谓眼图？有什么用处？

4.13　为什么要进行基线恢复？

4.14　为什么要进行幅度判决？

4.15　为什么要进行非线性处理？

4.16　为什么要进行时钟提取？

4.17　为什么要进行限幅移相？

4.18　为什么要进行定时判决？

4.19　列表说明光接收电路各组成单元使用何种典型电路？

4.20　画出输出电路示意框图，并说明为什么要使用输出电路？

4.21　何谓光模块？

4.22　试说明光模块的用途。

第 5 章　波分复用光纤通信系统

5.1　光纤通信系统新技术简述

从 20 世纪 90 年代起，光纤通信进入了一个发展十分迅速、新技术不断涌现的新阶段。仅从通信系统这个角度来看，就有多信道复用光纤通信系统、微波副载波复用光纤传输系统、相干光通信系统、光纤孤子通信系统、全光通信系统等先后被提出。这些系统中又分别包含了一种或多种新技术。目前，这些新技术有的已经实用化，有的虽未实用化、但已取得重要的实验结果，正朝着实用化的方向在不断努力。

上述新技术中，除全光通信系统将在第 8 章讨论外，下面简要介绍其他新技术的基本概念和发展状况。

1．多信道复用光纤通信技术

（1）光波分复用（OWDM）技术

OWDM 技术的特点是：在光域内进行波长分割复用，使不同的信道占用不同的波长，在单根光纤、多个波长上完成多信道复用，而光信号的中继放大则用掺铒光纤放大器（EDFA）来实现。该技术已经实用化（详见 5.2 节）。

（2）光时分复用（OTDM）技术

OTDM 技术的特点是：在光域内进行时间分割复用，使不同的信道占用不同的时隙，在单根光纤、单个波长上完成多信道复用。由于要在光域内对信号进行选路、识别、同步等处理，故需要全光逻辑和存储器件，而这些器件目前尚不成熟，所以 OTDM 还在研究之中。

（3）光码分复用（OCDM）技术

OCDM 技术的特点是：在光域内进行码型分割复用，用不同的码型代表不同的信道，在单根光纤、单个波长上完成多信道复用。目前，该技术尚在研究之中。

2．微波副载波复用（SCM）技术

SCM 技术的特点是：在发送端用基带电信号对微波信号进行幅度、频率或相位调制，形成已调信号副载波，再将多路已调信号副载波（其微波频率彼此不同）合起来共同对一个光源进行强度调制（注：按被调信号的主次，光波称为载波，微波称为副载波），然后经单根光纤传输；在接收端经光/电转换后经同轴电缆传输，最后用可调微波本振信号混频进行检测。SCM 系统使微波技术与光纤通信相结合，既可利用微波及卫星通信的成熟技术，又

避免了微波通信空中传输的干扰，并具有比微波通信传输容量大的特点。若将 SCM 与光波分复用（OWDM）组合使用，可以使传输容量更大幅度地提高。目前，SCM 在 CATV（有线电视）系统中已有应用。

3．相干光通信技术

如前所述，相干光通信技术的特点是在发送端用基带电信号对光载波进行幅度、频率或相位调制，形成已调信号光波，经单根光纤传输后，在接收端使用本振相干光与已调信号光波混频进行相干检测。理论分析指出，该技术可以大大提高接收灵敏度（约 20 dB）和增大传输距离（约 100 km），并可用于光频分复用（OFDM）系统实现非常密集的多信道复用（1～10 GHz 信道间隔）。然而，相干光通信对光源的谱线纯度和光频率的稳定性要求非常苛刻，其完全实用化仍有相当大的距离。

4．光纤孤子通信技术

大功率光脉冲输入光纤时，可以产生非线性效应（光纤折射率随大功率入射光强而变化的现象）导致光脉冲压缩。通过适当选择有关参数，并采用光纤放大器来补偿光纤损耗，可使非线性压缩与光纤色散展宽相互抵消，从而使光纤中传输的光脉冲宽度始终保持不变，这种光脉冲称为光孤子（Soliton）。利用光孤子作为载波，适合超长距离、超高速的光纤通信。并且，利用 OWDM 技术还可以构成多信道光纤孤子通信系统。目前，世界上已建立了多个光纤孤子实验系统，也进行了现场试验。从报道结果来看，单信道系统的“速率 · 距离”乘积超过 300 (Tb/s) ·km（$1\ \text{Tb}=10^{12}\ \text{b}$），多信道系统可达 1600 (Tb/s) ·km。但从技术成熟性来看，光纤孤子通信还远未达到实用水平。

在以上已实用化的新技术中，掺铒光纤放大器（EDFA）和光波分复用（OWDM）是最关键的两项新技术。其中，掺铒光纤放大器（EDFA）技术在光纤通信发展史上是具有里程碑意义的重大贡献。EDFA 技术解决了光纤传输损耗的补偿问题，为许多重要的光网络器件的应用提供了可能，尤其是加速了光波分复用（OWDM）技术的实用化。由“光波分复用（OWDM）+ 掺铒光纤放大器（EDFA）”所构成的波分复用光纤通信系统，成为 20 世纪 90 年代以来的新一代光纤通信系统。其基本原理是：在发送端将来自不同终端的不同波长的光载波信号组合起来（称为复用），输进单根光纤中传输；在中继站用掺铒光纤放大器作为光波分复用长途通信中的光中继器；在接收端将组合信号中不同波长的光载波信号分开（称为解复用），分别送至相应的终端提取出光载波所携带的原始信息。OWDM 和 EDFA 技术的组合，能够使单根光纤同时传输多个波长的光信号进行远距离通信，从而大大增加了单根光纤的传输容量，使光纤通信的优越性得到了充分的显示。

鉴于本书篇幅所限，下面仅着重介绍目前已经实用化了的波分复用光纤（数字）通信系统，对于虽未实用化、但有着重要开发应用前景的全光通信技术也将进行一定的介绍（详见第 8 章）。其他未列入本书介绍的内容，请读者参看相关文献。

5.2　波分复用（WDM）技术

5.2.1　基本概念

1. 基本问题

（1）目前常用光纤的低损耗区宽度

目前常用光纤每千米损耗与入射光波长的变化关系示意曲线如图 5-1 所示。由图可见，在 1.38 μm 波长附近有一个高损耗区，其左右两旁存在两个低损耗区（又称为窗口），其中，

$$1.31\mu m \text{ 窗口宽度 } \Delta\lambda_L \approx 1.35\ \mu m - 1.25\ \mu m = 0.1\ \mu m$$

$$1.55\mu m \text{ 窗口宽度 } \Delta\lambda_H \approx 1.60\ \mu m - 1.50\ \mu m = 0.1\ \mu m$$

上述波长宽度 $\Delta\lambda_L$ 和 $\Delta\lambda_H$ 换算成频带宽度 Δf_L 和 Δf_H，分别为

$$\Delta f_L = (c/\lambda^2)\Delta\lambda_L = 17.469\ \text{THz}\quad （取\ \lambda = 1.31\ \mu m，c = 2.997\ 924\ 58 \times 10^8\ \text{m/s}）$$

$$\Delta f_H = (c/\lambda^2)\Delta\lambda_H = 12.478\ \text{THz}\quad （取\ \lambda = 1.55\ \mu m）$$

若设 LD 激光光源的谱线宽度 $\Delta\lambda$=0.4～5 nm，则带宽利用率 ρ 为

$$\rho \equiv \Delta\lambda / (\Delta\lambda_L + \Delta\lambda_H) = (0.4 \sim 5\ \text{nm})/0.2\ \mu m = (0.2 \sim 2.5)\ \%$$

可见，就单个工作波长（1.31 μm 或 1.55 μm）来说，其占用光纤低损耗区的波长范围最多只有 2.5%，这个比例是很小的。所以，只有一个光载波信道的单波长光纤通信系统，没有充分利用光纤低损耗区的带宽资源。

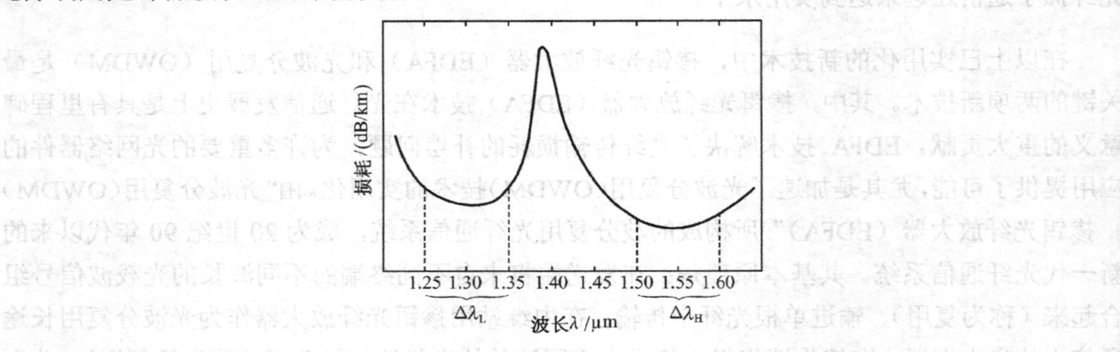

图 5-1　光纤每千米损耗与入射光波长的变化关系示意曲线

（2）采用波分复用（WDM）方式提高光纤带宽利用率

波分复用（Wavelength-Division Multiplex, WDM）是让不同波长的光信号分别携带各自的用户信息，同时在一根光纤内传输。如果光载波间隔为几个纳米，则一根光纤（其低损耗区宽度约为 200 nm）可以同时容纳几十个光载波信道（注：WDM 是 5.1 节 OWDM 的简称）。

光波分复用技术在通信上真正实用化是从 20 世纪 90 年代掺铒光纤放大器 EDFA 商品化以后才开始的。EDFA 能够同时放大多个波长的光信号，解决了波分复用长途通信中的光中

继难题。

ITU-T G.692 规定了 WDM 的频率（或波长）间隔选取标准是：在基准频率为 193.10 THz（相应波长约为 1552.524 nm）时，WDM 的频率间隔 Δf 是 25 GHz（相应波长间隔 $\Delta\lambda=(c/f^2)\times\Delta f=0.201$ nm）的整数倍。

可见，按照 ITU-T 的上述规定，WDM 是指对 1550 nm 低损耗窗口内多个波长光信号的复用，其频率间隔为几十或几百吉赫兹，相应的波长间隔为零点几～几十纳米。目前，工程上常选用频率间隔为 50 GHz（相应波长间隔为 0.402 nm）和 100 GHz（相应波长间隔为 0.804 nm）及其整数倍。

除 WDM 外，文献上还有密集波分复用（DWDM），粗波分复用（CWDM）和光频分复用（OFDM）的称谓。从技术原理来看，WDM 与这几种波分复用称谓之间没有实质性的不同，对它们的划分，主要是根据复用信号频率（或波长）间隔的不同来进行的，下面具体介绍。

2. 几种波分复用的区别

（1）密集波分复用（Dense Wavelength-Division Multiplex，DWDM）

DWDM 是指频率间隔为 100 GHz（即波长间隔约为 0.80 nm），信道数为 8、16、32、40 等的复用；也可以是频率间隔为 200 GHz（即波长间隔约为 1.60 nm），信道数为 8、16 等的复用。DWDM 的工作波长可在 C、S+C 或 C+L 波段内（注：各波段的含义见表 2-14）。

（2）粗波分复用（Coarse Wavelength-Division Multiplex，CWDM）

CWDM 又称为稀疏波分复用，是指波长间隔为 20nm（即频率间隔约为 2.50 THz），信道数为 4、8 或 16 的复用（例如，从 1290nm～1610nm 的 16 个波长）。依据起始波长和信道数的不同，CWDM 的工作波长可在 O、E、S、C、L 和 U 之中的 1 个波段或多个波段内。

CWDM 与 DWDM 除复用波长间隔不同外，两者所用激光器的致冷方式也不同。DWDM 因波长间隔窄、对波长稳定性要求高，故使用温度调谐的致冷 DFB 激光器；而 CWDM 因波长间隔宽、温度调谐实现起来成本高，故采用电子调谐的无致冷激光器。因此，CWDM 具有低成本、低功耗的优点。但是 CWDM 也有不足之处，因其带宽范围宽，其中包括 1380nm 的高损耗区，需铺设新研制出的全波光纤才能满足要求。

（3）宽带波分复用（Broadband-WDM，BWDM）

WDM 除划分为 DWDM 和 CWDM 外，工程上还有 BWDM 的称谓。BWDM 是指不在同一个低损耗窗口内、并有较宽波长间隔的两个波长（如 980/1550nm, 1310/1550nm, 1480/1550nm, 1550/1625nm 等）的复用，这种复用可以用在某些小范围的专用系统内（如光纤 CATV 系统、EDFA 的泵浦源等）。

（4）光频分复用（Optical Frequency- Division Multiplex，OFDM）

OFDM 是指对 1550 nm 低损耗窗口内更多波长光信号的复用，其频率间隔为 1～10 GHz，相应波长间隔约为 0.008～0.08 nm，故光载波信道数目将极大增加。OFDM 又分为非相干 OFDM 和相干 OFDM（即相干光通信）。非相干 OFDM 属于常用的强度调制-直接检测（Intensity Modulation-Direct Detection, IM-DD）方式，采用高选择性可调谐光滤波器作为解复用器件。

相干 OFDM 采用不同于 IM-DD 方式的相干检测技术进行复用/解复用。然而，相干光检测对于光源的谱线纯度和光频率的稳定性要求很苛刻，目前 OFDM 的实用化还比较困难。

5.2.2　波分复用系统的组成

1．波分复用系统的基本构成和分类

波分复用系统的基本构成与普通光纤通信系统一样，也是包括光纤、光发送器、光中继器、光接收器、信道监控和网络管理系统等。然而，从各个组成部分的功能特性、技术含量、研制难度来看，波分复用系统要比普通光纤通信系统复杂得多。

波分复用系统分为单向波分复用系统和双向波分复用系统两种类型，其工作原理分别如下：

单向波分复用系统的特点是，发送端有 N 个光发送器和 1 个合波器（又称为波长复用器 WMUX），接收端有 N 个光接收器和 1 个分波器（又称为波长解复用器 WDEMUX 或 WDMX），收发两端共用一根光纤，如图 5-2(a)所示。N 个光发送器发送 N 个不同波长的光波，这些不同波长的光波通过合波器后合并起来，耦合进入单根光纤进行传输。合并光波传送到接收端后，分波器将这 N 个不同波长的光波分开，分别送给与这些波长相对应的接收器，将光波所载荷的信息提取出来。利用一套单向波分复用系统只能进行单工通信，利用两套相同的单向波分复用系统才可以进行双工通信，这需要使用两根光纤，故称为双纤单向 WDM 传输系统。目前，实际使用的 WDM 系统主要采用双纤单向传输方式。

(a) 双纤单向波分复用传输方式

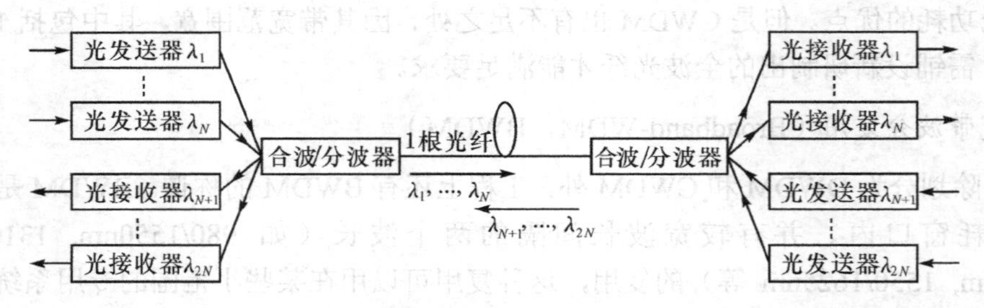

(b) 单纤双向波分复用传输方式

图 5-2　波分复用通信系统原理图

双向波分复用系统的特点是，通信两端各有 N 个光发送器、N 个光接收器和 1 个合波/分波器（即复用/解复用器），通信两端共用 1 根光纤，如图 5-2(b)所示。$2N$ 个光发送器发送 $2N$ 个不同波长的光波，分别与对端光接收器的接收波长一致。合波/分波器可以同时完成光波的

合并或分开。一根光纤能够同时传输来自两个不同方向的光波。利用一套双向波分复用系统就可以进行双工通信，由于只需要使用一根光纤，故称为单纤双向 WDM 传输系统。单纤双向 WDM 系统在应用时必须考虑单纤的合波/分波、双向中继和双向隔离等问题，技术比较复杂，目前使用不广泛。

2．波分复用系统的基本特点

（1）能够充分利用光纤的低损耗带宽资源，使单根光纤的传输容量增大几倍至几十倍以上，进一步显示了光纤通信的巨大优势，巩固了光纤通信在通信领域中的核心地位。目前，将 16 路或 32 路光波（每路波长传输速率为 2.5 Gb/s, 10 Gb/s 和 40 Gb/s）复合到一根光纤中进行传输已经实用。研究预计，可望不久能够达到 100 多路波束的复用。

（2）各个载波信道彼此独立，可以互不干扰地传输不同特性（比特速率、传输制式、业务类型等）的信号，各种信号的合路与分路能够方便地进行，为宽带综合业务数字网的实现提供了可能。

（3）初步解决了中继全光化问题，为全光通信网的实现奠定了基础。

（4）节省了光纤和光电型中继器，大大降低了建设成本，方便了已建成系统的扩容。

3．波分复用系统的主要特性指标

（1）信道中心波长

信道中心波长是指每个信道内分配给光源的波长。

（2）信道带宽与信道平坦带宽

信道带宽是指每个信道内分配给光源的波长范围；信道平坦带宽是指幅度传输特性曲线波动范围不超过 1 dB 的带宽大小，用来表示带宽的平直程度。信道平坦带宽越大，越能容纳光源波长的微小变化。

（3）信道间隔

信道间隔是指相邻信道的波长间隔。通常信道间隔大于信道带宽。

（4）信道隔离度（Channel Isolation）

信道隔离度是指由一个信道耦合到另一个信道中的信号大小，隔离度越大，则耦合信号越小。所以，隔离度大一些为好，但具体允许值随应用而定。隔离度的倒数称为串扰（Crosstalk），信道内的散射或反射都可以产生串扰。信道隔离度的定义式为

$$\text{隔离度 } I_s = 10\lg\left(\frac{\text{信道 } i \text{ 中的输入光功率}}{\text{信道 } j \text{ 中来自信道 } i \text{ 的串扰光功率}}\right)\text{(dB)}$$

（5）插入损耗（Insertion Loss）

插入损耗是指由于 WDM 器件的引入而产生的传输功率损耗，包括 WDM 器件自身固有损耗，以及 WDM 器件与光纤的连接损耗。插入损耗应当越小越好。插入损耗的定义式为

$$\text{插入损耗}\ \alpha_{\text{in}} \equiv 10\lg\left(\frac{\text{WDM器件某一输入端口的入射光功率}}{\text{WDM器件某一输出端口的出射光功率}}\right)\ \text{(dB)}$$

（6）温度稳定性

温度稳定性是指温度每变化 1℃时的波长漂移大小。要求在整个工作温度范围内，波长漂移应当小于信道带宽，远小于信道间隔。

（7）偏振稳定性

是指插入损耗对光波偏振状态的敏感程度，敏感程度越大，则输出光功率越不稳定。

4．波分复用器件的类型

波分复用器件包括复用器（即合波器）和解复用器（即分波器），它们是多信道光波合并与分开所不可缺少的重要光学器件。复用/解复用器主要分为光纤耦合型、角度色散型、干涉型等几种类型，下面分别讨论之。

5.2.3　光纤耦合型波分复用器件

光纤耦合型波分复用器件有熔锥式光纤耦合器、研磨式光纤耦合器等几种。

1．熔锥式光纤耦合器

熔锥式光纤耦合器的制法是，将并排放置的两根或多根光纤的一定长度部位适当扭合在一起，将扭合处逐渐烧成熔融状态，同时慢慢拉伸光纤，使扭合部位形成双锥形或多锥形耦合区（双锥形光纤耦合器形如花写字母 x）。根据各个光纤靠近程度的不同，可以形成光场之间的强、弱耦合。

其原理如下：在耦合区内各个光纤被拉长变细，以致包层变薄，纤芯半径 a 变小，各个纤芯彼此靠近。由式(2-25)可知，对单模光纤而言，a 变小则归一化频率 V 也变小；另由式(2-83)可知，V 变小会使归一化模场直径 d_{m} 超过纤芯直径 $2a$ 越多。因此，从一根单模光纤输入的光波到达耦合区后，在包层内传输的光波则会增多。另外，由于耦合区内各根光纤彼此很靠近，各个包层之间相邻的部分熔为一体，成为各根光纤共有的一个包层，以致在一根光纤的包层内传输的光波，很容易跑到另一根光纤的包层内传输，直到从该光纤末端输出；或者也容易分散跑到几根光纤的包层内传输，直到从这些光纤末端输出。

2．研磨式光纤耦合器

研磨式光纤耦合器的制法是，将两根光纤一定长度部位的包层一侧研磨抛光，将两根光纤并排放置使研磨抛光部位面对面紧贴在一起，在它们之间涂有一层折射率匹配液，形成耦合区域，在该区域能够产生光场之间的耦合。根据包层研磨变薄程度的不同，也可以产生光场之间的强、弱耦合。

图 5-3 所示是最基本的 2×2 端口光纤耦合器（熔锥式和研磨式）原理图。瞬逝波理论认为，当两根或多根光纤的纤芯充分靠近时，这些光纤通过包层中的瞬逝波产生相互耦合，在

一定的耦合系数和耦合长度下，可以引起不同波长路径发生变化。对于图 5-3 所示的 2 × 2 端口光纤耦合器，理论算出光纤 1 和光纤 2 传输光波的电场强度 E_1 和 E_2 分别为

$$\begin{cases} E_1 = E_0 \cos(\gamma z) e^{-j\beta z} \\ E_2 = E_0 \sin(\gamma z) e^{-j(\beta z - \pi/2)} \end{cases} \tag{5-1}$$

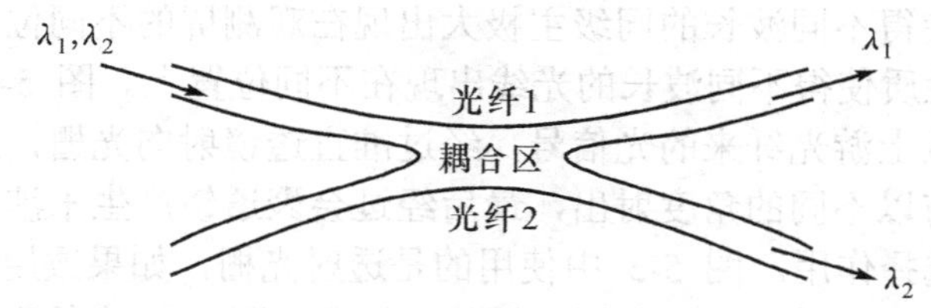

图 5-3　2 × 2 端口光纤耦合器（熔锥式和研磨式）原理图

式中，z 为光纤耦合区轴向坐标；β 为光纤纤芯内的传播常数；γ 为两光纤的耦合系数，与光波长、光纤参数及两光纤轴心线之间的距离有关；E_0 是光纤 1 输入光波的电场强度（$z = 0$ 处）。于是，光纤 1 和光纤 2 的传输光强 I_1 和 I_2 分别为

$$\begin{cases} I_1 = |E_1|^2 = I_0 \cos^2(\gamma z) \\ I_2 = |E_2|^2 = I_0 \sin^2(\gamma z) \end{cases} \tag{5-2}$$

式中，$I_0 = |E_0|^2$ 是光纤 1 总的输入光强（$z = 0$ 处）。可见，两光纤的传输光强沿 z 轴分别按照余弦和正弦规律变化。通过适当设计耦合区长度及耦合系数，可以使一根光纤中某个波长的光线全部或部分地保留在本光纤中传输，也可以全部或部分地转移到另一根光纤中去传输。如果设计 $\gamma z = \pi/4$，则 $I_1 = I_2 = I_0/2$，即得到 **3 dB 耦合器**。

以上公式是针对从光纤 1 输入光波的情况而得出的。当然，也可以从光纤 2 输入光波，此时需要将式(5-1)和式(5-2)中的下脚标 1 和 2 互换。

光纤耦合器除了上述非波导型的熔锥式和研磨式外，还有波导型，即在平面衬底上用 SiO_2 等材料制作出光波导耦合器，其工作原理与上述相同，此处不再赘述。

实用中，常将多个 2×2 端口光纤耦合器通过适当的串、并联级联起来，构成比较复杂的多端口光纤耦合器，称为**星形耦合器**（Star Couple）。例如，四个 2×2 耦合器可以构成一个 4×4 耦合器，12 个 2×2 耦合器可以构成一个 8×8 耦合器，如图 5-4 所示。

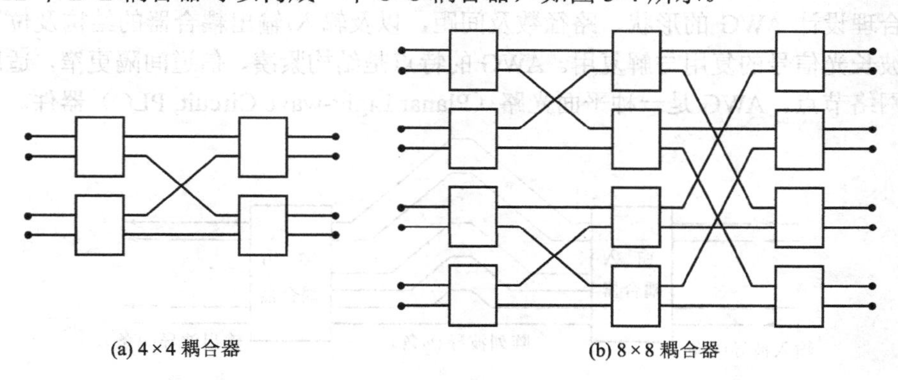

(a) 4 × 4 耦合器　　　　(b) 8 × 8 耦合器

图 5-4　2 × 2 耦合器的级联

5.2.4 角度色散型波分复用器件

角度色散型波分复用器件主要有**光栅**和**棱镜**。光栅是在玻璃衬底上沉积环氧树脂、在其上制造光栅线而构成的。光栅和棱镜都是用色散来分光，但是两者的产生原因不一样：光栅是利用多缝衍射原理使得不同波长的同级主极大出现在观测屏的不同位置上；棱镜是利用折射率随波长而变化的性质使得不同波长的光线出现在不同位置上。图 5-5 所示是光栅型波分复用器原理图。图中从上游光纤来的光信号，经过准直透镜射向光栅，通过光栅的角度色散作用，不同波长的光将以不同的角度射出，最后经过会聚透镜产生干涉图样分别进入不同的下游光纤，完成波长选择作用。图 5-5 中使用的是透射光栅，如果改用反射光栅，此时会聚透镜和下游光纤应当置于反射光栅的左侧。另外，如果将图 5-5 中的光栅换成棱镜，可以画成棱镜型波分复用器原理示意图。在光纤通信领域，使用光栅结构的波分复用器较为普遍，其优点是波长选择性好、信道间隔小、复用信道数多，其缺点是插入损耗较大、对光信号的偏振性较敏感。实际中，光栅型波分复用器中的普通透镜可以用自聚焦透镜来代替，制成微结构光栅型波分复用器。

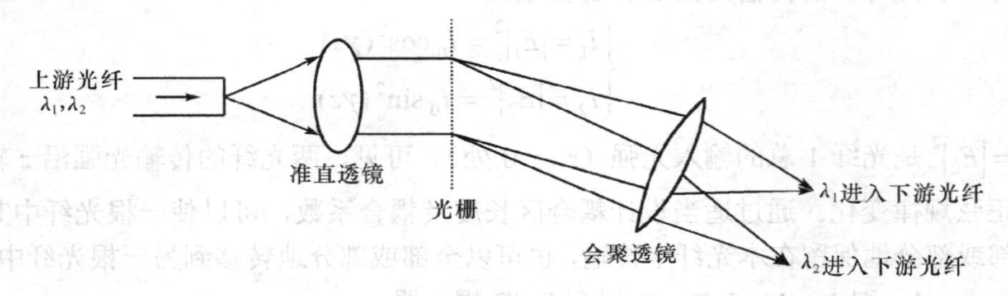

图 5-5　光栅型波分复用器原理图

除了上述普通光栅做成的波分复用器以外，还有一种**阵列波导光栅**（AWG）型波分复用器，如图 5-6 所示。其中，阵列波导是由 m 条长度不相等的光波导构成的，每两条相邻阵列波导的长度差都为ΔL；输入波导和输出波导则各有 n 条光波导。输入耦合器完成输入波导和阵列波导之间的耦合，将输入波导输出的光波分别耦合送到阵列波导的相应入口。经过阵列波导传输的光波，在输出耦合器中产生干涉。输出耦合器完成阵列波导和输出波导之间的耦合，能使不同波长主极大的位置分别处在输出波导的不同入口位置上，通过输出波导传输出去。通过合理设计 AWG 的形状、路径数及间距，以及输入/输出耦合器的结构及位置，就可以实现多波长光信号的复用与解复用。AWG 的特点是结构紧凑、信道间隔更窄，适用于多信道的大型网络节点。AWG 是一种平面光路（Planar Light-wave Circuit, PLC）器件。

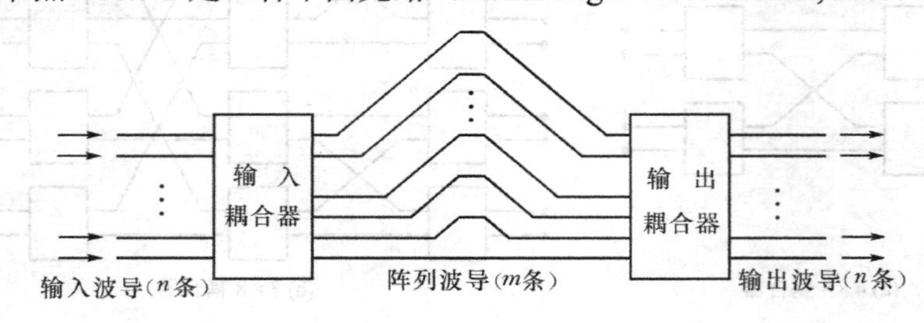

图 5-6　阵列波导光栅型波分复用器原理图

5.2.5　干涉型波分复用器件

干涉型波分复用器件有介质膜滤波式和马赫-曾德尔干涉式两种类型。

1. 介质膜滤波式波分复用器

介质膜滤波式波分复用器由多层介质薄膜构成，其中高折射率层和低折射率层交替叠合。三层介质薄膜界面上光的干涉如图 5-7 所示。其中上、下两层介质膜折射率都为 n_1，中间一层折射率为 n_2，$n_1 < n_2$。图 5-7 中 $\tilde{E}$ 是入射光复振幅，r 和 t 分别是光线从 n_1 介质射向 n_2 介质时的复反射系数和复折射系数，r' 和 t'分别是光线从 n_2 介质射向 n_1 介质时的复反射系数和复折射系数。r 和 r'中含有相位突变因子，并且满足斯托克斯（Stokes）倒逆关系：

$$r = -r' \quad 和 \quad t't = 1 - r^2 \tag{5-3}$$

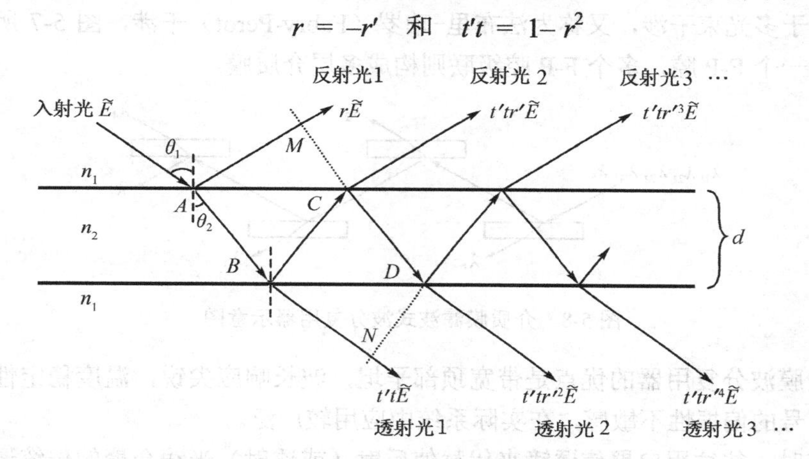

图 5-7　三层介质薄膜界面上光的干涉

由图 5-7 容易算出任意两条相邻反射或透射光线的相位差（不含相位突变）都为

$$\delta = \frac{2\pi}{\lambda_0}\varDelta = \frac{4\pi}{\lambda_0} n_2 d \cos\theta_2 \tag{5-4}$$

式中，λ_0 是入射光在真空中的波长；$\varDelta$是两条相邻反射或透射光线的光程差（不含相位突变）；d 是 n_2 介质膜的厚度。

在考虑了δ的贡献之后，可以写出各条反射光线和透射光线的复振幅分别为

$$\begin{cases} 反射光线 & \tilde{E}_{r1} = r\tilde{E}e^{j0} \\ 反射光线 & \tilde{E}_{r2} = t'tr'\tilde{E}e^{j\delta} \\ 反射光线 & \tilde{E}_{r3} = t'tr'^3\tilde{E}e^{j2\delta} \\ & \vdots \end{cases} \qquad \begin{cases} 透射光线 & \tilde{E}_{t1} = t't\tilde{E}e^{j0} \\ 透射光线 & \tilde{E}_{t2} = t'tr'^2\tilde{E}e^{j\delta} \\ 透射光线 & \tilde{E}_{t3} = t'tr'^4\tilde{E}e^{j2\delta} \\ & \vdots \end{cases}$$

于是，可以算出总的反射光强和透射光强分别为

$$I_R = |E_R|^2 = \frac{4r^2\sin^2(\delta/2)}{(1-r^2)^2 + 4r^2\sin^2(\delta/2)} I_0 \tag{5-5}$$

$$I_T = |E_T|^2 = \frac{(1-r^2)^2}{(1-r^2)^2 + 4r^2 \sin^2(\delta/2)} I_0 \tag{5-6}$$

式中，E_R 是上述所有反射光线复振幅的叠加；E_T 是上述所有透射光线复振幅的叠加；$I_0 = |\tilde{E}|^2$ 是入射光强。

可以看出，$I_R + I_T = I_0$。当 $\delta = 2m\pi$（$m = 0, 1, 2, \cdots$）时，$I_R = 0$ 为最小值，$I_T = I_0$ 为最大值；当 δ 取其他值时，$I_R > 0$，$I_T < I_0$。所以，当不同波长的光线以同一角度入射时，通过合理设计 d，可使所需要的某个波长光线在透射光中占据较大的强度比例。介质膜层数越多，则干涉越强，在透射光中所需要的波长成分就会越大，其他波长成分就越小。这样，就在透射光中将所需要的波长成分挑选出来了。将对应于不同波长制作的滤光片适当配置起来就可以构成一个分波器，若将光线反向则成合波器，故统称为波分复用器，如图 5-8 所示。介质膜干涉属于多光束干涉，又称为法布里-珀罗（Fabry-Perot）干涉，图 5-7 所示的三层介质膜结构称为一个 F-P 腔，多个 F-P 腔级联则构成多层介质膜。

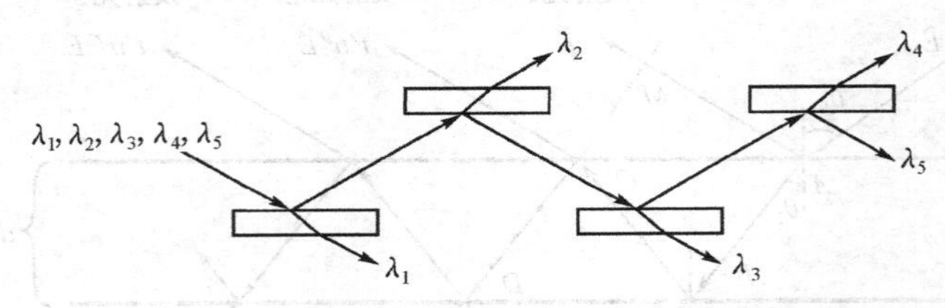

图 5-8　介质膜滤波式波分复用器示意图

多层介质膜波分复用器的优点是带宽顶部平坦，波长响应尖锐，温度稳定性好，插入损耗低，对光信号的偏振性不敏感，在实际系统中应用较广泛。

实际制作时，往往用**自聚焦透镜**来代替使反射（或透射）光线会聚的传统透镜，方法是直接将介质膜镀在自聚焦透镜的端面上，形成微结构型介质膜波分复用器，如图 5-9 所示。自聚焦透镜是一种圆柱棒状微型光学元件，其折射率分布与自聚焦光纤相同，但直径通常为零点几毫米到几十毫米不等，比自聚焦光纤芯径要大很多。根据式(2-47)的结果，自聚焦光纤中的入射子午光线与轴心线相交的两个相邻交点的距离等于 $\pi a/\sqrt{2\Delta}$，称为自聚焦光纤的半周期。在波分复用器件中使用的自聚焦透镜，其长度等于 1/4 周期，将两个这样的自聚焦透镜串接起来，它们之间的接触端面上镀有多层介质膜，这样就可以实现两个波长的分波（如图 5-9 所示）及合波（图 5-9 中光线反向）。

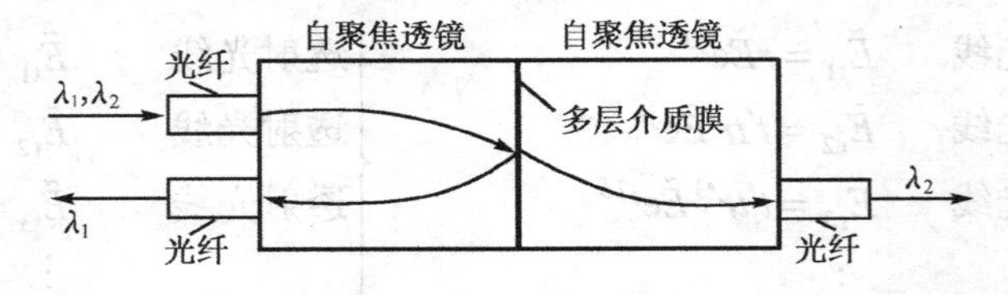

图 5-9　微结构型多层介质膜波分复用器原理图

2．马赫-曾德尔（Mach-Zehnder）干涉式波分复用器

马赫-曾德尔（Mach-Zehnder, M-Z）干涉式波分复用器是利用 M-Z 干涉仪两个不同长度

的光路，提供相移随波长的依赖关系，使得分别从干涉仪两个输入端口射入的两波长光线，能够从一个输出端口射出（即合波）；或者使得从干涉仪一个输入端口射入的两波长光线，能够分别从两个输出端口射出（即分波）。M-Z 干涉仪通常做成集成光波导的形式，即所有的元件都通过常规半导体工艺制作在硅（Si）衬底上，如图 5-10 所示。其中上、下两条长度不同并带有两个 3 dB 耦合器的光波导是用掺磷二氧化硅（$P:SiO_2$）制作的，光波导的包层是用二氧化硅（SiO_2）制作的。ΔL 是上、下两臂在 AB 之间的路程差。实际制作时，也可以将多个如图 5-10 所示的 M-Z 干涉仪串、并联起来制成集成式多通道 M-Z 波分复用器。

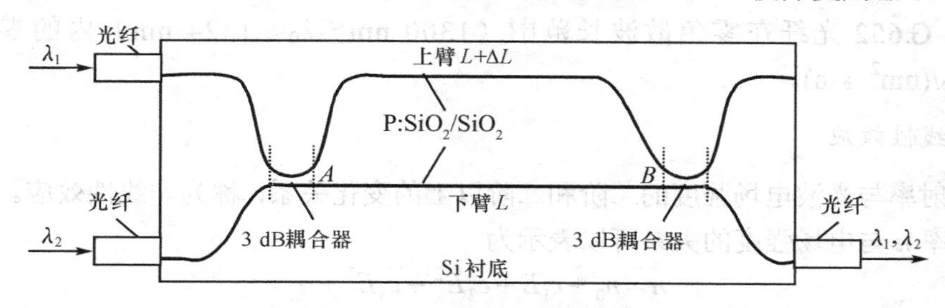

图 5-10　波导型M-Z波分复用器原理图

5.2.6　波分复用系统对光纤的新要求

1．制约波分复用系统的主要因素

（1）偏振模色散（Polarization Mode Dispersion, PMD）

由于实际单模光纤的几何形状不完善（如横截面不圆、轴心线不居中等）和折射率分布不对称，致使单模光纤中基模的两个正交极化分量在光纤中传播速度不一致，产生传播时延差，引起光脉冲展宽的现象，称为偏振模色散。理论算出，偏振模色散平均时延差为

$$\tau_{\mathrm{PMD}} = D_{\mathrm{PMD}}\sqrt{L} \tag{5-7}$$

式中，D_{PMD} 是**偏振模色散系数**（$\mathrm{ps/km^{1/2}}$）；L 是光纤长度（km）。PMD 属于模内色散中的一种。

PMD 具有随机变化的特性，难以用传统固定的色散补偿方法来消除它。在 10 Gb/s 及更高速率的波分复用系统中，偏振模色散成为限制系统性能的一个主要因素，要求 $D_{\mathrm{PMD}} \leqslant 0.5\ \mathrm{ps/km^{1/2}}$（10 Gb/s 时）或 $0.2\ \mathrm{ps/km^{1/2}}$（40 Gb/s 时），如表 5-1 所示。

表 5-1　偏振模色散系数、传输速率和传输距离之关系

最大 D_{PMD} ($\mathrm{ps/km^{1/2}}$)	不要求	0.50			0.20		0.10	
传输距离(km)		400	40	2	3000	80	4000	400
传输速率(Gb/s)	2.5	10	10(以太网)	40	10	40	10	40

（2）高阶色散

光纤色散与光波长的二阶和二阶以上的变化关系，称为高阶色散。通常，用零色散波长附近范围内的色散斜率来反映高阶色散的大小，称为**零色散斜率**。零色散斜率的定义式为

$$S_0 \equiv \lim_{\lambda \to \lambda_0} \frac{D(\lambda) - D(\lambda_0)}{\lambda - \lambda_0} = \left. \frac{\mathrm{d}D(\lambda)}{\mathrm{d}\lambda} \right|_{\lambda \to \lambda_0} \quad [\mathrm{ps/(nm^2 \cdot km)}] \tag{5-8}$$

式中，λ_0是零色散波长；$D(\lambda)$和$D(\lambda_0)$是色散系数。

在波分复用系统中，由于光纤的色散斜率不为零，导致色散特性与波长有关，不同波长信道的色散大小不一，这就给色散补偿带来了新问题。好的色散补偿技术，应能同时补偿波分复用所有波长信道不同大小的色散，即可以对色散斜率进行补偿。

为了在更宽的波长范围内使用DWDM系统，要求光纤的零色散斜率应尽可能减小。ITU-T 规定 G.652 光纤在零色散波长范围（1300 nm≤λ_0≤1324 nm）内的零色散斜率S_0≤0.093 ps/(nm^2·km)。

（3）非线性效应

光纤折射率与光波电场强度的二阶和二阶以上的变化关系，称为非线性效应。研究指出，介质的折射率 n 与电场强度的关系可以表示为

$$n = n_0 + c_1 E + c_2 E^2 + c_3 E^3 + \cdots \tag{5-9}$$

式中，E 是光波电场强度；n_0是常数；$c_1, c_2, c_3, \cdots$是依次减小的常系数小量。其中，c_1称为泡克耳斯（Pockels）系数，c_2称为克尔（Kerr）系数。通常情况下光强很弱，可以取 $n = n_0$，即认为折射率是常数。当光强很大时，式(5-9)中不能忽略含电场强度的项，这就是所谓的非线性效应。研究还指出，对于光纤介质来说，当光纤中传输的光束功率很大时，其折射率主要依赖于式(5-9)右边的第一、三、四项，即

$$n = n_0 + c_2 E^2 + c_3 E^3 \tag{5-10}$$

式中，n_0 构成光纤的线性折射率；c_2E^2 和 c_3E^3 构成光纤的非线性折射率。由于非线性折射率的存在，产生了几种重要的非线性效应，下面进行简要的介绍。

① 自相位调制（Self Phase Modulation, SPM）

光纤中传输的强光波，其光强的波动经过非线性折射率的作用，引起了光波自身相位发生波动，从而导致光波频谱变化的现象，称为自相位调制。

具体来说，由于式(5-10)右边前两项的作用，当一个单一频率的强光波在光纤中传输时，其相移（即相位随传输距离的变化量）中除了由线性折射率产生的普通相移外，还包含由非线性折射率产生的额外相移，这个额外相移与光波自身的光强有关。然而，在光纤中传输的光脉冲其光强是随时间变化的（前沿随时间上升、后沿随时间下降），因而额外相移也随时间发生改变，这就等效于产生了新的额外频率，附加在光波的原有频率上，致使光波频谱发生变化。这个现象就是自相位调制，自相位调制现象也称为频率啁啾。理论计算表明：在非线性折射率作用下产生的自相位调制，能够引起光脉冲前沿的频谱红移（即频率降低），光脉冲后沿的频谱蓝移（即频率升高）。

自相位调制的危害在于：SPM 产生的频率变化可以导致传输光波的频谱变宽，在这种情况下就会因模内色散而使光脉冲的时域波形展宽，引起码间干扰。

② 交叉相位调制（Cross-Phase Modulation, XPM）

由于式(5-10)右边前两项的作用，当两个或两个以上不同频率的强光波同时在光纤中传输时，其中任一个光波的非线性相位偏移不仅与该光波自身的光强有关（即上述自相位调制），

也与其他光波的光强有关，后者称为交叉相位调制。

XPM 的危害是：交叉相位调制能够引起相邻信道光波信号之间的串扰。

③ 四波混频（Four Wave Mixing, FWM）

由于式(5-10)中 c_3E^3 项的作用，当三个频率分别为 f_1, f_2 和 f_3 的光波同时在光纤中传输时，将会产生频率为 $f = f_i + f_j \pm f_k$（i, j, k 从 1, 2, 3 中取值）的光波。其中频率为 $f = f_i + f_j - f_k$（$i, j \neq k$）的光波最有可能落在 EDFA 通带内，与 f_1, f_2 和 f_3 的光波一起在光纤中传输，称为四波混频。

FWM 的危害是：在四波混频情况下，原有光波的部分功率会转移到新频率的光波中去，致使原有频率信号光强下降，信噪比变坏。FWM 所产生的最大破坏是在零色散区域附近。WDM 系统的信道间隔越小，四波混频的影响就越严重。G.653 光纤有较大的 FWM。

2．新型光纤的推出

（1）大有效面积光纤（G.655C 光纤）

在高功率传输系统中，光纤的非线性效应是系统传输性能的主要限制因素。增加光纤的有效面积，可以有效地降低光纤中光功率密度，使光纤能携带更高功率的光信号，同时又能减小非线性效应。

康宁（Corning）公司在非零色散位移光纤（NZ-DSF）的基础上，通过合理设计折射率分布，研制出大有效面积光纤（Large Effective Area Fiber, LEAF），即 G.655C 光纤，其有效面积 $A_{\mathrm{eff}} = 72\ \mu\mathrm{m}^2$，而普通 NZ-DSF 的 $A_{\mathrm{eff}} = 55\ \mu\mathrm{m}^2$。LEAF 工作在 1550 nm 窗口，零色散点位于 1510 nm 附近，其衰减性能和偏振模色散（PMD）均可达到常规 G.655 光纤水平，有较大的功率承受能力，能够有效克服四波混频（FWM）和自相位调制（SPM）的影响，适用于使用高输出功率 EDFA 的密集波分复用（DWDM）系统。现在，LEAF 的 A_{eff} 可以达到 100 $\mu\mathrm{m}^2$ 以上。

目前，LEAF 的主要缺点是：有效面积变大后导致零色散斜率偏高，约为 0.1 ps/(nm^2·km)；此外对弯曲的敏感性也较大。

（2）低水峰光纤（G.652C 光纤）

为了在一根光纤上开放更多的波分复用信道，朗讯（Lucent）公司开发出一种称为全波光纤（All-Wave Fiber）的单模光纤，即 G.652C 低水峰单模光纤。

如 2.3.2 节所述，在普通 SiO_2 光纤的损耗曲线上，在 1310 nm 窗口和 1550 nm 窗口之间的 1385 nm 波长附近，存在一个由 OH^- 离子造成的损耗峰，称为水吸收峰。全波光纤采用新的工艺技术消除了这个水吸收峰，与普通单模光纤相比，水吸收峰处的衰减降低了 2/3，这使光纤的损耗在 1260～1625 nm 范围内都趋于平坦，使原来分离的 1310 nm 窗口和 1550 nm 窗口连成了一个很宽的大传输窗口，大大拓宽了光纤的可用带宽。

（3）低色散斜率光纤（G.655 光纤）

色散会随传输距离而积累，并且传输距离越长，色散积累量就越大。由于色散斜率的存在，WDM 系统各个波长信道的色散积累量是不相同的，位于工作波长区域两端的信道（如 C 波段的 1530 nm 和 1565 nm 信道）和位于工作波长区域中间的信道（如 C 波段的 1550 nm 信道）的色散值差异，会随着距离的增加而增大。当传输距离超过一定值后，具有较大色散积累量信道的色散值超过正常标准，就会增大误码，使整个 WDM 系统的传输距离受到限制。

早期的 G.655 光纤主要是为 C 波段（1530～1565 nm）设计的，其色散斜率约为 0.07～0.10 ps/(nm^2·km)。当 DWDM 系统的波长应用范围从 C 波段扩展到 L 波段（1565～1625 nm）后，使工作波段扩大为 1530～1625 nm，致使原来的色散斜率指标已经不适用。否则，长距离传输时，短波长和长波长之间的色散差异将随距离增长而更加增大，势必造成 L 波段高端过大的色散系数，影响 10 Gb/s 及其以上速率信号的传输距离。目前，美国贝尔实验室已开发出新一代的低色散斜率 G.655 真波光纤（True Wave Fiber），光纤色散斜率已降到 0.05 ps/(nm^2·km) 以下。

（4）低双折射光纤（G.652B 光纤）

在 10 Gb/s 及更高速率的系统中，偏振模色散（PMD）成为限制系统性能的因素之一。可以通过采用旋转工艺，使光纤的圆整度得到改善来降低 PMD。所谓旋转工艺，是在制备光纤的拉丝过程中利用计算机控制来旋转预制棒，确保光纤截面接近理想的圆形，使折射率分布的对称性提高，这样制成的光纤称为 G.652B 低双折射单模光纤。按照 G.652B 规定，低双折射单模光纤的 PMD 应低于 0.5 ps/km$^{1/2}$。

（5）超低损耗光纤（与 G.652 光纤兼容）

为能与现在大量敷设的 G.652 光纤兼容（主要是模场直径相差不能太大），康宁开发了满足 G.652 标准的低损耗和超低损耗光纤，这些光纤目前已经广泛应用在长途传输网络中。其中，2008 年康宁推出的 SMF-28ULL 型光纤，其纤芯用纯 SiO_2、包层掺氟（而常规单模光纤纤芯掺 GeO_2、包层用纯 SiO_2）。因而，SMF-28ULL 型光纤能有效降低纤芯由于瑞利散射和金属杂质吸收引起的衰减。经过不断优化工艺，SMF-28ULL 型光纤的衰减值低至 0.16 dB/km（1550 nm）。这与常规 G.652 单模光纤（衰减值>0.20 dB/km）相比，100 km 跨段的 SMF-28ULL 型光纤有 4 dB 以上的优势，这将大幅提升传输距离。此外，由于与 G.652 光纤良好的兼容性，使得该光纤在施工和熔接过程中不会产生新的损耗。

（6）大有效面积-超低损耗光纤（G.654E 光纤）

当前，光纤超低损耗技术有两种研制方向，其一是光纤有效面积不大（与 G.652 光纤相当）的超低损耗光纤，如上述 SMF-28ULL 型光纤；其二是大有效面积的超低损耗光纤，即 G.654E 新型光纤。2015 年康宁推出 Vascade Ex3000 型光纤，纤芯用纯 SiO_2、包层掺氟，其衰减值低至 0.1460 dB/km，有效面积 150 μm^2 接近常规单模光纤的 2 倍，属于 G.654E 光纤。

我国厂商在选择技术路径时，基本上都选择了将大有效面积与超低损耗结合，也就是 G.654E 新型光纤。如 2014 年长飞推出超低衰减-大有效面积光纤，其内包层掺杂形成 U 形台阶，外包层和纤芯用纯 SiO_2，衰减值低至 0.158 dB/km，有效面积 110μ m^2。

5.3　光中继器

在长途光纤通信中，由于光纤损耗和色散的影响，使得所传输的光脉冲信号的幅度下降和波形失真，影响通信质量。因此，光纤长途线路上每隔一定距离（约 50～70 km）就要设置一个光中继器（Optical Repeater），用来将经过光纤传输后有较大衰减和畸变的光信号变成没有衰减和畸变的光信号，然后再输入光纤内继续传输，从而增大光的传输距离。

传统的光中继器一般是指具有光/电、电/光变换的中继器。但随着技术的发展和新器件的出现，特别是光放大器的出现，使得光中继器的形态发生了根本性的变化。就目前的技术而言，光中继器主要分为两大类，即光电转换型中继器（O/E Repeater）和全光型中继器（AO Repeater）。下面分别予以介绍。

5.3.1　光电转换型中继器

光电转换型中继器（O/E Repeater）是指采用光-电-光转换方式的传统的光中继器。这类光中继器是将接收到的光信号经过光/电转换、放大和再生，恢复出原来的数字电信号，然后再对光源进行调制（即电/光转换），产生出光信号输入光纤继续传输。此外，还要完成区间通信和公务、监控、倒换等辅助信息的上下路功能。目前实用的光纤通信系统中，绝大多数是采用这种中继器。

光电转换型中继器通常由光接收、光发送和电分插复用（Electrical Add/Drop Multiplex, EADM）等单元组成，如图 5-11 所示。其中，光接收单元和光发送单元分别与光端机的光接收电路和光发送电路相同，它们完成光/电转换、放大、再生和电/光转换等功能。

将图 5-11 与图 3-2 进行比较，可以看出，光电转换型中继器相当于两个去掉了输入接口、输出接口、码型变换、码型反变换的光端机（只保留其中的光接收电路和光发送电路）背靠背地通过电分插复用单元串接在一起构成的。总体上说，光电转换型中继器比光端机要简单一些。

电分插复用（EADM）单元的任务是，从光接收单元输送来的码流中分离取出本站所需要的公务、监控、倒换等辅助信息以及需要在本站下路的区间通信码，送往相应的接口；同时将本站需要向下游站传送的新的辅助信息插入到码流中的相应时隙，输送给光发送单元。

为了保证双向传输，在中继站对每一个传输方向都要设置中继。因此，对于一个双向通信系统，一个光中继器内应有两套接收、发送和 EADM 设备。图 5-11 所示的光电转换型中继器就是用于双向通信的。

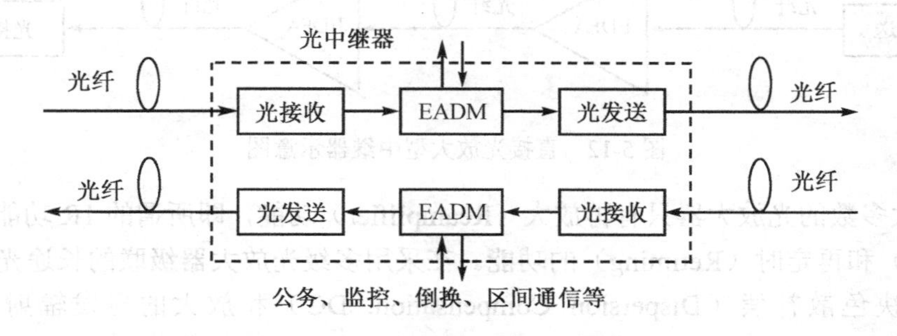

图 5-11　光电转换型中继器框图

5.3.2　全光型中继器概述

全光型中继器（AO Repeater）是指不需要采用光-电-光转换方式，而是利用光放大器（Optical Amplifier, OA）直接在光域对衰减和畸变了的光信号进行处理的光中继器。

目前已实现的光放大器分为两类：一类是非光纤结构型的光放大器，另一类是光纤结构型的光放大器。非光纤结构型光放大器主要有半导体激光放大器（Semiconductor Laser Amplifier, SLA），其机理与半导体激光二极管（LD）相同，属于受激辐射型。光纤结构型光放大器包括非线性光纤放大器和掺杂光纤放大器等。其中，非线性光纤放大器是利用光纤中的非线性效应制成的，有光纤拉曼放大器（Fiber Raman Amplifier, FRA）、光纤布里渊放大器（Fiber Brillouin Amplifier, FBA）等，属于受激散射型；掺杂光纤放大器是利用光纤掺杂离子在泵浦光作用下形成粒子数反转分布，实现对入射光信号的放大作用，也属于受激辐射型。几种主要光放大器的分类见表 5-2。

表 5-2　几种主要光放大器的分类

<table>
<tr><th colspan="2">类　型</th><th>受激辐射型</th><th>受激散射型</th></tr>
<tr><td colspan="2">非光纤结构型</td><td>半导体激光放大器</td><td></td></tr>
<tr><td rowspan="3">光纤结构型</td><td rowspan="2">非线性光纤放大器</td><td rowspan="2"></td><td>光纤拉曼放大器</td></tr>
<tr><td>光纤布里渊放大器</td></tr>
<tr><td>掺杂光纤放大器</td><td>掺铒光纤放大器</td><td></td></tr>
</table>

以上几类光放大器中，目前在长途通信中能够作为中继器使用的，只有光纤拉曼放大器和掺杂光纤放大器。其中技术最成熟、性能最优异的光放大器是 20 世纪 80 年代末期研制出来的掺铒光纤放大器（Erbium-Doped Fiber Amplifier, EDFA），其波长为 1.55 μm（具体内容参见 5.3.3 节）。现在，掺铒光纤放大器已经开始代替 O/E/O 型中继器成为一种新型的光中继器，其应用日益广泛。

实际使用时，将掺铒光纤放大器安放在光纤线路中，两端与传输光纤直接对接，就能对 1.55 μm 波长的光信号进行放大，实现光信号的中继。由于这种光放大器只对光信号幅度直接进行放大，因此称为直接光放大型中继器。图 5-12 是直接光放大型中继器示意图。

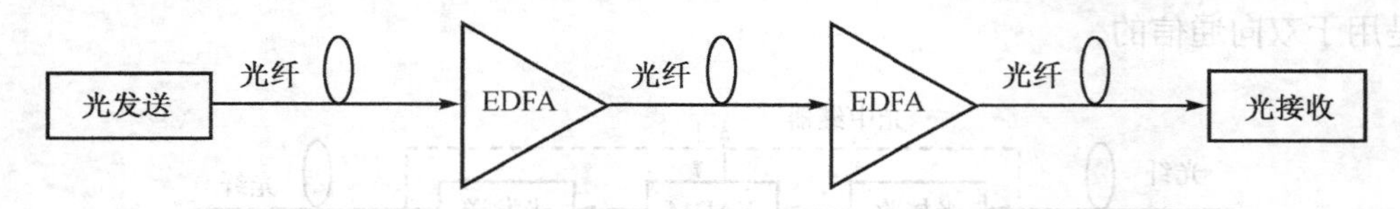

图 5-12　直接光放大型中继器示意图

目前，大多数的光放大器只有再放大（Reamplifier）功能，即所谓的 1R 功能，尚无再整形（Reshape）和再定时（Retiming）的功能。在采用多级光放大器级联的长途光纤通信系统中，需要解决色散补偿（Dispersion Compensation, DC）和放大的自发辐射（Amplified Spontaneous Emission, ASE）噪声积累问题。

两种形态的光中继器特性比较见表 5-3。

表 5-3　两种形态的光中继器特性比较

类　别	光电混合型中继器	EDFA 中继器
光信号恢复	有	有
电信号恢复	有	无
时钟信号恢复	有	无
公务、区间通信	有	无
对信号速率和格式的透明性	无	有
中继距离	几十千米	几百千米
设备复杂程度	复杂	简单
可靠性	低	高
价格	高	中
适用范围	色散和衰减限制系统	衰减限制系统

5.3.3　掺铒光纤放大器（EDFA）

掺铒光纤放大器（EDFA）是波分复用光纤通信系统的核心器件，下面对掺铒光纤放大器作简要讨论。

1．掺铒光纤放大器的工作原理

掺铒光纤放大器是一种直接对光信号进行放大的光学器件，它可以充任全光传输型中继器，用来代替目前光纤通信中的光-电-光型再生中继器，在 WDM 型光纤通信中应用广泛。

掺铒光纤放大器的核心部件是掺铒光纤（EDF），它是在光纤石英玻璃材料内掺入稀土元素铒离子（Er^{3+}），从而产生增益机制为实现光的放大提供了可能。图 5-13 所示是掺铒光纤的能级结构简图，其中低能级 E_1 是基态能级，中间能级 E_2 是亚稳态能级，高能级 E_3 是非稳态能级。在亚稳态上电子的平均寿命可达 10 ms，而在非稳态上电子的平均寿命远小于 1 μs。在石英材料的作用下，以上三个能级又各自分裂形成一个窄能带（内含几个分裂能级）。所以，图 5-13 中掺铒光纤的能级结构实际上由三个窄能带构成。

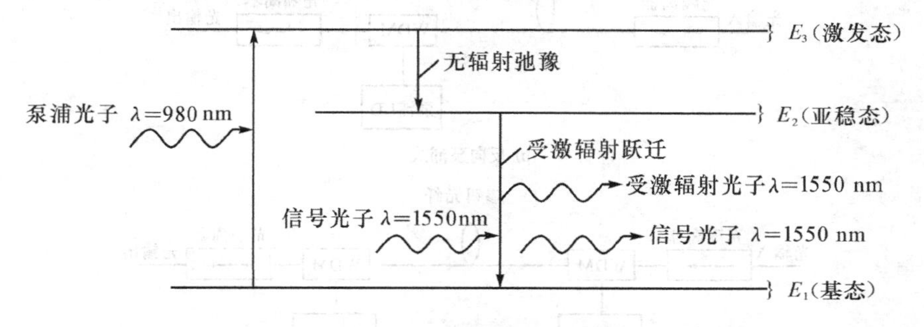

E_1 和 E_2 能级之间的 1480 nm 受激吸收过程的箭头指示线未画出

图 5-13　掺铒光纤的能级结构简图

掺铒光纤主要有两个受激吸收过程：其一是在 980 nm 波长的泵浦激光激励下，电子从基

态能级 E_1 跃迁到非稳态能级 E_3 上；其二是在 1480 nm 波长的泵浦激光激励下，电子从基态能级 E_1 跃迁到亚稳态能级 E_2 上。对于 980 nm 的受激吸收过程，此时有大量电子被激发到能级 E_3 上。由于 E_3 能级上电子的平均寿命很短，所以该能级上的电子通过碰撞以无辐射方式很快驰豫到亚稳态能级 E_2 上。而在 E_2 能级上电子的平均寿命较长，所以在泵浦源连续激励下，E_2 上的电子数目能够不断积累增多，最终达到电子数反转分布状态（称为已激活状态）。对于 1480 nm 的受激吸收过程，此时有大量电子直接被激发到能级 E_2 上，在 E_2 上得到积累。

当掺铒光纤已处于激活状态时，如果有 1550 nm 波长的光信号通过该掺铒光纤，则在信号光子激励下，该光纤亚稳态上的电子会以受激辐射方式跃迁到基态能级 E_1 上，同时释放出与信号光子完全相干的受激辐射光子，从而使光信号在掺铒光纤中传播的过程中得到了放大。而当无信号光子激励时，亚稳态上的电子也会以自发辐射方式跃迁到基态能级 E_1 上，同时释放出与信号光子不相干的自发辐射光子，构成对信号光子的噪声干扰，这是提高掺铒光纤性能应当注意的问题。

2. 掺铒光纤放大器的基本结构

按照泵浦激光耦合形式的不同，掺铒光纤放大器可以分为三种基本结构，即正向泵浦式、反向泵浦式和双向泵浦式。如图 5-14 所示，正向泵浦式使用一个泵浦源，其泵浦光与信号光以相同方向进入掺铒光纤，这种方式的优点是噪声系数较低；反向泵浦式也使用一个泵浦源，其泵浦光与信号光以相反方向进入掺铒光纤，这种方式的优点是输出光功率较大；双向泵浦式使用两个泵浦源，其泵浦光从两个方向进入掺铒光纤，一个与信号光方向相同，另一个则与信号光方向相反，这种方式的优点是输出光功率最大。

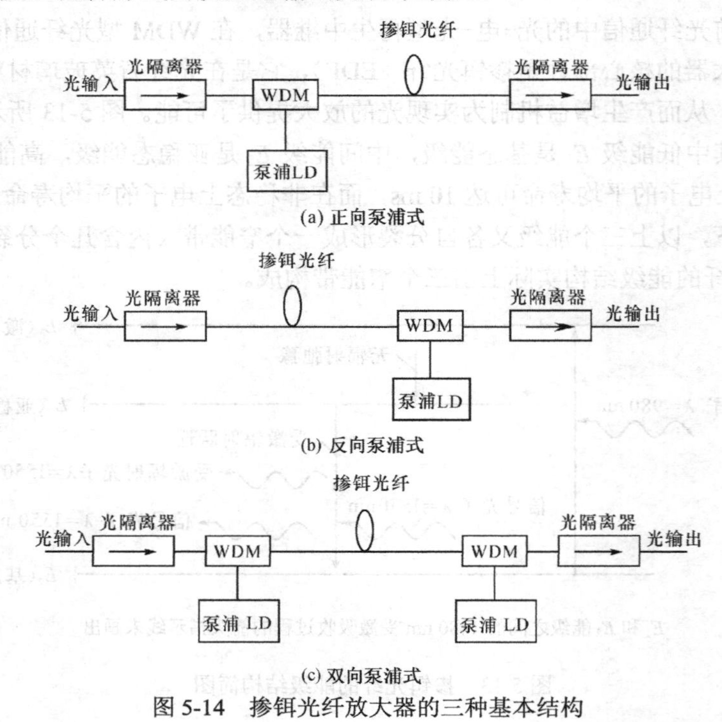

图 5-14　掺铒光纤放大器的三种基本结构

图 5-14 中使用了光隔离器，其作用是使光波在掺铒光纤中只能单向传输，防止反射光引起的不利变化。光隔离器是利用光的偏振态原理制成的，如图 5-15 所示。当信号光正向传输时［见图 5-15(a)］，首先通过分离偏振器（即组合晶体棱镜）将入射光矢量分解成两个正交线偏振分量，其中垂直分量直线通过，水平分量偏折通过。然后，通过法拉第旋转器，使垂直分量和水平分量各自按顺时针方向旋转 45° 。接着，通过半波片，使这两个正向传播的分量各自按顺时针方向再旋转 45° 。这样，垂直线偏振变成了水平线偏振，水平线偏振变成了垂直线偏振。最后，这两个新的线偏振分量通过输出端的分离偏振器重新合成为信号光从光纤输出。

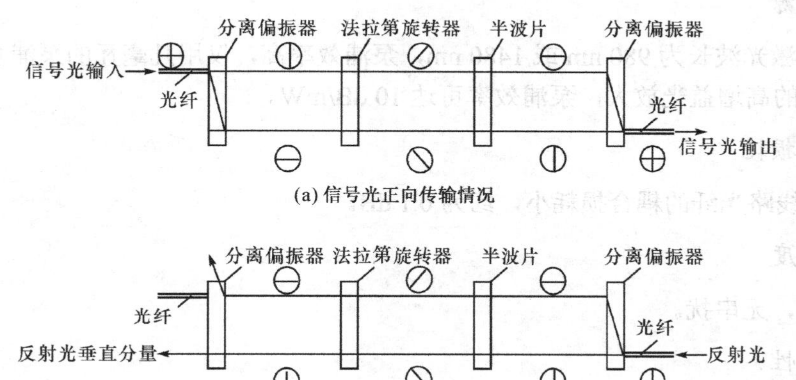

(a) 信号光正向传输情况

(b) 反射光逆向传输情况

小圆圈内的直线符号是迎光看时光矢量的振动方向

图 5-15　光隔离器工作原理

当反射光逆向传输时［见图5-15(b)］，由于分离偏振器和法拉第旋转器的作用对正向和逆向光线都一样，而半波片的作用对正向光线和逆向光线有差别，它使逆向传播的分量按逆时针方向旋转 45°，这与正向传播的旋转恰相反。可见，对逆向光线而言半波片和法拉第旋转器的旋转作用方向正好抵消。因此，反射光矢量通过分离偏振器后分解为两个正交线偏振分量，垂直分量直线通过，水平分量偏折通过。这两个分量的偏振状态，在通过半波片和法拉第旋转器的联合作用后保持不变。然后，这两个分量通过左端的分离偏振器后更加分离，不能会聚一起进入光纤，受到了阻断。

3．掺铒光纤放大器的主要指标

（1）工作波长

工作波长范围宽，增益平坦区为 1530～1565 nm，属于 C 波段。目前实用的波分复用系统多在此波段内。近几年又推出了属于 L 波段的 EDFA，也已商品化，如光迅的产品 L-band EDFA 为 1568～1604 nm（注：属于相同复用波段的一种产品，不同厂家给出的波长起止范围可能有差异）。

（2）功率增益

功率增益约为 15～40 dB，最大输出光功率约为 10～20 dBm。增益特性与光偏振状态无关，也与光的正、反向传播方向无关。

（3）噪声系数

噪声系数（即输入信噪比与输出信噪比之比值）约为 4～8 dB。主要噪声源是 ASE（放大的自发辐射）噪声。

（4）泵浦源

泵浦源的激光波长为 980 nm 或 1480 nm，泵浦效率高，仅用几毫瓦的泵浦功率就可以获得 30～40 dB 的高增益光放大，泵浦效率可达 10 dB/mW。

（5）耦合损耗

EDFA 与线路光纤的耦合损耗小，约为 0.1 dB。

（6）隔离度

隔离度大，无串扰。

（7）可靠性

结构简单，可靠性高。

（8）适用性

对传输速率和信号格式透明，适用于 PDH 和 SDH 系统。可作为功率放大器（配置在光发送器之后）、线路放大器（配置在光纤链路中）、前置放大器（配置在光接收器之前）使用。

以上是目前已实用化的 EDFA 的性能指标，随着今后研制工作的进展，许多指标会有新的提高。

5.3.4 光纤拉曼放大器（FRA）

光纤拉曼放大器（Fiber Raman Amplifier, FRA）是波分复用光纤通信系统的重要器件，下面对光纤拉曼放大器作简要讨论。

1．光纤拉曼放大器的工作原理

光纤拉曼放大器（FRA）是利用受激拉曼散射（Stimulated Raman Scattering, SRS）效应做成的一种光学器件。拉曼散射的基本原理如下：

光纤中石英玻璃的分子热运动会导致分子密度局部涨落，造成分子密度不均匀。一束泵浦光进入这样的光纤后，会与光纤中的石英玻璃分子发生能量相互作用，这时频率为 υ_P 的泵浦光子会被以频率 υ_i（i=1, 2, …）振动的石英介质分子调制而形成散射波，散射波的载频正好等于泵浦光子的频率 υ_P，载频的两侧分别出现下边频 $\upsilon_P-\upsilon_i$ 和上边频 $\upsilon_P+\upsilon_i$，下边频称为斯托克斯波，上边频称为反斯托克斯波。按照能量守恒定律，在发射斯托克斯波的同时，是发射

频率为 υ_i 的光学声子；在发射反斯托克斯波的同时，是吸收频率为 υ_i 的光学声子。以上现象称为拉曼散射。

拉曼散射与泵浦光的功率大小有关，泵浦光较弱时，产生自发拉曼散射，此时斯托克斯散射光强 I_S 随距离变化的增量正比于泵浦光强 I_P（为简单起见，忽略光纤的损耗），即

$$dI_S = g_R I_P dz$$

式中，g_R 是拉曼增益系数；z 是光纤轴向距离。积分后得到

$$I_S(z) = g_R I_P z \tag{5-11}$$

可见，自发拉曼散射光强 $I_S(z)$随距离的变化服从线性关系。自发拉曼散射只能将一小部分（约为 10^{-6}）泵浦光功率转变到一个频率下移的光束中，而且自发拉曼散射光是非相干光。

泵浦光是很强的相干光时，产生受激拉曼散射，此时斯托克斯光强 I_S 随距离变化的增量正比于泵浦光强 I_P 和斯托克斯光强 I_S 的乘积（忽略光纤的损耗），即

$$dI_S = g_R I_P I_S dz$$

积分后得到

$$I_S(z) = I_S(0)\exp(g_R I_P z) = I_S(0)\exp(G_R z) \tag{5-12}$$

式中，$G_R = g_R I_P$，称为受激拉曼散射增益因子。可见，受激拉曼散射光强 $I_S(z)$随距离的变化服从指数规律，因而散射光强远大于泵浦光强，或者说大部分泵浦光能量转移到了斯托克斯波中。此外，受激拉曼散射光是相干光。

理论已证明：拉曼增益系数 g_R 与自发拉曼散射的截面积有关。实验也测得 g_R 与频移的变化关系曲线，发现 g_R 有一个 40 THz 的很宽频率范围，并且在 13.2 THz 附近有一个大约 5 THz 的较宽主峰，称为拉曼增益带宽。拉曼增益带宽大的原因是，石英玻璃分子的振动频率 ν_i 展宽成为频带，这些频带交叠形成连续态，因而石英光纤中的拉曼增益可在一个很宽的范围内连续产生。

FRA 是利用受激拉曼散射的斯托克斯波来放大输入信号光波的，当一束波长为 λ（相应频率 $\omega = 2\pi c/\lambda$）的弱信号光与一束波长为 λ_P（$\lambda_P < \lambda$，相应频率 $\omega_P = 2\pi c/\lambda_P$）的强泵浦相干光同时在一根光纤中传输时，理论已证明：只要 $\omega_P - \omega$ 在拉曼增益带宽内，信号光波就会因拉曼增益而被放大。由于拉曼增益带宽很大，当 ω_P 固定时 ω 可以大范围取值；当 ω_P 变动时 ω 的取值范围也相应变动。所以 FRA 是一个可调宽带光放大器。

泵浦光在光纤中传输时，一部分能量 $h(\upsilon_P - \upsilon_i)$用来放大信号光，另一部分能量 $h\upsilon_i$ 转化为光学声子的能量被消耗掉。所以，随着传输距离增大，在信号光功率变大的同时，泵浦光功率会逐渐减小。

2．光纤拉曼放大器的基本结构

按照泵浦激光耦合形式的不同，FRA 可以分为两种基本结构，即正向泵浦式和反向泵浦式。正向泵浦式使用一个泵浦源，其泵浦光与信号光以相同方向进入光纤，这种方式的优点是泵浦光的功率阈值（即 SRS 所需要的最小泵浦功率）较低；反向泵浦式也使用一个泵浦源，其泵浦光与信号光以相反方向进入光纤，由于泵浦光与信号光逆向传输，两者相互作用长度变短，使泵浦光噪声对信号光的干扰减小，所以这种方式的优点是噪声系数较低。

3. 光纤拉曼放大器的主要指标

（1）工作波长

FRA 是一个可调宽带光放大器，所放大的信号光的波段随泵浦光波长而改变，故可采用合适的单波长或多波长泵浦光源来实现所需波段光信号的放大。因此，FRA 工作波长（即输入信号波长）范围宽，可以覆盖光纤通信中使用的光波长，如 1310 nm 和 1550 nm；也可以覆盖激光器输出的其他光波长，如 1240 nm 和 1400 nm 的半导体激光器信号、1570～1580 nm 的分布反馈半导体激光器信号等。

（2）拉曼增益

拉曼增益为几至几十分贝与泵浦光的功率有关，最大输出光功率超过 20 dBm。拉曼增益还与信号光和泵浦光的频率差（或波长差）有关，两者频率差为 13.2 THz（对应波长差约为 44 nm）时，拉曼增益达到峰值，峰值附近的增益平坦带宽约为 5 THz（对应波长差为 35～53 nm）。

（3）噪声系数

噪声系数为 4 dB 以上，主要噪声源是放大的自发拉曼散射（ASRS）噪声。自发拉曼散射在整个拉曼增益带宽内产生光子，所有频率的自发拉曼散射光都随信号一起在光纤中传输并得到程度不同的放大。因此，光纤拉曼放大器输出中不仅有所需要的信号，而且还包括很宽频率范围（约 10 THz 或更大）的背景噪声。

（4）泵浦源

泵浦源的波长范围很宽，可以覆盖近红外波段。泵浦光功率为几百毫瓦。

（5）适用性

适用于多波长中继放大，特别是掺铒光纤放大器（EDFA）+ 光纤拉曼放大器（FRA）的组合形式，应用比较广泛。这种组合形式的优点是：①能够将 EDFA 的一部分增益指标分割给 FRA，这样就可适当减小 EDFA 的输出光功率，从而降低 EDFA 后接光纤中的非线性影响；而 FRA 是一种分布式的结构，其功率增益是分摊在自身的较长光纤上的，其输出光功率不会对后接光纤产生非线性影响。这种组合形式可以提高通信系统的总增益，有利于超长距离通信；②能够利用 FRA 来补偿传统 EDFA 在 1560～1630 nm 波段上的增益不足，使 EDFA 的增益平坦区得以扩大，有利于密集波分复用（DWDM）。

5.3.5　光纤布里渊放大器（FBA）

激光通过光纤时，除了产生受激拉曼散射（SRS）外，还会产生受激布里渊散射（Stimulated Brillouin Scattering, SBS）。受激布里渊散射也是有分子振动参与的光散射过程，在晶体中分子振动有较高频率的光学支和低频的声学支两种，前者（称为光学声子）参与的光散射是拉曼散射，后者（称为声学声子）参与的光散射是布里渊散射。受激布里渊散射类似于受激拉曼散射，也能产生相对于入射泵浦波频率下移的斯托克斯波。但是，SBS 和 SRS 之间存在明显的不同，例如：① SBS 的入射泵浦功率阈值远低于 SRS 的入射泵浦功率阈值（泵浦功率阈值是指受激拉曼散射或受激布里渊散射所需要的最小泵浦光功率)；② 产生 SBS 的泵浦脉冲宽度不能小于 10 ns，而产生 SRS 的泵浦脉冲宽度可以是纳秒数量级甚至更小；③ SBS 的斯托克斯波只能反向传输，而 SRS 的斯托克斯波可以正、反向传输；④ SBS 的斯托克斯频移（约 10 GHz）比 SRS 的斯托克斯频移（小于 40 THz）小三个数量级；等等。利用受激布里渊散射，可以构造光纤布里渊放大器（Fiber Brillouin Amplifier, FBA），用来放大频率低于泵浦波频率（偏离一个 SBS 斯托克斯频移值）的弱光信号。

表 5-4 列出了掺铒光纤放大器（EDFA）、光纤拉曼放大器（FRA）和光纤布里渊放大器（FBA）的主要特性指标，以供对比。

表 5-4 三种光纤放大器的主要特性指标比较

特 性	EDFA	FRA	FBA
工作机理	受激辐射	受激拉曼散射	受激布里渊散射
泵浦源类型	光波	光波	光波
泵浦光波长	固定（980 nm 或 1480 nm）	可变（红外波段内）	可变（红外波段内）
泵浦光功率	一百多毫瓦	几百毫瓦	几至几十毫瓦
泵浦光耦合方式	正向、反向或双向	正向或反向	反向
功率增益	15～40 dB	几至几十 dB	20～40 dB
增益波长（受激辐射/散射光波长）	由铒能级决定（1525～1560 nm）	由泵浦光和分子振动（即光学声子）频率决定	由泵浦光和分子振动（即声学声子）频率决定
增益平坦带宽	35 nm（C 波段） 36 nm（L 波段的一部分）	5 THz	＜100 MHz
输出光功率	10～20 dBm	＞20 dBm	10 dBm 左右
噪声系数	4～8 dB	＞4 dB	约 20 dB
适用范围	多波长中继放大 应用广泛	多波长中继放大 有所应用	单波长选择放大 应用较少

5.3.6 半导体光放大器（SOA）

半导体激光二极管（LD）工作在没有或很少有光反馈的工作状态时，可以转变成为半导体光放大器（SOA）。其基本原理如下：

半导体激光二极管在加电工作初期，是依靠自发辐射的光子在光学谐振腔内来回多次反射，以激励有源区产生受激辐射的光子。为此，光学谐振腔两端须有较大的反射系数（≥32%）。如果将半导体激光二极管用来放大输入的光信号，由于连续输入的光信号能够不断激励有源区产生受激辐射的光子，从而可以取代自发辐射光子的作用，所以光学谐振腔就不需要有较大的光反馈功能了。光学谐振腔有较少光反馈时，半导体激光二极管转变成法布里-珀罗半导体激光放大器，简称法布里-珀罗放大器（FPA）；没有光反馈时，半导体激光二极管转变成行波放大器（Traveling-Wave Amplifier, TWA）。光学谐振腔减小反射系数的主要方法是在半导体解理面上镀上增透膜。

SOA 具有集成度高等特点，其主要性能指标如下：

工作波长：1310 nm 和 1550 nm 或其他值。

功率增益：15～40 dB，其中 FPA 的增益大（几十分贝），TWA 的增益小（十几分贝）。增益特性与光偏振状态有关，偏振相关增益（即两个正交偏振光的增益差值）为 0.5 dB 左右。

增益带宽（即 3 dB 带宽）：FPA 带宽窄（千分之几纳米），TWA 带宽宽（几十纳米）。

最大输出光功率（即饱和输出功率）：10～22 dBm。

噪声系数：6～9 dB。噪声源主要是放大的自发辐射（ASE）噪声。

泵浦源：电激励，使用正向直流电压。

隔离度（回射光与输出光之比值）：约为 10^{-3}。

适用性：适合用在波长变换器上（利用其非线性效应）以及其他低功率的光信号处理器件上。能与其他半导体器件做成光电集成线路（OEIC）。能在 HFC（光纤-同轴电缆混合）网络的 1310 nm 光纤链路中用作线路放大器，以补偿光纤衰减和下游分路损耗。

习　题　5

5.1　何谓光波分复用（OWDM）、光时分复用（OTDM）和光码分复用（OCDM）技术？

5.2　何谓微波副载波复用（SCM）、相干光通信和光纤孤子（Soliton）通信技术？

5.3　目前常用光纤的低损耗区宽度有几个？波长范围是多少？

5.4　频带宽度 Δf 与波长宽度 $\Delta\lambda$ 之间的关系式 $\Delta f=(c/\lambda^2)\Delta\lambda$ 是怎样得来的？

5.5　WDM, DWDM, CWDM, BWDM 和 OFDM 之间有何异同？

5.6　20 世纪 90 年代以来的新一代光纤通信系统是怎样的系统？

5.7　波分复用通信系统的工作过程是怎样的？其主要优点有哪些？

5.8　波分复用系统的主要特性指标有哪些？其物理意义是什么？

5.9　单向波分复用系统和双向波分复用系统有何异同？

5.10　何谓波分复用器件？有哪三种类型？每种类型各包含哪些器件？

5.11　光纤耦合器的分波原理是什么？何谓 3 dB 耦合器？

5.12　查阅光纤耦合器产品手册时，可以见到附加损耗（Excess Loss）、耦合比［Coupling Ratio，或称为分支比（Splitting Ratio）］和插入损耗（Insertion Loss）等性能参数，其定义分别为

$$\text{附加损耗}\ \alpha_{\mathrm{ex}}=10\lg\frac{\text{光纤耦合器某一输入端口的入射光功率}}{\text{光纤耦合器所有输出端口的出射光功率之和}}\ (\mathrm{dB})$$

$$\text{耦合比}\ C_{\mathrm{R}}=\frac{\text{光纤耦合器某一输出端口的出射光功率}}{\text{光纤耦合器所有输出端口的出射光功率之和}}$$

$$\text{插入损耗}\ \alpha_{\mathrm{in}}=10\lg\frac{\text{光纤耦合器某一输入端口的入射光功率}}{\text{光纤耦合器某一输出端口的出射光功率}}\ (\mathrm{dB})$$

试问：（1）附加损耗、耦合比和插入损耗的物理意义是什么？（2）α_{ex}, C_{R} 与 α_{in} 之间有怎样的关系？（3）若某光纤耦合器（端口数为 1 × 2 或 2 × 2）的 α_{ex} 为 0.15 dB，C_{R} 为 0.01/0.99（即两输出端口功率不均匀分配），则 α_{in} 等于多少？若 C_{R} 为 0.50/0.50（即两输出端口功率均匀分配），α_{in} 又等于多少？

5.13　何谓光纤的偏振模色散（PMD）和高阶色散？

5.14　何谓光纤的非线性效应？

5.15　何谓自相位调制（SPM）？有什么危害？

5.16　何谓交叉相位调制（XPM）？有什么危害？

5.17　证明自相位调制能够导致光纤中光脉冲前沿的频谱红移、后沿的频谱蓝移。

5.18　何谓四波混频（FWM）？有什么危害？

5.19　新型光纤有哪四种？

5.20　画出光电转换型中继器的基本组成框图，并说明各单元的功能是什么？与光端机的结构有何异同？

5.21　光放大器有哪些类型，其主要特点是什么？能作为中继器使用的有哪几种？

5.22　何谓掺铒光纤（EDF）？它有几个能级，各有什么特点？

5.23　掺铒光纤的主要受激吸收过程有几个，对应波长是多少？哪个受激吸收过程能实现电子数反转分布？

5.24　掺铒光纤的辐射过程有几个，各有什么特点？

5.25　掺铒光纤放大器中为何需要光隔离器？光隔离器是利用什么原理制成的？

5.26　从产生区域和能级来看，EDFA 和 LD（激光二极管）的受激辐射有何区别？

5.27　拉曼散射（RS）的基本原理是什么？何谓自发拉曼散射和受激拉曼散射？

5.28　何谓斯托克斯（Stokes）波和反斯托克斯波？

5.29　光纤拉曼放大器（FRA）如何利用斯托克斯波来放大输入信号光波？

5.30　何谓拉曼增益带宽？什么原因使得拉曼增益带宽很大？

5.31　受激拉曼散射（SRS）与受激布里渊散射（SBS）有何异同？

5.32　拉曼散射光是相干光吗？布里渊散射光是相干光吗？

5.33　掺铒光纤放大器与光纤拉曼放大器的组合应用有何优点？

第 6 章　光纤数字通信系统的传输规范

6.1　光纤数字通信系统的两种主要传输制式

6.1.1　准同步数字系列（PDH）

1．基本概念

传统的数字通信是准同步复用方式，相应的数字复用系列称为准同步数字系列（Pseudosynchronous Digital Hierarchy, PDH）。ITU-T G.702 规定，准同步数字系列有以下两种标准。

一种是北美和日本采用的 T 系列，它将语音采样间隔时间 125 μs 分成 24 个时隙（每个时隙含 8 bit），再加上 1 bit 帧同步，总共 193 bit 构成一个基群帧（或称为基群子帧）。每个时隙的最末位（bit）是信令，其余 7 个 bit 是信息，24 个时隙分别装入 24 个话路的信息。所以，T 系列的一次群（即基群）T_1 速率= 193 b/125 μs = 1.544 Mb/s。

另一种是欧洲和中国采用的 E 系列，它将语音采样间隔时间 125 μs 分成 32 个时隙，每个时隙含 8 bit，总共 256 bit 构成一个基群帧（或称为基群子帧）。其中，第 0 号时隙（即首时隙）为帧同步，第 16 号时隙为信令，其余 30 个时隙分别装入 30 个话路的信息。所以，E 系列的一次群（即基群）E_1 速率= 256 b/125 μs = 2.048 Mb/s。表 6-1 所示是 T 系列和 E 系列各等级的速率。可以看出，T 系列和 E 系列一个话路的速率都等于 64 kb/s，而其他各等级速率两者不同。

表 6-1　准同步数字系列 PDH 各等级速率

PDH 等级	速 率/(kb/s)		
	T 系列（北美、日本采用）		E 系列（欧洲、中国采用）
一个话路	64		64
一次群（基群）	1544		2048
二次群	6312		8448
三次群	44 736（北美）	32 064（日本）	34 368
四次群		97 728（日本）	139 264

2．PDH 复用

PDH 的 T 系列和 E 系列各等级复用关系如图 6-1 所示。其中，方框内的数字从上到下依次为各等级速率，两个方框之间带有×号的数字表示由这两个方框的低速率等级到高速率等级之间转换的复用数，或者反过来表示由这两个方框的高速率等级到低速率等级之间转换的解复用数。可以看出，无论 T 系列或 E 系列，相邻两个等级由低速率复用成高速率时，需要在低速率一边插入一些额外开销比特以便复用后能与规定的高速率相同。

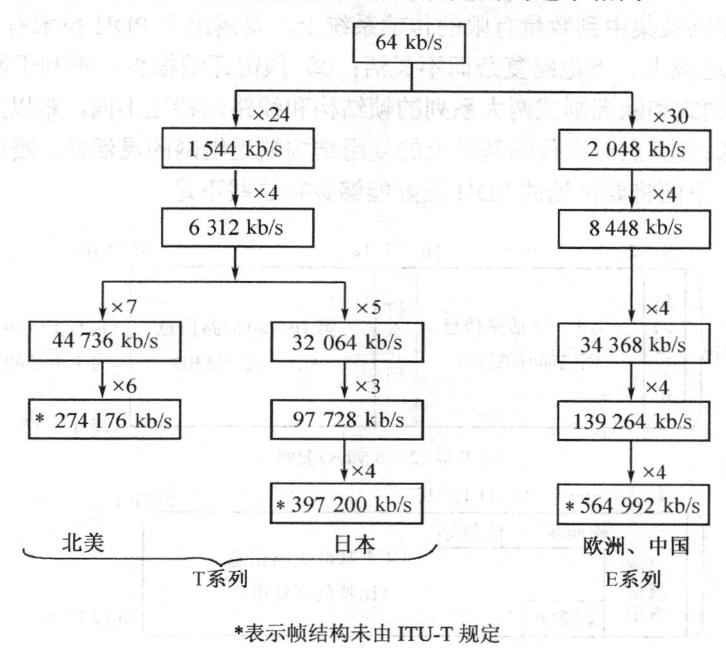

图 6-1　PDH的T系列和E系列各等级复用关系图

3．PDH 帧结构

图6-2 是准同步数字系列（PDH）的帧结构。图中所示为矩形块状帧，其传输顺序自上而下逐行进行，每行从左到右传输。从图 6-2 中可以看出 PDH 帧结构的以下几个特点。

（1）基群子帧频率为 8 kHz（即 1/125 μs），复帧频率为 0.5 kHz（即 1/125 μs÷16），子帧频率与其所装载的每个话路信息的采样频率 8 kHz 一致；而二至四次群帧频分别为 9.962 kHz（即 1/100.379 μs）, 22.375 kHz（即 1/44.693 μs）和 47.562 kHz（即 1/21.025 μs），分别与它们所装载的每个低次群支路的帧频不一致。

（2）基群复帧装载的信息是按字节间插（即各路字节间隔相插）复用的，复帧结构排列规则，提取支路信息容易；而二至四次群帧装载的信息是按比特间插复用，帧结构排列不规则，提取支路信息麻烦。

（3）基群复帧中不需要码速调整字节（因为各个支路信号进入基群设备复用时使用同一个时钟）；而二至四次群帧中有码速调整比特（占位一行共 4 个比特，分别用于 4 个支路），在装载（即复用）支路信息时，当某一支路速率低于群路速率时，则在相应的调整比特中插入 1 个非信息的填充比特，同时相应的码速调整指示（在二次群和三次群帧中占位 3 行 ×4 列比特，在四次群帧中占位 5 行 × 4 列比特，每列比特分别用于 4 个支路）置为全“1”，表示有插入；而在正常情况下，码速调整指示置为全“0”，表示无插入，此时调整比特装载各支路信息。具有上述特点的基群称为同步复用，二至四次群称为准同步复用。

PDH 技术的产生，是从传统的铜缆市话中继通信开始应用数字传输技术的时候出现的，PDH 技术能够适应传统电信网点对点的传输特点。然而，随着高速光纤通信系统在电信网中的应用，更多的话路被集中到数量有限的传输系统上，暴露出了 PDH 技术有以下一些不足，即：① 逐级复用造成上、下电路复杂而不灵活；② 预留开销很少，不利于网络运行、管理和维护；③ 北美制式和欧洲制式两大系列的帧结构和线路码特性不同，难以兼容，不能用简单的办法实现互通；④ 点对点传输基础上的复用结构缺乏组网的灵活性，难以组建具有自愈能力的环形网等。下面将要讨论的 SDH 正好能够弥补这些不足。

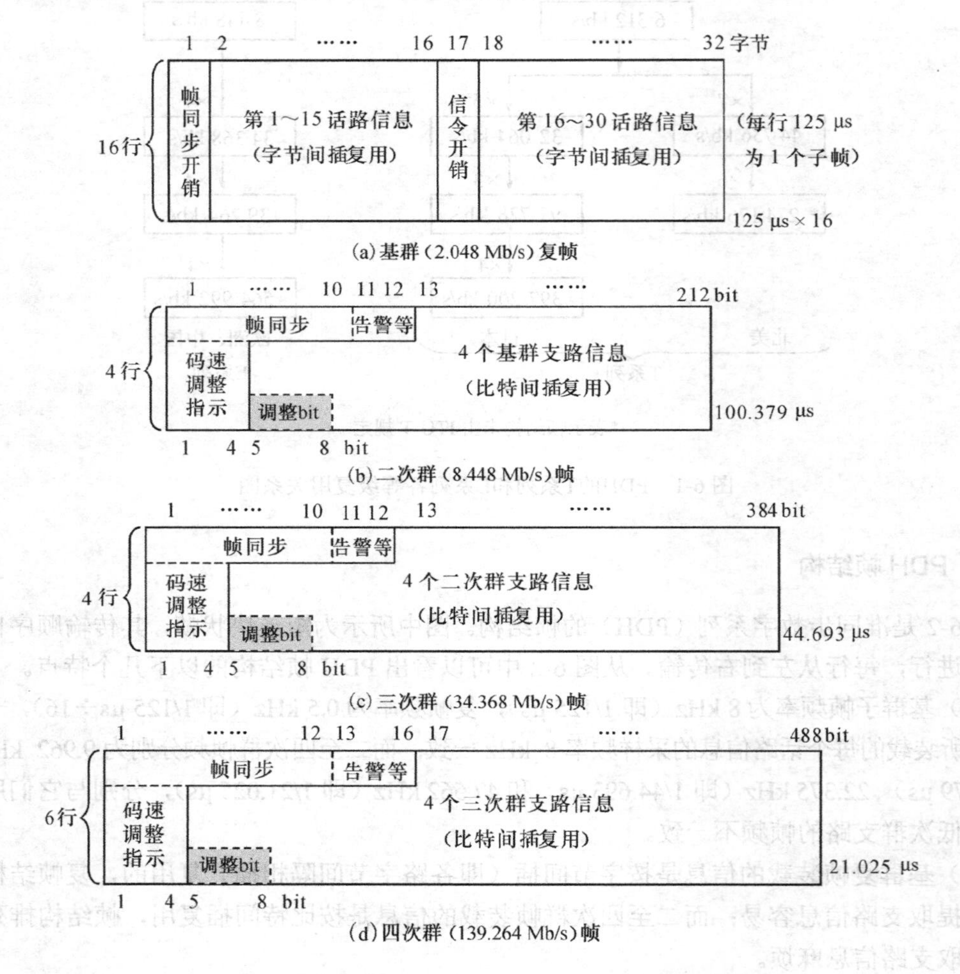

图 6-2　准同步数字系列（PDH）的帧结构

6.1.2　同步数字系列（SDH）

1. 基本概念

同步数字系列（Synchronous Digital Hierarchy, SDH）是 ITU-T 于 1988 年在美国贝尔（Bell）实验室的同步光网络（Synchronous Optical Network, SONET）标准基础上修改建立的一种新的传输体制。SDH 解决了准同步数字系列（PDH）不能适应光纤通信发展而出现的一些问题。同步数字系列（SDH）的出现，是高速率光纤通信在全球迅速发展的必然产物。

同步数字系列（SDH）的最基本速率等级是 STM-1，其速率为 155.520 Mb/s。其他高速率等级分别为 STM-4, STM-16, STM-64 和 STM-256。这些等级的速率之间恰为整倍数关系。例如，STM-4, STM-16, STM-64 和 STM-256 的速率分别是 STM-1 速率的 4, 16, 64 和 256 倍。这些速率等级分别由一个或多个 AUG（管理单元组，见下文定义）复用并加上相应的开销字节而构成。由于各个 AUG 的比特速率保持一致（码速调整已在 AUG 之前进行），故称 SDH 速率等级的复用为同步复用。SDH 各等级速率及各等级之间的复用关系分别如表 6-2 及图 6-3 所示。

表 6-2　同步数字系列（SDH）各等级速率

SDH 等级	速率(kb/s)
STM-1	155 520
STM-4	622 080
STM-16	2 488 320
STM-64	9 953 280
STM-256	39 813 120

注：在 STM-1 等级之前还有 STM-0 等级，速率为 51 840 kb/s，供无线通信用

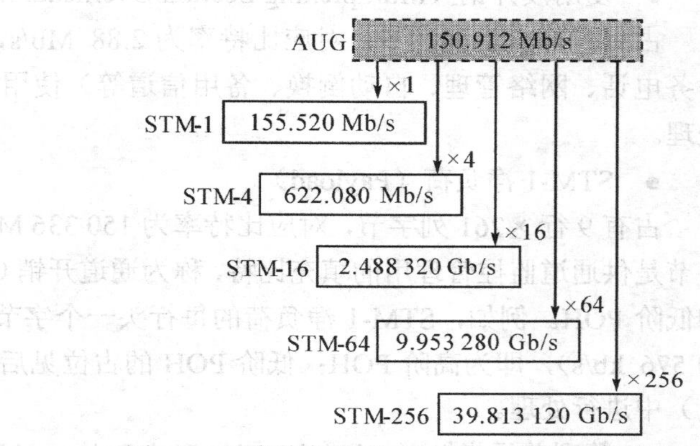

图 6-3　同步数字系列（SDH）各等级复用关系图

2. SDH 帧结构

图 6-4 是 SDH 中 STM-1 的帧结构。它采用矩形块状帧格式，纵向共有 9 行，横向共有 270 列字节。所以，一帧由 9 行 ×270 列的字节构成。STM-1 帧的传输顺序是：从第 1 行开始自上而下逐行进行，每行字节按照从左到右的顺序依次传输，直到整个 9 × 270 个字节都传送完毕，便转入下一帧的传输。ITU-T 规定：STM-1 每帧占有时间为 125 μs，即帧的传输速率是 8000 帧/s（或帧频为 8 kHz）。所以，STM-1 每一帧总的比特速率为 9 × 270 × 8 b/125 μs =155.52 Mb/s，STM-1 每个字节总的比特速率为 155.52 Mb/s÷(9×270) = 64 kb/s。也可以这样计算：由于帧频为 8 kHz，故每个比特的传输速率为 8 kb/s ，因而 STM-1 每个字节总的比特速率为 8 kb/s×8＝64 kb/s，所以 STM-1 每一帧总的比特速率为 64 kb/s×9×270＝155.52 Mb/s。

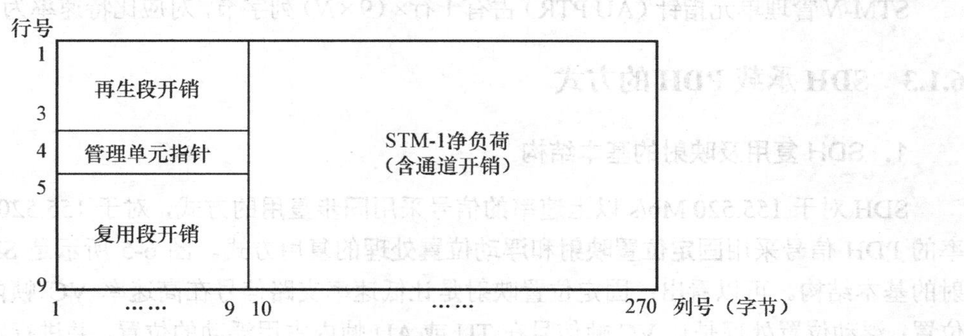

图 6-4　STM-1 帧结构

STM-1 帧结构排列规则，其净负荷中的信息也是按字节间插复用构成的，这个特点与 PDH 的基群复帧结构相似。

STM-1 帧结构中各字段意义如下：

- 再生段开销（Regenerator Section Overhead, RSOH）

占有 3 行 ×9 列字节，对应比特率为 64 kb/s × 3 × 9 = 1.728 Mb/s，是供再生段维护管理（如帧定位、差错检验、公务电话、网络管理、专用维护等）使用的附加字节。再生段开销在中继站进行处理。

- 复用段开销（Multiplexing Section Overhead, MSOH）

占有 5 行 × 9 列字节，对应比特率为 2.88 Mb/s，是供复用段维护管理（如差错检验、公务电话、网络管理、自动倒换、备用信道等）使用的附加字节。复用段开销在终端站进行处理。

- STM-1 净负荷（Payload）

占有 9 行 ×261 列字节，对应比特率为 150.336 Mb/s，用来存放各种业务信息。其中少量字节是供通道监控管理用的填充比特，称为通道开销（Path Overhead, POH），又分为高阶 POH 和低阶 POH。例如，STM-1 净负荷的每行头一个字节构成的一个 9 × 1 字节列（对应比特率为 576 kb/s），即为高阶 POH；低阶 POH 的占位见后面介绍。通道开销在虚容器（见下面定义）中进行处理。

- 管理单元指针（Administration Unit Pointer, AU PTR）

占有 1 行 ×9 列字节，对应比特率为 576 kb/s，用来指示 STM-1 净负荷的起始字节在 STM-1 帧内的位置，以便接收端正确分解。

一般而言，STM-N 帧结构为 9 行×(270 × N) 列字节，N 表示 SDH 的速率等级（N = 1, 4, 16, 64, 256）。STM-N 每帧占有时间也为 125 μs（即帧传输速率为 8000 帧/s），即 STM-N 每个字节总的比特速率为 8 kb/s × 8 = 64 kb/s，STM-N 每帧总的比特速率为 64 kb/s × 9 ×（270 × N）=155.52 Mb/s × N。其中：

STM-N 再生段开销（RSOH）占有 3 行×（9 × N）列字节，对应比特速率为 64 kb/s × 3 ×（9 × N）=1.728 Mb/s × N；

STM-N 复用段开销（MSOH）占有 5 行×（9 × N）列字节，对应比特速率为 2.88 Mb/s × N；

STM-N 净负荷（Payload）：占有 9 行×（261 × N）列字节，对应比特速率为 150.336 Mb/s × N；

STM-N 管理单元指针（AU PTR）占有 1 行×（9 × N）列字节，对应比特速率为 576 kb/s × N。

6.1.3　SDH 承载 PDH 的方式

1．SDH 复用及映射的基本结构

SDH 对于 155.520 Mb/s 以上速率的信号采用**同步复用**的方式，对于 155.520 Mb/s 以下速率的 PDH 信号采用**固定位置映射**和**浮动位置处理**的复用方式。图 6-5 所示是 SDH 复用及映射的基本结构。可以看出：固定位置映射是让低速率支路信号在高速率 VC 帧内占用固定的位置；浮动位置处理是让 VC 帧信号在 TU 或 AU 帧内占用浮动的位置，并进行定位处理使收发信号保持同步。

图 6-5 中各个符号的意义分别如下：

● 容器 C（Container）

它是具有一定格式的帧结构，用来接收相应速率等级的 PDH 信号，并进行速率适配。

ITU-T G.709 规定了 5 种标准容器，即容器 C-11 接收速率为 1.544 Mb/s（即 T 系列基群），容器 C-12 接收速率为 2.048 Mb/s（即 E 系列基群），容器 C-2 接收速率为 6.312 Mb/s（即 T 系列二次群），容器 C-3 接收速率为 34.368 Mb/s 和 44.736 Mb/s（即 E 和 T 系列三次群），容器 C-4 接收速率为 139.264 Mb/s（即 E 系列四次群）。其中 C-11, C-12 和 C-2 的帧周期为 500 μs，C-3 和 C-4 的帧周期为 125 μs。为了与 125 μs 周期的帧相区别，可以将 500 μs 周期的帧称为复帧。

注：C-11 和 C-12 中的第一位数字 1 表示基群，第二位数字 1 和 2 分别表示 PDH 的 T 和 E 系列；C-2, C-3 和 C-4 中的数字分别表示二次群、三次群和四次群。以下符号同此规定。

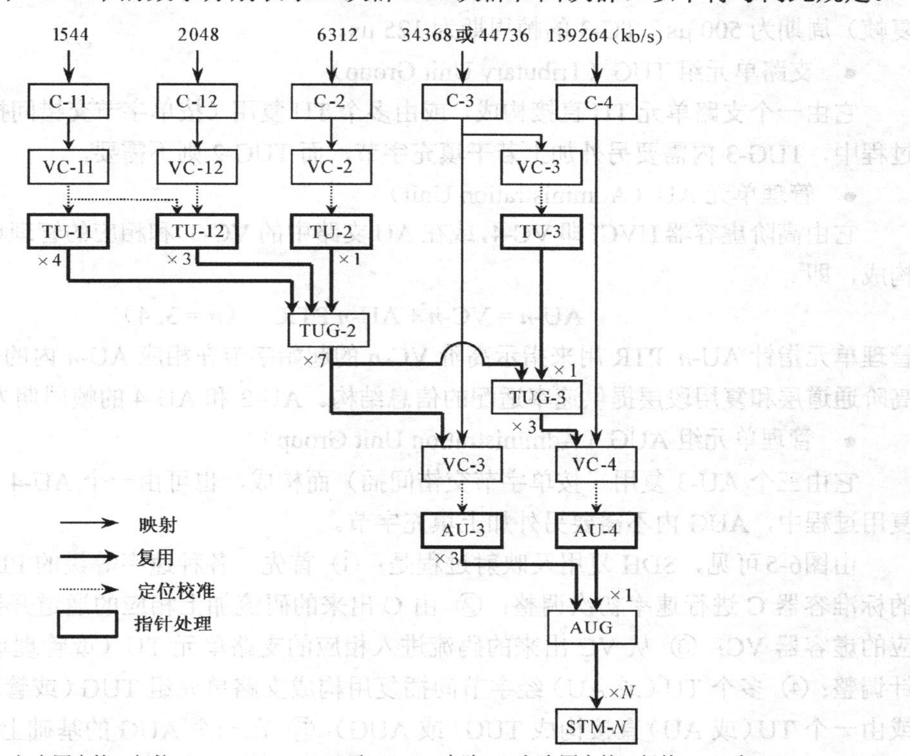

低阶 VC 包含图中第 2 行的 VC-11, VC-12, VC-2 和 VC-3；高阶 VC 包含图中第 6 行的 VC-3 和 VC-4

图 6-5　SDH复用及映射的基本结构

● 虚容器 VC（Virtual Container）

它由容器 C 的帧信息加上相应的通道开销 POH 而构成，即

$$\text{VC-}n = \text{C-}n + \text{VC-}n\ \text{POH} \quad (n=11, 12, 2, 3, 4) \tag{6-1}$$

容器 C-*n* 也可称为虚容器 VC-*n* 的净负荷。通常，VC-11, VC-12 和 VC-2 称为低阶虚容器（LVC），其帧（即复帧）周期为 500 μs；VC-4 称为高阶虚容器（HVC），其帧周期为 125 μs。而 VC-3 既可作为低阶虚容器（在 TU 支路中），也可作为高阶虚容器（在 AU 支路中），其帧周期为

125 μs。虚容器 VC-n 是具有一定通信管理功能的基本信息结构，它本身不能在 SDH 网中单独地传输，只允许装载在 STM-N 帧内传输，并且在传输过程中 VC-n 始终保持完整性，可以作为一个独立实体从 SDH 网中任一点分出或插入以便进行所需要的处理。所以，发端和收端的 VC-n 构成了信息通道的逻辑连接，称为通道层，其中低阶虚容器（LVC）构成低阶通道（LP）层，高阶虚容器（HVC）构成高阶通道（HP）层。

● 支路单元 TU（Tributary Unit）

它由低阶虚容器 LVC（即 VC-11, VC-12, VC-2 以及在 TU 支路中的 VC-3）和相应的支路单元指针 TU PTR（Tributary Unit Pointer）构成，即

$$\text{TU-}n = \text{VC-}n + \text{TU-}n\ \text{PTR} \quad (n=11, 12, 2, 3) \tag{6-2}$$

支路单元指针 TU-n PTR 用来指示低阶 VC-n 的起始字节在相应支路单元 TU-n 内的位置。TU-n 是为低阶通道层和高阶通道层之间提供速率适配的信息结构。TU-11, TU-12 和 TU-2 的帧（即复帧）周期为 500 μs，TU-3 的帧周期为 125 μs。

● 支路单元组 TUG（Tributary Unit Group）

它由一个支路单元 TU 直接构成，或由多个 TU 复用（按单字节交错间插）而构成。复用过程中，TUG-3 内需要另外加上若干填充字节，而 TUG-2 则不需要。

● 管理单元 AU（Administration Unit）

它由高阶虚容器 HVC（即 VC-4，或在 AU 支路中的 VC-3）和相应的管理单元指针 AU PTR 构成，即

$$\text{AU-}n = \text{VC-}n + \text{AU-}n\ \text{PTR} \quad (n = 3, 4) \tag{6-3}$$

管理单元指针 AU-n PTR 用来指示高阶 VC-n 的起始字节在相应 AU-n 内的位置。AU-n 是为高阶通道层和复用段层提供速率适配的信息结构。AU-3 和 AU-4 的帧周期为 125 μs。

● 管理单元组 AUG（Administration Unit Group）

它由三个 AU-3 复用（按单字节交错间插）而构成，也可由一个 AU-4 直接构成 AUG。复用过程中，AUG 内不需要另外加上填充字节。

由图6-5可见，SDH 复用及映射过程是：① 首先，各种速率等级的 PDH 码流进入相应的标准容器 C 进行速率初次调整；② 由 C 出来的码流加上相应的通道开销 POH 构成了相应的虚容器 VC；③ 从 VC 出来的码流进入相应的支路单元 TU（或管理单元 AU）进行指针调整；④ 多个 TU（或 AU）经字节间插复用构成支路单元组 TUG（或管理单元组 AUG），或由一个 TU（或 AU）直接构成 TUG（或 AUG）；⑤ 在一个 AUG 的基础上附加段开销 SOH 便直接构成 STM-1，或由 N 个 AUG 经字节间插复用并加上相应的段开销 SOH 构成了 STM-N。

以上各类复用映射单元的主要参数列出在表 6-3 中。

注意：表 6-3 中帧结构一栏中的粗黑体等式表示等价的两种复帧结构，其中，等号左边的数字表示由线状子帧组成的原始形式的复帧，等号右边的数字表示由矩形块状子帧组成的等价形式的复帧。例如，TU-11 的帧结构为 $\mathbf{4 \times 27 = 4(9 \times 3)}$，则等号左边表示原始形式的复帧（500 μs）由 4 行 ×27 列字节构成，其中每行是 1 个线状子帧有 1 行 ×27 列字节（125 μs），共有 4 个线状子帧；等号右边表示等价形式的复帧由 4 个矩形块状子帧组成，每个矩形块状子帧有 9 行 ×3 列字节（125 μs）。

表 6-3 中列出复帧结构的等价表示，是为了在下文中能够方便地描述周期为 500 μs 和 125 μs 帧信号之间的装载（见图 6-18）。

表 6-3　SDH 复用及映射基本结构的主要参数

类　型		帧结构（字节）	帧周期/μs	速率/(Mb/s)
容　器	C-11	4×25	500（复帧）	1.600
	C-12	4×34	500（复帧）	2.176
	C-2	4×106	500（复帧）	6.784
	C-3	9×84	125	48.384
	C-4	9×260	125	149.760
虚容器	VC-11	4×26	500（复帧）	1.664
	VC-12	4×35	500（复帧）	2.240
	VC-2	4×107	500（复帧）	6.848
	VC-3	9×85	125	48.960
	VC-4	9×261	125	150.336
支路单元	TU-11	**4×27 = 4（9×3）**	500（复帧）	1.728
	TU-12	**4×36 = 4（9×4）**	500（复帧）	2.304
	TU-2	**4×108 = 4（9×12）**	500（复帧）	6.912
	TU-3	3×1（指针）+ 9×85	125	49.152
支路单元组	TUG-2	**4×108 = 4（9×12）**	500（复帧）	6.912
	TUG-3	9×86	125	49.536
管理单元	AU-3	1×3（指针）+ 9×87	125	50.304
	AU-4	1×9（指针）+ 9×261	125	150.912
管理单元组	AUG	1×9（指针）+ 9×261	125	150.912
SDH 帧	STM-1	9×270	125	155.520
	STM-*N*	9×(270×*N*)	125	155.520×*N*

2．通道开销 POH

通道开销分为两类：VC-11, VC-12 和 VC-2 的 POH 统称为低阶 POH（即 LPOH）；VC-3 和 VC-4 的 POH 统称为高阶 POH（即 HPOH）。

（1）低阶通道开销（LPOH）的结构

低阶 POH 的结构（4 × 1 字节）如图 6-6 所示，它是由 4 个字节 V5, J2, N2 和 K4 组成的。其中，V5 和 K4 字节的 8 比特结构也画在图 6-6 的右方。 几种低阶 POH 的位置分别列出在表 6-4 中，可见，低阶 POH 的 4 个字节分别位于低阶 VC 复帧结构的第一列 4 个字节（即 VC 复帧中 4 个子帧的第 1 个字节）内。

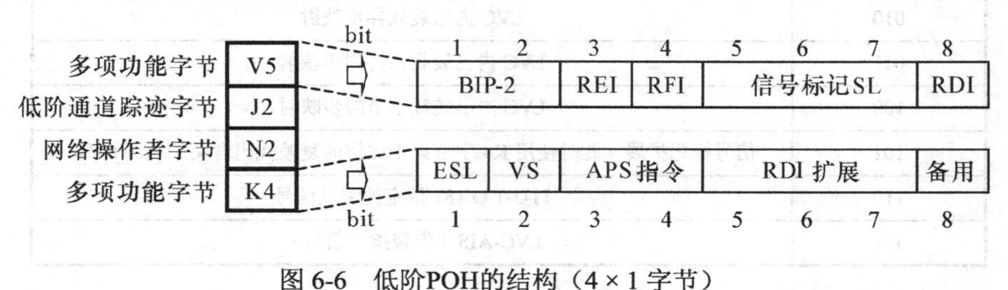

图 6-6　低阶POH的结构（4 × 1 字节）

表 6-4　通道开销 POH 类型特点

类　型		结　构	位　置
低阶 POH	VC-11 POH	4 个字节：V5, J2, N2, K4	位于 VC-11 复帧结构（4 行×26 列字节）的第 1 列
	VC-12 POH		位于 VC-12 复帧结构（4 行×35 列字节）的第 1 列
	VC-2 POH		位于 VC-2 复帧结构（4 行×107 列字节）的第 1 列
高阶 POH	VC-3 POH	9 个字节：J1, B3, C2, G1, F2, H4, F3, K3, N1	位于 VC-3 帧结构（9 行×85 列字节）的第 1 列
	VC-4 POH		位于 VC-4 帧结构（9 行×261 列字节）的第 1 列

下面分别说明低阶 POH 结构各字节的含义。

- 多项功能字节 V5

V5 的第 1, 2 比特用于低阶通道误码监测，采用 BIP-2 校验。所谓 BIP（Bit Interleaved Parity），是指比特间插奇偶校验。由于 V5 用两个比特监测误码，故称为 BIP-2 校验。具体校验方法是：在通道的发送端将低阶 VC 一帧内的所有比特按照顺序划分为两个比特一组，然后对各组第 1 比特的码值进行统计，若其中的“1”码个数为奇数则记为 1，为偶数则记为 0（即偶 0 奇 1 规则），然后存入下一帧 V5 字节的第 1 比特内。采用同样的方法，可以统计出该帧各组第 2 比特的 BIP 值，同时存入下一帧 V5 字节的第 2 比特内。通道的接收端对接收到的该帧进行同样的 BIP-2 计算，并与随后接收到的下一帧中的 V5 第 1, 2 比特值相比较，以检验是否有误码。

V5 的第 3 比特是低阶通道远端差错指示（LP-REI），用来将通道接收端的差错状况回传给通道发送端，置“1”表示有 BIP-2 差错，置“0”表示无差错。

V5 的第 4 比特是低阶通道远端失效指示（LP-RFI，仅用于 VC-11），用来将通道接收端的失效状况回传给通道发送端，置“1”表示有失效，置“0”表示无失效。

V5 的第 5～7 比特是低阶通道信号标记（LP-Signal Label, LP-SL），用来表示低阶 VC 内的信息类别。表 6-5 给出了这三个比特的代码含义。

V5 的第 8 比特是低阶通道远端缺陷指示（LP-RDI），用来将通道接收端的缺陷状况回传给通道发送端，置“1”表示低阶通道远端有缺陷（如出现告警指示 AIS、低阶通道未装载 LP-UNEQ 或低阶通道踪迹标志失配 LP-TIM 等），置“0”表示正常（**注：失效即发生了故障，失效的后果比缺陷要严重**）。

表 6-5　V5 字节中信号标记 SL 的代码含义

第 5～7 比特	含　义
000	LVC（低阶 VC）内未装载信息
010	LVC 内已装载异步映射
011	LVC 内已装载比特同步映射
100	LVC 内已装载字节同步映射
101	信号标记扩展（此时使用 K4 字节第 1 比特的复帧代码含义，见图 6-7）
110	ITU-T O.181 规定的测试信号
111	LVC-AIS（告警指示信号）

● 低阶通道踪迹字节 J2

J2 用来重复发送低阶通道接入点识别符（Access Point Identifier, API），以供低阶通道接收端确认自己与发送端是否持续保持连接状态。所谓 API，通常是一个有规定格式的16 字节编号，用连续 16 个低阶 VC 帧的 J2 字节组成一个 16 字节的复帧来传送它。

● 网络操作者字节 N2

N2 用于低阶通道串联连接监测。

● 多项功能字节 K4

K4 字节的第 1 比特用来扩展信号标记（Extended Signal Label, ESL），其复帧结构如图 6-7 所示，它必须在 V5 字节的第 5～7 比特置“101”时方可使用。K4 的第 2 比特（也是用 32 个 K4 的第 2 比特构成复帧）用来指示低阶虚容器（VC-11, VC-12 或 VC-2）虚级联（Virtual Concatenation）复帧及序列号（简称虚序列，Virtual Series，VS）。K4 的第 3, 4 比特用来传送低阶通道自动保护倒换（APS）指令。K4 的第 5～7 比特用来扩展低阶通道远端缺陷指示，如指针丢失（Loss Of Pointer, LOP）、信号标记失配（Signal Label Mismatch, SLM）等。K4 的第 8 比特备用。

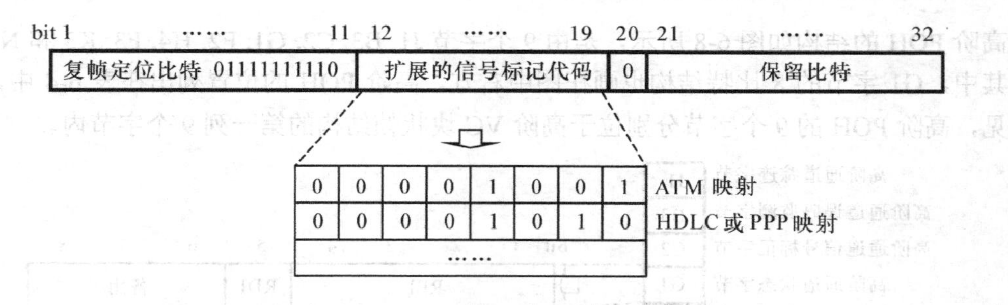

复帧中的 32 个比特分别由 32 个低阶 POH 内的 K4 字节第 1 比特组成；

ATM 为异步传输模式，HDLC 为高级数据链路控制协议，PPP 为点对点协议

图 6-7　K4 字节第 1 比特扩展信号标记的复帧结构

所谓级联，是指当业务信息的速率大于图 6-5 中标准容器 C 的额定速率时，可以用 ITU-T G.707 定义的级联容器 C 来装载该业务信息。级联容器 C 的符号是 C-*n*-*X*c，其中 n=11, 12, 2, 3, 4；X=1, 2, …；末尾 c 表示业务信息是连续装载的。级联容器 C-*n*-*X*c 的特点是：速率容量大（见表 6-6）。当 X=1 时，C-*n*-1c 就是标准容器 C-*n*，故 C-*n*-*X*c 的速率容量是标准容器 C-*n* 速率容量的 X 倍。

所谓虚级联，是指在发送端将装载了业务信息的一个级联容器 C-*n*-*X*c，按帧列交错拆分映射（即分装）到 X 个独立的虚容器 VC-*n* 中，每个 VC-*n* 的 POH 标明复帧（即拆分前的帧）及序列号，每个 VC-*n* 装载在 STM-*N* 帧内在 SDH 网中完整地传输。这 X 个独立的虚容器 VC-*n* 合称为虚级联虚容器 VC，其符号是 VC-*n*-*X*v（v 表示业务信息被分拆了）。在接收端按照复帧及序列号将各个 VC-*n* 的净负荷重组成 C-*n*-*X*c，以取出业务信息。

表 6-6　级联容器 C-*n*-*X*c 的类型参数

类　型	*X* 取 值	速率容量/(Mb/s)
C-11-*X*c	1～28	1.600～44.800
	1～64	1.600～102.400
	1～64	1.600～102.400
C-12-*X*c	1～21	2.176～45.696
	1～63	2.176～137.088
	1～64	2.176～139.264
C-2-*X*c	1～7	6.784～47.488
	1～21	6.784～142.464
	1～64	6.784～434.176
C-3-*X*c	1～256	48.384～12 386.304
C-4-*X*c	1～256	149.760～38 338.560

（2）高阶通道开销（HPOH）的结构

高阶 POH 的结构如图 6-8 所示，是由 9 个字节 J1, B3, C2, G1, F2, H4, F3, K3 和 N1 组成的。其中，G1 字节的 8 比特结构也画在图中右方。高阶 POH 的位置列出在表 6-4 中，由此表可见，高阶 POH 的 9 个字节分别位于高阶 VC 块状帧结构的第一列 9 个字节内。

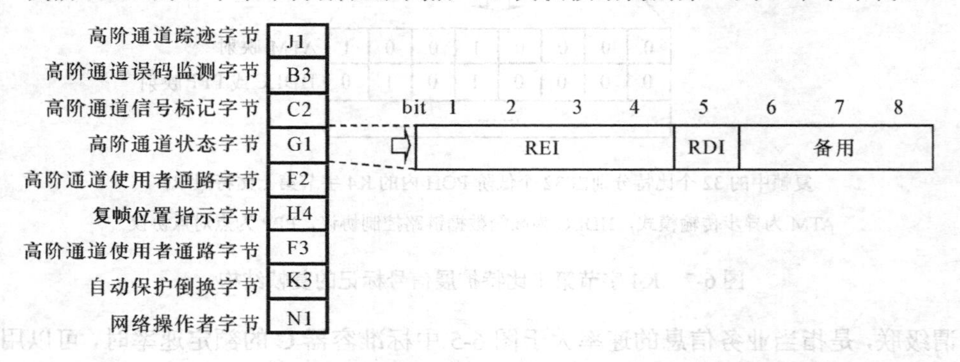

图 6-8　高阶POH结构（9 × 1 字节）

下面分别说明高阶 POH 结构各字节的含义：

- 高阶通道踪迹字节 J1

J1 用来重复发送高阶通道接入点识别符（API），以供高阶通道接收端确认自己与发送端是否持续保持连接状态。

- 高阶通道误码监测字节 B3

B3 采用 BIP-8 校验。其方法是在通道发送端对高阶 VC 一帧内所有字节的第 1～8 比特码值分别进行 BIP 统计，其结果对应存入其后一帧 B3 字节的 8 个比特内。通道接收端对接收到的每一帧进行类似的计算，并与随后接收到的 B3 值相比较，检验误码是否发生。

- 高阶通道信号标记字节 C2

C2 用来标记高阶 VC 内的信息类别，表 6-7 所示是 C2 字节的部分代码含义。

表 6-7　C2 字节的部分代码含义

C2 字节	十六进制	含　义
0000 0000	00	HVC（高阶 VC）内未装载信息
0000 0010	02	HVC 内已装载 TUG
0000 0100	04	异步映射 34.368Mb/s 或 44.736 Mb/s 信息进入 C-3
0001 0010	12	异步映射 139.264 Mb/s 信息进入 C-4
0001 0011	13	ATM 映射
0001 0100	14	DQDB（分布式队列双总线）映射
0001 0101	15	FDDI（光纤分布式数据接口）映射
0001 0110	16	PPP 或 HDLC 映射

- 高阶通道状态字节 G1

G1 用来将通道接收端的状态检测信息回送到通道发送端。其中，前 4 个比特是高阶通道远端差错指示（HP-REI），用来存放由通道接收端 B3 字节的 BIP-8 检测出的误块（Errored Block, EB）数。所谓“块”，是指高阶 VC 帧的整体，其中只要有一个或多个比特出现差错，就视该块（即高阶 VC 帧）有误。G1 的第 5 个比特是高阶通道远端缺陷指示（HP-RDI），置“1”表示高阶通道远端有缺陷（即出现 AIS, HP-UNEQ 或 HP-TIM），置“0”表示正常。

- 高阶通道使用者通路字节 F2, F3

F2 和 F3 为使用者提供高阶通道单元之间的通信通路。

- 复帧位置指示字节 H4

H4 用于 VC-11, VC-12 或 VC-2 的复帧指示，或 VC-3, VC-4 虚级联复帧及序列号指示。

- 自动保护倒换字节 K3

K3 的前 4 个比特用来传送高阶通道保护用的 APS（自动保护倒换）指令，后 4 个比特备用。

- 网络操作者字节 N1

N1 用于高阶通道串联连接监测。

3. 指针（PTR）

指针的类型有：管理单元指针 AU-4 PTR, AU-3 PTR 和支路单元指针 TU-3 PTR, TU-2 PTR, TU-12 PTR, TU-11 PTR。

指针的功能有以下两种：

其一是定位功能。利用 AU 或 TU 指针来指示 VC 帧的第 1 个字节在 AU 或 TU 帧内的起始位置。

其二是校准功能。如果发送的信号（即支路信号）比接收的快，则接收端利用负调整字节（见下文定义）引入一个负指针调整，使 AU 或 TU 帧的净负荷向前移动若干字节；如果发送的信号比接收的慢，则接收端利用正调整字节（见下文定义）引入一个正指针调整，使净负荷向后移动若干字节。采用这种方法，可以使收、发信号一致，不至于产生丢失。

指针的类型、结构、位置、定位编号和定位功能列于表 6-8 中。

表 6-8　指针（PTR）的类型特点

指针名称	结　构	位　置	定位编号	定 位 功 能
AU-4 PTR	9 个字节：H1, Y, Y, H2, 1*, 1*, H3, H3, H3	在 AU-4 帧第 4 行的第 1～9 字节	0～782	指示 VC-4 第 1 个字节 J1 在 AU-4 帧内的位置
AU-3 PTR	3 个字节：H1, H2, H3	在 AU-3 帧第 4 行的第 1～3 字节	0～782	指示 VC-3 第 1 个字节 J1 在 AU-3 帧内的位置
TU-3 PTR	3 个字节：H1, H2, H3	在 TU-3 帧第 1 列的第 1～3 字节	0～764	指示 VC-3 第 1 个字节 J1 在 TU-3 帧内的位置
TU-2 PTR	4 个字节：V1, V2, V3, V4	在 TU-2 复帧的第 1 列	0～103	指示 VC-2 第 1 个字节 V5 在 TU-2 复帧内的位置
TU-12 PTR	4 个字节：V1, V2, V3, V4	在 TU-12 复帧的第 1 列	0～139	指示 VC-12 第 1 个字节 V5 在 TU-12 复帧内的位置
TU-11 PTR	4 个字节：V1, V2, V3, V4	在 TU-11 复帧的第 1 列	0～427	指示 VC-11 第 1 个字节 V5 在 TU-11 复帧内的位置

注：1* 表示全“1”字节。

下面介绍几种指针：

（1）AU-4 指针

AU-4 指针的格式如图 6-9 所示，其中 H1 和 H2 为指针值字节，H3 为负调整字节，Y 为固定填充字节（Y=1001SS11，S 任意）。

图 6-9 中也画出了 H1 和 H2 的比特结构，其中 N 为新数据标志（NDF）比特，S 为指针类型比特，I 为增加比特，D 为减少比特。当 NNNN = 0110 时，表明正常运行情况，此时指针值可以加“1”或减“1”进行变化；当 NNNN＝1001 时，表明出现特殊情况需要重新定位，此时指针值是一个全新的值，与前面的指针值之间可以有大于“1”的差距。NNNN = 1001 仅在含新指针的第 1 帧中出现。

当 H1 = 1001SS11 且 H2 = 11111111（S 任意）时，则为级联指示，简记为 CI。

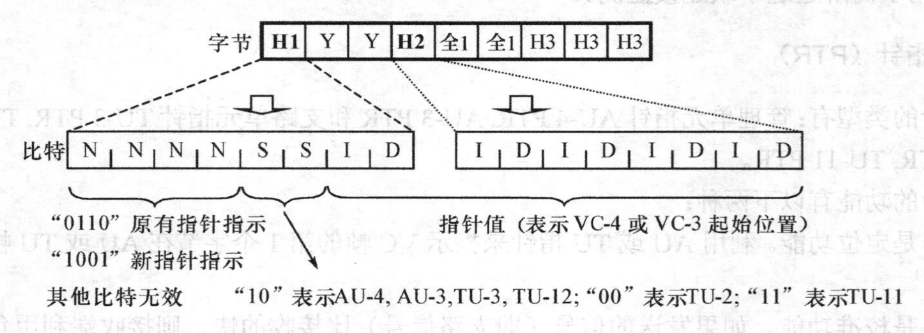

图 6-9　AU-4 指针的格式

为了便于 AU-4 指针指示 VC-4 帧的起始位置，通常将 AU-4 净负荷区从第 4 行开始每 3 个字节共用一个编号，于是可以从 0 编到 782（其中 0～521 覆盖本帧净负荷区的后 6 行字节，522～782 覆盖下一帧净负荷区的前 3 行字节），如图 6-10 所示。这 783 个编号用 AU-4 指针中的 H1 和 H2 字节的 I 和 D 比特（共有 10 比特，见图 6-9）来表示。

例如，当 H1H2 = 011010**0010101101** 时（粗黑体二进制数字等价于十进制数字 173），表示 VC-4 帧第 1 个字节（即 VC-4 POH 的第 1 个字节 J1）占据 AU-4 帧内编号为 173 的位置，即 VC-4 POH 的 J1, B3, C2, G1, F2, H4, F3, K3, N1（见前面表 6-4）分别占据编号为 173, 260, 347, 434, 521, 608, 695, 782, 86 的一列位置（见图 6-10 中粗黑体数字）。所以，该 VC-4 帧的占位如图 6-10 中深灰色区域所示，涉及两个 AU-4 帧。接收端通过 AU-4 指针（如图 6-10 中浅灰色 AU-4 指针所示）的 H1 和 H2 字节数值便可以找出 VC-4 帧（图 6-10 中深灰色区域）的起始字节。

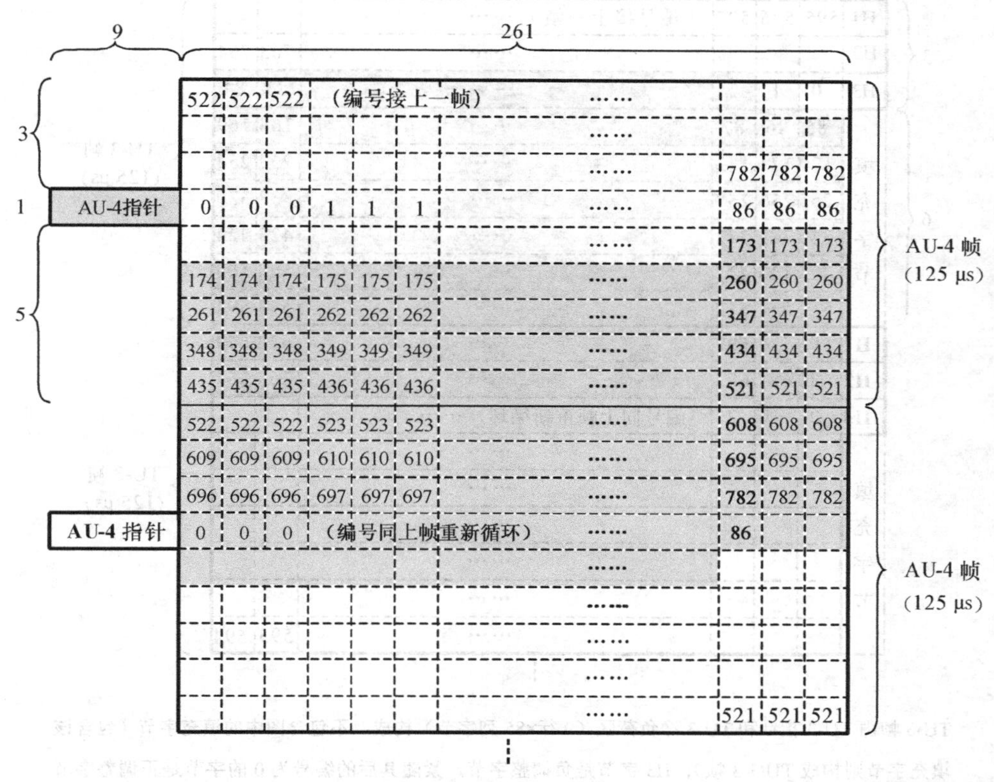

AU-4 帧由 AU-4 指针和 AU-4 净负荷区（9 行×261 列字节）构成；AU-4 指针中最右边的三个 H3 字节（见图 6-9）是负调整字节，紧随其后的三个编号为 0 的字节是正调整字节

图 6-10 AU-4 指针及AU-4 净负荷区编号

（2）TU-3 指针

TU-3 指针由 3 个字节 H1, H2 和 H3 组成，其比特结构及作用与 AU-4 指针中的 H1, H2 和 H3 相同，即 H1 和 H2 为指针字节，H3 为负调整字节。图 6-11 是 TU-3 指针及 TU-3 净负荷区编号，其编号从 H3 后面一个字节开始，从 0 编到 764（其中 0～594 覆盖本帧净负荷区的后 7 行字节，595～764 覆盖下一帧净负荷区的前 2 行字节）。765 个编号用 H1 和 H2 字节的 I 和 D 比特（共有 10 比特）来表示。

例如，当 H1H2 = 011010**0000000010** 时（粗黑体二进制数字等价于十进制数字 2），表示 VC-3 帧第 1 个字节（即 VC-3 POH 的第 1 个字节 J1）占据 TU-3 帧内编号为 2 的位置，即 VC-3 POH 的 J1, B3, C2, G1, F2, H4, F3, K3, N1（见表 6-4）分别占据编号为 2, 87, 172, 257, 342, 427, 512, 597, 682 的一列位置（见图 6-11 中粗黑体数字）。该 VC-3 帧的占位如图 6-11 中深灰色区域所示，涉及两个 TU-3 帧。接收端通过 TU-3 指针中 H1 和 H2 字节（如图 6-11 中浅灰色 H1 和 H2 所示）的数值便可以找出 VC-3 帧（图 6-11 中深灰色区域）的起始字节。

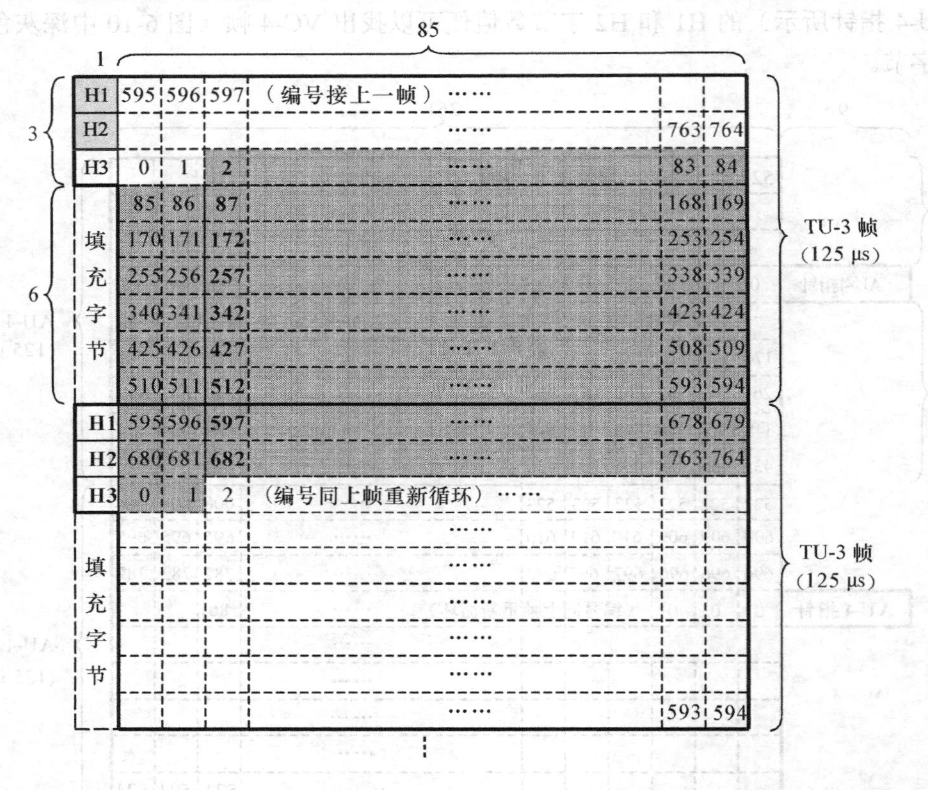

TU-3 帧由 TU-3 指针和 TU-3 净负荷区（9 行×85 列字节）构成，不包含图中的填充字节（包含该填充字节则构成 TUG-3 帧）；H3 字节是负调整字节，紧随其后的编号为 0 的字节是正调整字节

图 6-11　TU-3 指针及TU-3 净负荷区编号

（3）TU-12 指针

TU-12 指针包括 V1, V2, V3 和 V4 字节，其中 V1 和 V2 为指针值，V3 为负调整字节，V4 为保留字节。V1, V2 和 V3 的比特结构及作用与 AU-4 指针中的 H1, H2 和 H3 分别相同。图 6-12 是 TU-12 指针及 TU-12 净负荷区编号，其编号从 V2 后面一个字节开始，从 0 编到 139（其中 0～104 覆盖本帧净负荷区的后 3 行字节，105～139 覆盖下一帧净负荷区的第 1 行字节）。140 个编号用 V1 和 V2 字节的 I 和 D 比特（共有 10 比特）来表示。

例如，当 V1V2 = 011010**0001101001** 时（粗黑体二进制数字等价于十进制数字 105），表示 VC-12 复帧第 1 个字节（即 VC-12 POH 的第 1 个字节 V5）占据 TU-12 复帧内编号为 105

的位置，即 VC-12 POH 的 V5, J2, N2, K4（见表 6-4）分别占据编号为 105, 0, 35, 70 的位置（见图 6-12 中粗黑体数字）。该 VC-12 复帧的占位如图 6-12 中深灰色区域所示，也涉及两个 TU-12 复帧。接收端通过 TU-12 指针中 V1 和 V2 字节（如图 6-12 中浅灰色 V1 和 V2 所示）的数值便可以找出 VC-12 复帧（图 6-12 中深灰色区域）的起始字节。

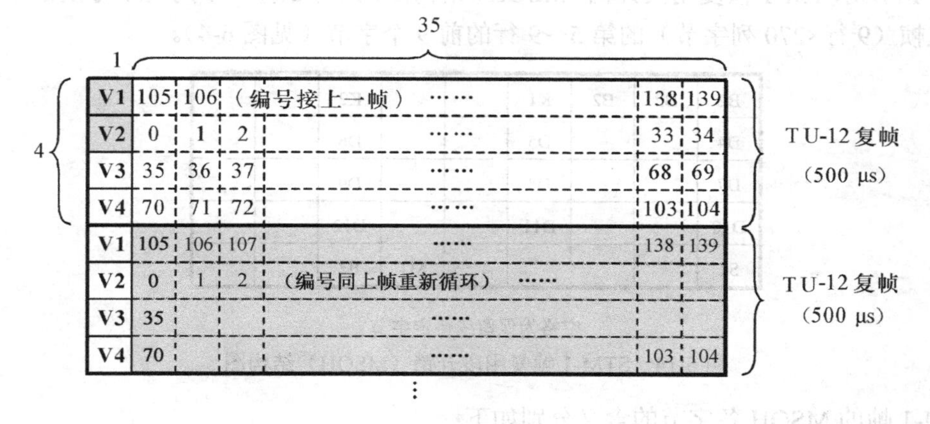

TU-12 复帧由 TU-12 指针和 TU-12 净负荷区（4 行×35 列字节）构成；
V3 字节是负调整字节，紧随其后的编号为 35 的字节是正调整字节

图 6-12 TU-12 指针及TU-12 净负荷区编号

4．段开销（SOH）

段开销分为两类：再生段开销（RSOH）和复用段开销（MSOH）。下面介绍 STM-1 帧的段开销。

（1）再生段开销（RSOH）的结构

图 6-13 所示 TM-1 帧再生段开销（RSOH）结构图，共有 3 行×9 列字节，分别位于 STM-1 矩形块状帧（9 行 ×270 列字节）的第 1～3 行的前 9 个字节（见图 6-4）。

A1	A1	A1	A2	A2	A2	J0		
B1	Δ	Δ	E1	Δ		F1		
D1	Δ	Δ	D2	Δ		D3		

Δ 表示与传输介质有关的字节，空格为保留或待定字节

图 6-13 STM-1 帧再生段开销（RSOH）结构图

STM-1 帧的 RSOH 各字节的含义分别如下：

- A1 和 A2 为帧同步字节，A1=11110110，A2= 00101000。
- J0 为再生段踪迹字节。
- B1 为再生段误码监测字节，采用 BIP-8 校验。
- E1 为公务通信字节，提供 64kb/s 的语音通道，可在再生器及所有复用器上使用。

- F1 为再生段使用者通路字节，提供 64kb/s 的数据/语音通道供特定维护使用。
- D1, D2 和 D3 为再生段数据通信通路字节，共 192kb/s，用做 SDH 管理网的传送通路。

（2）复用段开销（MSOH）的结构

图 6-14 所示 TM-1 帧复用段开销（MSOH）结构图，共有 5 行×9 列字节，分别位于 STM-1 矩形块状帧（9 行×270 列字节）的第 5～9 行的前 9 个字节（见图 6-4）。

B2	B2	B2	K1			K2		
D4			D5			D6		
D7			D8			D9		
D10			D11			D12		
S1					M1	E2		

空格为保留或待定字节

图 6-14　STM-1 帧复用段开销（MSOH）结构图

STM-1 帧的 MSOH 各字节的含义分别如下：

- B2 为复用段误码监测字节，3 个 B2 字节共采用 BIP-24 校验。

其方法是在通道发送端对复用段内所有字节按顺序将每 3 个连续字节划分为一组，对各组的第 1～24 比特码值分别进行 BIP 统计，其结果对应存入其后一帧 3 个 B2 字节的 24 个比特内。通道接收端对接收到的每一帧复用段进行类似的计算，并与随后接收到的 3 个 B2 值相比较，检验误码是否发生。

- K1 和 K2（前 5 比特）为自动保护倒换（APS）字节，用来传送 APS 指令。
- K2（后 3 比特）为复用段远端缺陷指示（MS-RDI）字节，用来向复用段发送端回传接收端已检测到告警指示信号（MS-AIS）等。
- D4～D12 为复用段数据通信通路字节，共 576kb/s，用做 SDH 管理网的传送通路。
- S1 为同步状态字节，指示同步时钟类型等。
- M1 为复用段远端差错指示（MS-REI）字节，用来向复用段发送端回传 B2 字节的误码监测结果。
- E2 为公务通信字节，提供 64kb/s 的语音通道，仅在复用器上使用。

6.1.4　SDH 承载 PDH 之应用

1．我国采用的 SDH 复用及映射的基本结构

图 6-15 所示为我国采用的 SDH 复用及映射的基本结构，它属于图 6-5 的一部分结构。可见，我国仅使用 C-12, C-3 和 C-4 来接收 PDH 的速率。

2．将 PDH 基群信号装载到 STM-1 帧内

如前所述，SDH 对于 155.520 Mb/s 以下速率的 PDH 信号，采用固定位置映射和浮动位置处理的复用方式来装载这些信号。下面分 9 步来完成对 PDH 基群信号的装载。

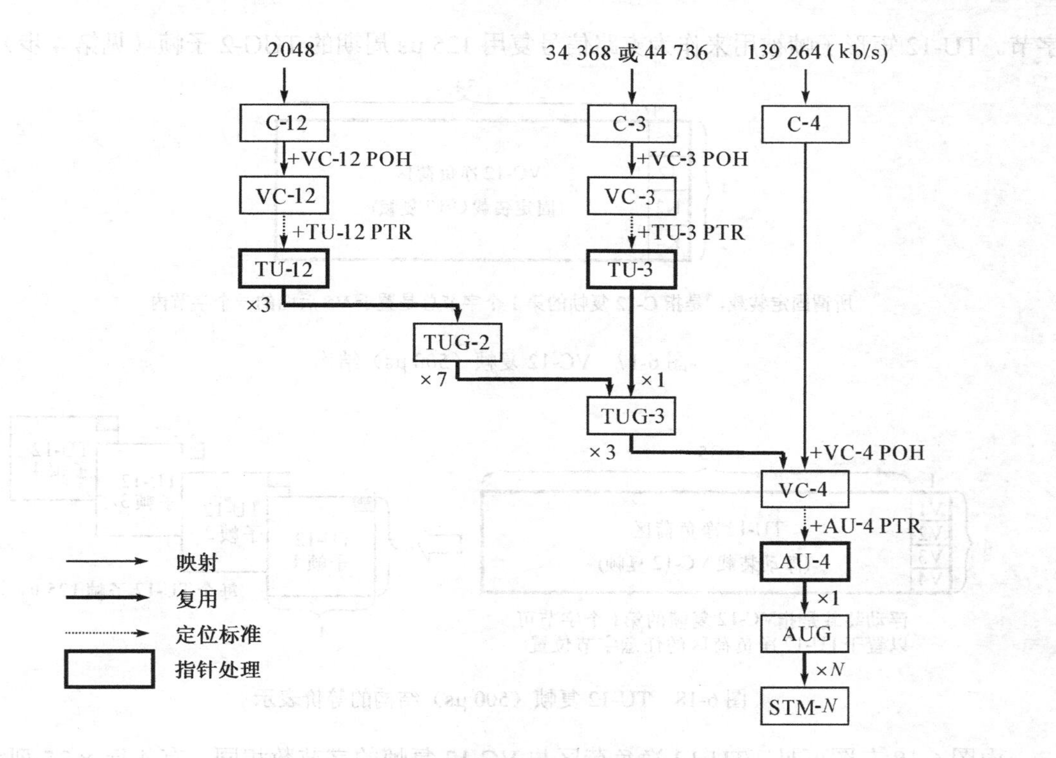

图 6-15　我国采用的SDH复用及映射的基本结构

第 1 步：将 PDH 基群信号 2.048 Mb/s 输入到容器 C-12，经速率适配（即加上填充字节）后得到 C-12 复帧，如图 6-16 所示。故

C-12 复帧速率 = 2.048 Mb/s + 速率适配 = 4 × 34 字节/500 μs = 2.176 Mb/s

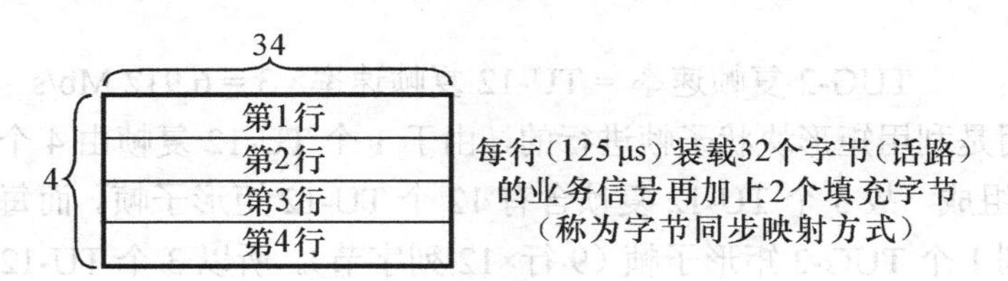

图 6-16　C-12 复帧（500 μs）结构

第 2 步：将 C-12 复帧信号加上 VC-12 POH（64 kb/s），得到 VC-12 复帧，如图 6-17 所示。故

VC-12 复帧速率 = C-12 复帧速率+ VC-12 POH 速率（64 kb/s）= 2.240 Mb/s

第 3 步：将 VC-12 复帧信号加上 TU-12 PTR（64 kb/s），得到 TU-12 复帧，如图 6-18 的左图所示。故

TU-12 复帧速率 = VC-12 复帧速率+ TU-12 PTR 速率（64 kb/s）= 2.304 Mb/s

图 6-18 左图是 TU-12 复帧的原始形式，由 4 个线状子帧组成，每个线状子帧有 1 行 ×36 列字节。图 6-18 右图是 TU-12 复帧的等价形式，由 4 个矩形块状子帧组成，每个矩形子帧有 9 行×4 列字节。矩形子帧 1～4 的第一个字节（即左上角灰色小方格）内分别为 V1, V2, V3, V4

字节。TU-12 矩形子帧被用来作为支路信号复用 125 μs 周期的 TUG-2 子帧（见第 4 步）。

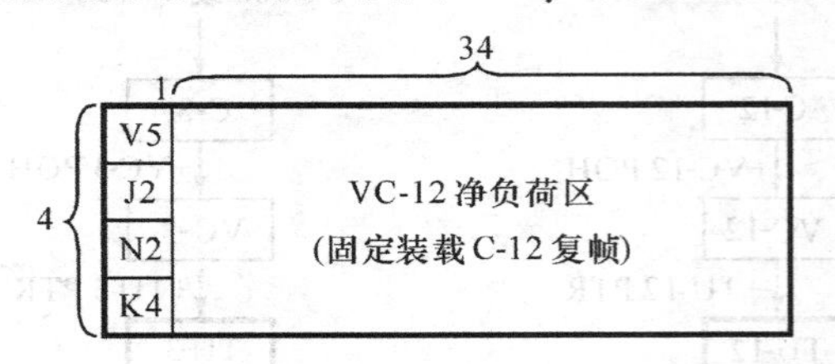

图 6-17　VC-12 复帧（500 μs）结构

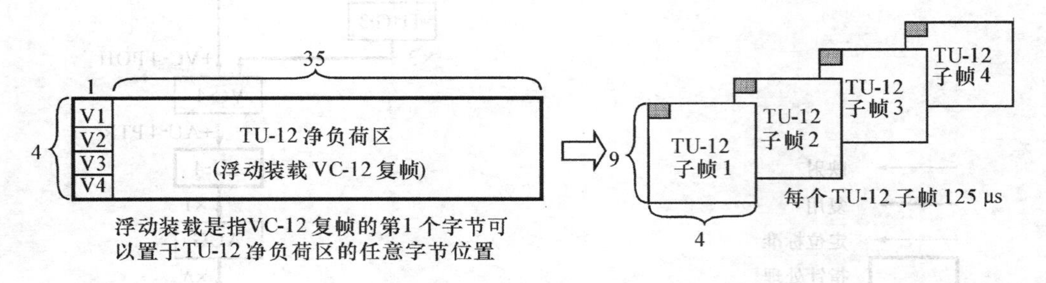

图 6-18　TU-12 复帧（500 μs）结构的等价表示

由图 6-18 左图可见，TU-12 净负荷区与 VC-12 复帧的字节数相同，有 4 行 × 35 列字节。由于 VC-12 复帧可以从 TU-12 净负荷区内任意一个字节起始，故通常需要连续两个 TU-12 复帧才能装载完一个 VC-12 复帧。VC-12 复帧的起始位置，可以在 TU-12 指针作用下按照码速调整之需要而前移或后退。

第 4 步： 将 3 个 TU-12 复帧信号经过单字节间插复用，得到 TUG-2 复帧，如图 6-19 所示。故

$$\text{TUG-2 复帧速率} = \text{TU-12 复帧速率} \times 3 = 6.912\ \text{Mb/s}$$

这一步的复用是利用矩形块状子帧进行的，由于 1 个 TU-12 复帧由 4 个 TU-12 矩形子帧（9 行×4 列字节）组成，故 3 个 TU-12 复帧含有 12 个 TU-12 矩形子帧。而每 3 个 TU-12 矩形子帧可以复用得到 1 个 TUG-2 矩形子帧（9 行×12 列字节），所以 3 个 TU-12 复帧可以复用得到 4 个 TUG-2 矩形子帧。因此，1 个 TUG-2 复帧由 4 个 TUG-2 矩形子帧组成。

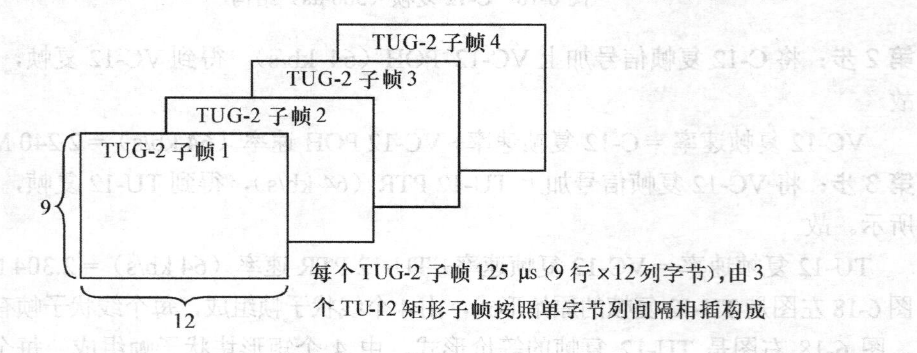

图 6-19　TUG-2 复帧（500 μs）结构

另外，由于 TUG-2 矩形子帧和 TU-12 矩形子帧的列数恰成 3 倍的关系，所以 3 个 TU-12 矩形子帧信号按照单字节间插构成 TUG-2 矩形子帧，等同于按照单字节列间隔相插来构成 TUG-2 矩形子帧。

例如，若用 A, B, C 分别表示 3 个 TU-12 矩形子帧，用 A*i*, B*i*, C*i* 分别表示矩形子帧 A, B, C 的第 *i* 列字节，则依序用 A1, B1, C1, A2, B2, C2, A3, B3, C3, A4, B4, C4 装入便得到一个 TUG-2 矩形子帧。

第 5 步：将 7 个 TUG-2 子帧信号经过单字节间插复用加上固定填充字节（9 行 ×2 列字节），得到 TUG-3 帧，如图 6-20 所示。故

$$\text{TUG-3 帧速率} = \text{TUG-2 子帧速率} \times 7 + \text{填充字节速率}（9 \times 2 \times 64\ \text{kb/s}）= 49.536\ \text{Mb/s}$$

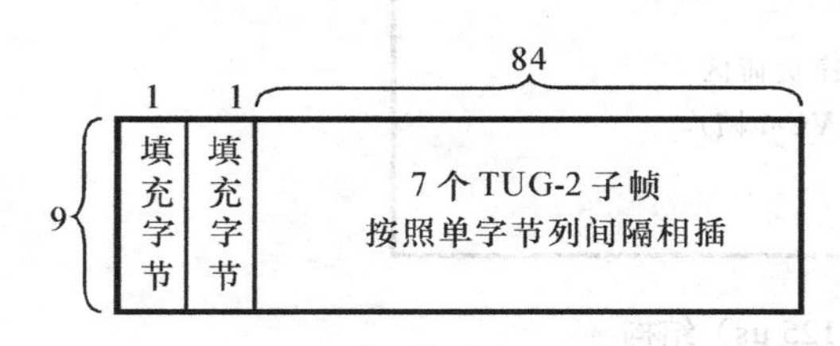

图 6-20 TUG-3 帧（125 μs）结构

由于 1 个 TUG-2 复帧由 4 个 TUG-2 矩形子帧组成，故 7 个 TUG-2 复帧可以复用得到 4 个 TUG-3 帧。

第 6 步：将 3 个 TUG-3 帧信号经单字节间插复用加上 VC-4 POH（9 行 ×1 列字节）和固定填充字节（9 行 ×2 列字节），得到 VC-4 帧，如图 6-21 所示。故

$$\begin{aligned}\text{VC-4 帧速率} &= \text{TUG-3 帧速率} \times 3 + \text{VC-4 POH 速率}（9 \times 64\ \text{kb/s}）\\ &+ \text{填充字节速率}（9 \times 2 \times 64\ \text{kb/s}）= 150.336\ \text{Mb/s}\end{aligned}$$

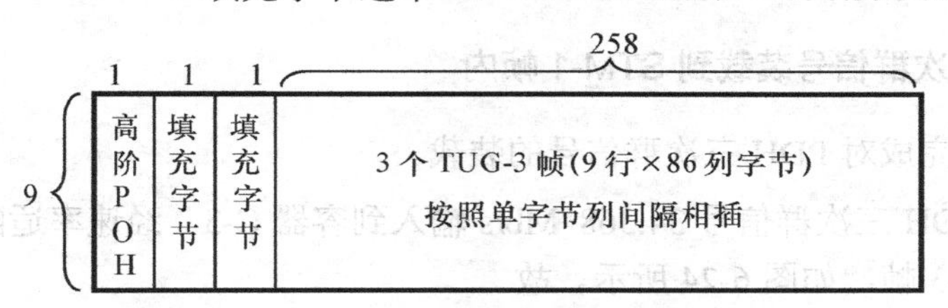

图 6-21 VC-4 帧（125 μs）结构

第 7 步：将 VC-4 信号加上 AU-4 PTR（1 行 ×9 列字节），得到 AU-4 帧，如图 6-22 所示。故

$$\text{AU-4 帧速率} = \text{VC-4 帧速率} + \text{AU-4 PTR 速率}（9 \times 64\ \text{kb/s}）= 150.912\ \text{Mb/s}$$

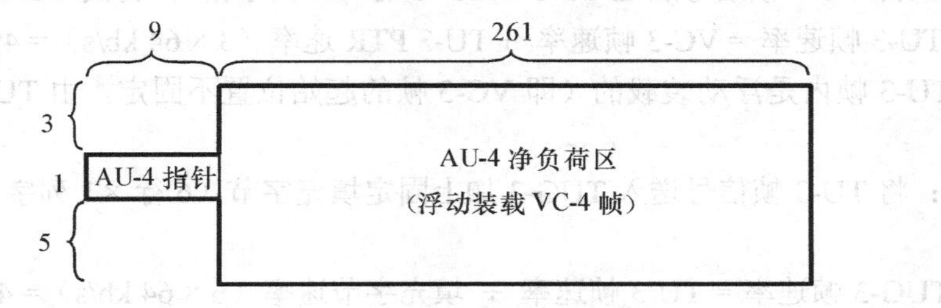

图 6-22 AU-4 帧（125 μs）结构

AU-4 净负荷区与 VC-4 帧的字节数相同，均为 9×261 个字节。由于 VC-4 帧可以从 AU-4 净负荷区内任一字节起始，故一般需要连续两个 AU-4 帧才能装载完一个 VC-4 帧。在 AU-4

指针作用下，VC-4 帧的起始位置能够按照码速调整之需要而前移或后退。

第 8 步：将 AU-4 信号送入 AUG，直接得到 AUG 帧。故

$$\text{AUG 帧速率} = \text{AU-4 帧速率} = 150.912\ \text{Mb/s}$$

AUG 帧结构与上面的 AU-4 帧结构相同。

第 9 步：将 AUG 信号加上 RSOH（1.728 Mb/s）及 MSOH（2.88 Mb/s），最后得到 STM-1 帧，如图 6-23 所示。故

$$\text{STM-1 帧速率} = \text{SOH 速率（4.608 Mb/s）} + \text{AUG 帧速率} = 155.520\ \text{Mb/s}$$

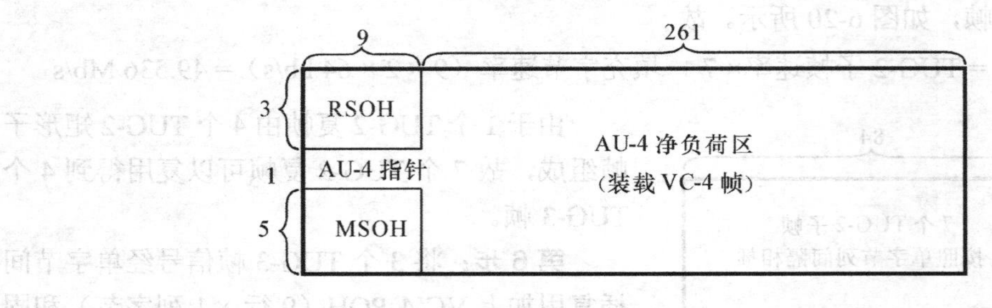

图 6-23　STM-1 帧（125 μs）结构

简言之，以上复用过程是：基群→C-12→VC-12→TU-12；3×TU-12→TUG-2；7×TUG-2→TUG-3；3×TUG-3→VC-4→STM-1。可见，63(=3×7×3)个基群信号复用成 1 个 STM-1。所以，这种复用过程也被称为是 3-7-3 复用结构。

3．将 PDH 三次群信号装载到 STM-1 帧内

下面分 8 步来完成对 PDH 三次群信号的装载。

第 1 步：将 PDH 三次群信号 34.368 Mb/s 输入到容器 C-3，经速率适配（即加上填充字节等）后，得到 C-3 帧，如图 6-24 所示。故

$$\text{C-3 帧速率} = 34.368\ \text{Mb/s} + \text{速率适配} = 9 \times 84\ \text{字节}/125\ \mu\text{s} = 48.384\ \text{Mb/s}$$

第 2 步：将 C-3 帧信号加上 VC-3 POH（9 行×1 列字节），得到 VC-3 帧。故

$$\text{VC-3 帧速率} = \text{C-3 帧速率} + \text{VC-3 POH 速率（}9 \times 64\ \text{kb/s）} = 48.960\ \text{Mb/s}$$

C-3 帧在 VC-3 帧内是固定装载的（即 C-3 帧的起始位置总是在 VC-3 POH 的 J1 字节后面）。

第 3 步：将 VC-3 帧信号加上 TU-3 PTR（3 行 ×1 列字节），得到 TU-3 帧。故

$$\text{TU-3 帧速率} = \text{VC-3 帧速率} + \text{TU-3 PTR 速率（}3 \times 64\ \text{kb/s）} = 49.152\ \text{Mb/s}$$

VC-3 帧在 TU-3 帧内是浮动装载的（即 VC-3 帧的起始位置不固定，由 TU-3 PTR 来指示该位置）。

第 4 步：将 TU-3 帧信号送入 TUG-3 加上固定填充字节（6 行 ×1 列字节），得到 TUG-3 帧。故

$$\text{TUG-3 帧速率} = \text{TU-3 帧速率} + \text{填充字节速率（}6 \times 64\ \text{kb/s）} = 49.536\ \text{Mb/s}$$

TU-3 帧在 TUG-3 帧内是固定装载的（即 TU-3 帧的原有形状不变）。

第 5 步：将 3 个 TUG-3 帧信号经单字节间插复用加上 VC-4 POH（9 行 ×1 列字节）和固定填充字节（9 行 ×2 列字节），得到 VC-4 帧。故

VC-4 帧速率 ＝TUG-3 帧速率×3＋VC-4 POH 速率（9×64 kb/s）

＋填充字节速率（18×64 kb/s）＝150.336 Mb/s

3 个 TUG-3 帧在 VC-4 帧内是固定装载的（即 3 个 TU-3 帧的起始位置总是在 VC-4 POH 的 J1 字节后面）。

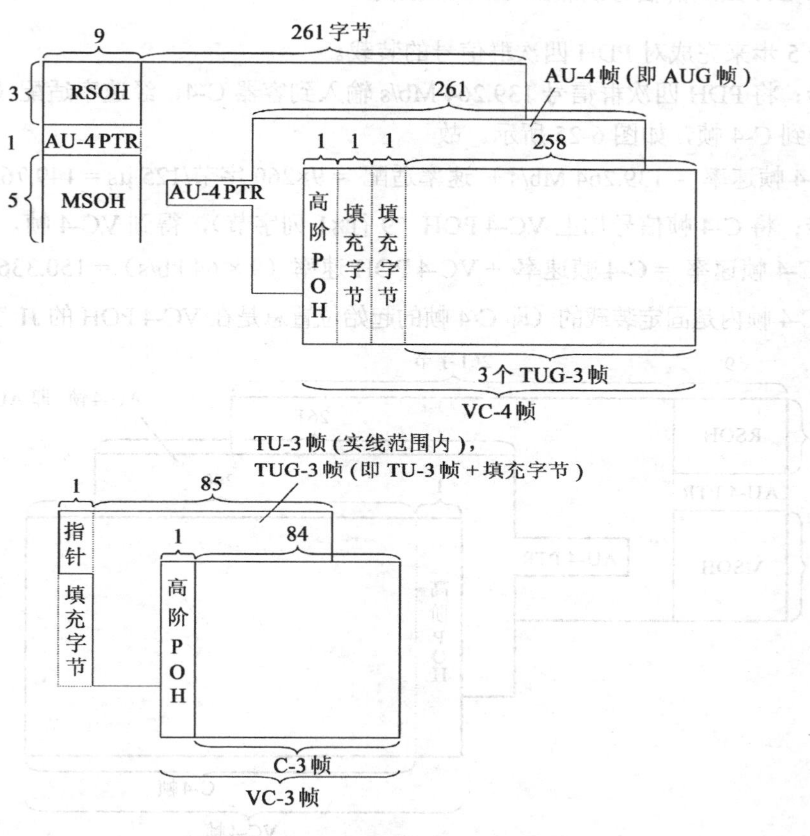

图 6-24 PDH三次群信号的装载

第 6 步：将 VC-4 帧信号加上 AU-4 PTR（1 行 × 9 列字节），得到 AU-4 帧。故

AU-4 帧速率 ＝VC-4 帧速率＋AU-4 PTR 速率（9 × 64kb/s）＝150.912 Mb/s

VC-4 帧在 AU-4 帧内是浮动装载的（即 VC-4 帧的起始位置不固定，由 AU-4 PTR 来指示该位置）。

第 7 步：将 AU-4 帧信号送入 AUG，直接得到 AUG 帧。故

AUG 帧速率 ＝AU-4 帧速率 ＝150.912 Mb/s

AU-4 帧在 AUG 帧内是固定装载的，因而两者帧结构完全相同。

第 8 步：将 AUG 帧信号加上 RSOH（3 行 ×9 列字节）及 MSOH（5 行 ×9 列字节），最后得到 STM-1 帧。故

STM-1 帧速率 ＝AUG 帧速率 ＋RSOH 速率（27 × 64 kb/s）

＋MSOH 速率（45 × 64 kb/s）＝155.520 Mb/s

AUG 帧在 STM-1 帧内是固定装载的。

简言之，以上复用过程是：三次群→VC-3→TU-3→TUG-3；　3×TUG-3→VC-4→STM-1。可见，3 个三次群信号复用成 1 个 STM-1。

4．将 PDH 四次群信号装载到 STM-1 帧内

下面分 5 步来完成对 PDH 四次群信号的装载。

第 1 步：将 PDH 四次群信号 139.264 Mb/s 输入到容器 C-4，经速率适配（即加上填充字节等）后得到 C-4 帧，如图 6-25 所示。故

C-4 帧速率 ＝139.264 Mb/s＋ 速率适配 ＝9×260 字节/125 μs＝149.76 Mb/s

第 2 步：将 C-4 帧信号加上 VC-4 POH（9 行×1 列字节），得到 VC-4 帧。故

VC-4 帧速率 ＝C-4 帧速率 ＋VC-4 POH 速率（9 × 64 kb/s）＝150.336 Mb/s

C-4 帧在 VC-4 帧内是固定装载的（即 C-4 帧的起始位置总是在 VC-4 POH 的 J1 字节后面）。

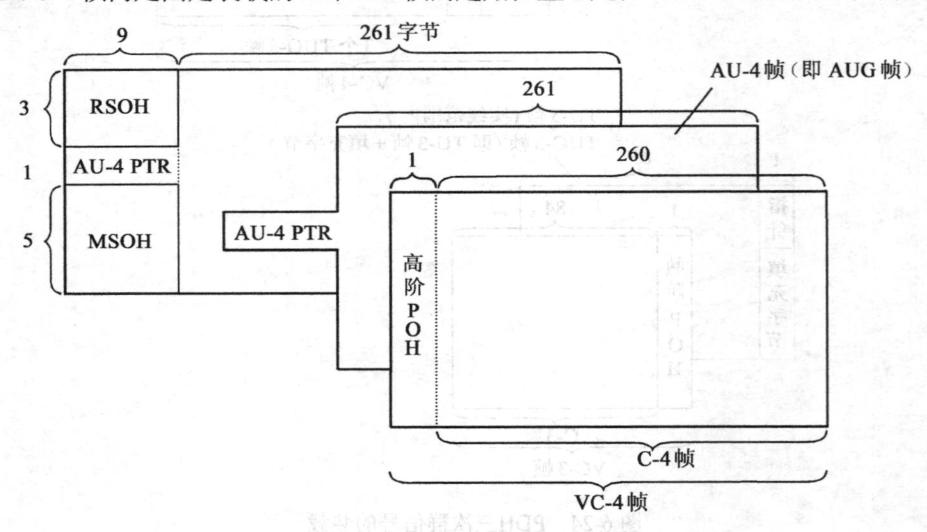

图 6-25　PDH 四次群信号的装载

第 3 步：将 VC-4 帧信号加上 AU-4 PTR（1 行 ×9 列字节），得到 AU-4 帧。故

AU-4 帧速率 ＝VC-4 帧速率 ＋AU-4 PTR 速率（9 × 64 kb/s）＝150.912 Mb/s

VC-4 帧在 AU-4 帧内是浮动装载的（即 VC-4 帧的起始位置不固定，由 AU-4 PTR 来指示该位置）。

第 4 步：将 AU-4 帧信号送入 AUG，相位不变，直接得到 AUG 帧。故

AUG 帧速率 ＝AU-4 帧速率 ＝150.912 Mb/s

AU-4 帧在 AUG 帧内是固定装载的，因而两者帧结构完全相同。

第 5 步：将 AUG 帧信号加上 RSOH（3 行 ×9 列字节）及 MSOH（5 行 ×9 列字节），最后得到 STM-1 帧。故

STM-1 帧速率 ＝AUG 帧速率 ＋RSOH 速率（27 × 64 kb/s）
＋MSOH 速率（45 × 64 kb/s）＝155.520 Mb/s

AUG 帧在 STM-1 帧内是固定装载的。

简言之，以上复用过程是：四次群→VC-4→AU-4→STM-1。可见，1 个四次群信号复用成 1 个 STM-1。

5. SDH 在有线电视（CATV）中的应用

SDH 技术已被 ITU-T 确定为长途传输的标准技术，1995 年制定我国有线电视联网规划时，已明确规定国家级干线和各省级干线全部采用光缆和 SDH 传输技术，数据流的传输码率为 2.5 Gb/s（即 STM-16）。

采用 SDH 技术传输有线电视信号的原理如下：

广播电视节目信号是模拟信号，用 SDH 技术传输广播电视信号必须先对模拟信号进行采样、量化、编码的 PCM 数字化处理。我国彩色电视采用 PAL 制式，亮度信号（Y）采样频率为 13.5 MHz，色差信号（R−Y, B−Y）采样频率各为 6.75 MHz，每个采样值的量化代码为 8 bit。所以，总的视频传输速率为 $13.5\times8+6.75\times8+6.75\times8=216$ Mb/s。这个速率超过 SDH 中容器 C-3 的接收速率 34.368 Mb/s（即 E_3）和容器 C-4 的接收速率 139.264 Mb/s（即 E_4），因而需要对 PCM 数字化处理后的视频信号进行压缩编码处理，压缩后变成速率为 34.368 Mb/s 的信号进入容器 C-3，或者变成速率为 139.264 Mb/s 的信号进入容器 C-4。音频信号数字化后复用成为速率为 2.048 Mb/s 的信号进入容器 C-12。经过 SDH 映射复用，广播电视信号最终变成所需要的 STM 帧。

在实际中，SDH 映射复用是通过 SDH 复用设备（见 6.1.5 节）来完成的。SDH 复用设备的 34.368 Mb/s 和 139.264 Mb/s 输入端口连接图像编码器输出端，2.048 Mb/s 输入口连接话音数据设备输出端，从 SDH 复用设备的输出端口就可得到 SDH 形式的广播电视信号。此信号输入光纤干线进行传输，信号传到业务站点后经解码器将图像和话音数据信号还原成为模拟信号，通过调制器将模拟信号变换到相应频道，经有线电视 HFC 接入网（见 7.5.4 节）传到用户家中。

6.1.5　SDH 复用及交换的主要设备

SDH 复用及交换过程主要是利用终端复用器（Termination Multiplexer, TM）、分插复用器（Add/Drop Multiplexer, ADM）和数字交叉连接设备（Digital Cross Connect Equipment, DXC）来实现的。下面简要介绍之。

1. 终端复用器（TM）

TM 是将若干个 PDH 信号（群次相同或不同）组合成为一个 STM-*N* 信号，或者将若干个低速率 SDH 信号组合成为一个高速率 SDH 信号的复用设备。也可以是将一个 STM-*N* 信号分解为若干个 PDH 信号（群次相同或不同），或者将一个高速率 SDH 信号分解为若干个低速率 SDH 信号的解复用设备。TM 具有多个低速率支路信号的输入端口和一个高速率群路信号的输出端口，也可以有一个高速率群路信号的输入端口和多个低速率支路信号的输出端口，如图 6-26 所示。TM 主要用于数字链路的两端。

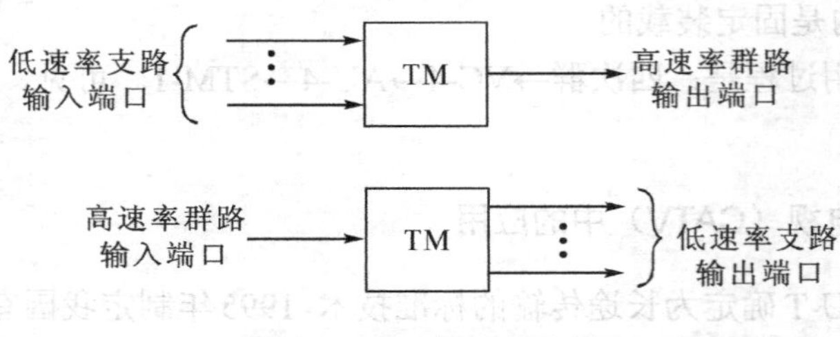

图 6-26　TM 端口示意图

2．分插复用器（ADM）

ADM 能够从高速率 STM-N 信号中直接分出低速率 PDH 信号、VC 信号或 STM-N'（$N'<N$）信号，也能够在高速率 STM-N 信号中直接插入低速率 PDH 信号、VC 信号或 STM-N'（$N'<N$）信号。这种分插是一步到位完成的，不像 PDH 系统从高次群码流中分出一个低次群时，需要将高次群逐级解复用到相应的低次群才能完成。ADM 具有高速率群路信号的输入和输出端口各一个，以及低速率支路信号的输入（用于插入信号）和输出（用于分出信号）端口各一个或多个，如图 6-27 所示。ADM 是 SDH 系统中最具特色的设备。ADM 可用于点对点链路和环形链路。

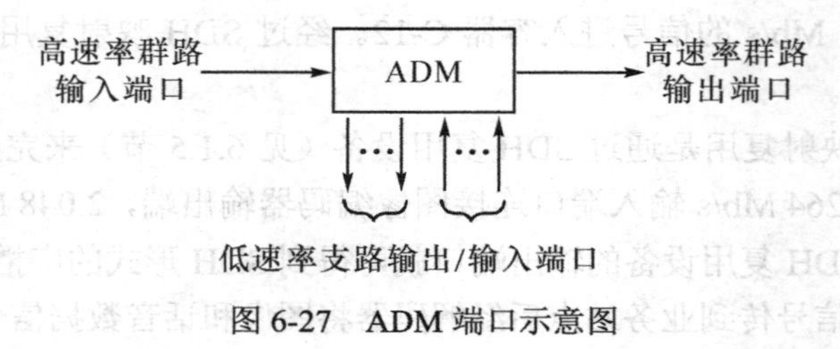

图 6-27　ADM 端口示意图

3．数字交叉连接设备（DXC）

DXC 是一种具有交换功能的智能化传输设备，它由复用/解复用、交叉连接矩阵、自动控制、时钟脉冲、网络管理和监控等部分构成，兼有复用、配线、保护/恢复、监控和网管等功能。它有一个或多个 PDH, SDH 或 ATM（异步传输模式）信号的输入和输出端口，可以在任意端口信号之间进行交叉连接，如图 6-28 所示。交叉连接过程由本地操作系统或电信管理网（TMN）控制进行。通常，DXC 连接端口数为 16～1024 个，连接速率为 2～155 Mb/s。

DXC 的基本工作过程是：每个输入端口的高速率信号进入解复用单元后，按照要求被解复用为多个并行的交叉连接输入信号；这些信号进入交叉连接矩阵后，由预先存放的或动态实时计算的交叉连接图对这些信号的路由进行安排；然后，在复用单元内将路由相同的信号复用成 1 个新的高速率信号送至相应输出端口。

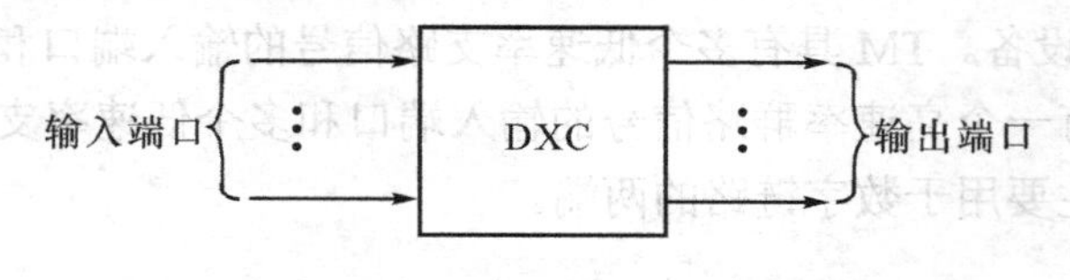

图 6-28　DXC 端口示意图

以上 TM, ADM, DXC 三类设备都是在电域完成其基本功能任务的。这些设备带有统一标准的光/电/光转换接口，使得不同厂家的产品可以在光接口上互连，实现横向兼容。

6.1.6　SDH 传送网

1．SDH 传送网分层模型

SDH 传送网是指采用 SDH 体制，由 SDH 复用、交换和再生设备等构建而成的传输网络。SDH 传送网可以划分为电路层、通道层、段层和物理介质层，如图 6-29 所示。

<table>
<tr><td colspan="2">电路层</td></tr>
<tr><td rowspan="2">通道层</td><td>低阶通道层（VC-11, VC-12, VC-2, VC-3）</td></tr>
<tr><td>高阶通道层（VC-3, VC-4）</td></tr>
<tr><td rowspan="2">段层</td><td>复用段层</td></tr>
<tr><td>再生段层</td></tr>
<tr><td colspan="2">物理介质层</td></tr>
</table>

图 6-29　SDH 传送网分层模型

（1）电路层

提供各种数字业务信号，包括 PDH 信号、ATM 信号、局域网和城域网数据信号等。

（2）通道层

分为低阶通道层和高阶通道层，为电路层信号提供虚通道复用，以及操作、管理和维护等。通道层功能主要由终端复用器（TM）完成。

（3）段层

分为复用段层和再生段层，提供复用、再生、交换和误码监测等。段层功能主要由分插复用器（ADM）、数字交叉连接设备（DXC）和再生器（REG）完成。

（4）物理介质层

提供比特流传输用的物理介质，包括光纤（光缆）、电缆、微波传输介质和卫星通信介质。

2．SDH 传送网的拓扑结构

SDH 传送网的拓扑结构如图 6-30 所示，它是由终端复用器（TM）、分插复用器（ADM）、数字交叉连接设备（DXC）和再生器（REG）构成的，这些设备之间用光纤连接，TM 与用户相连。SDH 传送网可以承载 PDH, ATM（异步传输模式），DQDB（分布式队列双总线），FDDI（光纤分布式数据接口）和 PPP/HDLC（点对点协议/高级数据链路控制）等格式的数据进行传送。

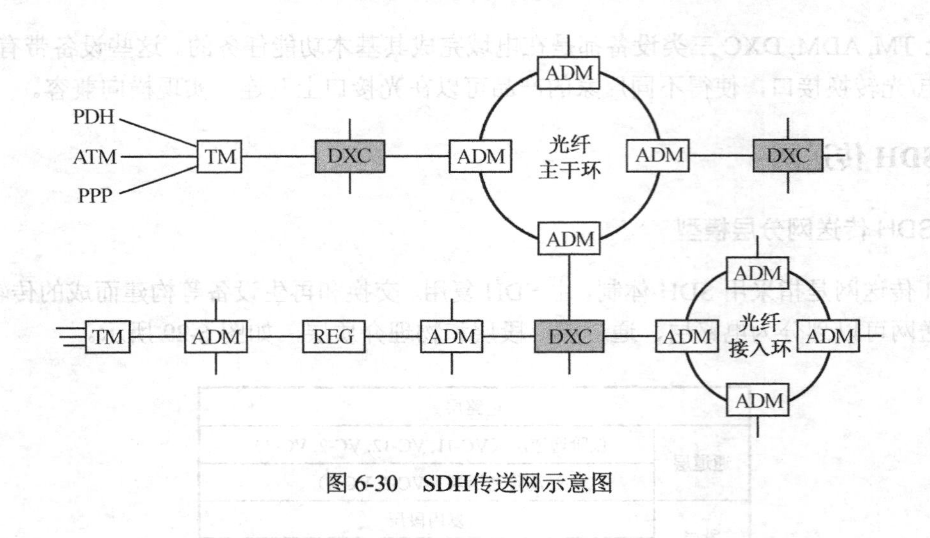

图 6-30 SDH传送网示意图

6.2 光纤数字通信系统的基本质量指标

6.2.1 评价误码性能的方法

ITU-T 采用在总的可用时间内误码率（BER）超过规定阈值（BER_{th}）的时间占总的可用时间的百分比来评价通信系统的误码性能。其中，误码率定义为在观测时间内的误码数目与总的码元数目之比。具体方法是

（1）将较长的观测时间 T（不少于 1 个月）连续划分为许多小的时间段 T_0（≥1 秒），测量 T_0 内误码率，并依据实际通信质量确定 T_0 内误码率阈值 BER_{th}。

（2）根据 T_0 内每秒钟误码率，将观测时间 T 区分为可用时间 T_A 及不可用时间 T_U。

（3）计算总的可用时间内超过 BER_{th} 的全部 T_0 之和及其与总的可用时间的百分比，就可得到评价误码性能的参数。

上述**可用时间**（Available Time）及**不可用时间**（Unavailable Time）的定义是：若在连续 10 s 内其每秒误码率都小于 1×10^{-3}，则该 10 s 及其后跟随的 A 型混态时间一起称为可用时间 T_A；反之，若在连续 10 s 内其每秒误码率都大于或等于 1×10^{-3}，则该 10 s 及其后跟随的 U 型混态时间一起称为不可用时间 T_U。所以，观测时间 T 等于所有的可用时间与所有的不可用时间之和（**注**：选用 1×10^{-3} 作为可用与不可用时间分界标志的原因是，对 PCM 电话而言，当每秒误码率等于 1×10^{-3} 时干扰明显，大于 1×10^{-3} 时干扰强烈，小于 1×10^{-3} 时干扰不明显）。

图 6-31 是可用时间 T_A 和不可用时间 T_U 的示意图，从该图可以看出

- “T_U 起始”是每秒误码率都大于或等于 1×10^{-3} 的连续 10 s，“T_A 起始”是每秒误码率都小于 1×10^{-3} 的连续 10 s。
- U 型混态时间是紧随“T_U 起始”之后的一段包含若干秒的连续时间，其中每秒误码率小于 1×10^{-3} 的连续秒数目不能大于或等于 10（否则，即成为“T_A 起始”）。
- A 型混态时间是紧随“T_A 起始”之后的一段包含若干秒的连续时间，其中每秒误码率大于或等于 1×10^{-3} 的连续秒数目不能大于或等于 10（否则，即成为“T_U 起始”）。

- 不可用时间从“T_U起始”的第 1 秒算起，在“T_A起始”之前结束（即不包含“T_A起始”）。
- 可用时间从“T_A起始”的第 1 秒算起，在“T_U起始”之前结束（即不包含“T_U起始”）。
- 在观测时间 T 内，包含多个不可用时间 T_U 和多个可用时间 T_A，T_U 和 T_A 间隔出现。

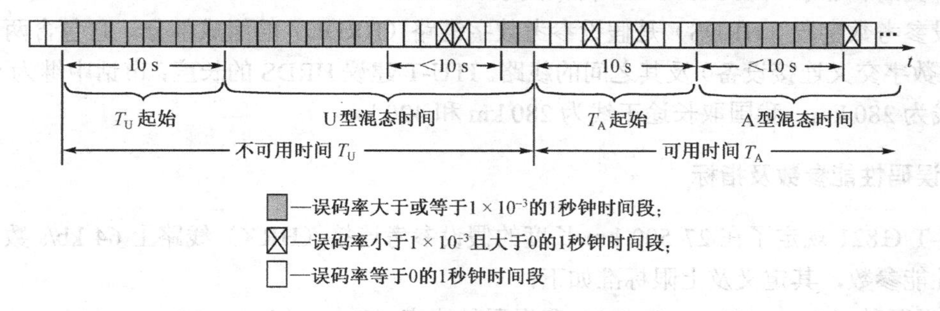

图 6-31　可用时间T_A与不可用时间T_U示意图

从实际操作来说，只要检测出连续 10 s 其每秒误码率都大于或等于 1×10^{-3}，即判定不可用时间从第 1 秒开始，其后连续跟随的就是不可用时间，一直到检测出连续 10 s 其每秒误码率都小于 1×10^{-3}，则判定不可用时间在该 10 s 之前结束，而可用时间从该 10 s 开始，如此交替变化［**注**：若在连续 10 s 内出现了信号丢失（LOS）或告警指示（AIS），则不可用时间也从第 1 秒开始］。

例如，对于 64 kb/s 数字信号而言，以上判定可用及不可用时间的标准等价为：在连续 10 s 内，若每秒误码都少于 64 个，则该 10 s 时间属于可用时间（可以是 T_A 起始，也可以是 A 型混态时间的一部分）；反之，若每秒误码都多于或等于 64 个，则该 10 s 时间属于不可用时间（可以是 T_U 起始，也可以是 U 型混态时间的一部分）。

6.2.2　数字话路通道的误码特性

1. ITU-T 假设参考模型

为了研究和设计的需要，ITU-T 提出了数字传输系统的假设参考模型，它包括：假设参考连接（HRX）、假设参考数字链路（HRDL）和假设参考数字段（HRDS）。其具体含义如下：

假设参考连接（HRX）是一种基于 64 kb/s 数字信号在长度为 27 500 km 线路上的数字传输系统的连接模型，它包含两个终端国家用户之间的全部线路和所有的设备，如图 6-32 所示。

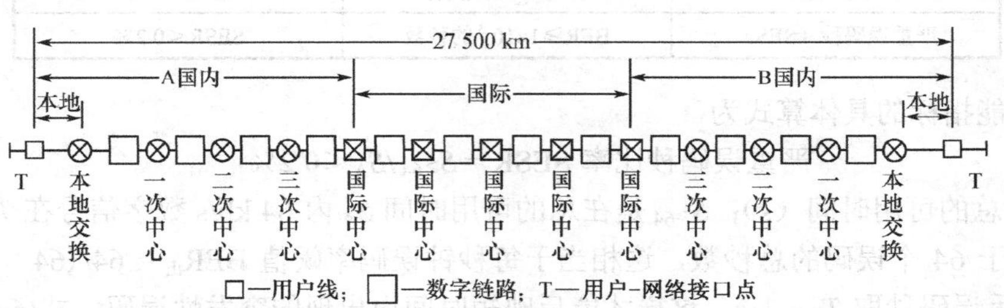

图 6-32　假设参考连接（HRX）模型

假设参考数字链路（HRDL）是假设参考连接（HRX）的组成部分，它包含两个用户之间的局部线路和一部分设备。ITU-T 建议 HRDL 的长度为 2500 km。由于各国网络覆盖地域面积的差异，所以 HRDL 的长度也就有所不同。例如，我国取 5000 km 为长途一级干线 HRDL 的长度，美国和加拿大取 6400 km，日本则取 2500 km。

假设参考数字段（HRDS）是假设参考数字链路（HRDL）的组成部分，它包含两个相邻设备（如数字交叉连接设备）及其之间的线路。ITU-T 建议 HRDS 的长度：市话中继为 50 km，长途干线为 280 km。我国取长途干线为 280 km 和 420 km。

2. 误码性能参数及指标

ITU-T G.821 规定了在 27 500 km 长度的假设参考连接（HRX）线路上 64 kb/s 数字信号的误码性能参数，其定义及上限标准如下：

- 误码秒（Errored Second，ES）和误码秒比率（Errored Second Rate, ESR）

在 T_0=1 s 时间内，若误码个数为 1 个或多个，则该 1 s 时间段称为误码秒。在总的可用时间内的误码秒总数与总的可用时间的比值，称为误码秒比率。HRX 的误码指标是，当观测时间不少于 1 个月时，ESR 应小于 8%。

- 严重误码秒（Severely Errored Second, SES）和严重误码秒比率（Severely Errored Second Rate，SESR）

在 T_0=1 s 时间内，若误码率大于或等于 1×10^{-3}，则该 1 s 时间段称为严重误码秒。在总的可用时间内的严重误码秒总数与总的可用时间的比值，称为严重误码秒比率。HRX 的误码指标是，当观测时间不少于 1 个月时，SESR 应小于 0.2%。

显然，误码秒（ES）的误码率阈值 $BER_{th}\approx0$（精确值见下文），严重误码秒（SES）的误码率阈值 $BER_{th}= 1\times10^{-3}$。所以，误码秒（ES）中的秒包含了严重误码秒（SES）；或者反过来说，严重误码秒（SES）是属于误码秒（ES）中误码特别多（$BER\geqslant1\times10^{-3}$）的那一部分时间。此外还可看出，不可用时间中的“$T_U$起始”正是 10 个连续的 SES，而可用时间中的“T_A起始”则是 10 个连续的非 SES（**注**：在 2002 年 12 月修订的 G.821 中将 SES 的误码率改为 $BER\geqslant1\times10^{-3}$，而修订前是 $BER>1\times10^{-3}$）。

以上定义及上限标准列于表 6-9 中。

表 6-9 HRX 的误码性能指标（观测时间 T=1 个月）

误码性能	定 义	指 标
误码秒（ES）	BER＞0 的秒数	ESR＜8%
严重误码秒（SES）	$BER\geqslant1\times10^{-3}$ 的秒数	SESR＜0.2%

误码性能指标的具体算式为

$$\text{严重误码秒比率 } SESR = S_{\geqslant64}/S_A < 0.2\% \tag{6-4}$$

式中，S_A 是总的可用时间（s）；$S_{\geqslant64}$ 是在总的可用时间 S_A 内 64 kb/s 数字信号在 T_0 = 1 s 内产生大于或等于 64 个误码的总秒数，这相当于每秒钟误码率阈值 $BER_{th} = 64/(64\times10^3\times1) = 1\times10^{-3}$。严重误码秒取 T_0 = 1 s，这样才能反映短时间内出现的突发性误码。式(6-4)表明，严重误码秒允许每 500 s（大约 8.33 min）出现少于 1 次的 SES。

$$\text{误码秒比率 ESR} = S_E / S_A < 8\% \tag{6-5}$$

式中，S_E是在总的可用时间S_A内 64 kb/s 数字信号在$T_0 = 1$ s 内产生一个或多个误码的总秒数，这相当于每秒钟误码率阈值$BER_{th} = 1/(64 \times 10^3 \times 1) = 1.56 \times 10^{-5}$。式(6-5)表明，误码秒允许每 12.5 s 出现少于 1 次的 ES。

注意： ITU-T G.821 是在 1980 年制定的，当时建议的误码性能指标中还包括劣化分（DM），其定义为：每分钟误码率大于1×10^{-6}的 1 min 时间段，称为劣化分。DM 的 HRX 误码指标是：当观测时间不少于 1 个月时，总的可用时间内的所有劣化分占总的可用时间（去掉严重误码秒时间）的比例应小于 10%。对于 64 kb/s 数字信号而言，劣化分相当于在T_0=1 min 内产生的误码个数大于或等于 4，因其不能反映通信中影响最大的突发性误码情况，故在 2002 年 12 月修订的 G.821 中去掉了劣化分。

3．假设参考连接（HRX）的线路等级划分及误码指标分配

假设参考连接（HRX）的线路等级划分如图 6-33 所示。其中，高级线路只有 1 个，其长度为 25 000 km，它包括两个终端国家的国内部分和相关的国际部分；本地级线路和中级线路则各有两个，它们分别位于高级线路的两边，每边长度为 1250 km。通常，高级与中级线路之间的分界点是国内各级交换中心或国际交换中心（视国家大小而定），中级与本地级线路之间的分界点是本地交换局。在我国，将省中心以上的一级长途干线视为高级线路，省中心至县（市）中心的二级长途干线视为中级线路，县（市）中心以下线路视为本地级线路。

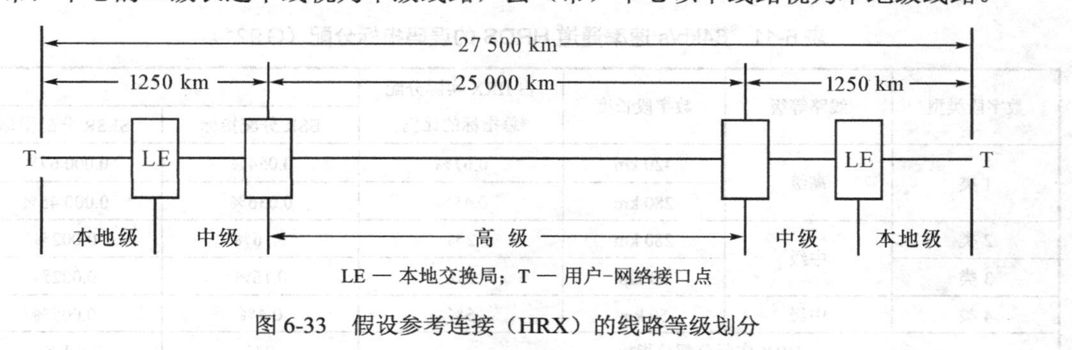

图 6-33　假设参考连接（HRX）的线路等级划分

表 6-10 给出了基于 64 kb/s 数字信号的假设参考连接（HRX）的各种等级线路的误码指标分配（观测时间T=1 个月）。

表 6-10　64 kb/s 速率通道 HRX 的误码指标分配（G.821）

误码类型	HRX 总指标	各等级线路分配指标					
		本地级线路	中级线路	高级线路	中级线路	本地级线路	合　计（即 HRX 实际分配总指标）
SESR	0.2%	0.015%	0.015%	0.04%	0.015%	0.015%	0.1%
ESR	8%	1.2%	1.2%	3.2%	1.2%	1.2%	8%
占 HRX 实际分配总指标的比例		15%	15%	40%	15%	15%	

将表 6-10 左起第 2 列与最右 1 列对比可见：误码秒比率 ESR 是将总指标全部分配完；而严重误码秒比率 SESR 则是将总指标的一半进行分配，留下另一半以供高级和中级线路应付突发性误码增大的情况。另外，由该表最后行可以看出，无论是 SESR 还是 ESR，它们的本地级线路和中级线路分配指标占 HRX 实际分配总指标的比例都是 15%；高级线路指标占 HRX 实际分配总指标的比例则为 40%，对 25 000 km 而言，等效于每千米高级线路分配指标占 HRX 实际分配总指标的比例为 40%÷ 25 000 = 0.0016%。

4．假设参考数字段（HRDS）的误码指标分配

表 6-11 给出了基于 64 kb/s 数字信号的假设参考数字段（HRDS）的各种等级线路的误码指标分配（观测时间 $T=1$ 个月）。其中左起第 4 列数据计算方法如下：

① 高级线路按照距离分配计算为 40%× (420 或 280)/25 000 = 0.67%或 0.45%，即 1 类数字段分配比例。

② 若长、短数字段的中级线路同时出现，则合并计算为 15%× (280+50)/ 1250 = 4%，然后各段取其一半为 2%，即 2 类和 3 类数字段分配比例。若 2 类数字段中级线路单独出现，仍取 2%。

③ 若短数字段中级线路单独出现，则取为 5%，即 4 类数字段分配比例。

若实际数字段长度小于同类型 HRDS 长度，则仍按 HRDS 长度分配误码指标；若实际数字段长度大于同类型 HRDS 长度，则按照 HRDS 长度的整数倍分配误码指标。

将以上数据分别乘以表 6-10 最右一列的百分数就得到表 6-11 中最右边 2 列数据。

表 6-11　64kb/s 速率通道 HRDS 的误码指标分配（G.921）

数字段类型	线路等级	数字段长度	占 HRX 实际分配总指标的比例	其　中	
				ESR 分配指标	SESR 分配指标
1 类	高级	420 km	0.67%	0.054%	0.000 67%
		280 km	0.45%	0.036%	0.000 45%
2 类	中级	280 km	2%	0.16%	0.002%
3 类		50 km	2%	0.16%	0.002%
4 类	中级	50 km	5%	0.4%	0.005%
HRX 实际分配总指标				8%	0.1%

误码秒（ES）和严重误码秒（SES）的测定都需要至少 1 个月的连续观测时间，不便于及时处理问题。我国工程中常采用以下较简单标准供检验使用：对于 50 km 以内的市话中继数字段，在不少于 24 小时的观测时间内，其平均误码率 $BER_{av}\leqslant 1\times 10^{-8}$；对于 420 km 以内的长途干线，在不少于 24 小时的观测时间内，其平均误码率 $BER_{av}\leqslant 1\times 10^{-9}$；超过 420 km，则 BER_{av} 按长度比例确定。

6.2.3　基群及其以上速率通道的误码特性

1．误码性能参数

ITU-T G.826 规定了基群及其以上速率数字通道的误码指标，以码块（即一组与通道有关的连续比特）为误码统计对象，由此产生出以码块为基础的一组误码性能参数，其定义如下：

● 误块（Errored Block, EB）

若码块中有一个或多个比特发生差错，则称此码块为误块。

● 误块秒（ES）和误块秒比率（ESR）

在 1 s 时间内，若误块数目为 1 个或多个，则该 1 s 时间段称为误块秒。在总的可用时间内的误块秒总数与总的可用时间的比值，称为误块秒比率。

● 严重误块秒（SES）和严重误块秒比率（SESR）

在 1 s 钟时间内，若误块数目不少于 30%，或者至少出现了一次严重干扰期（SDP），则该 1 s 时间段称为严重误块秒。所谓严重干扰期，是指在中断业务测量（注：用于故障检查或系统指标测试）时出现了以下情况：①在最少等效于 4 个连续块的时间内，所有连续块的误码率≥1×10^{-2}；或者②在 1 ms 时间内，所有连续块的误码率≥1×10^{-2}（注：①和②之间选用时间长的）；或者③出现信号丢失（LOS）。

在总的可用时间内的严重误块秒总数与总的可用时间之比值，称为严重误块秒比率（SESR）。严重误块秒 SES 通常是由突发性脉冲干扰产生的，所以 SESR 反映通信系统的抗干扰能力。

● 背景误块（Background Block Error, BBE）和背景误块比率（BBER）

去掉不可用时间和 SES 期间出现的误块后，剩下的误块称为背景误块（BBE）。BBE 数值与在一段测量时间内扣除不可用时间和 SES 期间内所有块数后的总块数之比，称为背景误块比率（BBER）。若此段测量时间较长，则 BBER 反映通信系统内部产生误码的情况。

注意：上述误块秒、误块秒比率、严重误块秒和严重误块秒比率的英文缩写字母分别与误码秒、误码秒比率、严重误码秒和严重误码秒比率的相同，使用时要注意区分。

2. 假设参考通道（HRP）的误码指标分配

图 6-34 所示是基群及其以上速率数字通道的全程 27 500 km 假设参考通道（HRP）的误码指标分配模型，其中 PTP 是通道终端点，IG 是国际关口局，终端国家 A 和终端国家 B 位于通道的两端，两国之间经中转国家进行通信。由图 6-34 可见，全程端到端通道的误码指标分配，是采用按照不同区段和不同距离进行分配的方法。

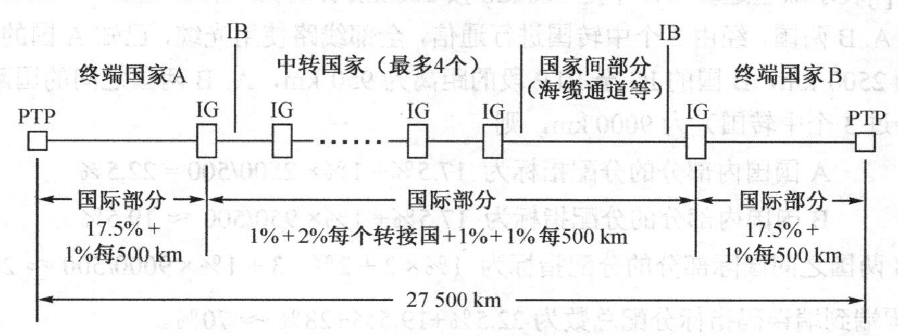

图 6-34　高速率通道的全程误码指标分配模型

具体分配原则如下：

国内部分：两个终端国不论大小各分得 17.5%的端到端指标，然后再按距离（即其 IG 到

PTP 段）每 500 km 分给端到端指标的 1%。

国际部分：两边终端国家（即其 IG 到国际边界段）各分得 1%的端到端指标，每个中转国可分得 2%的端到端指标（最多允许有 4 个中转国家），然后再按国际部分的距离（含国家间部分）每 500 km 分给 1%的端到端指标。

注意：从图 6-34 可见，G.826 对终端国家国内部分的区段指标未做具体规定，而留给各国自己设定，这涉及国内中级线路和本地级线路的指标分配问题。

为清楚起见，根据以上分配原则画出了分配框图，如图 6-35 所示。

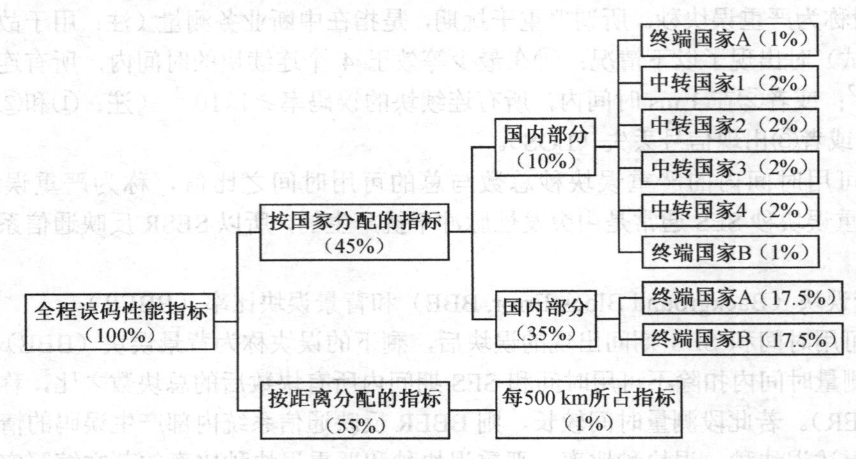

图 6-35　高速率通道全程误码指标分配框图

可见，一个国家国内部分的分配指标为

17.5%+ 1%×［该国端到端路由距离(km)/500 km］

两个终端国家之间的国际部分的分配指标为

1% ×2（终端国家数目）+ 2% × 中转国家数目 n（$n \leqslant 4$）+

1%×［终端国家 A 的国际边界至 B 的国际边界之路由距离（km）/500km］

式中，符号[ ]表示取整运算（即不足 500 km 按 500 km 计算）。

例：有 A, B 两国，经由 3 个中转国进行通信，全部线路使用光缆，已知 A 国的 IG 至 PTP 段的距离为 2500 km，B 国的 IG 至 PTP 段的距离为 950 km，A, B 两国之间的国际部分的路由距离（经过 3 个中转国）为 9000 km，则

A 国国内部分的分配指标为 17.5%+ 1%× 2500/500 = 22.5%

B 国国内部分的分配指标为 17.5%+ 1%× 950/500 ≈ 19.5%

A, B 两国之间国际部分的分配指标为 1%× 2 + 2%× 3 + 1%× 9000/500 ≈ 28%

故 A, B 两国端到端误码指标分配总数为 22.5%+19.5%+28% ≈ 70%。

3. 高速率通道全程（27 500 km）误码性能指标

G.826 给出了高速率通道全程（27 500 km）误码性能指标，如表 6-12 所示。由该表可见，随着速率增加，码块也相应增大，故 ESR 也随之变大；随着速率增大，BBER 变小，是期望高速率系统背景噪声有改善；SESR 对各速率通道要求一样，是因 SES 主要受外部条件影响。

表 6-12　高速率通道全程（27 500 km）误码性能指标（G.826）

速率范围/(Mb/s)		1.5～5	5～15	15～55	55～160	160～750	750～3500
包含	速率/(Mb/s)	2.048	8.448	34.368	155.520	622.080	2488.320
	虚通道	VC-12	VC-2	VC-3	VC-4	VC-4-4v	VC-4-16v
码块大小/（kb/块）		2～8	2～8	4～20	6～20	15～30	15～30
ESR		0.04	0.05	0.075	0.16	0.4（暂定）	0.8（暂定）
SESR		0.002	0.002	0.002	0.002	0.002	0.002
BBER		3×10^{-4}（2×10^{-4}）	2×10^{-4}	2×10^{-4}	2×10^{-4}	1×10^{-4}（4×10^{-4}）	1×10^{-4}（4×10^{-4}）

注：VC-12 的 BBER 取括号中的数值 2×10^{-4}；VC-4-4v 和 VC-4-16v 的 BBER 取括号中的数值 4×10^{-4}。

说明：① VC-12 的 BBER 取括号中的数值 2×10^{-4}，原因是 VC-12 数据块大小为 $4\times35\times8$ b =1120 b（见表 6-3），低于表 6-12 第 4 行所规定的数据块大小的下限值 2 kb；② VC-4-4v 和 VC-4-16v 的 BBER 都取括号中的数值 4×10^{4}，原因是 VC-4-4v 数据块大小为 $9\times261\times8$ b $\times$ 4=75.168 kb，VC-4-16v 数据块大小为 $9\times261\times8$ b $\times16=300.672$ kb（见表 6-3），两者均高于表 6-12 第 4 行所规定的数据块大小的上限值 30 kb。

利用表 6-12 中的数据，可以计算高速率通道假设参考数字段（HRDS）的误码性能指标，计算方法如下：

已知我国国内的国际关口局 IG 至通道端点 PTP 的距离为 L（km），L 内本地级线路长度为 L_1（km），又设 L_1 的全程误码指标分配比例为 $\alpha_1\%$。

于是，根据图 6-34 中的分配原则，可以求出 L 的全程误码指标分配比例为

$$\alpha\% = 17.5\% + 1\% \times L/500$$

因而，L 内高、中级线路总的全程误码指标分配比例为

$$\alpha_2\% = \alpha\% - \alpha_1\%$$

即高、中级线路每千米分得的误码指标为$(\alpha_2\%)/(L-L_1)$。

因此，高、中级线路的 ESR, SESR, BBER 值按下列公式进行计算：

x 速率的 ESR = x 速率全程（27 500 km）通道的 ESR 误码指标×
$(\alpha_2\%)/(L-L_1)\times$ HRDS 通道长度

x 速率的 SESR = x 速率全程(27 500 km)通道的 SESR 误码指标×
$(\alpha_2\%)/(L-L_1)\times$ HRDS 通道长度

x 速率的 BBER = x 速率全程(27 500 km)通道的 BBER 误码指标×
$(\alpha_2\%)/(L-L_1)\times$ HRDS 通道长度

本地级线路的 ESR, SESR, BBER 值则为

x 速率的 ESR = x 速率全程（27 500 km）通道的 ESR 误码指标 $\times\alpha_1\%$

x 速率的 SESR = x 速率全程（27 500 km）通道的 SESR 误码指标 $\times\alpha_1\%$

x 速率的 BBER = x 速率全程（27 500 km）通道的 BBER 误码指标 $\times\alpha_1\%$

式中，x 速率全程(27 500 km)通道的 ESR/SESR/BBER 误码指标取自表 6-12，x 速率可取为 2.048, 8.448, 34.368, 155.520, 622.080 或 2488.320 Mb/s，HRDS 通道长度可取为 420, 280 或 50 km。

6.2.4　抖动特性

1．抖动的定义

数字脉冲信号时间坐标位置相对于其标准位置的随机性变化，称为抖动（Jitter）。例如，脉冲信号的前沿或后沿位置随时间而忽左忽右来回变化，就称为前沿或后沿抖动。抖动变化的最大时间范围，称为抖动幅度。单位时间内抖动变化的快慢，称为抖动频率。抖动量的大小将影响数字通信系统的通信质量，因此要求抖动量越小越好。

可以用几种不同的方法来定义抖动量。一种是峰-峰抖动量 $J_{\text{P-P}}$，它表示数字脉冲信号的最大瞬时抖动幅度，即

$$J_{\text{P-P}} \equiv \max\left|t-t_0\right| \tag{6-6}$$

式中，t_0 是标准位置；t 是瞬时抖动位置。此外，还有均方根抖动量，它表示数字脉冲信号抖动幅度的均方根值，即

$$J_{\text{rms}} \equiv \sqrt{E[(t-t_0)^2]} \tag{6-7}$$

式中，E 是对所有的瞬时 t 求平均。可见，J_{rms} 是一个统计量，而 $J_{\text{P-P}}$ 是一个非统计量。

2．抖动性能指标

表 6-13 和图 6-36 是 G.823 关于网络接口最大容许输入抖动的规定值及其相应的曲线。其中，$J_{\text{P-P}}$ 就是上面定义的峰-峰抖动量，表示脉冲时间坐标位置超前及滞后其标准位置之差的最大值。UI（Unit Interval）表示单位间隔，等于码元时隙。码速越高，则 UI 的值越小。例如，一至四次群的 UI 分别等于 488, 118, 29.1, 7.18 ns。最大容许输入抖动量通常称为输入抖动容限，该容限值越大，表明线路适应抖动的能力就越强。所以，实测的最大容许输入抖动量 $J_{\text{P-P}}$（单位：UI）应当在图 6-36 曲线之上。实测时，除选用表 6-13 中的抖动频率外，在这些频率之间还可另取若干频率进行测量，以保证实测曲线的精确性。

表 6-13　各次群网络接口输入抖动容限

码　速	最大输入抖动 $J_{\text{P-P}}$/UI			抖 动 频 率				
	A_0	A_1	A_2	f_0/Hz	f_1/Hz	f_2/Hz	f_3/Hz	f_4/Hz
一次群	36.9	1.5	0.2	1.2×10^{-5}	20	2.4 k	18 k	100 k
二次群	152	1.5	0.2	1.2×10^{-5}	20	400	3 k	400 k
三次群		1.5	0.15		100	1 k	10 k	800 k
四次群		1.5	0.075		200	500	10 k	3500 k

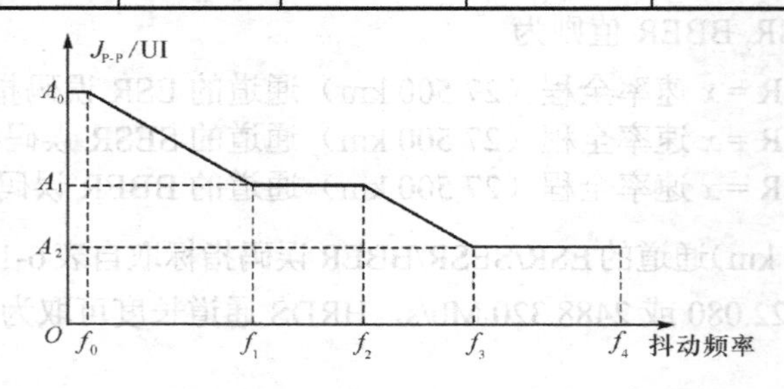

图 6-36　输入抖动容限曲线

表 6-14 是 ITU-T G.921 关于假设参考数字段（HRDS）各次群无输入抖动时的最大容许输出抖动的规定值。

表 6-14　HRDS 各次群无输入抖动时的输出抖动容限

码速	HRDS 长度/km	HRDS 最大输出抖动 J_{P-P}/UI		测量滤波器参数		
		使用测量滤波器（f_1～f_4）	使用测量滤波器（f_3～f_4）	低截止频率		高截止频率
				f_1/Hz	f_3/Hz	f_4/Hz
一次群	50	0.75	0.2	20	18 k	100 k
二次群	50	0.75	0.2	20	3 k	400 k
三次群	50	0.75	0.15	100	10 k	800 k
	280	0.75	0.15	100	10 k	800 k
四次群	280	0.75	0.075	200	10 k	3500 k

6.2.5　可靠性

1．可靠性的定义

通信系统无故障工作能力的大小，称为可靠性（Reliability）。

可靠性与给定的工作条件及工作时间有关系。工作条件是指外界环境（气候与电磁环境）、工作负荷（外加偏置及输入输出流量）、工作方式（连续或间断）、操作类型（自动或手动）等，工作条件不同，则设备的可靠性也不同。工作时间主要指设备的累计工作时间，累计工作时间越长，可靠性也就越低。此外，可靠性还与所要求的功能指标有关系，功能指标不同，则可靠性也不同。

通常用可靠性函数 $R(t)$ 来量度可靠性，其定义式为

$$R(t) \equiv P(t_c \geqslant t) \tag{6-8}$$

式中，t 是规定的工作时间长度；t_c 是待测设备的无故障工作时间长度，t_c 随设备及其工作条件而变化，是一个随机变量；$P(t_c \geqslant t)$表示在规定的工作时间 t 内无故障发生的概率。显然，$R(t)$随 t 增大而减小，两个极端点是：① $R(t=0)=1$，即认为设备在开始工作时完全正常；② $R(t=\infty)=0$，即认为设备在工作足够长时间后完全不正常。可见，$R(t)$越接近 1 越好。

反之，如果定义

$$F(t) \equiv 1-R(t) = P(t_c < t) \tag{6-9}$$

则因 $P(t_c<t)$表示在规定的工作时间 t 内有故障发生的概率，故称 $F(t)$为不可靠性函数，或称为累积故障概率。显然，$F(t)$随 t 增大而变大，两个极端点是 $F(t=0)=0$ 和 $F(t=\infty)=1$。对 $F(t)$的要求是越接近 0 越好。$F(t)$和 $R(t)$随时间 t 的互补变化关系，如图 6-37 所示。设备的可靠性越高，则其 $R(t)$曲线的峰区就越宽，也即 $F(t)$曲线的峰区就越窄。

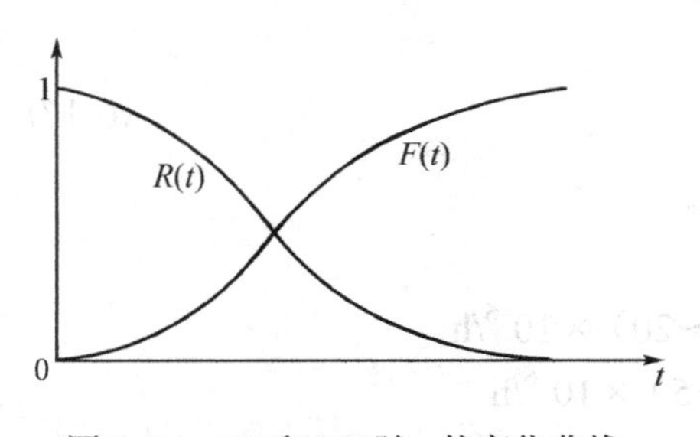

图 6-37　$R(t)$和 $F(t)$随 t 的变化曲线

$R(t)$和$F(t)$的等价定义分别是

$$R(t) \approx \frac{n_0 - n(t)}{n_0} \tag{6-10}$$

$$F(t) \approx n(t)/n_0 \tag{6-11}$$

式中，n_0是同一类型的原有设备数；$n(t)$是从开始工作到 t 时刻为止出现故障的设备数。以上两式的精确性随n_0增大而提高，故要求n_0足够大。

2. 可靠性的其他表示方法

（1）故障密度函数$f(t)$

从概率论可知，$F(t)$是一个分布函数，其概率密度函数为

$$f(t) = \frac{\mathrm{d}F(t)}{\mathrm{d}t} = -\frac{\mathrm{d}R(t)}{\mathrm{d}t} \tag{6-12}$$

在通信上，$f(t)$称为故障密度函数。利用式(6-11)，可将式(6-12)变为

$$f(t) \approx \frac{\Delta n(t)}{n_0 \Delta t} \tag{6-13}$$

式中，$\Delta n(t) = n(t+\Delta t) - n(t)$是在$t$时刻附近的$\Delta t$时段内出现故障的设备数。式(6-13)表明，故障密度函数$f(t)$是t时刻以后的单位时间内故障设备数占原有设备数之比例。

（2）故障率$\lambda(t)$

还可以用故障率来度量可靠性，其定义是

$$\lambda(t) \equiv \frac{\Delta n(t)}{[n_0 - n(t)]\Delta t} \tag{6-14}$$

其单位是 fit（菲特），1 fit = 1×10^{-9}/h。式(6-14)表明，故障率$\lambda(t)$是t时刻以后的单位时间内故障设备数占t时刻的无故障设备数之比例。显然，$\lambda(t)$越小越好。

利用式(6-10)和式(6-13)，可将式(6-14)改写为

$$\lambda(t) \approx \frac{f(t)}{R(t)} = -\frac{R'(t)}{R(t)} \tag{6-15}$$

式中，$R' = \mathrm{d}R(t)/\mathrm{d}t$。

由此解得

$$R(t) = \exp\left[-\int_0^t \lambda(t)\mathrm{d}t\right] \tag{6-16}$$

若$\lambda(t)$恒等于一个常数λ，则式(6-16)可简化为

$$R(t) = \mathrm{e}^{-\lambda t} \tag{6-17}$$

可见，故障率为常数的设备，其可靠性服从负指数分布。

目前，已达到的λ指标范围大致如下：

LD　　λ =（1～2）× 10^4 fit =（10～20）× 10^{-6}/h

PIN 或 APD　　λ =（2～5）× 10^3 fit =（2～5）× 10^{-6}/h

光端机　　λ =（0.6～3）× 10^4 fit =（6～30）× 10^{-6}/h（每端）

光中继器　$\lambda=(0.6\sim3)\times10^4\ \text{fit}=(6\sim30)\times10^{-6}/\text{h}$（每向）
复用设备　$\lambda=(0.3\sim4)\times10^4\ \text{fit}=(3\sim40)\times10^{-6}/\text{h}$（每端）
光缆　$\lambda=(1\sim3)\times10^2\ \text{fit}=(0.1\sim0.3)\times10^{-6}/\text{h}$（每千米干线），
$\lambda=5\times10^2\ \text{fit}=0.5\times10^{-6}/\text{h}$（每千米市话线）

（3）平均故障间隔时间（MTBF）

由式(6-12)及式(6-17)得到

$$f(t)=-\frac{\mathrm{d}R(t)}{\mathrm{d}t}=\lambda\,\mathrm{e}^{-\lambda t} \tag{6-18}$$

于是，可以算出服从负指数分布的平均故障间隔时间（即相邻两次故障之间的平均时间）为

$$t_{\text{MTBF}}=E[t]=\int_0^\infty tf(t)\mathrm{d}t=\int_0^\infty \lambda t\mathrm{e}^{-\lambda t}\mathrm{d}t=1/\lambda \tag{6-19}$$

可见，平均故障间隔时间与故障率互为倒数关系。若 $\lambda=1$ fit，则 $t_{\text{MTBF}}=10^9$ h，这表明 1 fit 相当于平均故障间隔时间为 10^9 h，或者说 1 fit 相当于在 10^9 h 内平均只出现 1 次故障。平均故障间隔时间 t_{MTBF} 也称为平均无故障工作时间。显然，要求 t_{MTBF} 越大越好。例如，LD 的 λ 通常为 10^4 fit，故其 $t_{\text{MTBF}}=1/(10^4\ \text{fit})=1\times10^5$ h。

（4）可用率 A

光纤通信中经常使用可用率 A，其定义为

$$A\equiv\frac{\text{平均无故障工作时间}}{\text{总工作时间}}\times100\% \tag{6-20}$$

若令 t_{MTTR} 是平均故障修复时间（即平均不可用时间），则 A 可写为

$$A\equiv\frac{t_{\text{MTBF}}}{t_{\text{MTBF}}+t_{\text{MTTR}}}\times100\% \tag{6-21}$$

通常，t_{MTTR} 取值范围大致为 1～10 几小时，视设备的复杂程度而定。

利用式(6-21)和式(6-19)，可将式(6-17)改写为

$$R(t)=\mathrm{e}^{-t/t_{\text{MTBF}}}=\mathrm{e}^{-1/A} \tag{6-22}$$

可见，可用率 A 随可靠性函数 $R(t)$ 增加而变大。

3．多设备系统总的可靠性

（1）串联结构的可靠性

如果一个系统由 N 个设备串联构成，并且各个设备的故障是独立发生的，则该系统总的可靠性 $R_{\text{s}}(t)$ 等于 N 个串联设备的可靠性 $R_1(t), R_2(t), \cdots, R_N(t)$ 之乘积，即

$$R_{\text{s}}(t)=\prod_{i=1}^{N}R_i(t) \tag{6-23}$$

因此，该系统总的故障率 $\lambda_{\text{s}}(t)$ 等于 N 个串联设备故障率 $\lambda_1(t), \lambda_2(t),\cdots, \lambda_N(t)$ 之和，即

$$\lambda_{\text{s}}(t)=\sum_{i=1}^{N}\lambda_i(t) \tag{6-24}$$

所以，光纤通信系统总的故障率为

$$\lambda_s(t)=\lambda_1(t)\text{（光端机）}+\lambda_2(t)\text{（光中继器）}+\lambda_3(t)\text{（复用设备即电端机）}+\lambda_4(t)\text{（光缆）}+\lambda_5(t)\text{（供电设备）} \tag{6-25}$$

因而，光纤通信系统的平均故障间隔时间 t_{MTBF} 和可用率 A 分别为

$$t_{\mathrm{MTBF}}=\frac{1}{\lambda_s(t)} \quad \text{和} \quad A=\frac{t_{\mathrm{MTBF}}}{t\text{(规定的工作时间)}} \tag{6-26}$$

（2）并联结构的可靠性

如果一个系统由 N 个设备并联构成，并且各个设备的故障是独立发生的，则该系统总的可靠性 $R_p(t)$ 等于

$$R_p(t)=1-\prod_{i=1}^{N}[1-R_i(t)] \tag{6-27}$$

光纤通信系统中的热备份设备即属于并联设备。

并联设备总的平均故障间隔时间 t_{MTBF} 和可用率 A 分别为

$$t_{\mathrm{MTBF}}=-\frac{t\text{（规定的工作时间）}}{\ln R_p(t)} \quad \text{和} \quad A=-\frac{1}{\ln R_p(t)} \tag{6-28}$$

如果并联设备的故障率 λ 相同，则式(6-28)可以化简为

$$t_{\mathrm{MTBF}}=-\frac{t}{\ln[1-(1-\mathrm{e}^{-\lambda t})^N]} \quad \text{和} \quad A=-\frac{1}{\ln[1-(1-\mathrm{e}^{-\lambda t})^N]} \tag{6-29}$$

4．可靠性分析的一般方法

光纤通信系统的可靠性和可用性包括了传输系统两个终端接口之间传输通道上的所有设备和线路。它包括光端机、电端机、中继器、光纤光缆、供电设备、备用系统和倒换设备等所有设备。

所采用的可靠性分析方法是故障统计分析法，即通过使用现场的实际调查结果、统计故障次数、记录每两次故障的间隔时间和每次故障的维修时间等，得出系统的平均故障间隔时间和平均维修时间的统计值，然后换算出可用性指标。有关内容可参阅相关文献。

6.3　光纤数字通信系统的基本设计

6.3.1　系统设计的一般步骤

光纤数字通信系统设计的任务是，根据用户的要求和实地情况，按照 ITU-T 规范和国内技术标准，尽可能结合中、远期扩容的可能性，进行线路规划和系统配置的设计。

系统设计的一般步骤如下：

（1）选定传输速率和传输制式

根据系统的通信容量（即话路总数）选择光纤线路的传输速率。对于长途干线和大城市

的市话系统，宜选用 SDH 制式，以 STM-16（2.4 Gb/s），STM-4（622 Mb/s）为主；对于农话系统，则可采用 PDH 制式，以三次群或四次群为主。

（2）选定工作波长

根据通信距离选择工作波长。目前 0.85 μm 波长已很少使用，中、短距离系统可选用 1.31 μm 波长，长距离系统可选用 1.55 μm 波长。

（3）选定光源和光检测器件

根据工作波长及通信距离选择 LED 或 LD。通常，短波长短距离系统选用 LED，长波长系统选用 LED 或 LD。

一般，低速率小容量系统采用 LED-PIN 组合，高速率大容量系统可以采用 LD-APD 组合。

（4）选定光纤光缆类型

根据工作波长及通信容量选择多模或单模光纤。通常，低速率小容量系统选用多模光纤，高速率大容量系统须选用单模光纤。根据线路类型和通信容量确定光缆芯数。根据线路敷设方式确定光缆类型。

（5）选定路由、估算中继距离

根据线路尽量短直、地段稳定可靠、与其他线路配合最佳、维护管理方便等原则确定路由。根据上、下话路的需要确定中继距离，或者根据影响传输距离的主要因素来估算中继距离。

（6）估算误码率

根据误码秒 ES 和严重误码秒 SES 的上限指标，用来估算误码率的大小。

以上只是设计步骤中的主要内容，此外尚有光纤线路码型设计、供电设计等。上述设计步骤的中心问题是确定中继距离，其他步骤是为这个中心步骤而服务的。下面讨论中继距离的估算。

6.3.2　中继距离估算

1．衰减限制系统中继距离估算

衰减限制系统是指光纤线路的衰减较大、传输距离主要受衰减影响的系统。例如，二次群及其以下速率的多模光纤通信系统、四次群及其以下速率的单模光纤通信系统都属于衰减限制系统。一般而言，2.5Gb/s 以下速率的系统是衰减限制系统。

设衰减限制系统的发送端平均输出光功率为 P_T（dBm），接收端灵敏度为 P_R（dBm），则该系统的线路容许总衰减可以写为

$$P_T - P_R = 2\alpha_C + \alpha_S L + \alpha L + M_C L + M_E \tag{6-30}$$

式(6-30)中各变量的含义如下：

α_C（dB）为光纤连接器插入损耗。光纤连接器又称为活动连接器，其插入损耗约为 0.6～0.8 dB/个。活动连接器通常使用在光缆与光端机的连接处，以便于光缆与光端机的分

拆与结合。

α_S（dB/km）为光纤每千米平均接续损耗（即每千米平均固定接头损耗）。由于市售光缆的长度仅为 1～2 km，所以一个中继段线路是由许多这样的光缆串联而接成的。通常使用电弧熔接法来连接两根光纤，这种连接属于固定连接。固定连接处的接头损耗与接续光纤的特性及接续操作技术有关，因此一段线路上的各个固定接头损耗彼此存在差异，所以用它们的统计平均量即每千米平均固定接头损耗来描述这种损耗的大小。通常，$\alpha_S = 0.1$～0.3 dB/km（多模光纤）及 0.05～0.1 dB/km（单模光纤）。

α（dB/km）为光纤衰减常数。

M_C（dB/km）为光缆富余度。这是为了应付光缆及光纤连接器性能变坏、或光缆长度及接头增加而预留一定的衰减指标，通常取 0.1～0.3 dB/km。

M_E（dB）为光端机富余度。这是为了应付光端机性能变坏而预留一定的衰减指标，通常取 3～4 dB。

L（km）为中继段（Repeater Section, RS）长度。

由式(6-30)解得

$$L = \frac{P_T - P_R - (2\alpha_C + M_E)}{\alpha + \alpha_S + M_C} \tag{6-31}$$

利用式(6-31)可以估算出中继距离。实际中，除了有先给出光纤设备参数、后确定中继距离这一类问题外，还有先给出中继距离、后确定光纤设备参数的，这时可以初步设定这些设备的参数值并计算式(6-31)右边的算式，所得结果若等于或稍大于已知的 L，则表明所选参数符合要求，否则需要重新设定参数再次计算和比较。

2. 带宽限制系统中继距离估算

带宽限制系统是指光纤衰减很小、传输距离主要受光纤色散带宽影响的系统。一般而言，10Gb/s 及其以上速率的系统是带宽限制系统。

由第 2 章得知，光纤色散能够导致输出光脉冲展宽。因此，传输码流中相邻两个码元 A 和 B，通过光纤后因波形展宽有一部分会交叠起来，以致在码元 B 的峰值时刻 $t = T_b$（T_b 等于码元时隙的宽度），码元 A 的光强是一个非零值，这就构成了码元 A 对码元 B 的干扰，如图 6-38 所示。若光纤输出的光脉冲强度为高斯波形，即码元 A 和 B 分别为

$$p_A(t) = p_{A0}e^{-t^2/(2\sigma^2)} \quad 和 \quad p_B(t) = p_{B0}e^{-(t-T_b)^2/(2\sigma^2)}$$

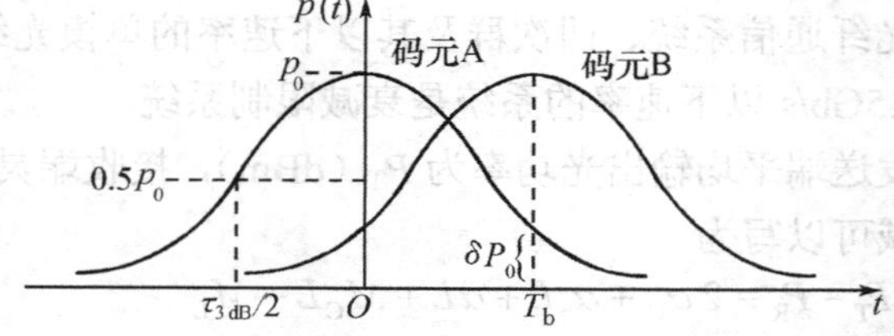

图 6-38 输出光脉冲码间干扰示意图

则码元 A 对码元 B 的码间干扰量 δ 定义为

$$\delta \equiv \frac{p_{\rm A}(t=T_{\rm b})}{p_{\rm B}(t=T_{\rm b})} = \frac{p_{\rm A0}}{p_{\rm B0}} {\rm e}^{-T_{\rm b}^2/(2\sigma^2)} = {\rm e}^{-T_{\rm b}^2/(2\sigma^2)} \tag{6-32}$$

式(6-32)的最后一步是考虑到光纤对相邻码元峰值光强的衰减基本上相同，因而 $p_{\rm A0}=p_{\rm B0}$。

表 6-15 列出了 δ 与 $\sigma/T_{\rm b}$ 的几个数值关系。可以看出：$\sigma/T_{\rm b}\leqslant 0.25$ 时，δ 只有万分之几，其影响很小；$\sigma/T_{\rm b}\geqslant 0.50$ 时，δ 有百分之十几，其影响较大。可以取 $\sigma/T_{\rm b}\leqslant 0.25$ 作为带宽设计标准。

表 6-15 σ 与 $\sigma/T_{\rm b}$ 的数值关系

$\sigma/T_{\rm b}$	0.20	0.25	0.30	0.35	0.40	0.45	0.50
δ	3.73×10^{-6}	3.35×10^{-4}	3.87×10^{-3}	0.017	0.044	0.085	0.135

式(2-57)已给出σ与 $P(f)$（即 $p(t)$的傅里叶频谱）的 3 dB 频宽 $f_{3\,\rm dB}$ 之间的关系为

$$f_{3\,\rm dB}=\frac{\sqrt{2\ln 2}}{2\pi\sigma}=\frac{0.1875}{\sigma}\quad({\rm Hz})$$

将 $\sigma/T_{\rm b}\leqslant 0.25$ 代入上式，得到系统应当具有的最佳带宽为

$$B_0=f_{3\,\rm dB}\geqslant 0.75/T_{\rm b}=0.75s_{\rm b} \tag{6-33}$$

式中，$s_{\rm b}=1/T_{\rm b}$ 为码元速率。

另一方面，式(2-72c)已给出 L（km）长度光纤总的色散带宽为

$$B_{{\rm T}(L)}=1\Big/\sqrt{B_{{\rm intra}(L)}^{-2}+B_{{\rm inter}(L)}^{-2}}$$

式中，$B_{{\rm intra}(L)}$ 和 $B_{{\rm inter}(L)}$ 分别是 L（km）长度光纤的模内色散带宽和模间色散带宽，它们与光纤长度 L 的关系式分别为[见式(2-69a)和式(2-71a)]

$$B_{{\rm intra}(L)}=B_{{\rm intra}(1)}/L \quad 和 \quad B_{{\rm inter}(L)}=B_{{\rm inter}(1)}/L^{\gamma}$$

式中，$B_{{\rm intra}(1)}$ 和 $B_{{\rm inter}(1)}$ 分别为 1 km 长度光纤的模内色散带宽和模间色散带宽；γ 是模间色散有效长度因子，通常取$\gamma=0.5\sim0.9$。

考虑到单模光纤只有模内色散而无模间色散，而多模光纤的模内色散通常远小于模间色散因而可以忽略。于是，综合以上式子可以写出

$$B_{{\rm T}(L)}=\begin{cases} B_{{\rm intra}(L)}=B_{{\rm intra}(1)}/L & 单模光纤 \\ B_{{\rm inter}(L)}=B_{{\rm inter}(1)}/L^{\gamma} & 多模光纤 \end{cases} \tag{6-34}$$

为了减小码间干扰，式(6-34)给出的光纤全长总带宽 $B_{{\rm T}(L)}$ 应当不小于式(6-33)给出的最佳带宽 B_0，由此解得

$$L\leqslant\begin{cases} B_{{\rm intra}(1)}/(0.75s_{\rm b}) & 单模光纤 \\ [B_{{\rm inter}(1)}/(0.75s_{\rm b})]^{1/\gamma} & 多模光纤 \end{cases} \tag{6-35}$$

只要通过产品参数知道了 $B_{{\rm intra}(1)}$ 或 $B_{{\rm inter}(1)}$，利用式(6-35)就可以估计单模或多模光纤的中继距离了。

6.3.3 误码率估算

1. 误码性能指标与误码率的关系

误码率 P_e 定义为在观测时间内出现差错的码元数目 m 与总的码元数目 N 之比，即

$$P_e \equiv m / N$$

上式仅当 N 很大时才比较精确。如果 N 不是很大，则需要进行很多次的测量，每次测出有差错的码元数目，求出它们的平均值 $E[m]$，将其代入上式右边分子中，即得

$$P_e \equiv E[m] / N \tag{6-36}$$

假设出现差错的码元数目 m 服从泊松（Poisson）分布，则由概率论得知其误码概率为

$$P_m = \frac{(E[m])^m}{m!}\mathrm{e}^{-E[m]} = \frac{(nT_0P_e)^m}{m!}\mathrm{e}^{-nT_0P_e} \tag{6-37}$$

式中，n 是1 s 内的码元数目（即码元速率 s_b）；T_0 是取样观测时间。式(6-37)第二个等号利用了式(6-36)。

根据式(6-4)、式(6-5)和式(6-37)，可以得到

$$\text{误码秒比率 ESR} = S_E / S_A = 1 - P_{m=0} = 1 - \mathrm{e}^{-nP_e} \tag{6-38}$$

$$\text{严重误码秒比率 SESR} = S_{\geqslant 64} / S_A = 1 - \sum_{m=0}^{63} P_m = 1 - \sum_{m=0}^{63} \frac{(nP_e)^m}{m!}\mathrm{e}^{-nP_e} \tag{6-39}$$

将 ESR, SESR 的上限值 8%, 0.2%分别代入式(6-38)和式(6-39)，都可以算出 64 kb/s 数字信号在 27 500 km 线路上的 P_e 上限值。不过式(6-39)不能写出 P_e 的显式，需要利用计算机来求解。而式(6-38)可以写出 P_e 的显式来求解。

实际上，由式(6-38)和式(6-39)算出的 P_e 上限值并不相同，或者说将其中任一式求出的 P_e 上限值代入另一式，并不能得到该式规定的误码上限值。所以，式(6-38)和式(6-39)彼此不能替代，对误码率进行估算时两个式子都要用到，只有同时能够满足两个式子的规定值才算符合设计要求。

2. 误码率与线路长度的关系

根据距离分配原则，如果估算出了 64 kb/s 数字信号在 27 500 km 总线路（即 HRX）上的误码率上限值 $P_{e(\mathrm{HRX})}$，则可以算出 64 kb/s 数字信号在 5000 km 数字链路（即 HRDL）上的误码率上限值 $P_{e(\mathrm{HRDL})}$，其算式为

$$P_{e(\mathrm{HRDL})} = P_{e(\mathrm{HRX})} \times \left(\frac{\text{高级线路指标占 HRX}}{\text{实际分配总指标的比例}}\right) \times \frac{\text{HRDL 长度}}{\text{高级线路长度}}$$

$$= P_{e(\mathrm{HRX})} \times 40\% \times \frac{5000\ \mathrm{km}}{25\ 000\ \mathrm{km}} \tag{6-40}$$

进而，可以算出 420 km 或 280 km 数字段（即 HRDS）上的误码率上限值 $P_{e(\mathrm{HRDS})}$，其算式为

$$P_{e(\mathrm{HRDS})} = P_{e(\mathrm{HRDL})} \times \frac{\text{HRDS长度}}{\text{HRDL长度}} = P_{e(\mathrm{HRDL})} \times \frac{420\ \mathrm{km或}280\ \mathrm{km}}{5000\ \mathrm{km}} \tag{6-41}$$

然后，可以算出每个中继段（RS）上的误码率上限值 $P_{e(RS)}$，其算式为

$$P_{e(RS)}=P_{e(HRDS)}\times\frac{中继距离}{420km或280km}\times修正系数\ C \tag{6-42}$$

式中，$0<C<1$。

上述算式中的线路包容关系为：总线路 HRX 包含高级线路，高级线路包含数字链路 HRDL，数字链路 HRDL 包含数字段 HRDS。以上结果是针对 64 kb/s 数字信号的，如果忽略数字复用设备对误码率的影响，则可用式(6-42)的计算结果粗略地估计其他高速率信号的误码率上限值。

6.4　光纤数字通信系统的测量

6.4.1　电性能的主要指标测量

1．误码率测量

图 6-39 所示是光端机系统误码率测试框图。其中，伪随机码发生器通过电缆连接到待测光端机的发送输入端，误码检测器则经过电缆连接到待测光端机的接收输出端。伪随机码发生器能够产生不同长度的伪随机码二进制序列信号，ITU-T 规定：对于一次群和二次群速率使用（$2^{15}-1$）伪随机码，三次群和四次群速率则使用（$2^{23}-1$）伪随机码。

测试步骤如下：

① 按照不同的传输速率，将相应的伪随机码测试信号经过电缆送入待测光端机的发送输入端；

② 连续 t 小时用误码检测器检测待测系统的误码状况，读出误码检测器上的累积误码数 m；

③ 利用下式计算误码率：

$$P_e=\frac{m}{N}=\frac{m}{s_b t} \tag{6-43}$$

式中，m 是在观测时间 t 内出现差错的码元数目；N 是在观测时间 t 内总的码元数目；s_b 是码元速率。式(6-43)仅当 N 或 t 很大时才比较精确，通常取 $t\geqslant 24$ h。

图 6-39(a)是一种最基本的同端测量方式，它使用同一个光端机，用光纤环路将该光端机的发送输出端与接收输入端直接连接起来（称为光纤环回），误码检测器与伪随机码发生器放在同一端进行测量，这种方式可用于教学实验。比较复杂一点的是使用两个光端机，用电缆环路将远端光端机的发送输出端与接收输入端直接连接起来（称为电缆环回），测试也在同一端进行，如图 6-39(b)所示。这种方式既可用于教学实验，也常用于工程测量。此外，更复杂的是在两个光端机之间还有一个光中继器，这也是为工程测量所用。除了上述同端测量方式外，还有对端测量方式（误码检测器与伪随机码发生器分开放在两端进行测量）。

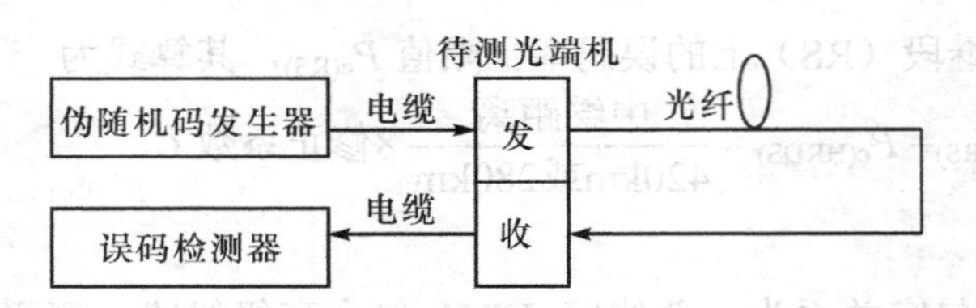

(a) 单光端机光纤环回同端测量方式

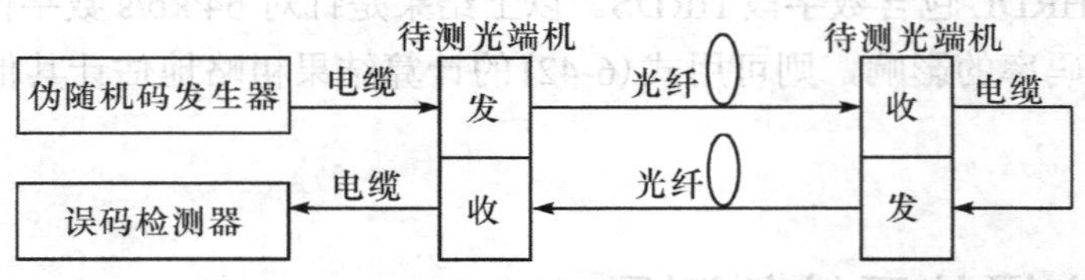

(b) 双光端机电缆环回同端测量方式

图 6-39　光端机系统误码率测试框图

2．抖动测量

（1）输入抖动容限测量

图 6-40 所示是光端机系统输入抖动容限测试框图。其中正弦信号发生器通过电缆连接到伪随机码发生器的输入端，用正弦信号来调制伪随机码信号的相位，使伪随机码信号产生抖动（正弦信号发生器与伪随机码发生器的组合也可以统称为抖动发生器）。通常，伪随机码发生器、误码检测器及抖动检测器是包含在专用仪器——数字传输分析仪内的（**注：**为简单起见，图 6-40 及其以后的测试框图都只给出单光端机光纤环回同端测量方式）。

测试步骤如下：

① 将正弦信号送入伪随机码发生器的输入端，并按照表 6-13 的要求选用正弦信号频率；

② 调整正弦信号幅度，观测无误码时的最大正弦信号幅度，此时用抖动检测器测得的数值，就是对应于该正弦信号频率（即抖动频率）的最大抖动幅度，即为待测系统的输入抖动容限。

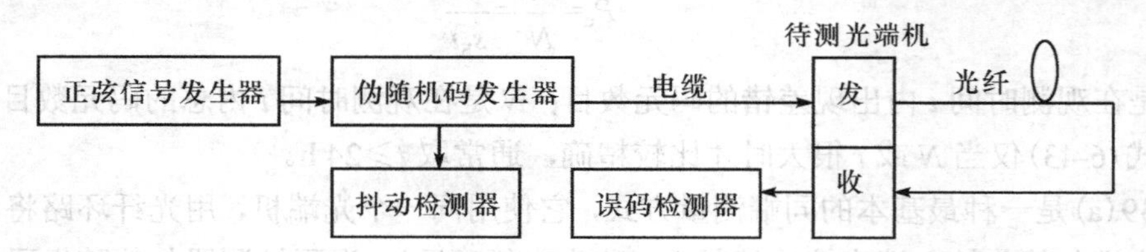

图 6-40　光端机系统输入抖动容限测试框图

（2）无输入抖动时的输出抖动测量

图6-41 是光端机系统无输入抖动时的输出抖动测试框图。图6-41 与图6-40 的区别是：伪随机码信号不需要使用正弦信号来调制，同时抖动检测器是连接在光端机接收输出端的。

测试步骤如下：

① 将符合速率及幅度要求的伪随机码信号送入待测光端机的发送输入端；

② 将抖动检测器上的带通滤波器的通频带置于所需要的范围；

③ 观测 1 min，在待测光端机的接收输出端用抖动检测器测得的数值，就是该伪随机码信号经过待测光端机系统后的抖动幅度，此即待测系统无输入抖动时的输出抖动量。

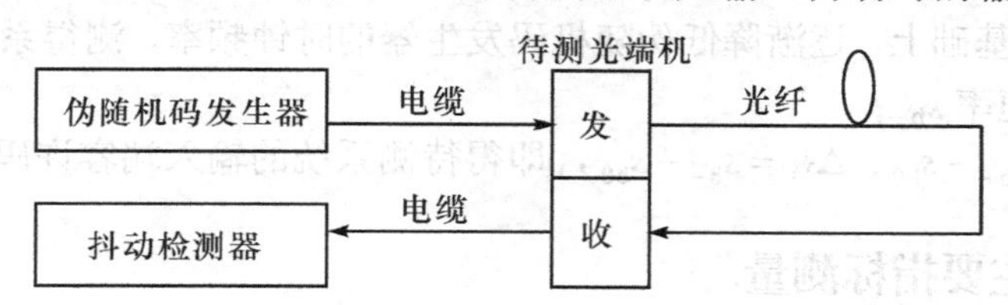

图 6-41　光端机系统无输入抖动时的输出抖动测试框图

（3）抖动转移特性测量

光端机系统输出端抖动量与输入端抖动量的比值随抖动频率的变化关系，称为抖动转移特性。ITU-T G.921 规定：一个数字段的抖动转移特性的最大值小于 1 dB。

图6-42 是光端机系统抖动转移特性测试框图，该图与图6-41 的区别是：该图的伪随机码信号需要使用正弦信号来调制相位。

测试步骤如下：

① 断开待测光端机与伪随机码发生器、抖动检测器的连接（图 6-42 中⊙处），直接将伪随机码发生器的输出端连到抖动检测器的输入端，取正弦信号频率 f 为 10 Hz（此即抖动频率），调节正弦信号幅度，使抖动检测器的读数在 0.5～1.5 UI 范围内取值（注：UI 的定义见 6.2.4 节），即得到待测光端机系统输入端的抖动幅度 A_{in}（UI）；

② 接通待测光端机与伪随机码发生器、抖动检测器的连接（如图 6-42 所示），保持正弦信号频率和幅度不变（与步骤①的取值相同），此时抖动检测器的读数即为待测光端机系统输出端的抖动幅度 A_{out}（UI）；

③ 利用下式计算抖动增益

$$G=20\lg\left(A_{out}/A_{in}\right)\ \text{(dB)} \tag{6-44}$$

④ 逐步升高正弦信号频率 f，在每个频率点上重复以上测量步骤，分别测出各频率点的抖动增益 $G(f)$，画出 $G(f)$随 f 的变化曲线，就得到待测系统的抖动转移特性曲线。

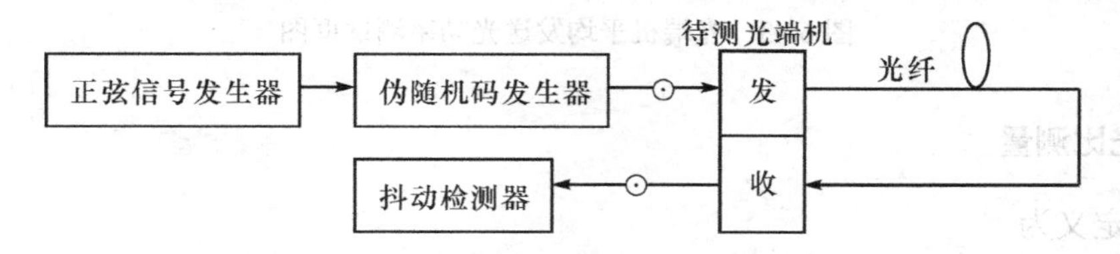

图 6-42　光端机系统抖动转移特性测试框图

3．输入端容许码速偏移测量

光端机通信系统输入端容许码速偏移测试框图与图 6-39 相同。

测试步骤如下：

① 将标准速率 s_{b0} 的伪随机码测试信号输送给待测系统，此时误码检测器应当指示系统无误码发生；

② 逐渐升高伪随机码发生器的时钟频率，使伪随机码信号的速率随之改变，同时用误码检测器监测系统的误码状况，记下刚刚出现误码时的伪随机码信号的速率 s_{b+}；

③ 在步骤①的基础上，逐渐降低伪随机码发生器的时钟频率，测得系统刚刚出现误码时的伪随机码信号的速率 s_{b-}；

④ 计算 $\Delta s_+ = s_{b+} - s_{b0}$，$\Delta s_- = s_{b-} - s_{b0}$，即得待测系统的输入端容许码速偏移量。

6.4.2 光性能的主要指标测量

1．平均发送光功率测量

图 6-43 是光端机平均发送光功率测试框图。其中伪随机码发生器通过电缆连接到待测光端机的发送输入端，而待测光端机的发送输出端与接收输入端是通过光纤环路直接连接起来的，光功率计则通过光纤连接器（图 6-43 中 × 处）连接到光端机发送输出端。

测试步骤如下：

① 使光端机的光源处在正常工作条件下，将符合速率及幅度要求的伪随机码测试信号送入光端机发送输入端；

② 断开光端机发送输出端与光纤环路的连接，将光功率计通过光纤连接器连接到光端机发送输出端，此时光功率计的读数就是光端机经过光纤连接器后的平均输出光功率 P（即全部“0”码和“1”码光功率的平均值）；

③ 由产品手册得知光纤连接器的插入损耗值 α_C（dB）；

④ 利用下式计算光端机的平均发送光功率：

$$P_T = P + \alpha_C \tag{6-45}$$

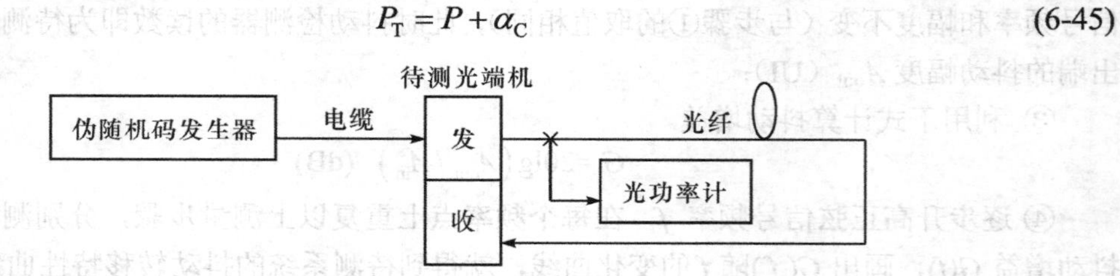

图 6-43　光端机平均发送光功率测试框图

2．消光比测量

消光比定义为

$$\mathrm{EX} \equiv 10\lg\left(P_1 / P_0\right) \text{（dB）}$$

式中，P_0 是输入电信号为全“0”码时光端机的平均输出光功率；P_1 是输入电信号为全“1”码时光端机的平均输出光功率。当输入电信号是伪随机码测试信号时，其“0”码和“1”码的发生概率相等，则 $P_1 = 2P_T$，其中 P_T 是输入伪随机码测试信号时光端机的平均发送光功率。**注意**：有的文献给出的定义是 $\mathrm{EXT} \equiv 10\lg(P_0/P_1)$，称为消光比倒数。

消光比测试框图与图 6-43 相同。

测试步骤如下：

① 测量 P_1 时，伪随机码发生器输出全“1”码测试信号，然后按照上面测量平均发送光功率的第②步至第④步进行测量得到 $P_1 = P_1'+\alpha_C$，其中 P_1' 是输入全“1”码时光端机经过光纤连接器后的平均输出光功率（当然，也可直接利用上面实验测得的平均发送光功率 P_T 的数值算出 P_1）；

② 测量 P_0 时，伪随机码发生器输出全“0”码测试信号，其他步骤与上面完全相同；

③ 利用消光比定义公式计算 EX。

3．光接收机灵敏度测量

图 6-44 是光接收机灵敏度测试框图。其中伪随机码发生器通过电缆连接到待测光端机的发送输入端，而待测光端机的发送输出端与接收输入端是通过光纤环路连接起来的，光可变衰减器串联在光纤环路中，待测光端机的接收输出端经过电缆连接到误码检测器输入端，光功率计则通过光纤连接器（图 6-44 中 × 处）连接到光纤环路中。

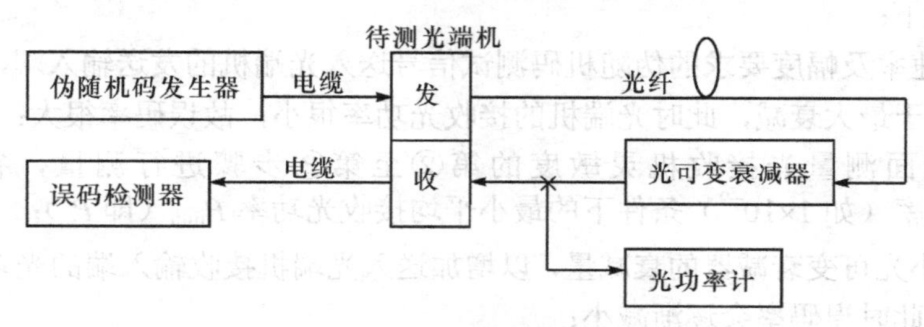

图 6-44　光接收机灵敏度测试框图

测试步骤如下：

① 将符合速率及幅度要求的伪随机码测试信号送入光端机的发送输入端；

② 逐步增大光可变衰减器的衰减量，使系统的误码率逐步增大，直至误码检测器的读数显示出所期望的指标（通常选为 $\leqslant 1\times10^{-9}$）为止；

③ 将光端机的接收输入端与光纤断开，而将光功率计连接到光纤线路中，此时光功率计测得的数值就是光接收机在所期望的误码率条件下的最小平均接收光功率 P_r（W）；

④ 利用下式计算得到灵敏度：

$$S_r = 10\lg(P_r/10^{-3}) \quad \text{(dBm)}$$

注意：上述第②步也可以通过观测某一时间段内的误码个数，来判定误码率的数值大小。

为了测试方便起见，通常将所期望的误码率换算成最短观测时间。所谓最短观测时间，是指在所期望的误码率条件下，能够检测到一个误码的观测时间。由误码率 P_e 的定义式

$$P_e \equiv \frac{m}{s_b t}$$

将观测时间 t 内出现差错的码元数目 m 用 1 代替，则得最短观测时间为

$$t_{min} = \frac{1}{s_b P_e} \tag{6-46}$$

由式(6-46)可见，最短观测时间 t_{min} 与误码率 P_e 及码元速率 s_b 有关。表 6-16 给出了一至四次群速率下的误码率最短观测时间，实际测量时宜选用比表 6-16 中稍长一些的时间。

表 6-16　不同码速下的误码率最短观测时间

最短观测时间 t_{min}		所期望的误码率 P_e		
		1×10^{-9}	1×10^{-10}	1×10^{-11}
码元速率 s_b（Mb/s）	2.048	8.1 min	1.4 h	13.6 h
	8.448	2 min	19.7 min	3.3 h
	34.368	29.1 s	4.8 min	48.5 min
	139.264	7.2 s	1.2 min	12 min

4．光接收机动态范围测量

光接收机动态范围测试框图与图 6-44 相同。

测试步骤如下：

① 将符合速率及幅度要求的伪随机码测试信号送入光端机的发送输入端，并将光可变衰减器的衰减量置于最大衰减，此时光端机的接收光功率很小，故误码率很大；

② 按照上面测量光接收机灵敏度的第②至第③步骤进行测量，得到光接收机在所期望的误码率（如 1×10^{-9}）条件下的最小平均接收光功率 P_{min}（即 P_r）；

③ 逐步减小光可变衰减器的衰减量，以增加送入光端机接收输入端的光功率，同时观测误码率的变化，此时误码率会逐渐减小；

④ 继续减小光可变衰减器的衰减量以增大入射光功率，此时误码率会进一步减小（小于 1×10^{-9}）。但随着衰减量的减小，接收机出现过载使误码率重新升高，当衰减量的减小使误码率再次达到所期望的指标（1×10^{-9}）时，将光端机的接收输入端与光纤断开，而将光功率计连接到光纤线路中，此时光功率计测得的数值就是光接收机在所期望的误码率条件下的最大平均接收光功率 P_{max}；

⑤ 利用下式计算得到光接收机动态范围：

$$D = 10\lg\left(P_{max} / P_{min}\right)\ (\text{dB})$$

习　题　6

6.1　PDH 是做什么用的？有哪几种标准，列表说明它们有何异同？

6.2　何谓准同步复用？何谓同步复用？

6.3　PDH 各次群帧结构都是准同步复用吗？理由是什么？

6.4　PDH 有何不足？

6.5　SDH 是做什么用的？其基本内容是什么？

6.6　SDH 各等级速率是多少？它们都是同步复用的吗？理由是什么？SDH 承载 PDH 信号采用什么复用方式？

6.7　STM-1 帧结构的每行和每列各有多少字节？帧频是多少？

6.8　何谓容器 C 和虚容器 VC？

6.9　何谓低阶通道（LP）和高阶通道（HP）？

6.10　何谓低阶通道开销（LP-OH）和高阶通道开销（HP-OH）？

6.11　试述虚级联的含义？

6.12　复用段开销（MS-OH）和再生段开销（RS-OH）在 STM-1 帧中的位置如何？

6.13　试证明：低阶通道每个字节的比特速率为 16 kb/s，高阶通道、复用段和再生段每个字节的比特速率为 64 kb/s。

6.14　试述 BIP-*n* 的校验原理，并列表说明 BIP-2, BIP-8 和 BIP-24 的用途、待校验数据块名称、发送端的“误码监测”字节、接收端的“远端差错指示”字节等四项内容。

6.15　终端复用器（TM）、分插复用器（ADM）和数字交叉连接设备（DXC）的功能是什么？

6.16　何谓 SDH 传送网？画出它的分层结构模型。

6.17　何谓假设参考连接（HRX）、假设参考数字链路（HRDL）和假设参考数字段（HRDS）？

6.18　何谓可用时间 T_A 和不可用时间 T_U？

6.19　误码秒及误码秒比率、严重误码秒及严重误码秒比率是怎样定义的？误码秒与严重误码秒有何关系？

6.20　误块、误块秒及误块秒比率、严重误块秒及严重误块秒比率是怎样定义的？

6.21　利用误块、误块秒及误块秒比率、严重误块秒及严重误块秒比率的定义，试证明：

（1）误块概率 P_B 与平均误码率 P_e 之间的关系式为

$$P_B = 1 - e^{-N_B P_e}$$

式中，N_B 为一个码块的码元（即比特）数目。

（2）误块秒比率的表达式为

$$\text{误块秒比率} = 1 - e^{-nN_B P_e}$$

式中，n 为 1 s 时间段内的码块数目。

（3）严重误块秒比的表达式为

$$\text{严重误块秒比率} = \sum_{k=0.3n}^{n} C_n^k P_B^k (1-P_B)^{n-k}$$

6.22　如果低阶通道数据块 VC-11 帧、VC-12 帧、VC-2 帧的误块秒比取为 0.01，高阶通道数据块 VC-3 帧的误块秒比取为 0.02，高阶通道数据块 VC-4 帧、复用段数据块 STM-1 帧（不含 RSOH）、再生段数据块 STM-1 帧的误块秒比取为 0.04。试求：以上各数据块所对应的平均误码率 P_e 应当是多少？

6.23　何谓抖动？抖动的特性参量有哪些？何谓输入抖动容限，有什么用处？

6.24　何谓可靠性？可靠性与哪些因素有关？

6.25　故障率 $\lambda(t)$ 是怎样定义的？其物理意义是什么？

6.26　平均故障间隔时间（MTBF）是何意思？其与故障率 $\lambda(t)$ 有何关系？可用率 A 的定义是什么？

6.27　何谓误码率最短观测时间？其表达式是怎样的？

第7章　现代光纤网络

7.1　光纤通信在现代信息网络中的重要地位

7.1.1　现代信息网络的基本特点

现代信息网络又称为多媒体通信网络，其基本特点是信息综合化、信息高速化、传输介质多样化和应用多样化。下面简要说明这些特点的具体含义。

1．信息综合化

现代信息网络包含的信息种类很多，既有传统形式的信息，如电话、传真、广播、电视等，又有现代形式的信息，如音像、计算机数据等。现代信息网络的目标是：将各种文本、音频、视频、图形、图像、动画等多种不同形式的信息综合在一个网络中传输，以求改变传统电话网只传输话音信号、计算机网只传输数据信号、有线电视网只传输视频信号的各自封闭独立的状况，以适应人们对信息需求多样性的要求。信息综合化的追求，导致了通信网与计算机网和有线电视网互相融合——即三网合一的发展趋势。

2．信息高速化

现代信息网络通信量巨大，实时性要求高。为了适应这种需求，各种网络技术应运而生，既有较早时候开发出来的常规以太网、令牌环网、FDDI 网等传统局域网，又有近几年开发出来的百兆位快速以太网、千兆位高速以太网等新型局域网。从发展势头来看，几十 kb/s 和几百 kb/s 的低速网已基本上被淘汰，而 10 Mb/s 共享式以太网也将逐渐会被更高速率的以太网所取代。

3．传输介质多样化

现代信息网络传输介质种类多，既有有线传输介质（如有屏蔽和无屏蔽双绞线、基带和宽带同轴电缆、单模和多模光纤等），又有无线传输介质（如移动通信、卫星通信、微波中继通信等）。当然，随着时代的前进和技术的发展，其中一些传输介质将会逐渐被淘汰。预计，未来的多媒体通信网络将是由光纤通信网络、移动通信网络和卫星通信网络互联构成的有机统一体，其主体是由超大容量的光缆构成骨干网，并实现光纤到户的光纤通信网络所构成，同时利用移动通信接入技术为用户提供方便的多媒体移动业务，并利用卫星通信接入技术弥补光纤通信和移动通信覆盖地区的不足。

4．应用多样化

现代信息网络的应用类型多种多样，有远程教育、远程医疗、远程会议、远程协同工作、远程监控、电子商务、电子娱乐及电子政务等。随着网络宽带化的建设，通信线路上传送的数据量将会千百倍地增长，届时多媒体通信业务就会像今天的电话业务一样在社会上得到更大的普及。

7.1.2　光纤通信在现代信息网络中的应用概况

1．国际光纤通信发展概况

由于光纤通信在网络宽带化方面的独特优势，光纤网络技术在世界信息产业的发展中有着巨大的作用和广阔的应用前景。基于这种原因，当今世界光纤通信技术的发展速度远远超出当初人们的预料，现在世界上大约有 90%以上的通信业务经由光纤传输，光纤已经成为通信网的重要传输介质。随着因特网（Internet）应用的飞速增长，对电信骨干网带宽提出了越来越高的需求。为了满足这种需求的增长，除了铺设更多的光纤外，许多国家努力提高单根光纤的信息运载量。随着光纤通信技术的发展，高性能激光器、耦合器、掺铒光纤放大器的出现，使密集波分复用技术自 20 世纪 90 年代起已经成熟并走向商品化。

现在，以光纤为传输介质、以 DWDM+SDH 为主体的光纤网成了电信骨干传输网的主流，主干网可以分别工作在 2.5 Gb/s, 10 Gb/s, 40 Gb/s 和 100Gb/s。从光纤通信所具有的优点及未来技术的发展趋势来看，以密集波分复用为基础的光通信网络必将在整个宽带骨干网中占据主导地位，通信网、计算机网和有线电视网将在此基础上融合。

快速发展的光通信技术为未来的宽带多媒体应用描绘了美好的前景，光纤传输网带宽的增长为宽带多媒体技术的发展奠定了坚实的基础。

2．我国光纤通信发展概况

近 20 多年来，我国在发展光纤通信方面也取得了不俗的成绩。20 世纪 90 年代是我国光纤通信大发展的时期。1998 年 12 月，全国横贯东西、纵贯南北的“八纵八横”网格形光纤干线骨干通信网提前两年建成，整个工程建设历经“七五”、“八五”、“九五”时期，网络覆盖全国省会以上城市和 70%的地市，全国长途光缆达到 20 万千米，为我国宽带通信信息网的进一步发展奠定了坚实的基础。至此，我国基本形成以光缆为主、卫星和数字微波为辅的长途骨干网络，综合通信能力发生了质的飞跃。光电子方面，实现了量子阱材料和器件的突破，完成了用于高速光通信、光储存和光显示的几十种关键器件的研制和商品化。开发出了一大批具有 20 世纪 90 年代先进水平的通信技术装备，研制成功了 32 × 2.5 Gb/s, 32 × 10 Gb/s 密集波分复用光通信系统。

“九五”期间，我国电信网发展的突出特点是技术层次显著提高。SDH 光纤通信系统、密集波分复用技术开始大量应用于主干线网络，ATM 宽带交换骨干网已经建立，IP 和多媒体网初步形成规模，窄带、宽带等技术逐步应用，接入网建设步伐明显加快。网络的整体结构进一步优化，正在加快向新一代宽带高速网演进。我国电信网的技术装备水平已进入世界先进行列，为国家的信息化建设提供了坚实的网络基础。

下面看一看进入 21 世纪前后的 2000 年和 2001 年我国信息产业发展的具体数字：

到 2000 年底，我国光缆线路总长度达到 121 万多千米，其中长途光缆 28.6 万千米，本地中继光缆 65.4 万千米，接入网光缆 27.2 万千米。互联网骨干网网间互联带宽达到 155～1000 Mb/s，国际出入口总带宽达到 2799 Mb/s，互联网用户已达到 2250 万人。其中，中国网通互联网（CNCNet）于 2000 年 10 月 28 日开通一期工程，率先在国内使用 IP/DWDM（密集波分复用承载 IP）技术建设的宽带高速互联网，连接东南部地区 17 个城市，省间网络传输带宽高达 40 Gb/s，全程 8000 多千米。这些工作，拉近了中国信息基础设施建设与国外的距离，标志着中国网络正在快速走向宽带。

到 2001 年底，我国光缆线路总长度达到 152 万多千米，其中，长途光缆 40 万千米，本地中继光缆 75.5 万千米，接入网光缆 37 万千米。数据通信能力又有新发展，帧中继及 ATM 端口新增 7.7 万个，达 11.4 万个；数字数据网（DDN）节点机端口新增 11.7 万个，达到 73 万多个。2001 年互联网带宽增长更为迅速，互联网骨干网网间互联带宽达到 155～3000 Mb/s，国际出入口总带宽达到 7597.5 Mb/s，互联网用户已达到 3370 万人。

值得一提的是，截至 2000 年年底，中国教育和科研计算机网（CERNET）连接了 800 个重要高校和科研教育单位，覆盖了全国 150 个城市，用户超过了 500 万人，其国际出口带宽达到了 117 Mb/s。到 2001 年底，CERNET 已经建成了 2 万千米的 SDH/DWDM（密集波分复用承载 SDH）高速传输网，覆盖了我国近 30 个主要城市，主干总容量可达 40 Gb/s。在此基础上，CERNET 高速主干网已经升级到了 2.5 Gb/s，155 Mb/s 的 CERNET 中高速地域网已经连接到了我国 35 个重点城市，全国已经有 100 多所高校的校园网以 100～1000 Mb/s 速率接入 CERNET。

近几年来我国光纤通信技术的发展更是突飞猛进。2006 年，由烽火通信提供设备的 80×40Gb/s DWDM 系统成功服务于中国电信 80×40 Gb/s DWDM 上海—杭州工程。该工程是国内首条 80×40GDWDM 工程，标志着我国大容量、高速率传输系统的商用水平已经步入世界领先行列。2008 年国内较多的运营商已将 80×40Gb/s DWDM 部署到网络建设上。2010 年，中国电信、华为和康宁公司所完成的 100Gb/s 超长距离波分复用传输实验中，使用超低损耗光纤实现了超过 3000km 的超长传输距离，创造了全球陆地传输系统 100Gb/s WDM 传输距离的最新记录。此外，超低损耗光纤不仅为运营商广为使用，考虑到低衰减特性，国家电网公司在 2011 年投产的青藏交直流联网工程配套通信工程中也使用了超低损耗光纤，用以完成沱沱河—安多的 300km 的超长无电中继光传输。

2016 年 1～6 月全国新建光缆线路 275.4 万千米，总长达到 2762.7 万千米，同比增长 22.9%。

表 7-1 为中国互联网国际出口带宽（Gb/s）增长统计表。由此可以看出，中国互联网国际出口带宽增长速度很快，这主要是采用了光纤通信新技术的缘故。

表 7-1　中国互联网国际出口带宽（Gb/s）增长统计表

年　份	2000.12	2001.12	2002.12	2003.12	2004.12	2005.12	2006.12	2007.12
出口带宽	2.799	7.5975	9.380	27.216	74.429	136.106	256.696	368.927
年　份	2008.12	2009.12	2010.12	2011.12	2012.12	2013.12	2014.12	2015.12
出口带宽	640.287	866.367	1098.957	1389.529	1899.792	3406.824	4118.663	5392.116
年　份	2016.12	2017.12						
出口带宽	6640.291	7320.180						

7.2　光纤接入网

7.2.1　基本概念

1. 接入网

接入网（Access Network, AN）是指用户和端局（即本地交换局）之间的所有机线设备，具有复用、交叉连接和传输等功能，支持各种交换型和非交换型业务。接入网在整个通信网中的位置分布如图 7-1 所示。其中，用户是指用户终端设备（如计算机、电话机等）和用户驻地设备（如用户交换机等）；核心网是指本地局与市话局、市话局与长途局、长途局与长途局之间的所有区段。可见，接入网是用户与核心网之间的中介网，也可以看成是公共通信网的末端网。

图 7-1 中还给出了接入网与用户之间的接口 UNI（称为用户-网络接口）、接入网与核心网之间的接口 SNI（称为业务节点接口）。利用这些接口，也可以定义接入网是指 UNI 和 SNI 之间的所有机线设备。接入网将来自用户的所有业务流组合后通过公共传输通道送往业务节点（如本地交换机等），反过来则将来自业务节点的业务流分开后送往各个用户，其中需要完成 UNI 信令和 SNI 信令的转换，但接入网本身并不解释和处理信令的内容，即对用户信令透明。

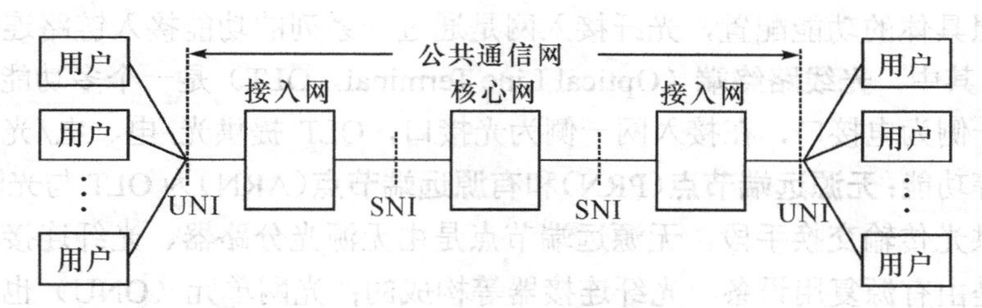

图 7-1　接入网在整个通信网中的位置分布

按照线路的转接配置，端局到用户之间的线路连接结构如图 7-2 所示。其中，端局本地交换机（LE）和交接箱之间是用大径多芯（几百至几千对芯）馈线连接，交接箱和分线盒之间是用小径多芯配线连接，分线盒和用户终端之间是用细径双芯引入线连接。交接箱的作用是完成馈线和配线之间的交叉连接，分线盒的作用是完成配线和引入线之间的分路/合路。通常，馈线长几千米，配线长几百米，引入线几十米。传统的电缆接入网就是这种结构。

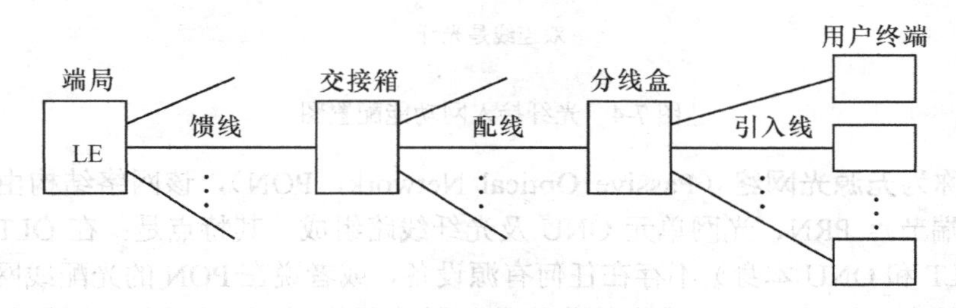

图 7-2　端局到用户之间的线路连接结构

2. 光纤接入网

光纤接入网是以光纤作为传输介质的接入网，又称为光接入网（OAN）。在光纤接入网中，端局本地交换机（LE）和用户之间采用光纤通信的方法，通过基带数字传输或模拟传输技术来实现广播业务和双向交互式业务。在通信网中引入光接入网的主要目的是为了支持开发新业务，特别是多媒体和宽带新业务，满足用户日益增长的对业务质量的高要求。

图 7-3 是光纤接入网的线路连接结构。可以看出，将光纤应用于接入网，首先应将馈线光缆化，并用光远端设备（无源或有源）来代替交接箱，称之为远端节点（RN）；其次根据需要将光缆延长，并在其末端设置**光网单元**（ONU）或光网终端（ONT），以便完成光电转换及其他功能，显然光网单元是有源设备。可以将 RN 及其两端的光纤连线称为**光配线网**（ODN）。

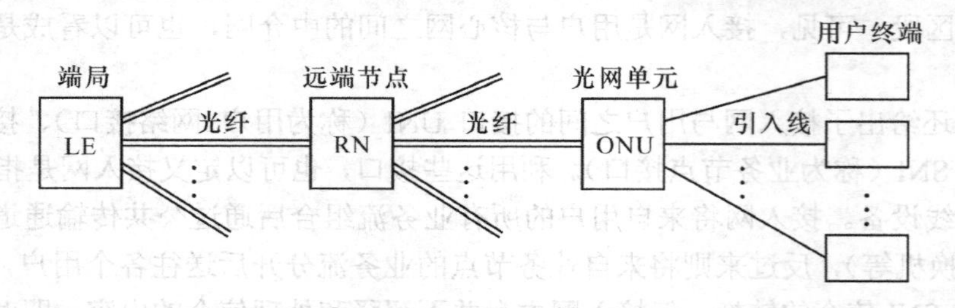

图 7-3　光纤接入网的线路连接结构

另外，按照具体的功能配置，光纤接入网是通过一系列的功能接入链路连接到核心网，如图 7-4 所示。其中，**光线路终端**（Optical Line Terminal，OLT）是一个多功能接口装置，它在本地交换机一侧为电接口，在接入网一侧为光接口，OLT 提供光/电、电/光转换功能，以及复用和连接等功能；**无源远端节点**（PRN）和**有源远端节点**（ARN）为 OLT 与**光网单元**（ONU）之间的通信提供光传输交换手段，无源远端节点是由无源光分路器、光纤连接器等构成的，有源远端节点是由有源复用设备、光纤连接器等构成的；光网单元（ONU）也是一个多功能接口装置，它在用户一侧为电接口，在接入网一侧为光接口，光网单元具有光/电、电/光转换功能，并能实现对各种电信号的处理及维护管理等功能。

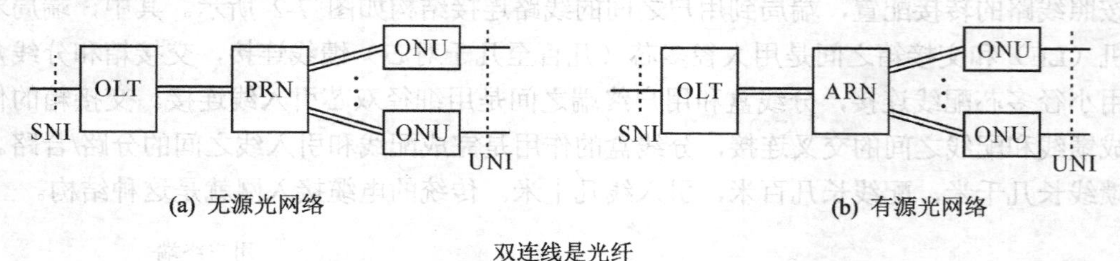

图 7-4　光纤接入网功能配置图

图 7-4(a)称为**无源光网络**（Passive Optical Network，PON），该网络结构由光线路终端 OLT、无源远端节点 PRN、光网单元 ONU 及光纤线路组成，其特点是：在 OLT 与 ONU 之间（不包括 OLT 和 ONU 本身）不存在任何有源设备，或者说在 PON 的光配线网（ODN）中没有任何有源设备。其中 PRN 完成光的分路是分别或同时（视需要而定）采用以下两种方式：光功率分路方式和波分复用（WDM）方式。前者使用单个或多个串接无源光分路器，设置在

PRN 节点处，后者使用 WDM 器件分别设置在端局和（或）PRN 节点处，网络拓扑结构多为双星形。无源光网络主要用于广播业务或双向业务。

图 7-4(b)称为**有源光网络**（Active Optical Network，AON），该网络结构由光线路终端 OLT、有源远端节点 ARN、光网单元 ONU 及光纤线路构成，其特点是：在 OLT 与 ONU 之间（不包括 OLT 和 ONU 本身）存在有源设备，或者说在 AON 的光配线网（ODN）中存在有源设备。其中 ARN 完成光的分路是采用有源复用方式，使用电复用器、集线器（HUB）等。有源光网络和无源光网络的共同点都是将一部分交换功能放在远端节点（ARN 或 PRN）中完成，以减少馈线段光纤的数量，然后再从远端节点将信号分配到用户。

光纤接入网的基本拓扑结构主要有四种，即双星形网、树形网、总线形网和环形网，如图 7-5 所示。其中 LE 是端局本地交换机，RN 是远端节点，RN 可以是无源（即 PRN）或有源（即 ARN）的，由实际需要确定。

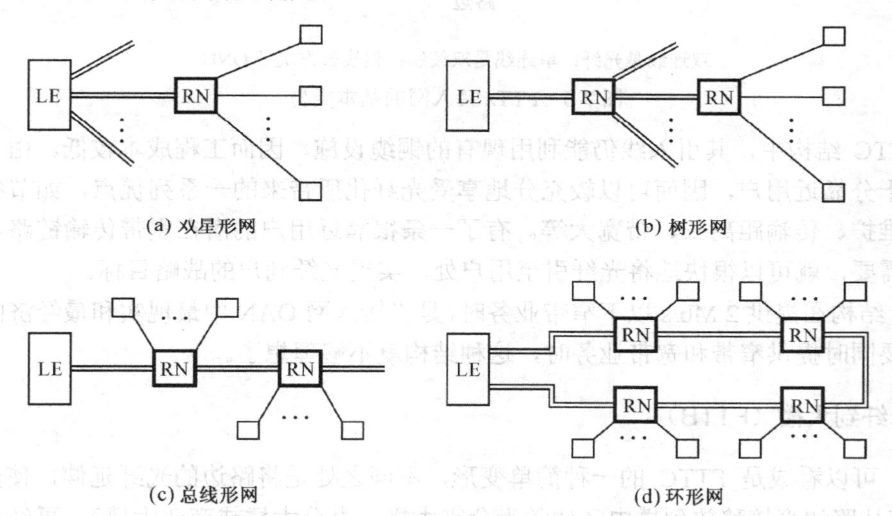

图 7-5　光纤接入网的基本拓扑结构

7.2.2　FTTx 接入网

FTTx 接入网是指从端局设备 OLT 到用户端设备 ONU 之间的所有机线设施，其中 OLT 和 ONU 之间的连线使用光纤。按照 ONU 在接入网中所处位置的不同，也即根据光纤到用户距离的远近，可以将 FTTx 划分为 FTTC（光纤到路边）、FTTB（光纤到大楼）、FTTH（光纤到户）和 FTTO（光纤到办公室）四种基本类型，如图7-6 所示。下面分别予以介绍。

1．光纤到路边（FTTC）

其特点是：光网单元 ONU 设置在路边分线盒处，根据实际需要也可以设置在交接箱处。ONU 和端局之间用光缆连接，ONU 和用户之间用双绞线连接，可传送电话及上网服务。若要传输宽带图像业务，双绞线这一段需用同轴电缆来取代。显然，FTTC 属于有源光网络

（AON）。FTTC 适用于点到点或点到多点树形拓扑结构，支持用户可达 100 户以上，是目前最主要的服务形式，主要为住宅区的用户服务。

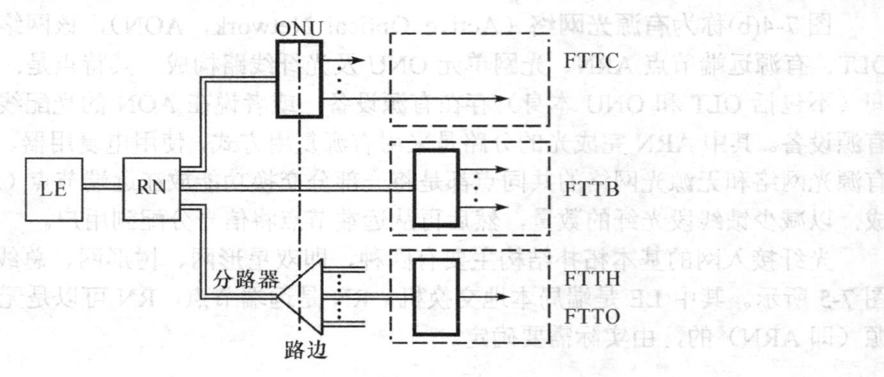

双连线是光纤；单连线是双绞线；粗线长方块是 ONU

图 7-6　FTTx 接入网的基本类型

在 FTTC 结构中，其引入线仍能利用现有的铜缆设施，因而工程成本较低。由于其光纤化程度已十分靠近用户，因而可以较充分地享受光纤化所带来的一系列优点，如节省管道空间、易于维护、传输距离长、带宽大等。有了一条很靠近用户的潜在宽带传输链路，一旦有宽带业务需要，就可以很快地将光纤引至用户处，实现光纤到户的战略目标。

FTTC 结构在提供 2 Mb/s 以下窄带业务时，是光接入网 OAN 中最现实和最经济的。然而，在将来需要同时提供窄带和宽带业务时，这种结构就不够理想了。

2. 光纤到大楼（FTTB）

FTTB 可以看成是 FTTC 的一种简单变形，不同之处是将路边的光纤延伸，使光网单元 ONU 能够从路边直接移放到楼内（通常为公寓大楼、办公大楼或商业大楼），再经多对双绞线将业务分送给各个用户，所以 FTTB 也属于有源光网络（AON）。FTTB 通常不采用点到点结构，而是采用点到多点结构。FTTB 的光纤化程度比 FTTC 更进一步，光纤已铺设到楼内，因而更适于高密度用户区，也更接近于长远发展目标，其应用前景会越来越广泛。

3. 光纤到户（FTTH）和光纤到办公室（FTTO）

如果在 FTTC 结构中，将设置在路边的光网单元 ONU 换成无源光分路器，并将 ONU 从路边移到用户家中，就构成了 FTTH 结构。FTTH 用于每个住户，业务需求量很小，其结构采用点到多点方式。由于 ONU 安装在住户处，因而环境条件大为改善，可以采用低成本元器件。同时，ONU 可以本地供电，不仅使供电成本降低，而且故障率也可以大大减少。光纤直接通达住户，每个用户才真正有了名副其实的宽带链路，通过采用各种 WDM 技术，真正发掘光纤巨大潜在带宽的工作才有了可能。

FTTO 的连线结构与 FTTH 基本相同，不同之处是将 ONU 移到了办公室。FTTO 面向大企事业用户，业务需求量大，因而适用点到点或环形结构。

FTTH 和 FTTO 都是纯光纤连接网络，同属于无源光网络（PON），免除了电传输的带宽瓶颈，适于发展宽带新业务，是一种最理想的接入网络。过去许多年，由于经济成本、技术水平和业务需求等原因的制约，FTTH 和 FTTO 未能得到大规模推广与发展。近几年以来，由于社会发展和技术进步，FTTH 和 FTTO 再次成为研发热点，步入了快速发展时期。目前，许多发达国家在 FTTH 和 FTTO 的实用化上已经取得较大进展，我国也正在加快发展。预计今后若干年内，FTTH 和 FTTO 最终能大规模走进千家万户，成为人们工作和生活中不可缺少的工具。

7.2.3　FTTH 的基本拓扑结构

通常，FTTH 采用点对多点（Point to Multi-Point，俗称 P2MP）的无源光网（PON）拓扑结构。

如前所述，在光接入网中，若全部节点由无源设备构成，不包括任何有源设备，则这种光接入网就是无源光网络 PON。图 7-7 是点对多点 PON 的基本拓扑结构，其中，光线路终端 OLT 和无源光分支器（Passive Optical Splitter，POS）之间、无源光分支器和光网单元 ONU 之间都用光纤连接，ONU 安放在住户家中，无源光分支器（又称为光分路/合路器）使用光功率分路方式的光耦合器或 WDM 方式的分波/合波器（目前多使用前者）。其下行传输，是从光线路终端 OLT 输出光信号，经光纤传送到无源光分支器，分路后的光信号再通过多根光纤分别传送给各个光网单元 ONU。反过来，从光网单元 ONU 输出光信号，通过光纤和无源光分支器等传送到 OLT，则构成上行传输。

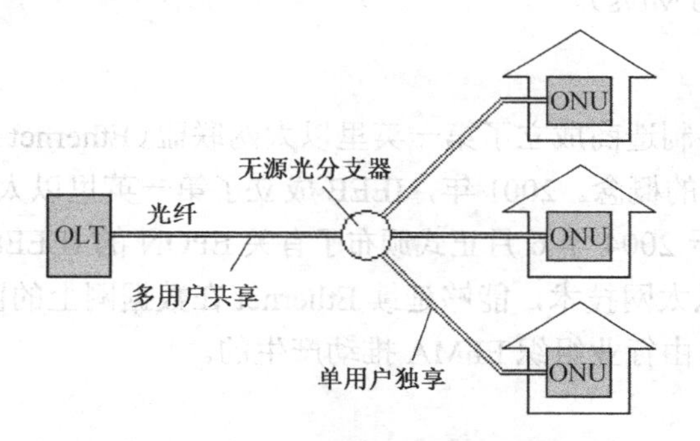

双连线是单根光纤；光分支器即光分路/合路器

图 7-7　点对多点 PON 的基本拓扑结构

由于点对多点 PON 结构能节省大量光纤及相关设备，因而点对多点 PON 成为 FTTH 的热门研究对象。

目前国际上研制的 PON 技术，主要分为 EPON, APON, BPON 和 GPON。其中，EPON（Ethernet PON）即以太网 PON，是利用无源光网络为用户提供以太网（Ethernet）服务；APON（ATM PON）即异步传输模式 PON，是利用无源光网络为用户提供异步传输模式（ATM）网络服务；BPON（Bandwith PON）即宽带 PON，是利用无源光网络为用户提供宽带服务，如以太网接入、视频广播和高速专线等；GPON（Gigabit-Capable PON）即千兆位 PON，是利用无源光网络为用户提供千兆比特宽带服务。以上几类 PON 可用于 FTTC 和 FTTB，最终目标是用于 FTTH，其中 EPON 和 GPON 有发展前景。

7.2.4 FTTH 的实现技术：xPON 接入技术

1. xPON 的规范标准

xPON 是 APON, BPON, EPON 和 GPON 的统称，其中 APON 和 BPON 可以合写为 A/BPON。这几种 PON 的规范标准介绍如下。

（1）A/BPON

1998 年 10 月 ITU-T 通过了 APON 的 G.983.1 标准，随后几年陆续推出了 APON 的 G.983.2～G.983.5 标准。2001 年 11 月推出了 BPON 的 G.983.7 标准，随后几年陆续推出了 BPON 的 G.983.6 和 G.983.8～G.983.10 标准。至此，ITU-T 对 A/BPON 的网络结构和性能要求等进行了全面的规范。

实际上，A/BPON 标准的出台，有赖于名为 FSAN（Full Service Access Network，全业务接入网络）的行业组织的推动。1998 年 FSAN 向 ITU-T 提交了 ATM PON 技术标准的草案，由此引发了 APON 的 G.983 系列标准的制定。2001 年底，FSAN 将 APON 更名为 BPON（即宽带 PON），其后低速率的 APON 标准（上、下行速率均为 155.52 Mb/s）开始升级成为能提供其他宽带服务的高速率的 BPON 标准（上行速率为 155.52 Mb/s 和 622.08 Mb/s，下行速率为 622.08 Mb/s 和 1244.16 Mb/s）。

（2）EPON

2000 年底，一些设备制造商成立了第一英里以太网联盟（Ethernet in the First Mile Alliance, EFMA），提出了 EPON 的概念。2001 年，IEEE 成立了第一英里以太网（EFM）小组，开始研究 EPON 等标准，并于 2004 年 6 月正式颁布了有关 EPON 的 IEEE802.3ah 标准。EPON 兼容常规以太网和千兆位以太网技术，能够延续 Ethernet 在数据网上的巨大成功。

显然，EPON 标准是由行业组织 EFMA 推动产生的。

（3）GPON

2003 年 3 月 ITU-T 公布了 GPON 的 G.984.1 和 G.984.2 标准，2004 年 3 月和 6 月公布了 G.984.3 和 G.984.4 标准，从而最终形成了 GPON 的系列标准。GPON 是对 BPON 技术的升级改造，GPON 不仅兼容已有的 BPON 技术，而且能支持变长的基于包的 IP 业务和 ATM 信元。

其实，GPON 标准的出台也是行业组织 FSAN 推动的结果，2001 年 FSAN 就开始了 GPON 标准的研究，并向 ITU-T 提出了 G.984.1 等标准的草案。

2. xPON 的基本工作原理

xPON 接入网的拓扑结构，通常采用星形或树形结构。其上、下行信号的收发方式有一些差别。在下行方向，OLT 发送的信号通过光分路/合路器以广播方式传送到各个 ONU，各个 ONU 从中取出发给自己的信息。在上行方向，各个 ONU 从不同位置向 OLT 发送信号，并且共享从光分路/合路器到 OLT 的同一根光纤通道，因此必须遵循一定的上行接入规则，才能避免各信号之间发生碰撞。

按照现有的规范标准，目前各类 PON 的上、下行信号都是采用**时分复用**（TDM）的传输方式。这种方式将传输时间进行分割，每一个分割段称为一帧，将每一帧再等分成若干互不重叠的时隙，每路信号在一帧时间内只能占用一个时隙。在发送端，多路信号顺序地占用各自的时隙，合路构成复用信号，然后送到同一条信道中传输。这种传输方式的关键是各路信号的接入控制问题，也就是时分多路接入（Time Division Multiple Access, TDMA）问题。对下行信号而言，发送给各个 ONU 的信号都是在 OLT 内零距离地受到 OLT 的直接控制，所以下行信号的时分多路接入容易实现。然而，对上行信号来说情况就不一样了，各个 ONU 分布在各处，它们距离 OLT 的远近不同，为了保证各个 ONU 都能恰好在各自的时隙内发送信号，OLT 必须测定它与各个 ONU 的距离，并且当 ONU 要发送信号时，OLT 必须规定 ONU 的发送起止时间。xPON 的上、下行传输方式如图 7-8 所示。

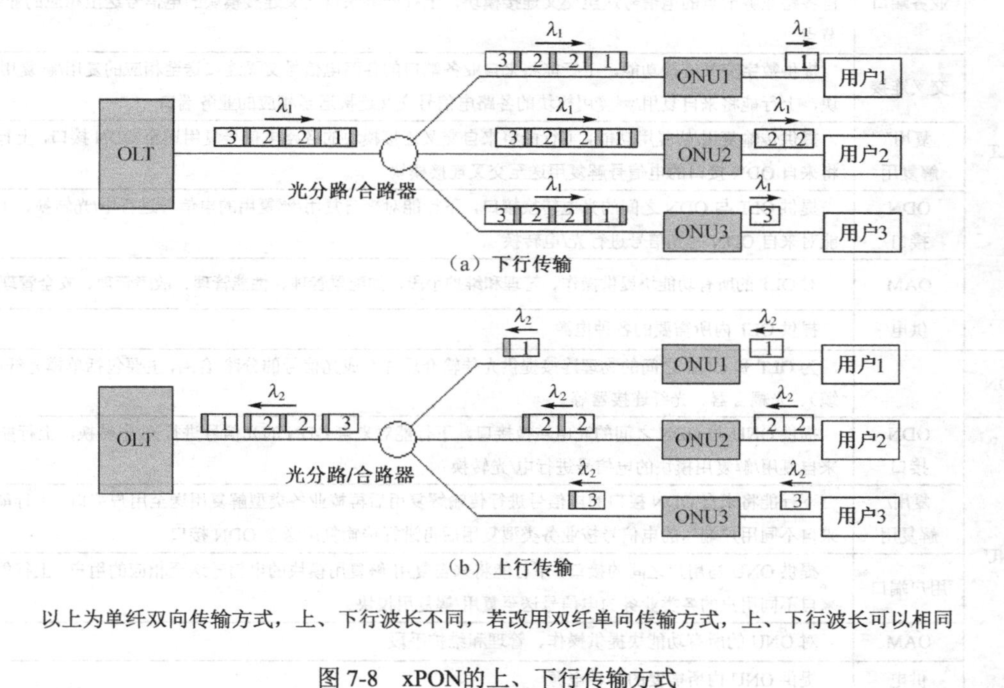

图 7-8　xPON的上、下行传输方式

3. 各组成模块的基本功能

如前所述，xPON 接入网由光线路终端（OLT）、光配线网（ODN）和光网单元（ONU）构成，如图 7-9 所示。其中各个部分又是由若干功能单元组成的，具体如下：

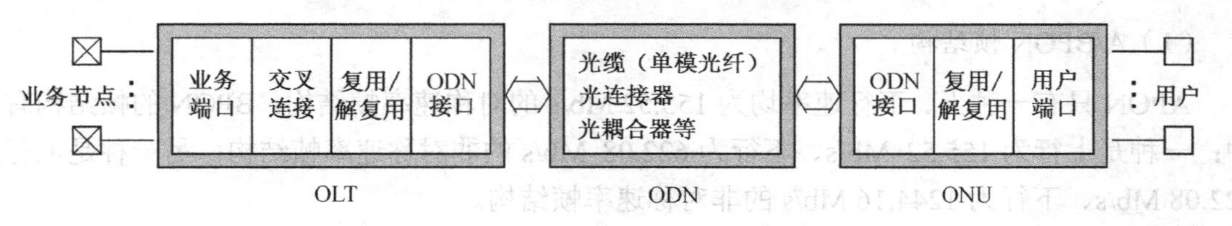

图 7-9　xPON 拓扑结构的组成单元

光线路终端 OLT 属于局端设备，为接入网提供通向核心网（即提供各类业务的网络）的接口。OLT 由业务端口、交叉连接、复用/解复用、ODN 接口、OAM（操作管理与维护）和供电等单元组成。

ODN 是位于 OLT 和 ONU 之间的中介网络，它由光耦合器（即光分路/合路器）及其两边的光纤（光缆）连线等组成。

光网单元 ONU 属于远端设备，为接入网提供通向用户的接口。ONU 由 ODN 接口、复用/解复用、用户端口、OAM 和供电等单元组成。ONU 受 OLT 集中控制。

表 7-2 列出了 xPON 拓扑结构中各组成单元的基本功能。

表 7-2　xPON 拓扑结构中各组成单元的基本功能

类型		功能
OLT	业务端口	提供 OLT 与各种业务节点（如 PSTN、ATM 交换机、Internet 服务器等）之间的接口，下行能将来自各路业务节点的电信号送至交叉连接模块，上行能将来自交叉连接模块的电信号送至相应的业务节点
	交叉连接	提供数字交叉连接功能，下行能将来自业务端口的各路电信号交叉连接送至相应的复用/解复用模块，上行能将来自复用/解复用模块的各路电信号交叉连接送至相应的业务端口
	复用/解复用	提供传输复用/解复用功能，下行能将来自交叉连接模块的各路电信号复用送至 ODN 接口，上行能将来自 ODN 接口的电信号解复用送至交叉连接模块
	ODN 接口	提供 OLT 与 ODN 之间的光电转换接口，下行能对来自复用/解复用的电信号进行电/光转换，上行能对来自 ODN 的光信号进行光/电转换
	OAM	对 OLT 的所有功能块提供操作、管理和维护手段，如配置管理、性能管理、故障管理、安全管理等
	供电	提供 OLT 内所需要的各种电源
ODN		为 OLT 和 ONU 之间的物理连接提供光传输介质并完成光信号的分路/合路，主要包括单模光纤（光缆）、光耦合器、光纤连接器等
ONU	ODN 接口	提供 ONU 与 ODN 之间的光电转换接口，下行能对来自 ODN 的光信号进行光/电转换，上行能对来自复用/解复用模块的电信号进行电/光转换
	复用/解复用	下行能将来自 ODN 接口的电信号进行传输解复用后再按业务类型解复用送至用户端口，上行能将来自不同用户端口的电信号按业务类型复用后再进行传输复用送至 ODN 接口
	用户端口	提供 ONU 与用户之间的接口，下行能将来自复用/解复用模块的电信号送至相应的用户，上行能将来自不同用户的各类业务的电信号送至复用/解复用模块
	OAM	对 ONU 的所有功能块提供操作、管理和维护手段
	供电	提供 ONU 内所需要的各种电源

注：①以上是按照一个 ONU 连接多个用户来讨论的，如果仅连接单用户则不需业务复用/解复用，只需传输复用/解复用即可；

②上表列举的是各类 PON 的基本共性功能，不包括各类 PON 的独有功能。

4．各类 PON 的帧结构

（1）A/BPON 帧结构

APON 只有一种上、下行速率均为 155.52 Mb/s 的对称速率帧结构。BPON 的帧结构有两种：一种是上行为 155.52 Mb/s、下行为 622.08 Mb/s 的非对称速率帧结构；另一种是上行为 622.08 Mb/s、下行为 1244.16 Mb/s 的非对称速率帧结构。

图 7-10 是上、下行速率均为 155.52 Mb/s 的 APON 帧结构。其中，下行帧由 54 个下行 ATM 信元（每个 53 字节）和 2 个 PLOAM（物理层操作管理与维护）信元（每个 53 字节）组成，上行帧由 53 个上行 ATM 信元（每个 53 字节）和 53 个 PLO（物理层开销）字段（每个 3 字节）组成。上、下行每帧长 152.7 μs（即帧周期），故帧频约为 6.55 kHz。可见，APON

帧用来装载帧长为 125 μs 的 PDH 和 SDH 帧（即 TDM 业务）时，必须经过适配转换才行。

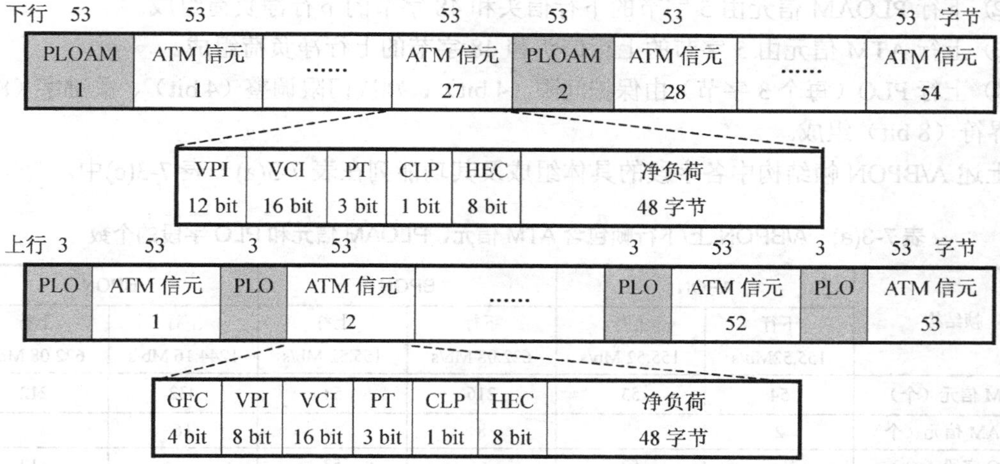

下行（字节）

53	53		53	53	53		53
PLOAM 1	ATM 信元 1	……	ATM 信元 27	PLOAM 2	ATM 信元 28	……	ATM 信元 54

VPI	VCI	PT	CLP	HEC	净负荷
12 bit	16 bit	3 bit	1 bit	8 bit	48 字节

上行（字节）

3	53	3	53		3	53	3	53
PLO	ATM 信元 1	PLO	ATM 信元 2	……	PLO	ATM 信元 52	PLO	ATM 信元 53

GFC	VPI	VCI	PT	CLP	HEC	净负荷
4 bit	8 bit	16 bit	3 bit	1 bit	8 bit	48 字节

图 7-10　上、下行速率均为 155.52 Mb/s 的APON帧结构

图 7-11 所示是上行速率为 155.52 Mb/s、下行速率为 622.08 Mb/s 的 BPON 帧结构。其中，下行帧由 216 个下行 ATM 信元（每个 53 字节）和 8 个 PLOAM 信元（每个 53 字节）组成；上行帧则与图 7-10 完全相同，也是由 53 个上行 ATM 信元（每个 53 字节）和 53 个 PLO（物理层开销）字段（每个 3 字节）组成的。上、下行每帧长 152.7 μs。

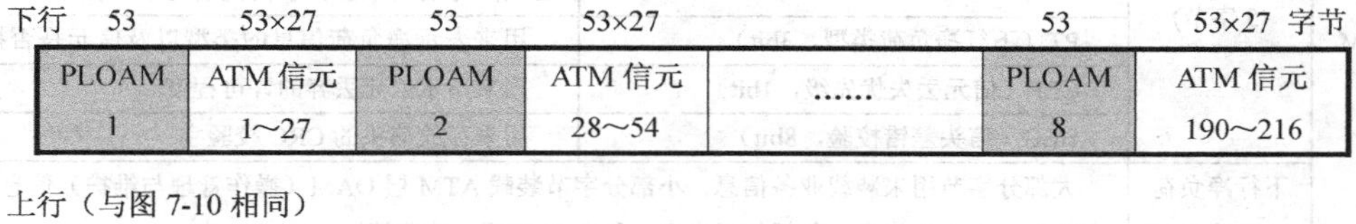

下行（字节）

53	53×27	53	53×27		53	53×27
PLOAM 1	ATM 信元 1～27	PLOAM 2	ATM 信元 28～54	……	PLOAM 8	ATM 信元 190～216

上行（与图 7-10 相同）

图 7-11　上行速率为 155.52 Mb/s、下行速率为 622.08 Mb/s 的BPON帧结构

图 7-12 所示是上行速率为 622.08 Mb/s、下行速率为 1244.16Mb/s 的 BPON 帧结构。其中，下行帧由 432 个下行 ATM 信元（每个 53 字节）和 16 个 PLOAM 信元（每个 53 字节）组成；上行帧由 212 个上行 ATM 信元（每个 53 字节）和 212 个 PLO（物理层开销）字段（每个 3 字节）组成。上、下行每帧长也是 152.7 μs。可见，BPON 的两种帧结构装载帧长为 125 μs 的 PDH 和 SDH 帧时，也需要进行适配转换。

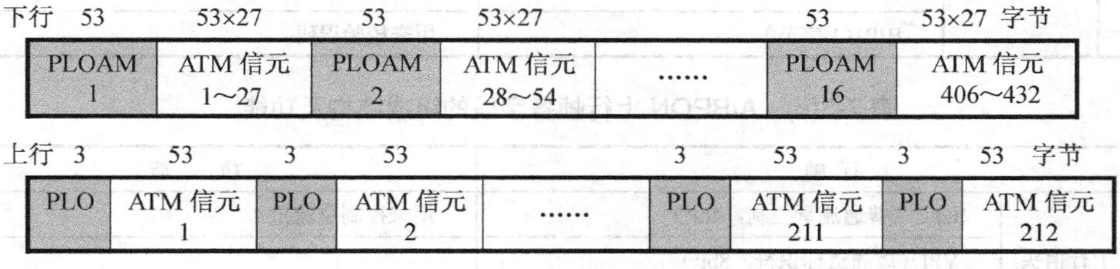

下行（字节）

53	53×27	53	53×27		53	53×27
PLOAM 1	ATM 信元 1～27	PLOAM 2	ATM 信元 28～54	……	PLOAM 16	ATM 信元 406～432

上行（字节）

3	53	3	53		3	53	3	53
PLO	ATM 信元 1	PLO	ATM 信元 2	……	PLO	ATM 信元 211	PLO	ATM 信元 212

图 7-12　上行速率为 622.08 Mb/s、下行速率为 1244.16 Mb/s 的 BPON 帧结构

图 7-10～图 7-12 中的信元及开销字段的具体组成及功能如下：

① 下行 ATM 信元由 5 字节的下行信头和 48 字节的下行净负荷组成。

② 下行 PLOAM 信元由 5 字节的下行信头和 48 字节的下行净负荷组成。

③ 上行 ATM 信元由 5 字节的上行信头和 48 字节的上行净负荷组成。

④ 上行 PLO（每个 3 字节）由保护间隙（4 bit）、判决门限调整（4 bit）、关键字（8 bit）和定界符（8 bit）组成。

上述 A/BPON 帧结构中各字段的具体组成及其功能列在表 7-3(a)～表 7-3(c)中。

表 7-3(a)　A/BPON 上/下行帧包含 ATM 信元、PLOAM 信元和 PLO 字段的个数

帧结构	APON		BPON		BPON	
	下行	上行	下行	上行	下行	上行
	155.52Mb/s	155.52 Mb/s	622.08 Mb/s	155.52 Mb/s	1244.16 Mb/s	622.08 Mb/s
ATM 信元（个）	54	53	216	53	432	212
PLOAM 信元（个）	2		8		16	
PLO 字段（个）		53		53		212

表 7-3(b)　A/BPON 下行帧各字段的组成结构及功能

下行帧			功能
每个下行 ATM 信元	下行信头（5 字节）	VPI（虚通道标识符，12bit）	用来指明一个信元为到达目的地而需通过的交换节点
		VCI（虚信道标识符，16bit）	是 VPI 分支下的标识符，功能同 VPI，VCI 与 VPI 必须同时使用才能指示信元的传输路径
		PT（下行净负荷类型，3bit）	用来表示净负荷信息的类型以及信元是否拥塞
		CLP（信元丢失优先级，1bit）	用来指示信元丢弃的许可程度
		HEC（信头差错校验，8bit）	用来存放信头的 CRC 校验字
	下行净负荷（48 字节）	大部分字节用来装载业务信息，小部分字节装载 ATM 层 OAM（操作管理与维护）信息（即有关处理信头的信息，包括信元交换、复用/解复用、选路等）	
每个下行 PLOAM	下行信头（5 字节）	与下行 ATM 信元的信头组成相同	与下行 ATM 信元的信头功能相同
	下行净负荷（48 字节）	IDENT（1 字节）	用来指示净负荷起始
		2 个 SYNC（每个 1 字节）	用来提供同步信号
		GRANT*i*（*i*=1,2,…,27. *i* 表示发送时允许占用的时隙号）（每个 1 字节）	用来指明允许哪个 ONU 发送何种授权（如：发送业务信息、PLOAM 信息、分时隙或进行测距等）
		5 个 CRC（每个 1 字节）	用来校验 GRANT 和 MESSAGE
		12 个 MESSAGE（每个 1 字节）	用来传输告警和测距信息
		BIP（1 字节）	用来校验误码

表 7-3(c)　A/BPON 上行帧各字段的组成结构及功能

上行帧			功能
每个上行 ATM 信元	上行信头（5 字节）	GFC（普通流量控制，4bit）	用来控制总流量
		VPI（虚通道标识符，8bit）	与下行相应字段的功能相同
		VCI, PT, CLP, HEC.与下行相应字段的比特位数相同	

续表

上行帧			功能
每个上行ATM信元	上行净负荷(48 字节)	大部分字节用来装载业务信息，小部分字节装载 ATM 层 OAM 信息； 也可全部用来装载上行物理层 OAM 信息（告警和测距、ONU 调整平均输出光功率等信息）； 或者整个上行 ATM 信元（即包括上行信头一起）用来装载分时隙信息	
每个上行 PLO		保护间隙（4bit）	用来隔开两个连续的信元以免发生碰撞
		判决门限调整（4bit）	供 OLT 对来自不同 ONU 的光功率相差很大的信号(即功率突变信号)进行判决门限电平的快速调整
		关键字（8bit）	供 OLT 对上行相位突变信号进行比特同步
		定界符（8bit）	供 OLT 对上行相位突变信号进行字节同步，以作为 ATM 信元起始的标志

表 7-3(c)的上行净负荷中提到了分时隙，所谓**分时隙**（Divided Slot，56 字节），是指多个 ONU 向 OLT 报告带宽请求时使用的接入时隙。分时隙由一系列的微时隙（Mini-Slot）组成，每个 ONU 占用 1 个微时隙。而微时隙则由物理层开销（3 字节）和净负荷（1～53 字节）组成，所以一个分时隙最少包含 1 个微时隙，最多包含 14 个微时隙。ONU 使用微时隙向 OLT 报告带宽请求（即报告缓存队列中待发送数据的字节数），OLT 根据各个 ONU 的带宽请求数据，确定出给各个 ONU 的数据发送时间的授权，利用下行 PLOAM 信元发送给各个 ONU。

根据 A/BPON 的帧结构，可以归纳出收发 A/BPON 帧的基本过程如下：

① 下行方向，OLT 从来自上游网络的比特流中取出 ATM 信元并封装成 A/BPON 帧，然后 OLT 向下游发出一串 A/BPON 帧的比特流，该比特流通过光分路器传输到各个支路，各支路的 ONU 从接收到的比特流中按照 SYNC 和 IDENT 字段进行同步和定界，找准下行 PLOAM 信元，通过该信元中 GRANT*i* 字段内的 ONU-ID 号，找到并收下发给自己的 A/BPON 帧（同时丢弃非自己的 A/BPON 帧），从收下的帧中取出下行 ATM 信元和下行 PLOAM 信元中的净负荷信息。

② 上行方向，各支路的 ONU 在各自的分配时隙内发出 A/BPON 帧的比特流，各支路的比特流通过光合路器后合成一路连续的比特流传输到 OLT，根据比特流的时隙号可以区分各个支路的 A/BPON 帧，OLT 对 A/BPON 帧进行网络格式转换处理后发送给上游网络。

（2）EPON 帧结构

图 7-13 所示是 EPON 的帧结构，其上、下行帧结构相同，速率均为 1250 Mb/s。其中，帧起始定界（Start of Frame Delimiter, SFD）占 6 字节，用来为帧的头部定界；净负荷（Payload）占 72～1526 字节，用来承载以太网帧；帧结束定界（Terminal of Frame Delimiter, TFD）占 6 字节，共有 2 个，用来为净负荷及帧的尾部定界；前向差错校验（Forward Error Correction, FEC）占 16 字节，其校验范围从 SFD 起到第一个 TFD 为止，用来纠错或检错。由于 EPON 帧的长度可变，故 EPON 帧占用时间不固定。

6
72～1526
6
16
6 字节
帧起始定界
净负荷以太网帧
帧结束定界
前向差错校验
帧结束定界
8
6
6
2
46～1500
0～46
4字节
前导码
目的地址
源端地址
数据长度
数据信息
填充(PAD)
帧校验(FCS)

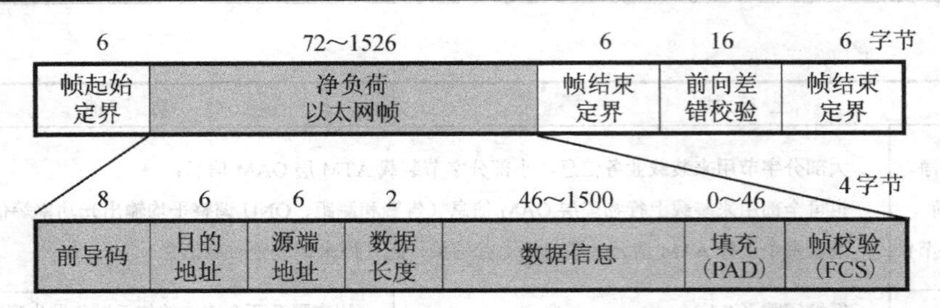

以太网帧的前导码在物理层由硬件生成，以太网帧除前导码以外的部分称为MAC帧

图 7-13　EPON的帧结构

在图7-13所示的EPON帧结构中，修改了以太网（Ethernet）帧的前导码。图7-14所示是以太网帧前导码修改前后的字节结构，可以看出：

① 两者第6, 7字节有差别，修改后的第6, 7字节成为LLID（逻辑链路标识）字段，其中第1个比特表示单播（置“0”）或广播（置“1”），其余15个比特表示ONU端口，每个ONU可以通过OLT获得自己独有的LLID号，从而使EPON的下行点到多点、上行多点到点的拓扑结构，变成虚拟的点到点结构（称为EPON点对点仿真），这样就将EPON融入到基本采用点到点结构的以太网中。

② 两者第8字节也有差别，修改前的第8字节是帧定界字段，在EPON帧结构中已无必要使用，修改后第8字节改成CRC（循环冗余校验）字段，校验范围从第3～7字节（注：在IEEE 802.3ah标准中FEC为可选功能，若不选用FEC，则EPON的帧结构仅保留以太网帧而去掉所有其他字段，此时前导码第8字节不做修改）。

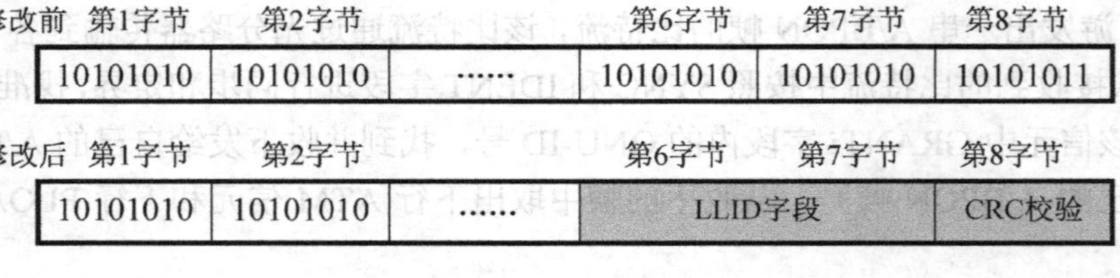

修改前　第1字节　第2字节　第6字节　第7字节　第8字节
10101010　10101010　……　10101010　10101010　10101011
修改后　第1字节　第2字节　第6字节　第7字节　第8字节
10101010　10101010　……　LLID字段　CRC校验

图 7-14　以太网帧前导码修改前后的字节结构

EPON帧结构比较简单，EPON的许多功能是通过自己独有的多点控制协议（MPCP）来实现的。MPCP设置在OLT和ONU内，是EPON接入网的介质接入控制（MAC）子层的一项功能，涉及的内容包括ONU的发送时隙分配、自动发现和注册新的ONU、测距、ONU拥塞情况上报等。

根据EPON的帧结构，可以归纳出收发EPON帧的基本过程如下：

① 下行方向，OLT从来自上游网络的比特流中取出以太网帧并封装成EPON帧，然后OLT向下游发出经过8B10B编码的一系列EPON帧的比特流，该比特流通过光分路器传输到各个支路，各支路的ONU对接收到的比特流进行8B10B解码，并通过SFD和TFD字段进行定界找到以太网帧的前导码，ONU从前导码的LLID字段中找到自己的端口号，据此收下发给自己的EPON帧，从中取出发给自己的以太网帧信息，同时丢弃非自己的EPON帧。

② 上行方向，各支路的ONU在各自的分配时隙内发出经过8B10B编码的EPON帧的比特流，各支路的比特流通过光合路器后合成一路连续的比特流传输到OLT，OLT对该连续比

特流进行 8B10B 解码并根据前导码中 LLID 字段区分各个支路的 EPON 帧，OLT 对 EPON 帧进行网络格式转换处理后发送给上游网络。

（3）GPON 帧结构

图 7-15 是 GPON 的帧结构。显然，GPON 比其他 PON 的帧结构要复杂。具体如下：

① 下行帧由 PCB（物理控制块，38～32 790 字节）和 Payload（下行净负荷，其字节数不固定，与 GPON 帧速率及 PCB 开销字节有关）字段组成。

其中 PCB 包含：PSync（物理层同步，4 字节），Ident（标记符，4 字节），PLOAM（下行物理层操作管理与维护，13 字节），BIP 校验（1 字节），2 个 PLen（净负荷长度，每个 4 字节），1～4095 个 US-BWMap（上行带宽映射，每个 8 字节）等字段。由于 PLen 字段比较重要，为进一步减小该字段的差错率，同一个 PCB 内设置了 2 个 PLen 字段。

② 上行帧由 PLO（物理层开销，4～24 字节）、PLOAM（上行物理层操作管理与维护，13 字节）、PLS（功率电平序列，120 字节）、DBR（动态带宽报告，2～5 字节）和 Payload（上行净负荷，其字节数不固定，与 GPON 帧速率及 PCB 开销字节有关）等字段组成。

GPON 上、下行每帧长 125 μs。可见，GPON 装载帧长为 125 μs 的 PDH 和 SDH 帧时，不需要进行速率适配。

下行 4	4	13	1	4	4	8～32760	字节
PSync	标记符	PLOAM	BIP 校验	PLen	PLen	上行带宽映射	下行净负荷

PCB(物理控制块)

上行 4～24	13	120	2～5		2～5	字节
PLO	PLOAM	PLS	DBR X	上行净负荷 X	DBR Y	上行净负荷 Y

图 7-15　GPON 的帧结构

图 7-15 所示的 GPON 帧结构中各字段的具体组成及其功能列在表 7-4(a)和表 7-4(b)中。可以看出，GPON 下行帧和上行帧各字段通过所包含的各个组成单元来完成各种不同的功能。而且，GPON 帧净负荷字段可以直接承载 ATM 信元，也可以承载经 GEM 封装的 TDM、Ethernet 数据。这些特点是 EPON 和 A/BPON 所不具有的。

表 7-4(a)　GPON 下行帧各字段的组成结构及功能

下行帧			功能
物理控制块（PCB）	物理层同步（PSync）	4 字节	供 ONU 进行帧同步接收
	标记符（Ident）	4 字节	用于帧的计数以及指示帧内有否 FEC
	物理层操作管理与维护（PLOAM）	ONU-ID（1 字节）	用 0～253 标记各个 ONU，用 255 标记广播式
		Msg-ID（1 字节）	用来标记下行 PLOAM 消息的类型
		Message（10 字节）	用来传送下行 PLOAM 消息（指令、告警等）
		CRC 校验（1 字节）	供 ONU 对下行 PLOAM 字段进行检错或纠错

续表

下行帧			功能
物理控制块（PCB）	BIP 校验	1字节	对前一帧 BIP 校验字段到本 BIP 校验字段之间的所有字节进行校验
	净负荷长度（PLen）（有2个，每个4字节）	带宽映射长度（BLen）（12bit）	用于分配标识号（AID），一帧内最多有4095个AID
		ATM 块长度（ALen）（12bit）	用来指定装载 ATM 信元的个数，一帧内最多能装载4095个ATM信元
		CRC 校验（8bit）	供 ONU 对下行净负荷长度字段进行检错或纠错
	上行带宽映射（US-BWMap）（有多个，数目由 PLen 中的 BLen 指定）	分配标识号（AID）（12bit）	由 OLT 分配，用来指定 ONU 所能占用的时隙
		标志（Flags）（12bit）	用来指令 ONU 发送 DBR、PLOAM、PLS 等
		SStart（16bit）	用来指示 ONU 被分配的发送开始时间
		SStop（16bit）	用来指示 ONU 被分配的发送结束时间
		CRC 校验（8bit）	供 ONU 对上行带宽映射字段进行检错或纠错
下行净负荷（Payload）		ATM 块	包含多个 ATM 信元，其数目由 PLen 中的 ALen 指定
		GEM 块	包含任意多个 GEM 帧

注：ONU-ID 为 ONU 标识号，Msg-ID 为消息标识号，Message 为消息，SStart 为发送开始，SStop 为发送停止。

表 7-4(b)　GPON 上行帧各字段的具体结构及功能

上行帧		功能
物理层开销（PLO）	前导码（Preamble）	用于比特同步
	定界符（Delimiter）	用来标记信号起始，供 OLT 正确接收信号
	BIP 校验（1字节）	对前一帧 BIP 校验字段到本 BIP 校验字段之间的所有字节进行校验
	ONU-ID（1字节）	由 OLT 分配给 ONU，用 0～253 标记经过测距的 ONU，用 255 标记未测距
	指示符（Ind）（1字节）	用来向 OLT 报告 ONU 的状态
物理层操作管理与维护（PLOAM）	ONU-ID（1字节）	用 0～253 标记各个 ONU，用 255 标记广播式
	Msg-ID（1字节）	用来标志上行 PLOAM 消息的类型
	Message（10字节）	用来装载上行 PLOAM 消息
	CRC 校验（1字节）	供 OLT 检验上行 PLOAM 消息的差错
功率电平序列（PLS）	120字节	供 ONU 测试和调节发射光功率
动态带宽报告（DBR）	动态带宽分配（DBA）（1，2或4字节）	待定
	CRC 校验（1字节）	供 OLT 对动态带宽报告进行检错或纠错
上行净负荷（Payload）	ATM 净负荷	用来装载多个 ATM 信元
	GEM 净负荷	用来装载多个 GEM 帧
	DBA 净负荷	用来装载 DBA 报告

注：上行速率为 155.52, 622.08, 1244.16, 2488.32 Mb/s 时，物理层开销 PLO 的总字节数分别为 4, 8, 12, 24 字节。

GEM（GPON 封装方法）帧是 GPON 不同于 A/BPON、EPON 的最重要特征。GPON 利用 GEM 帧能够实现多种业务的接入与传送，可以适应任何用户信号格式和任何传输网络制式，即可以按原有数据的格式传送语音、数据和视频信号等。

GEM 帧由帧头（5 字节）和净负荷（最大 4095 字节）组成，其帧结构如图 7-16 所示。其中：

① 帧头（5 字节）由四个字段构成，即

- PLI（净负荷长度标识，12bit）字段，用来指明变长数据的净负荷长度（最大长度为 4095 字节，超过此数目的净负荷需要分片装载，但每段分割的帧都要再额外增加一个新的 GEM 帧头）；
- Port ID（端口标识号，12bit）字段，用来区分不同的端口，使 GPON 在点对多点的网络拓扑上实现了点对点仿真，此外每个 ONU 可以具备多个 Port ID，每个 Port ID 对应不同的业务；
- PTI（净负荷类型标识，3bit）字段，用来区分净负荷是用户信息、还是 OAM 信息，用户信息有否拥塞、是否尾端（用在帧分片时）等；
- HEC（帧头差错校验，13bit）字段，用来存放帧头部（包括 PLI、Port ID 和 PTI）的校验字，供接收端对帧头部进行纠错或检错；

② Payload（净负荷，最大 4095 字节）用来存放 TDM、以太网数据，其中以太网数据取自以太网帧结构中除前导码之外的所有字段（见图 7-13）。

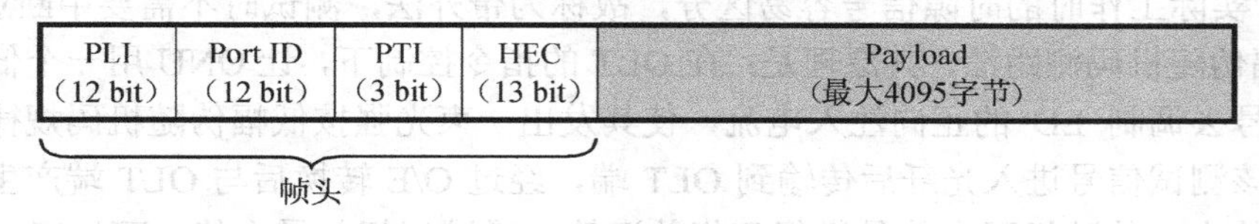

图 7-16　GEM的帧结构

根据 GPON 的帧结构，可以归纳出收发 GPON 帧的基本过程如下：

① 下行方向，OLT 从来自上游网络的比特流中取出 ATM 信元或 TDM 帧或以太网帧，经过处理封装成 GPON 帧，然后 OLT 向下游发出一系列 GPON 帧的比特流，该比特流通过光分路器传输到各个支路，各支路的 ONU 对接收到的比特流按照 PSync 字段进行定界，并找到 PLOAM 字段，从该字段的 ONU-ID 中找出自己的 ID 号，据此收下发给自己的 GPON 帧，从中取出净负荷信息，同时丢弃非自己的 GPON 帧。

② 上行方向，各支路的 ONU 在各自的分配时隙内发出 GPON 帧的比特流，各支路的比特流通过光合路器后合成一路连续的比特流传输到 OLT，OLT 对该连续比特流按照前导码和定界符字段进行定界，并根据 PLOAM 字段中的 ONU-ID 号区分各个支路的 GPON 帧，OLT 对 GPON 帧进行网络格式转换处理后发送给相应的上游网络。

5．xPON 的关键技术

（1）测距和时延补偿技术

由于 PON 的树形分支拓扑结构，各个 ONU 到 OLT 的距离不一样，因此各个 ONU 的信号传输时延就不一样，如果在这样的情况下给各个 ONU 分配发送时隙，就会产生以下两个问题：一是不能保证这些时隙在到达光分路/合路器时不会发生碰撞冲突；二是即使没有碰撞发生，由于这些时隙不是紧邻的连续排列，以至带宽浪费很大，也不可使用。为了避免以上问题，必须采用测距技术，测出各个 ONU 到 OLT 的实际路由距离，据此对每个 ONU 赋以不同的发送延时，让所有的 ONU 都站在同一个发送的“逻辑起跑线”上，在此基础上再对每个 ONU 赋以递增的发送延时，以达到 TDM 对各路时隙连续排列的要求。

通常使用的测距方法有以下几种。

① 开窗测距法，其原理是：当一个 ONU 需要测距时，OLT 命令其他 ONU 在一段时间内（称为测距窗口）暂停上行业务，给待测 ONU 提供测距的窗口，同时 OLT 指令待测 ONU 发出光脉冲测试信号，OLT 接收到该信号后算出从指令发出到收到 ONU 测试信号所花费的时间（称为回路延时），据此可以换算出 ONU 到 OLT 的实际路由距离。由于该方法的测试光脉冲信号与 PON 实际工作时的时隙信号不是很容易区分，故称为带内法，该方法需要中断业务进行。

② 低幅低频正弦波测距法，其原理是：在 OLT 的指令控制下，让 ONU 用一个初始相位固定的低幅度低频率的正弦波电信号去调制 LD 的正向注入电流，使其发出一束光强按低频低幅正弦波规律变化的测试光信号，该测试信号进入光纤后传输到 OLT 端，OLT 测出该信号的相位便可换算出 ONU 到 OLT 的路由距离。为了确保相位与路由距离的关系具有唯一性，必须使低频低幅正弦波的波长不能小于 ONU 到 OLT 的实际路由距离。由于该方法的测试光信号与 PON 实际工作时的时隙信号容易区分，故称为带外法，测试时不需要中断业务。

③ 低幅伪随机码测距法，其原理是：在 OLT 的指令控制下，让 ONU 用一个低幅度的伪随机码电信号去调制 LD 的正向注入电流，使其发出一束光强按低幅伪随机码规律变化的测试光信号，该测试信号进入光纤后传输到 OLT 端，经过 O/E 转换后与 OLT 端产生的一组具有不同延时的本地伪随机码电信号进行互相关运算，通过互相关最大值，可以确定延时的大小，从而换算出 ONU 到 OLT 的实际路由距离。该方法也属于带外法，测试时不需要中断业务。

（2）上行信号的同步接收技术

OLT 接收的信号来自不同的 ONU，由于距离不同和线路特性差异等因素的影响，各个 ONU 的上行信号到达 OLT 时，各路信号的光功率差别很大，相位差别也很大，这就是所谓的功率突变和相位突变信号。因此，要求 OLT 的光接收机能对这种信号进行功率同步和相位同步的接收。这个问题的解决方法，在前面 A/BPON 帧结构内容中有所介绍，这里不再赘述。

（3）上行信号的突发发射技术

上行用 TDMA 方式时，各个 ONU 共用同一个发射波长，每个 ONU 只在允许的时隙上才能发送数据，因此 ONU 的发送是间断式的。

如前所述（见 3.2.4 节），为了使 LD 发出激光，调制前要在 LD 上加一个预偏置电流，输入电信号（即调制信号）是叠加在预偏置电流上面的。由于预偏置电流的存在，以致无电信号输入时，LD 也会有一定的光功率输出，这对光接收机而言是一种噪声，会降低光接收机的信噪比。在 PON 接入网中，一个 OLT 面对多个 ONU，当一个 ONU 发送信号时，其他 ONU 不能发送信号，如果这些 ONU 的 LD 此时都处在预偏置状态，那么所产生的噪声将会干扰 OLT 对有用信号的接收，并且 ONU 数量越多则干扰越大。所以，在 PON 接入网中要求 ONU 不发送信号时应断开 LD 的预偏置电流，发送信号时才加上预偏置电流，这称为上行信号的突发发送。

然而，预偏置电流的建立需要一段时间，而且 LD 输出光脉冲相对于注入电脉冲也有一个纳秒数量级的电光延时，所以需要 ONU 提前对 LD 加上预偏置电流。这个提前时间量目前是这样解决的：在 PON 接入网中规定 ONU 发送信号须事先向 OLT 申请，获准后才能发送信号，因此 ONU 可在提出申请前后的某一时刻（由 ONU 距离 OLT 的远近来具体确定）对 LD 加上预偏置电流。当然，解决这个问题也需要有预偏置电流建立时间短和电光延时短的高速率突发信号的光发送器件。

除以上关键技术外，还有动态带宽分配、QoS 保证、下行信道安全等问题都是需要不断改进来提高性能的。

7.2.5 各类 PON 接入技术的比较

表 7-5 所示是各类 PON 的性能比较。

表 7-5 各类 PON 的性能比较

	A/BPON	EPON	GPON
标 准	ITU-T G.983	IEEE 802.3ah	ITU-T G.984
下行速率/(Mb/s)	155.52/622.08/1244.16	1250	1244.16/2488.32
上行速率/(Mb/s)	155.52/622.08	1250	155.52/622.08/1244.16/2488.32
下行波长/nm	1480～1500	1480～1500	1480～1500
上行波长/nm	1260～1360	1260～1360	1260～1360
基本协议	ATM	Ethernet	ATM
线路编码	NRZ	8B/10B	NRZ
分支比	1:16/32	1:16/32	1:16/32/64/128
最大传输距离/km	20	20	60
传输码效率	较高	低	高
支持多业务能力	ATM（其他业务适配复杂）	Ethernet（其他业务适配复杂）	ATM, TDM, Ethernet 等
QoS 保障	依靠 ATM 机制	有相关定义	有多种具体定义
OAM 功能	丰富	一般	丰富
下行数据安全	单密钥加密/解密	未具体定义	AES 单密钥加密/解密

注：AES（Advanced Encryption Standard）即先进的加密标准。

各类 PON 的应用情况如下：

A/BPON　技术成熟，成本较高，在 ATM 网络资源丰富的应用环境易于实现。目前在北美、日本和欧洲都有 APON 产品的实际应用。

EPON　结构简单，成本低，继承了 Ethernet 易于实现的特点，在欧美等原有设备较多的国家和地区使用较多，在日本和韩国使用也较多。

GPON　其标准门槛较高，技术实现复杂，商用芯片推出较晚，成本高。2006 年以来情况已经大为改观，目前有众多的大型芯片厂商支持 GPON 芯片的生产，有许多国家已经试验或正在部署 GPON 的应用。

我国的应用情况如下：2007 年我国 FTTH/FTTB 建设已经逐渐拉开序幕，全国各地的 FTTH 商用工程不断涌现。在这一年，中国电信进行了多轮的设备互联互通测试，并于 8 月首次举行 16 个省份 EPON 的集中采购。2008 年中国电信大力推动 EPON 的规模发展，同时以一些地区作为试点开始对 GPON 应用的探索。中国网通集团也将 GPON 作为未来接入网的演进目标。2014 年以来，随着"三网融合"的推进，三大电信运营商加快了在居民小区部署 FTTH 的步伐。

根据业内分析，2011 年的 FTTH 市场大约由 45%的 EPON、40%的 GPON、15%的点到点以太网构成。近几年来，全球的光纤接入市场迅速增长，视频业务成为全球光纤接入发展的主要驱动力。

7.3　光纤局域网

7.3.1　局域网（LAN）的基本概念

1. 局域网的基本特点

局域网是现代社会各类办公环境的主要支持系统，其基本特点有以下几点：

（1）通信范围较小（在 10 km 以内），可以覆盖一座高楼、一个建筑群、一个企业、一个校园等，站点数目有限，路由功能可有可无。

（2）数据速率较高（几至几百 Mb/s 以上）。

（3）误码率较低（10^{-9} 以下），中间节点不需要差错控制。

（4）采用基带数字传输（传输介质是双绞线、50 Ω 同轴电缆或光纤）或宽带模拟传输（传输介质是双绞线、75 Ω 同轴电缆或光纤）。

（5）各个站点共享信道资源，需要较复杂的介质接入控制（Media Access Control, MAC）技术（此特点仅适合 ATM 局域网以外的传统局域网）。

对于局域网来说，基于七层（物理层、数据链路层、网络层、传送层、会话层、表示层、应用层）协议的开放系统互连（OSI）参考模型大体上适用。

由于局域网在功能和结构上比广域网（WAN）简单，因此局域网协议只定义了物理层和数据链路层两层。在网络层，由于局域网大多共用一条信道，不存在路径选择和线路切换问题，因此本层可以取消有关这方面的内容。对于网络层的其他一些功能，如寻址、流量控制、差错控制等，可以合并到数据链路层去完成。为了使数据链路层不至于太复杂，IEEE 802 标准将数据链路层分成了两个子层，即逻辑链路控制（Logic Link Control, LLC）子层和介质接入控制（MAC）子层。网络层以上的各层，局域网还没有定义其标准。一般来说，局域网的高层协议仍以 OSI 作为依据，一般会参考使用 OSI 和其他的相应标准（如 TCP/IP）。

综上所述，局域网（主要指传统局域网）体系结构分为物理层、MAC 层、LLC 层以及高层（未专门定义），如图 7-17 所示。其中：

LLC 层的功能是建立或释放数据链路、标识帧的类型（信息帧或监控帧、命令帧或响应帧）、向高层提供单个或多个服务接入逻辑接口、差错检验等。LLC 层采用 IEEE 802.2 标准。LLC 层与传输介质及传输方式无关。

MAC 层的功能是帧的封装与拆装（封装帧交给物理层、拆装帧交给 LLC 层）、链路管理

（即介质接入控制）、寻址、比特差错检验等。MAC 层采用 IEEE 802.3（CSMA/CD 协议，即碰撞检测型载波监听多址接入协议）、802.4（令牌环协议）、802.5（令牌总线协议）、802.7（城域网协议）及其他扩展标准。MAC 层与传输介质及传输方式有关。MAC 层和 LLC 层合称为数据链路层。

物理层的功能是编码及译码、同步码产生与识别、比特流发送与接收、信道监听等。

通常，物理层的功能由收发器（Transceiver）来实现，MAC 层的功能由网卡（Network Interface Card, NIC）来实现，而 LLC 层和高层的功能则由网络操作系统（NOS）来实现。

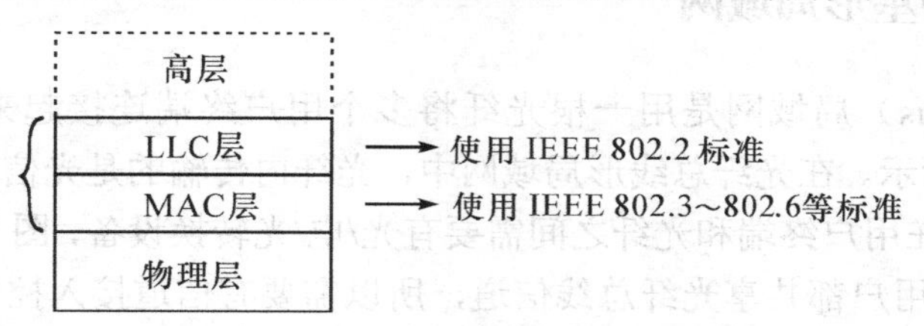

图 7-17　传统局域网的网络体系结构

2．局域网分类

按照所采用的技术，局域网大致可以分类为以太网（Ethernet）、令牌环（Token Ring）网、FDDI 网（以上称为传统局域网）和 ATM（异步传输模式）局域网。在每一类中，根据联网方式的差别又可进一步细分为若干种不同特点的网络。具体分类如下：

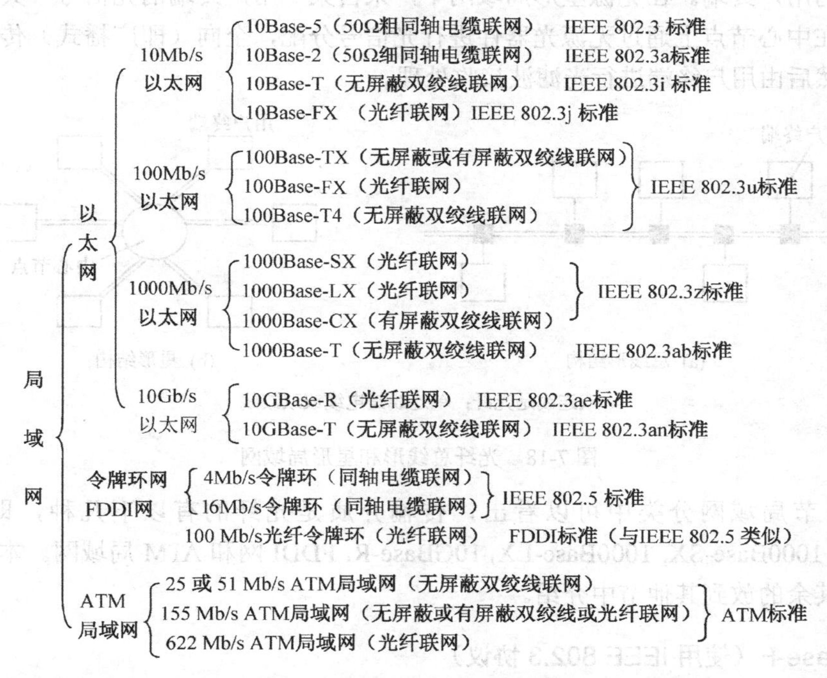

在文献中，10 Mb/s 以太网通常称为常规以太网或简称以太网（Ethernet），100 Mb/s 以太网称为快速以太网（Fast Ethernet），1000 Mb/s 以太网称为千兆位以太网（Gigabit Ethernet），10 Gb/s 以太网称为万兆位以太网（10 Gigabit Ethernet）。

从以上分类中可以看出，不仅传统局域网（如常规以太网、令牌环网、FDDI网等）采用了IEEE 802标准，而且近几年开发出的一些新的高速局域网（如快速以太网、千兆位以太网、万兆位以太网等）也都采用了IEEE 802标准。IEEE 802标准对局域网的飞速发展起到了巨大的推动作用。目前，尽管许多局域网的高层软件不同、网络操作系统不同，但由于它们的低层都采用了IEEE 802标准的相关协议，所以都可以彼此实现互联，从而大大促进了局域网的推广应用。

7.3.2　光纤总线形/星形局域网

光纤总线形（Bus）局域网是用一根光纤将多个用户终端连接起来构成的网络，其原理结构如图7-18(a)所示。在光纤总线形局域网中，光纤内传输的是光信号，而用户接收和发送的是电信号，所以在用户终端和光纤之间需要有光/电/光转换设备，图7-18(a)中用小黑方块来表示。又由于所有用户都共享光纤总线信道，所以需要有信道接入控制机制，使每个用户都能够随机地通过网络向另一用户发送和接收信息，而不致发生信号碰撞。

光纤星形（Star）局域网是利用光纤将所有用户终端分别与一个中心节点连接起来构成的网络，其原理结构如图7-18(b)所示。在光纤星形局域网中，若中心节点是有源器件（含有光收发器等），则称为有源星形局域网；若中心节点是无源器件（如光纤星形耦合器，见5.2.3节），则称为无源星形局域网。在有源星形局域网中，所有到达中心节点的光信号都通过光接收器转变成电信号进行处理，然后根据其目的地址将电信号送往光发送器转变成光信号经光纤输往相应的用户终端。在无源星形局域网中，来自某一用户终端的光信号（其波长与别的用户不同）在中心节点上通过无源光器件进行光信号分配，全向（即广播式）传播到其他各用户终端，然后由用户终端进行光滤波接收处理。

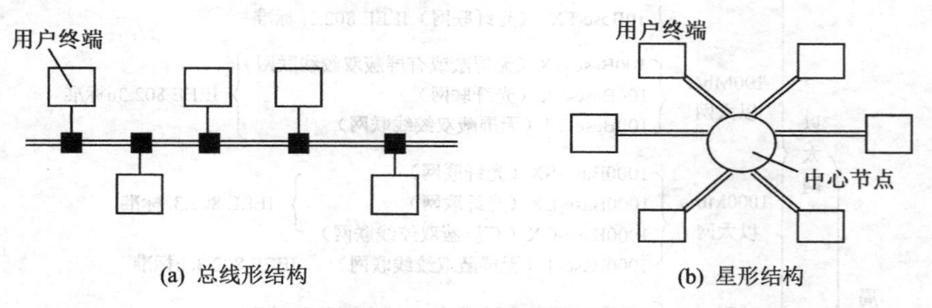

图7-18　光纤总线形和星形局域网

从7.3.1节局域网分类中可以看出，传输介质是光纤的有以下几种，即10Base-F, 100Base-FX, 1000Base-SX, 1000Base-LX, 10GBase-R, FDDI网和ATM局域网。本节仅简要介绍前5种，其余的放到其他节中介绍。

1. 10Base-F（使用IEEE 802.3协议）

10Base-F是一种使用光纤的以太网技术，它包含三个不同用途的规范，即

① 10Base-FL：用于计算机间或计算机与中继器间的点对点链路，支持全双工通信（即

通信双方可以同时发送或接收信息，又称双向同时通信）。

② 10Base-FB：用于中继器之间主干链路的连接，并实现中继器同步传输，支持半双工通信（即通信双方轮流发送或接收信息，又称双向交替通信）。

③ 10Base-FP：用于无中继器情况下无源星形拓扑结构中的链路，支持半双工通信。

其主要特点如下：

（1）MAC 层采用 IEEE 802.3 协议（即 CSMA/CD 协议）来解决发送信号时争用共享信道造成的堵塞问题。

（2）数据速率为 10 Mb/s，传输的是基带数字信号，采用曼彻斯特（Manchester）编码方式。

（3）传输介质是一根或两根多模光纤（0.85 μm 或 1.31 μm），其链路最大长度为：10Base-FL 是 2 km（0.85 μm 光纤）或 5 km（1.31 μm 光纤），与 FOIRL（即中继器间光纤链路）混用则长度减半；10base-FB 是 2 km，10Base-FP 是 500 m。三种规范都使用 ST 型光纤连接器。

10Base-FL 可用于大楼之间的链路连接。

2．100Base-FX（使用 IEEE 802.3 协议）

100Base-FX 是一种使用光纤的快速以太网技术，网络拓扑结构为星形，支持半双工或全双工通信。其主要特点如下：

（1）MAC 层采用 IEEE 802.3 协议（即 CSMA/CD 协议）。

（2）数据速率为 100 Mb/s，传输的是基带数字信号，采用 4B5B 编码方式。

（3）传输介质是一根或两根多模光纤（1.31 μm），最大连线长度可达 412 m（半双工）或 2 km（全双工）。使用 SC 型或 ST 型光纤连接器。

100Base-FX 适用于主干网上的网桥、路由器及交换机之间的连接。

3．1000Base-SX 和 1000Base-LX（使用 IEEE 802.3x 协议）

1000Base-SX 和 1000Base-LX 是使用光纤的千兆位以太网技术，网络拓扑结构为星形，支持半双工或全双工通信。其主要特点是：

（1）采用半双工或全双工介质接入方式。半双工方式使用 CSMA/CD 协议。全双工方式使用 IEEE 802.3x 流量控制协议，以避免信道拥塞。

（2）数据速率为 1000 Mb/s，传输的是基带数字信号，采用 8B10B 编码方式。

（3）传输介质是一根或两根单模或多模光纤，其中 1000Base-SX 只使用 0.85 μm 多模光纤，最大连线长度为 550 m（芯径 50 μm）或 220 m（芯径 62.5 μm）；1000Base-LX 可以使用 1.31 μm 多模光纤，最大连线长度为 550 m，也可使用 1.31 μm 单模光纤，最大连线长度为 5 km。以上均使用 SC 型或 LC 型光纤连接器。

1000Base-SX 适用于大楼主干网，1000Base-LX 适用于大楼主干网、校园主干网或城域主干网。

4．10GBase-R（使用 IEEE 802.3x 协议）

10GBase-R 是万兆位以太网系统面向局域网（LAN）的一种规范。

10GBase-R 是使用光纤的万兆位以太网技术，网络拓扑结构为星形，有串行光接口，采用 64B/66B 编码方式，支持全双工通信，使用 IEEE 802.3x 协议。

10GBASE-R 又分为以下三类：

① 10GBase-SR　使用两根多模光纤（0.85 μm），最大连线长度 300 m（芯径 50 μm）或 35 m（芯径 62.5 μm）。通常用于数据中心。

② 10GBase-LR　使用两根单模光纤（1.31 μm），最大连线长度 10 km。

③ 10GBase-ER　使用两根单模光纤（1.55 μm），最大连线长度 40 km。

以上均使用 SC 型或 LC 型光纤连接器。

7.3.3 光纤令牌环局域网

1．定义

由两个相互独立的、传输方向相反的光纤环路作为传输介质，采用令牌环技术，并且信道速率达到 100 Mb/s 的高速局域网，称为光纤令牌环局域网。光纤令牌环局域网的规范标准称为光纤分布式数据接口（Fiber Distributed Data Interface，FDDI）。

图 7-19 是光纤令牌环局域网的结构简图，其中各个配置的意义如下：

（1）主环和次环　在双光纤环路结构中，正常情况下只有一个环路在工作，称为主环；另一个环路没有工作，称为次环。主环用于传输数据，次环用于备份。

（2）单连接站点（Single Attachment Station，SAS）和双连接站点（Dual Attachment Station，DAS）　只能有一个端口（含进/出光纤接口各一个）与主环直接相连，而不能与次环直接相连（但可通过双连接集中器连接到双环上），称为单连接站点；允许两个端口分别与主环和次环直接相连，称为双连接站点。重要站点（如服务器）都是双连接站点，一般站点（如用户 PC 机）都是单连接站点。通常，双连接站点使用双连接网卡连入 FDDI 网络，而单连接站点使用单连接网卡并通过集中器连入 FDDI 网络。

（3）双连接集中器（DAC，或称为 FDDI-Hub）　DAC 可以与主环和次环直接相连，并且本身还带有多个端口，用来连接多个单连接站点 SAS。

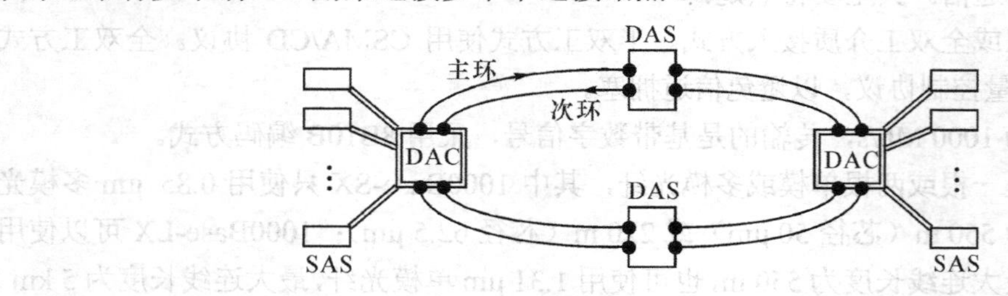

每个 SAS 与 DAC 之间用一进一出两根光纤连接

图 7-19　光纤令牌环局域网的结构简图

2．工作原理

令牌环的工作原理是：环形网络上各个站点不能任意争抢公共信道来发送信息，而是由沿一定方向绕环传递的令牌（一种独特格式的帧）来赋予站点发送信息的权力；一个需要发送信息的站点，必须等待令牌到来，并且只有截获令牌后才可以发送信息。FDDI 中，一个截获了令牌的站点发送完一个或多个信息包后，随即产生一个新令牌，新令牌跟在所发送的最后一个信息包的后面绕环运行。其他任何站点截获了这个令牌，也可以发送一个或多个信息包，并且在这些信息包的后面立即又发送一个新的令牌继续运行。所以，FDDI 是令牌及时发送协议，这与同样采用令牌环技术的 IEEE 802.5 协议（即普通的令牌环协议）是不同的。IEEE 802.5 是令牌延时发送协议，在 IEEE 802.5 中一个站点发送完信息包后，要等待该信息包绕环一圈回到该站点后才能发送令牌。这个差异决定了 FDDI 是一个高速协议，而 IEEE 802.5 只是一个低速（小于 10 Mb/s）协议。

令牌环中站点所发送的信息包绕环运行，依次经过后面的一个个站点，每个站点都对所经过信息包的目的地址进行分析，一旦该地址与本站点的地址相符，该站点就将此信息包接收（即复制）下来，而让其他目的地址的信息包继续往下传。站点对信息包的分析处理是在电信号状态下进行的，而环路上传送的信息包却是光信号的形式。所以，在 FDDI 中每个站点都应具有光/电/光转换功能，这种功能是由单连接站点的单连接网卡和双连接站点的双连接网卡内的转发器来提供的。图 7-20 是转发器的原理结构图，其中，光纤环传送进来的光信号经光接收器转换成电信号后，由电信号再生器放大整形后进行分析处理，若为本站点应收信息，则接收下来；若非本站点应收信息，则经光发送器转换成光信号输出到光纤环上。

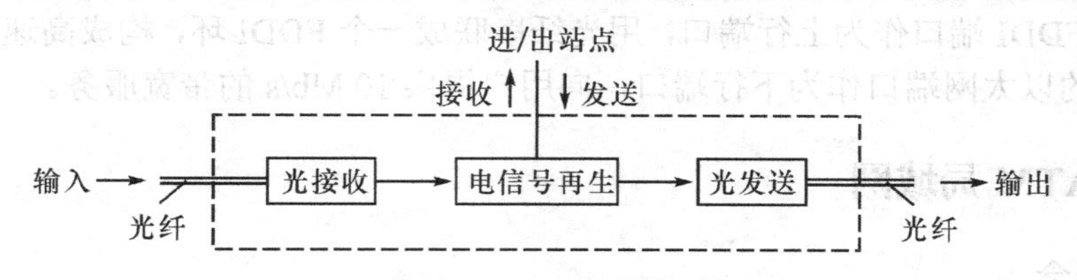

图 7-20 转发器的原理结构图

双连接集中器和双连接网卡内带有光旁路自动开关，用来将有故障的站点从环路上断开。此外，若连接 DAS 或 DAC 的主环断路，则光旁路自动开关会启动次环工作；若连接 DAS 或 DAC 的主环和次环皆断路，则光旁路自动开关将两环连通构成一个单环工作。以上情况如图 7-21 所示。其中，图 7-21(a)表示正常情况，即信号在带有逻辑连接的主环内顺时针方向传输（在逻辑连接处能够进行信号的收发处理及利用），次环是纯物理连接，没有信号传输；图7-21(b)表示主环断路情况，此时主环内没有信号传输，信号在带有逻辑连接的次环内逆时针方向传输；图7-21(c)表示主、次环都断路的情况，此时主环和次环在紧邻断环处的 DAS 和 DAC 内连通，变双环为单环继续传输信号。可见，双环路结构依靠网络自身的能力，能够从故障状态自动恢复到正常状态，这个转换过程非常短暂，用户根本感觉不到网络发生了故障。这样的网络称为自愈网络（Self-Healing Network, SHN），自愈网络能够大大提高网络的可靠性。

3. 主要特点小结

FDDI 网络体系分层结构：其逻辑链路控制（LLC）层采用与 IEEE 802.2 完全相同的协议，而其介质接入控制（MAC）层则采用与 IEEE 802.5 不完全相同的协议。差异主要表现在令牌发送时间的快慢、MAC 帧结构的部分字段不同等方面。

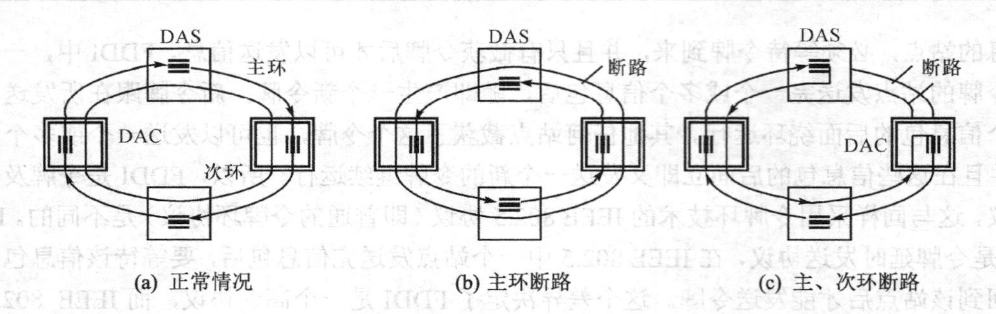

DAS 和 DAC 内的黑白条纹小方块表示逻辑连接

图 7-21　光纤令牌环局域网的自愈功能

FDDI 网络拓扑结构：其主流结构是正、反向双光纤环路结构，而星形或树形结构则是非主流结构。

FDDI 网络技术指标：信道速率可达 100 Mb/s（单环传输）和 200 Mb/s（双环传输），最大环路长度为 100 km（单环），最大站点数为 1000 个（单连接）和 500 个（双连接），最大无中继站点距离为 2 km（多模光纤）和 60 km（单模光纤），网络最大范围是 200 km，编码方式为 4B5B。

FDDI 网络适用范围：用于多个 LAN 互联的主干网，也可用于 WAN。例如，可将多个以太网交换机的 FDDI 端口作为上行端口，用光纤串联成一个 FDDI 环，构成高速主干网络，而将各个交换机的以太网端口作为下行端口，向用户提供 10 Mb/s 的带宽服务。

7.3.4　光纤 ATM 局域网

1．基本概念

ATM（异步传输模式）的协议模型比传统以太网要复杂得多，ATM 技术最初是针对一种广域网 B-ISDN（宽带综合业务数字网）的性能需要而提出的，但却在局域网中首先得到了成功的运用和很大的发展。其主要原因是：B-ISDN 要求主干线和用户线全部采用光缆，速率标准也只能采用 SDH（同步数字系列）一种，按照这种要求来改造整个公用电话网，投资巨大，短期难于实施。与之相反，ATM 局域网的传输介质不仅有光纤，还可以有同轴电缆、双绞线等，速率标准也不限于 SDH，还可以用 PDH（准同步数字系列），可见 ATM 局域网将先进的 ATM 技术与通信网的现状结合了起来。此外，ATM 局域网的节点设备功能也可以做得比广域网简单一些。这些原因使得 ATM 局域网能够快速发展起来，现已成为其他类型局域网的竞争者。

2．ATM 技术的主要特点

ATM 技术的主要特点有以下几点。

（1）ATM 是电路交换与分组交换的结合

其电路交换功能是：ATM 的两个终端用户通信之前必须利用专门的信令建立物理路由的逻辑连接，这个连接称为虚连接，通信完毕后才释放该连接。一个连接一旦建立起来，用户终端的所有通信信息都沿该路由传输，各中间节点不必再进行路由选择。所以 ATM 具有很低的延时，有利于传送实时性业务。

其分组交换功能是：ATM 传输信息的单元是信元（Cell），长度固定为 53 字节，其中信头（含各种控制字段）占 5 字节，采用节点逐级存储-转发方式传送（即用户逐段占用已建立的连接）。其优点是：

① 信元短小使节点存储快、转发快；

② 信头短小使节点处理快；

③ 丢失一个短包（信元）的损失小于丢失一个长包的损失。

（2）ATM 采用统计时分复用（STDM）方式

传统的时分复用（TDM）方式是为每个用户固定分配时隙（Time Slot），不论该时隙是否空闲，别的用户均不能占用。而统计时分复用（STDM）方式是不为每个用户固定分配时隙的，只要有空闲时隙，各个用户在节点缓存器中排队等待发送的信元，按照先进先出原则和优先级别就可以占用它，所以信道利用率高。

（3）ATM 支持各种不同速率的业务

ATM 通过控制机制调节信息进网速率，可以将固定速率的实时数据（如电话）、变速率的实时数据（如已压缩的视频信号），以及其他各种类型的数据复用在一起，使高速率信息占有较多的时隙，实现动态分配带宽。

（4）ATM 交换节点功能简单

ATM 的差错控制由用户终端完成，交换节点仅仅完成物理层的功能，不参与差错控制以及其他层的功能，因而提高了信元在网络中的传送速率，还使交换节点的设备功能得以简化。

（5）ATM 适用性强

ATM 可以应用到从局域网到广域网的各种领域，以及从数据传输到音频、视频传输的各种应用中。

综上所述，ATM 网是一种具有高带宽（高达 622 Mb/s）、低延时（30 μs 左右）、用途广泛的数字通信网络。

3. 光纤 ATM 局域网拓扑结构

一个 ATM 局域网包括两类基本的网络元素，即 ATM 交换机和 ATM 端点。ATM 交换机是一个快速分组交换机，由交换机构、缓存区、高速输入/输出端口组成。ATM 端点是与 ATM 交换机直接相连的设备，可以是用户终端、服务器、联网设备等。一个 ATM 局域网可以有一个或多个 ATM 交换机，其中各个 ATM 交换机之间两两相连形成网状结构，以获得良好的连通性；而每个 ATM 交换机则通过一些点到点链路与各自的 ATM 端点相连，形成星形结构。图 7-22 是光纤 ATM 局域网的示意图，整个网络成为星形-网状拓扑结构。其中，视频服务器和多媒体工作站等要求高带宽的端点直接与 ATM 交换机相连，以获得 155 Mb/s 或 622Mb/s 的高带宽。带宽需求不太高的端点可以通过以太网交换机与 ATM 交换机相连，也可通过带有 ATM 接口的路由器与 ATM 交换机相连。

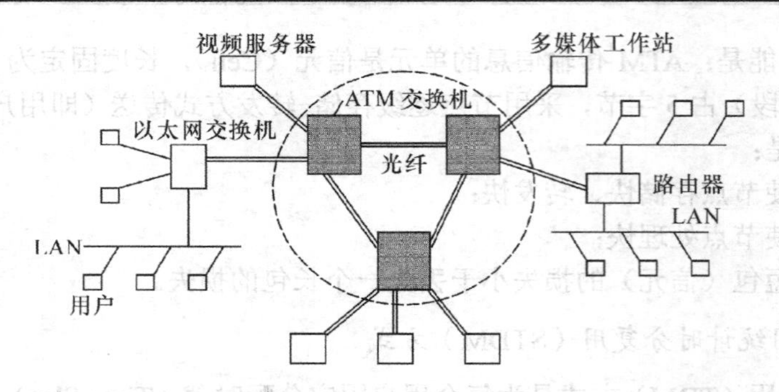

图中连入的 LAN 不包括在 ATM 局域网内

图 7-22 光纤ATM局域网示意图

7.4 光纤城域网和广域网

7.4.1 光纤城域网（MAN）

1. 城域网的基本特点

城域网的基本特点有以下几点：

① 通信范围比局域网大（在几十 km 内），可以覆盖一个城市。

② 数据速率较高（几十至几百 Mb/s）。

③ 误码率较低（10^{-9} 以下）。

④ 网络体系结构与局域网相同。

⑤ 各个站点共享信道资源，需要较复杂的介质接入控制（MAC）技术。

2. 光纤分布式队列双总线

光纤分布式队列双总线（Fiber Distributed Queue Dual Bus，FDQDB）是一种基于光纤传输技术的分布式队列双总线城域网，数据速率可达 2～300 Mb/s。FDQDB 的拓扑结构是由光纤双总线以及连接在这两条总线之间的用户站点组成的，两条总线是单向传输的，彼此方向相反，各个用户站点通过这两条传输方向相反的单向总线可以实现相互间的双向通信，如图 7-23 所示。其中，在总线 A 和 B 的起始端点处各有一个帧发生器端站，其作用是负责向总线上产生由始端传向末端的 FDQDB 帧结构，每一帧的时间周期为 125 μs，由帧头（Frame Header, FH）及跟随其后的连续时隙流组成，每个时隙的长度为 53 字节，是站点与总线交换数据的基本单元。各站点可以通过对每一条总线传送的帧信息进行读操作来接收数据，读操作不影响总线上传输的数据，被读过的时隙依然向总线下游传送，一直到总线的末端点为止；需要发送数据的站点要先占用空时隙，再通过写操作将数据填充到空时隙内来进行。

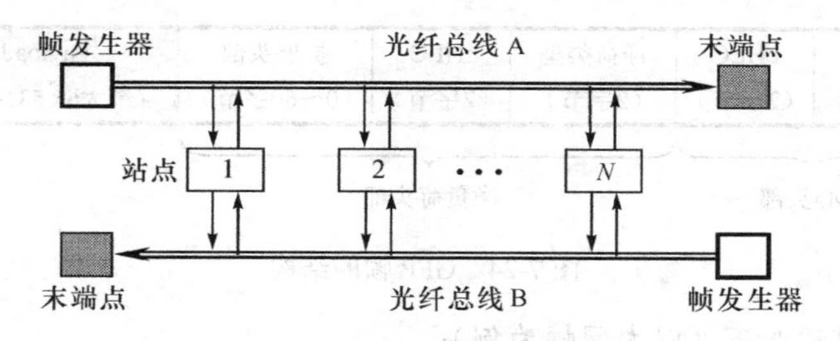

图 7-23　光纤 FDQDB 网络结构示意图

7.4.2　基于 SDH 的多业务传送平台（MSTP）

基于 SDH 的多业务传送平台（Multi-Service Transport Platform，MSTP）是利用光纤传输技术并以 SDH 为基础的多业务传送平台，可以同时实现 TDM，ATM，Ethernet 等多种业务的接入、处理和传送。MSTP 是目前城域网最主要的一种实现方式。

MSTP 的拓扑结构是在 SDH 传送网（见 6.1.6 节）的基础上配置第二层（数据链路层）交换机（即按照 MAC 地址进行交换）等设备而构成的。

MSTP 提供多种业务的接口，包括 TDM 业务（PDH, SDH 等）的 E1，E3，STM-1/4/16 接口；以太网业务的 10 Mb/s，100 Mb/s，1 Gb/s 接口；ATM 业务的 E1，E3，STM-1/4/16 接口。

MSTP 使用 GFP 帧来承载各种业务信息。GFP（通用成帧规程）是一种面向无连接的数据链路层协议，它提供了一种将高层用户信息适配到字节同步的 SDH 传送网络中的通用机制。GFP 帧由核心头部（4 字节）、净负荷头部（4～64 字节）及净负荷（最大 65 531 字节）组成，其帧结构如图 7-24 所示。其中：

① 核心头部（4 字节）用于帧定界，由两个字段构成，即

- PLI（净负荷长度标识，2 字节），用来指示净负荷及净负荷头部字节的总长度，该长度最大值为 65 535 字节；
- cHEC（核心头部差错校验，2 字节），用来存放 PLI 的 CRC 校验字，供接收端对 PLI 进行单比特纠错或多比特检错。

② 净负荷头部（4～64 字节），由三个字段构成，即

- PT（净荷类型，2 字节），包含 PTI, PFI, EXI 和 UPI，其中 PTI（净负荷类型标识，3 bit）用来指示净负荷是用户数据帧或用户管理帧等，PFI（净负荷 FCS 标识，1 bit）用来指示净负荷有否帧校验，EXI（扩展头部标识，4 bit）用来指示扩展头部支持点对点或环形网等，UPI（用户净负荷标识，8 bit）用来指示净负荷是以太网或 PPP 等信息；
- tHEC（类型头部差错校验，2 字节），用来存放 PT 的 CRC 校验字，供接收端对净荷类型字段纠错或检错；
- 扩展头部（0～60 字节），包含目的地址（含 MAC 端口地址）、源端地址（含 MAC 端口地址）、服务类型、优先级、生存时间、通道号等，净负荷装载以太网帧时可省略该字段。

③ Payload（净负荷，0～65 531 字节）用来存放 TDM、ATM、以太网或 PPP 等数据。除扩展头部外，净负荷及净负荷头部的总长度为 4～65 535 字节。

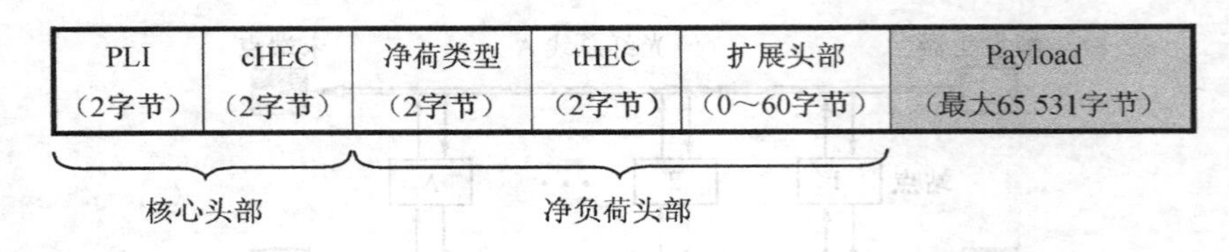

图 7-24　GFP 帧的结构

MSTP 的工作过程如下（以太网帧为例）：

（1）发送端发出以太网帧（见图 7-13），该帧被 MSTP 节点设备接收，同时去掉以太网帧的前导码留下 MAC 帧，并计算 MAC 帧的字节数；

（2）计算净荷类型（2 字节）、tHEC 字段（2 字节）、扩展头部（0 字节，以太网帧时）和 MAC 帧的字节数之和，确定 PLI 字段的数值，据此算出 cHEC 字段的数值；

（3）确定净负荷头部各字段的数值，并将 MAC 帧装入净负荷内，对二者进行扰码，最后得到 GFP 帧；

（4）将 GFP 帧装入 SDH 的容器 C-*n* 中，通过复用及映射最后得到 STM-*N* 帧；

（5）STM-*N* 帧经由 SDH 通道传输到对端 MSTP 节点设备，拆封后取出 GFP 帧，通过去扰码、CRC 校验、去掉核心头部和净负荷头部得到以太网 MAC 帧，再经 MSTP 节点设备转发到接收端。

在 GFP 组帧的过程中，通过 ITU-T G.7042 定义的虚级联（Virtual Concatenation）和链路容量调整策略（Link Capacity Adjustment Scheme，LCAS）进行适配调整。所谓虚级联，是用多个容器 C 来装载大速率的业务信息，然后拆分映射到相应数量的虚容器 VC 中，最后装入相应数量的 STM-N 帧内各自独立地传输（见 6.1.3 节）。所谓 LCAS，是用来增加或减少 SDH 网络中的传输容量（即 VC 的数量），当 SDH 的某个 VC 通道出现 AIS（告警指示信号）或发生故障时，能够根据握手协议自动降低承载带宽；如果告警消失或故障恢复，所承载的数据业务可以自动恢复到最初的配置带宽。

7.4.3　光纤广域网（WAN）

1．广域网的基本特点

广域网的基本特点有以下几点：

① 通信范围比城域网大（在几十至几千千米内），可以跨地区、跨省市、跨越整个国家，多用于 LAN 的远程连接，站点数目很多，故需路由选择。

② 数据速率较高（几十至几百 Mb/s）。

③ 不采用局域网使用的介质接入控制（MAC）技术，而是采用统计时分复用（STDM）技术。

三种典型的广域网是 X.25 网、帧中继（Frame Relay, FR）网和 ATM 广域网。

ATM 技术的基本特点在前面 ATM 局域网中已经进行了介绍。由于 ATM 广域网的通信范围比 ATM 局域网大很多，故前者包含的 ATM 交换机数量远远多于后者，以致在组网方式和寻址技术等方面 ATM 广域网要比 ATM 局域网复杂。例如，ATM 广域网是将 ATM 交换机按照分级式的多层网状结构联成网络的，而 ATM 局域网则是按照单层网状结构联成网络的。尽管有这些不同，但在技术原理上 ATM 广域网和 ATM 局域网之间没有本质性的差别，这里就不再赘述了。

X.25 网是采用 ITU-T X.25 标准的低速分组交换网，又称为公共数据网（PDN），传输介质是电话线（双绞线）。中国电信经营的 CHINAPAC（中国公用分组交换网）就是一种 X.25 网。

帧中继网则是在 X.25 基础上发展起来的快速分组交换网，传输介质是光纤，也可称为光纤帧中继（Fiber Frame Relay, FFR）网。

除上述传统广域网外，在 2002 年正式公布的 IEEE 802.3ae 标准中，推出了面向广域网的万兆位以太网 10GBase-W 和 10GBase-LX4，传输介质也是光纤。

下面仅介绍上述与光纤有关的广域网。

2．光纤帧中继（FFR）网

（1）光纤帧中继网的基本特点

① 数据速率一般为 64 kb/s～2 Mb/s，少数产品可达 45 Mb/s 和 155 Mb/s；

② 纠错在用户终端进行，中间交换节点只检错而不纠错（有错则丢弃，无错则转发）；

③ 流量控制也只在用户终端进行；

④ 时延小，每个交换节点小于 2 ms；

⑤ 支持虚电路（即逻辑电路）统计时分复用；

⑥ 提供 PVC（永久虚电路，即用户专用，每次通信不需要建立和释放连接）和 SVC（交换虚电路，即用户可变，每次通信需要建立和释放连接）服务。

为了便于理解光纤帧中继网的优点，表 7-6 综合列出了 FFR 网和 X.25 网的主要特性，以供分析比较。

表 7-6 FFR 网与 X.25 网的主要特性比较

	FFR 网	X.25 网
传输介质	光纤（误码率低，小于 10^{-8}）	双绞线（误码率高，约为 10^{-5}）
纠错	在用户终端进行	在各个交换节点进行
流量控制	同上	同上
虚电路复用	统计时分复用	统计时分复用
信令传送	带外（控制信令与用户数据在不同的虚电路中传送）	带内（控制信令与用户数据在同一条虚电路中传送）
数据速率	较高（64 kb/s～155 Mb/s）	较低（64 kb/s～2 Mb/s）
时延	小（每个交换节点小于 2 ms）	大（每个交换节点为 20～30 ms）
帧长	可变性大	可变性小
吞吐量	大（支持突发数据包的传输）	小（不支持突发数据包的传输）
适用范围	不同协议 LAN 的远程连接适合多媒体信息传输	不同协议 LAN 的远程连接仅适合低速数据传输

（2）光纤帧中继网的拓扑结构

光纤帧中继网拓扑结构是由许多互联的帧中继交换机（节点交换机）以及连接在帧中继交换机上的接入设备及用户站点组成的，帧中继交换机具有路由选择功能，每个帧中继交换机可连接多个接入设备及用户站点，如图 7-25 所示。通常，含有帧中继接口的用户终端是直接连接到帧中继交换机上的，不含帧中继接口的用户终端则需通过FRAD（帧中继装/拆设备，通常放在交换局）连接到帧中继交换机上，局域网是通过 FRAD 或 FRR/B（帧中继路由器/网桥）连接到帧中继交换机上的。

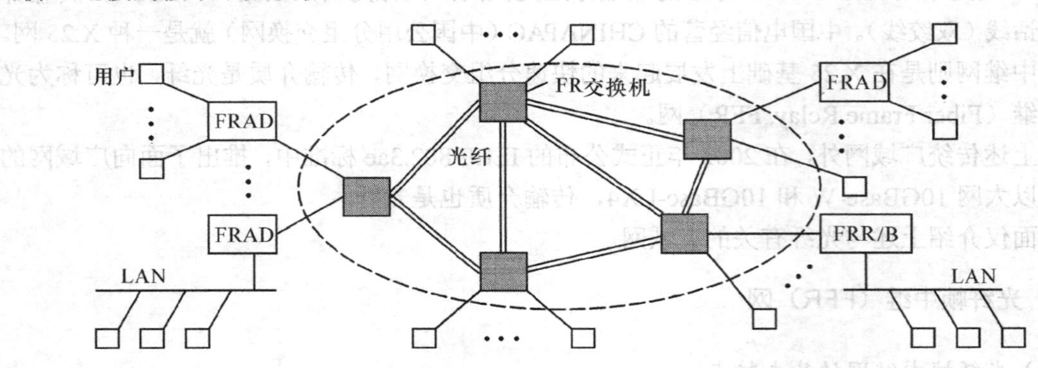

图7-25　光纤帧中继网结构示意图

（3）光纤帧中继网之例

中国电信于1997年建成了采用ATM平台的可提供帧中继业务和信元中继的中国公用帧中继宽带业务网（CHINAFRN），它已覆盖全国绝大部分省会城市。CHINAFRN 宽带数据业务网采用了先进的网络设备，可为用户提供64 kb/s～34Mb/s的帧中继业务和信元中继业务。

CHINAFRN联网方式如下：

① LAN接入CHINAFRN的方式

- LAN通过帧中继路由器或网桥接入CHINAFRN；
- LAN通过FRAD接入CHINAFRN。

② 终端接入CHINAFRN的方式

- 帧中继型终端直接接入CHINAFRN；
- 具有PPP（点对点协议）或SNA（IBM系统网络体系结构）或X.25协议的终端可直接接入CHINAFRN；
- 不具有上一条所列标准接口规程的终端通过FRAD接入CHINAFRN。

3. 10GBase-W和10GBase-LX4（使用IEEE 802.3ae协议）

（1）10GBase-W

10GBase-W是万兆位以太网（10 Gigabit Ethernet）系统面向广域网（WAN）的一种规范。

10GBase-W是使用光纤的万兆位以太网技术，网络拓扑结构为星形，有串行光接口/WAN接口，采用64B/66B编码方式，支持全双工通信。

10GBASE-W又分为以下三类：

① 10GBASE-SW：使用两根多模光纤（0.85 μm），最大连线长度300 m（芯径50 μm）或35 m（芯径62.5 μm）。通常用于数据中心。

② 10GBASE-LW：使用两根单模光纤（1.31 μm），最大连线长度10 km。

③ 10GBASE-EW：使用两根单模光纤（1.55 μm），最大连线长度40 km。以上均使用SC

型或 LC 型光纤连接器。

（2）10GBase-LX4

10GBase-LX4 是万兆位以太网（10 Gigabit Ethernet）系统面向广域网（WAN）的一种规范。

10GBase-LX4 是使用光纤的万兆位以太网技术，网络拓扑结构为星形，有 4 波道 WDM 串行光接口/WAN 接口，采用 8B10B 编码方式，支持全双工通信。使用两根多模或单模光纤（1.31 μm），最大连线长度 300 m（多模光纤）或 10 km（单模光纤）。使用 SC 型或 LC 型光纤连接器。

7.5　三网融合

7.5.1　基本概念

1．三网融合的发展目标及推进方式

2006 年国家“十一五”规划中提出了以“加强宽带通信网、数字电视网、下一代互联网等信息基础设施建设，推进三网融合，健全信息安全保障体系”的整体发展目标，并对三网融合的概念进行了界定：“三网融合是指电信网、计算机网、广播电视网打破各自界限，在业务应用方面进行融合。三个网络在技术上趋向一致，网络层面实现互联互通，业务层面互相渗透和交叉，有利于实现网络资源最大程度的共享”。

可见，从发展目标来看，三网融合是指业务应用方面的融合。而要达到这个目标，需要三网中的任一网络能够承载另外两个网络的基本业务，这就需要有相应的技术基础，其中既包括现有三种网络承载其他网络基本业务所需要的技术基础，也包括三网融合统一的技术基础。

2014 年 1 月 13 日，国务院办公厅发布《三网融合加快推进政策》，提出“符合条件的广播电视企业可以经营增值电信业务和部分基础电信业务、互联网业务；符合条件的电信企业可以从事部分广播电视节目生产制作和传输”。

这表明现阶段三网融合的推进方式是：有限度的非对称双向进入方式。

2．三网融合实施过程中各方推进的工作

（1）电信运营商解决标清→高清→智能高清→4K 超高清 IPTV

IPTV 是基于互联网协议的电视，它是以电信宽带网络作为传输通道、以电视机为终端，集互联网、多媒体、通信等多种技术于一体，向用户提供包括互动电视内容在内的多种交互式服务的崭新技术。IPTV 适应网络飞速发展的趋势，能够充分有效地利用多种网络资源。

电信运营商在资本、技术、市场、终端等各方面有巨大优势，尤其是拥有互联网资源，推出 IPTV 开展视频业务是驾轻就熟之事。

几年来，电信运营商推出 IPTV 业务，从标清、高清，一直发展到超高清。在有些地区针对 FTTH 光网宽带用户推出了更高性能的 IPTV 4K 机顶盒，提供高清与 4K 超高清视频服务内容。

2017 年是电信运营商规模化、集团化，在全国范围推广 IPTV 业务重点突破的一年。多年来，电信运营商一直企盼 IPTV 行业及市场能够迎来爆发式增长。现在，距离这个目标不会太远了。

注： 按照 ITU-T 定义的标准，长宽比为 16:9 的超高清电视（UHDTV），其分辨率为 3840×2160 像素（简记为 4K×2K），故称为 4K 电视。可见，超高清电视的像素总数是高清电视（HDTV，分辨率为 1920×1080）的 4 倍，是标清电视（即普通电视，分辨率为 1280×720）的 9 倍。所以，UHDTV 需要有很小间距像素点的 LED 显示屏，才能有超高清的收看效果。

（2）互联网公司解决 OTT TV

互联网公司是随互联网发展壮大而成长起来的新型企业，拥有先进的技术和资源，对网络技术的发展敏感。实施有效的运作方式，对用户需求比较了解。更重要的是，互联网公司在“互联网+”的大旗下，干起事来顾虑少，从金融到科技领域都敢于借鉴、模仿和创新。

2010 年前后，国内互联网公司逐步推出了 OTT TV 业务。OTT TV 又称为互联网电视，是指互联网公司利用电信运营商的宽带互联网，同时利用广电行业及其他渠道的影视内容，通过 OTT 机顶盒向用户提供各种视频应用服务。目前，OTT TV 的用户以年青人居多。

（3）广电行业解决有线电视网络的模拟转数字、标清变高清，实现 DTV

2010 年以来，广电网络双向化进程中需要解决采用何种技术体制实现双向互动业务。由于 HFC 是广电较好的资源，也很容易做到 100%覆盖，而且，同轴电缆的频谱资源高达 1GHz，采用 QAM（正交振幅调制）后的带宽潜力可以增大好几倍。所以，广电行业在目前阶段选择了基于 HFC 的 DTV（数字电视）双向互动网络。

与 DTV 双向网络建设同步，广电行业及其系统从广播电视节目的制作播出机构（如各地广播电台、电视台等）到广播电视节目的传输机构（如广播电视卫星直播管理中心、各地有线电视网络运营商等）纷纷进行了不同层面的数字化改造。同时，各地广播电台、电视台、有线电视网络运营商等传统广电机构也纷纷借助各种利好政策（如广电节目制作机构与播出平台分离、广电机构与有线电视网络分开运营等），开展了市场化探索。

7.5.2 电信运营商的 IPTV

IPTV（Internet Protocol Television）称为*交互式网络电视*。电信运营商在宽带公网的基础上建立了 IP 专网用来承载 IP 化的数字视频内容，借助宽带 IP 技术、视频编码技术、软件技术，并通过 QoS 控制，保证视频的流畅。需要说明的是，电信运营商的 IP 专网有别于互联网公司 OTT 的 IP 公网和广电的 HFC 有线电视网。

在用户端，IPTV 机顶盒通过 ADSL 或 FTTH 等接入 IP 专网，用户只需安装 IPTV 机顶盒进行流媒体接收和解码，就可以使用数字电视业务了。通常，IPTV 机顶盒使用运营商提供的账号和密码登录到运营商的 IP 专网中，而不能连接到公网（互联网）上使用。

IPTV 的主要特点在于它的交互性和实时性，目前能够提供的业务有传统的直播电视业务、时移回看电视业务（Time-shift TV）、VOD（Video On Demand）视频点播业务、传统互联网业务、互联网增值业务等。

图7-26是IPTV业务模式的一种架构图。由图可见，IPTV业务供应链是“内容提供商→内容运营商→网络运营商→用户”。其中：

- 内容提供商有SMG（上海传媒集团）、CCTV、ESPN（美国娱乐与体育电视网）、MTV（音乐电视）、HBO（美国家庭影院频道）、FTV（法国时尚电视台）。
- 内容运营商提供内容运营平台，负责实时播放、点播以及增值服务的内容整合和播控管理，提供数字版权管理（DRM）、电子节目指南（EPG）、用户数据及计费等。
- 网络运营商提供IPTV设备，负责网络多业务运营，包括服务、计费、运营维护与管理，并通过IPTV接入设备（FTTB+LAN、XDSL或FTTH）连接用户的STB（机顶盒）。

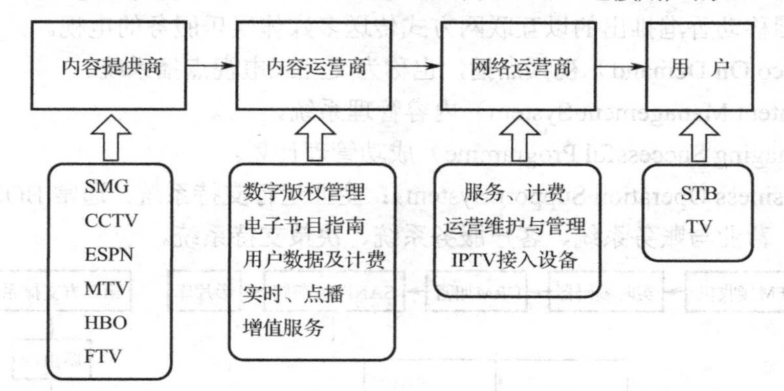

图7-26 IPTV业务模式架构图

图7-26所示的业务供应链是一条最基本的供应链。从全球IPTV的发展来看，基本上都是以网络运营商为主导力量，这是由于网络基础设施提供商具有天然的垄断性。此外，内容提供商也在IPTV产业链上占据了非常重要的地位。因此，可以说IPTV的产业链是以内容和网络为双核心的产业链，拥有网络资源和拥有内容资源的提供商之间的关系将直接影响IPTV的发展。

7.5.3 互联网公司的OTT TV

OTT TV又称为互联网电视，这种应用和目前电信运营商所提供的网络视频应用服务不同，它利用电信运营商的公共网络基础设施，而服务内容由电信运营商之外的第三方提供。也就是说，从事OTT TV业务的互联网公司除了有OTT机顶盒及控制中心设施之外，其他关键资源如互联网、视频内容等要依靠电信运营商、广电行业和其他第三方机构提供。

OTT（Over The Top）这个词汇来源于篮球运动的“过顶传球”，是指球员之间来回过顶传球，最终将球传给篮下球员投进篮圈。OTT比喻互联网公司借他人之力的运作方式相当于“过顶传球”。

OTT的本质是利用统一的内容管理与分发平台，通过开放的互联网，向智能机顶盒提供高清的视频、游戏和应用。终端不仅仅是TV，还可以是电脑、PAD、智能手机等。这其实是一种“云电视”技术系统架构。

转屏功能是OTT的重要功能之一，国际上许多公司都在进行OTT转屏功能的研发，旨在解决智能设备的互联互通，使数字媒体文档可以随意地在不同设备间传输、共享。良好的转屏体验不仅需要硬件的支持，同时需要手机端、OTT和智能电视端的应用软件支持。转屏功能让用户可以尽情在大屏电视上浏览智能手机拍下的照片，通过会议室投影仪实时共享笔记本屏幕内容，或者在平板电脑上收看 OTT 机顶盒的直播节目。可以把手机（谷歌安卓系统、苹果 IOS 系统）上的视频、照片、音乐播放的屏幕通过 WiFi 或者 AP 模式转屏到电视屏幕上，在转屏的同时，手机正常接听电话、发送短信及娱乐功能都不受影响。

图 7-27 是 OTT 媒体分发系统架构图。图内英文缩写词的含义如下：

DRM（Digital Rights Management）数字版权管理。

SAN（Storage Area Network）存储区域网络，采用光纤通道（Fibre Channel，FC）技术，通过 FC 交换机连接存储阵列和服务器主机，建立专用于数据存储的区域网络。

UTV　中国移动香港推出的以互联网方式传送多媒体娱乐服务的电视。

VOD（Video On Demand）视频点播，也称为交互式电视点播系统。

CMS（Content Management System）内容管理系统。

MSP（Managing Successful Programme）成功管理计划。

BOSS（Business Operation Support System）：企业运行支持系统，通常 BOSS 系统分为计费及结算系统、营业与账务系统、客户服务系统、决策支持系统。

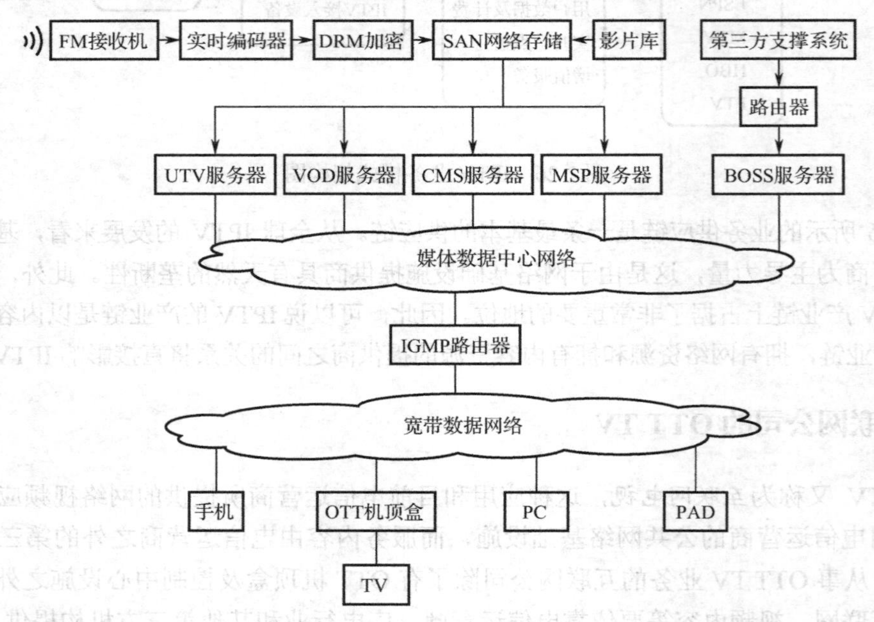

图 7-27　OTT 媒体分发系统架构图

由图 7-27 可以看出，OTT 节目源来自 FM 接收机的微波收视内容、影片库的视频内容，以及第三方支撑系统的视频内容。前两种视频内容分别送到 SAN 网络存储器，而 SAN 网络存储器则分别连接 UTV 服务器、VOD 服务器、CMS 服务器、MSP 服务器。第三方支撑系统通过交换机连接 BOSS 服务器。然后，上述五类服务器分别通过媒体数据中心网络连接到 IGMP（互联网多播组协议）路由器。最后，IGMP 路由器连接到宽带数据网络，该网络终端分别是手机、OTT 机顶盒+TV、PC 和 PAD。

7.5.4　广电行业的 DTV

1. 基本概念

DTV（Digital Television）称为数字电视，是通过光纤-同轴电缆混合网（Hybrid Fiber-Coax, HFC）来实现的。HFC 是在有线电视（CATV）网基础上发展起来的一种宽带接入网，是综合利用数字和模拟传输技术、光纤和同轴电缆技术的一种接入网，是 CATV 网与通信网相结合的产物。HFC 网除了传送 CATV 外，还提供电话、数据和其他宽带交互式业务。

传统的 CATV 网是树形拓扑结构的同轴电缆（75 Ω）网络，使用模拟方式的频分复用（FDM）技术对电视节目进行单向传输。其主要缺点是：CATV 网的最高传输频率为 450 MHz，采用单向（下行）广播方式，不支持点到点的交互式（上行和下行）通信；同轴电缆的传输损耗较大（与光纤相比），从发送端到用户之间需要安放很多放大器，过多的放大器并不能保证电视信号功率均匀分布，同时还会产生较多的故障，使系统的可靠性降低。

为了使 HFC 网具有双向传输等功能，必须对 CATV 网进行改造。首先，需要采用光纤（目前使用 1310nm 单模光纤）取代 CATV 网中的主干线电缆，并用模拟光纤技术来传输多种信息；其次，配线部分仍然使用树形拓扑结构的同轴电缆系统，并用 FDMA（频分复用接入）技术来传输和分配用户信息。HFC 网的传输距离可达几十千米。

2. HFC 网络结构

HFC 网络结构如图 7-28 所示，包括以下几个部分。

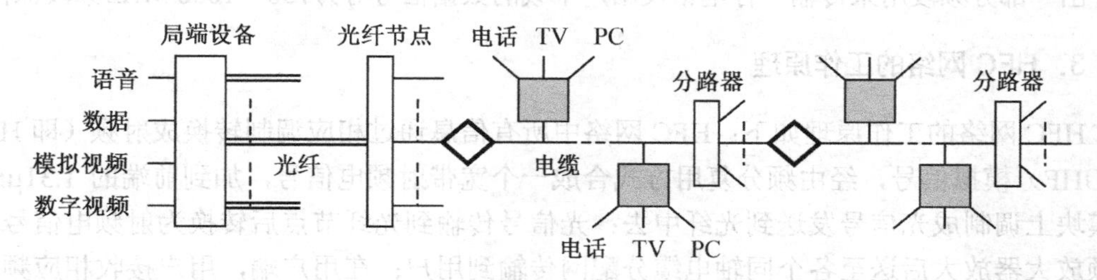

灰色方块是 UIB；粗线菱形是放大器

图 7-28　HFC 网络结构简图

（1）局端（又称为前端）设备

含有播控服务器及视频服务器等，完成电信号调制/解调、电/光和光/电转换（即光发送和光接收）、合路/分路、应答控制等功能。

（2）光纤节点（Fiber Node, FN）

完成光/电和电/光转换（即光接收和光发送），以及电信号解复用/复用等功能。

（3）分路器（又称为分支器）

分路器是多根同轴电缆的交接点，完成电信号的分路/合路。

（4）放大器

完成同轴电缆信号放大的功能。

（5）用户接口盒（User Interface Box, UIB）

安装在每个住户内，提供以下接口转换功能：① 使用 50 Ω 同轴电缆将机顶盒（Set-Top Box, STB）连接到用户 TV 上，或者使用 75 Ω 同轴电缆直接连接用户 TV；② 使用双绞线将内置调制/解调器和 PCM 编解码器连接到用户电话机上；③ 使用 50 Ω 同轴电缆将内置电缆调制解调器（Cable Modem，又称为线缆调制解调器）连接到用户计算机上。

Cable Modem 的主要功能是将数字信号调制到射频上进行传输，接收时进行解调。此外，Cable Modem 还具备与外部主干网的接口、协议转换、智能化的网络控制与管理等功能。因此，要比传统的电话拨号调制解调器复杂得多。Cable Modem 的上行信道一般采用较可行的 QPSK（正交相移键控）调制方式，上行速率最高可达 10 Mb/s。下行信道采用的典型调制方式，有 64QAM（64 元正交幅度调制）等，下行速率最高可达 36 Mb/s。

机顶盒（STB）是一种用来扩展现有模拟电视机功能的终端设备，它可以将各种数字信号转换成模拟电视机能够接收的信号。STB 的接收信号是已压缩的数字视频信号，因此 STB 内含有解压器和解码器。

HFC 接入网的频段分配如下：上行通道（Upstream Channel）使用 5～42 MHz 频段（高频 HF 和甚高频 VHF），用来传送上行电话及用户的 VOD（Video On Demand，视频点播）请求/控制信号等；下行通道（Downstream Channel）使用 50～1000 MHz 频段（甚高频 VHF 和超高频 UHF），其中 50～550 MHz 频段用来传送模拟电视，550～750 MHz 频段用来传送数字电视（包括分出一部分频段用来传输下行电话及用户下载的数据信号等），750～1000 MHz 频段保留备用。

3．HFC 网络的工作原理

HFC 网络的工作原理如下：HFC 网络中所有信息通过相应调制转换成射频（即 HF, VHF 和 UHF）模拟信号，经由频分复用方式合成一个宽带射频电信号，加到前端的 1.31μm 光发射模块上调制成光信号发送到光纤中去；光信号传输到光纤节点后转换为射频电信号，再经射频放大器放大后送至各个同轴电缆分配网传输到用户；在用户端，用户接收相应频带的信息，并进行解调得到所需信息。

例如，下行传输数字语音时，来自交换机的数字语音信号，经局端设备中的 QPSK（四相位移键控）调制/解调器调制为 710～750 MHz 的射频调幅模拟电信号，经电/光转换成为光信号，通过光纤传输到光纤节点，再经光/电转换恢复出射频电信号，经放大后由同轴电缆送至相应分支点，由用户接口盒中的调制/解调器取出基带信号，再用解码器解出相应的语音信号。

下行传输数字视频图像时，先将数字视频信号经压缩编码器用 MPG-2 标准进行压缩编码，再用调制/解调器以 64QAM 方式调制成 582～710 MHz 的射频调幅模拟信号，经电/光转换成为光信号，通过光纤传输到光纤节点进行光/电转换恢复出射频电信号，经放大后由同轴电缆送至相应分支点，由用户接口盒中的调制/解调器解出 64QAM 数字视频信息，最后由解压缩编码器还原出视频信号。

上行传输用户点播请求时，用户使用遥控器发出点播命令，从机顶盒经 QPSK 调制进入上行电缆通道传输，在光纤节点经电/光转换成为光信号进入光纤传输，在局端设备经光/电转换和解调后的用户点播命令送入播控服务器处理。播控服务器收到用户点播命令后，对用户身份进行认证，然后检查服务器和下行频带资源以决定是否接纳用户的请求；在请求被接纳后，播控服务器指示视频服务器播放所点播的节目，并通知用户机顶盒在分配的频道上接收节目。

HFC 网络从局端设备到各个光纤节点用模拟光纤连接，可以采用各种组网形式，如星形网、自愈环形网等。上行和下行信号可以使用两根光纤分别传送，也可只用一根光纤采用 WDM 方式传送。光纤节点以后的连线是同轴电缆构成的树形网，一个光纤节点可以连接 1～6 根同轴电缆。局端设备到光纤节点的传输距离通常为 25 km，光纤节点到用户的传输距离一般在 3 km 以内。一个连接 500 个用户的光纤节点，在其之后至少需要一个放大器，大约 3～6 个分路器，十几个电缆接头。对于广播网络，由于每个用户不占用专用带宽资源，因而光纤节点所能服务的用户数目较多，每个光纤节点的总用户数（称为一个用户群）是 500～2000 户；对于交互式通信网络，每个用户在实际享有广播频带资源的同时，还需占用特定频带资源传输特定信息，因而光纤节点所能服务的用户数目要少一些，每个光纤节点的总用户数是 125～500 户。此外，在交互式通信网络中每个光纤节点下的用户共享上行传输信道，存在共享信道的争用，所以需要防止碰撞发生的控制机制。

小结：IPTV、OTT TV 和 DTV 之比较如表 7-7 所示。

表 7-7　IPTV、OTT TV 和 DTV 的比较

	电信企业 IPTV	互联网公司 OTT TV	广电行业 DTV
传输网络	宽带互联网（自有专网）	宽带互联网（公网）	HFC 有线电视网（自有）
终端可用设备	电视	平板电脑, PAD, 电视	电视
STB（机顶盒）	非智能、智能	智能	非智能
视频编码	H.264	多种编码技术	MPEG2
节目源	有限	较多	有限
播放质量	较好	直播差	直播较好
点播互动	较好	较好	较差

7.6　与光纤互联网相关的热门技术

7.6.1　移动通信技术

1. 移动通信技术概述

（1）移动通信的演进

- **2G 移动通信**

2G 有两个互不兼容的通信体制，其一是 GSM（全球移动通信系统），由欧洲电信标准协会（ETSI）制定，采用时分多址（TDMA）+频分多址（FDMA）方式，以及频分双工（FDD）传输方式，GSM 在欧洲、中国等地广泛使用；其二是 IS-95 CDMA，由美国高通制定，采用 CDMA 多址方式，IS-95 CDMA 在北美、韩国、中国香港等地使用。

2G 采用线路交换（Circuit Switching，CS），支持数字语音和短消息等低速率数据业务。

- **2.5G 移动通信**

由 GSM 演进而来，共有三个通信体制，其一是 GPRS（通用分组无线业务），采用分组交换（PS）来承载数据业务；其二是 EDGE（增强数据速率的 GSM 演进）；其三是 HSCHD（高速线路交换数据），采用线路交换（CS）。

- **3G 移动通信**

3G 有两个互不兼容的通信体制，其一是由 GSM（基于 TDMA）演进而来的 TDMA-SC 和 TDMA-MC；其二是由 IS-95 CDMA 演进而来的 WCDMA（宽带码分多址，由欧洲制定）、CDMA2000（由美国制定）、TD-SCDMA（时分同步码分多址，由中国制定），三者经国际电信联盟（ITU）认可成为 3G 无线传输的主流技术标准。其中，中国联通采用 WCDMA，中国电信采用 CDMA，中国移动采用 TD-SCDMA。

3G 支持图像传输、视频流传输以及互联网浏览等移动互联网业务。

注：3G 的总名称被国际电联（ITU）定为“IMT-2000”（国际移动电话 2000），而欧洲则称为“UMTS”（通用移动通信系统）。

- **4G 移动通信**

2008 年 12 月 3GPP 标准化组织发布了 LTE R8 版本的 TD-LTE 和 LTE-FDD 两个标准。其中，TD-LTE 由中国制定。2013 年 12 月 4 日工信部向中国移动发放 TD-LTE 牌照，我国开始进入 4G 时代。2015 年 2 月 27 日工信部向中国联通和中国电信发放 LTE-FDD 牌照。

以上 LTE（Long Term Evolution，长期演进）是指从 3G 演进而来，它标志着数据/语音混合网络向纯数据 IP 网络的转移。

- **4.5G 移动通信**

LTE-A（LTE-Advanced）是 4G LTE 的演进，采用了载波聚合等一系列增强技术，有利于满足移动数据流量爆炸式的增长需求。韩国、西欧、北美等地较早开展了 LTE-A 网络建设，LTE-A 成为国际上布局新热点。

- **5G 移动通信**

2013 年，国际电联（ITU）正式启动了 5G 标准研究工作，并将 5G 定名为 IMT-2020。2015 年，标准化组织 3GPP 确定了 5G 研究计划。同期，我国启动了 5G 技术研究项目。

在各代移动通信中，20 世纪 80 年代最早出现的 1G 模拟移动通信（大哥大），早已淘汰消失。20 世纪 90 年代出现的 2G，目前处在退网关闭过程之中，据报道 2017 年底全国仍有 157 万个 2G 基站、2.9 亿的 2G 用户。21 世纪出现的 3G 和 4G 是时下主流的移动通信方式，据工信部统计数据，截止 2015 年 10 月全国有 7.47 亿的 3G/4G 用户，其中 4G 用户数为 3.86 亿；截止 2018 年 5 月全国有 12.3 亿的 3G/4G 用户。（注：这里的“用户数”似应是“手机数”）

（2）移动通信与光纤互联网的相关性

准确地说，移动通信的网络结构由三部分组成：一是无线接入网（手机到基站的通信），负责用户与基站之间的信息传输；二是无线核心网（基站或移动交换中心的控制功能），负责信息交换控制，包括线路交换（Circuit Switching，CS）、分组交换（Packet Switching，PS）和广播（Broadcast Switching，BS）控制；三是外部核心网（光纤互联网，包括专网或公网等），负责远距离传输信息。可见，光纤互联网对于移动通信的重要性。

2．5G 应用场景和技术指标

5G 是最新一代的移动通信，目前正处在紧锣密鼓的制定标准和试验研究的阶段，实际商业部署可能要到 2020 年。

5G 网络是 4G 网络的真正升级版，它将在 4G 网络的基础上，带来更高网速的提升。此外，5G 网络不仅传输速率更高，而且在传输中呈现出低时延、高可靠、低功耗的特点。5G 网络不仅应用于未来的移动通信中，而且能够低功耗地支持未来的物联网应用。

（1）5G 的应用场景

3GPP 标准化组织定义了 5G 的三大应用场景：

① **eMBB（增强移动宽带）场景**，对应的是大流量移动宽带业务，如 3D/超高清视频等。

② **mMTC（海量机器类通信）场景**，对应的是大连接低功耗业务，如大规模物联网。

③**URLLC（超高可靠性的极低时延通信）场景**，对应的是低时延高可靠连接的业务，如无人驾驶、工业自动化等。

以上这些场景对应 5G 的 AR（增强现实）、VR（虚拟现实）、车联网、大规模物联网、高清视频等各种应用。

（2）5G 的技术指标

作为全球权威性的政府性组织，ITU（国际电信联盟）已经完成 5G 标准制定前的基本工作，在需求与愿景方面，已确定用户体验数据速率、峰值数据速率、频谱效率、移动性、时延、连接数密度、能量效率和区域流量密度等八项 5G 关键性能指标，如表 7-8 所示。

表 7-8 ITU 的 5G 指标

	名 称	定 义	ITU 指标
1	用户体验速率	用户可用最低数据速率	100Mb/s
2	峰值速率	用户可用最高数据速率	20Gb/s
3	频谱效率	单位频谱上的数据吞吐量	比 4G 增大 3 倍
4	移动性	用户在不同移动速度下的体验一致性	500km/h=139m/s
5	时延	数据端到端传输时延	1ms
6	连接数密度	单位面积上已连接或可连接的设备数目	10^6 个设备/km^2
7	能量效率	单位能耗所传输的信息量	比 4G 增大 100 倍
8	区域流量密度	单位面积上的总业务吞吐量	$10Mb/s/m^2$

5G 的技术指标可以实现以下情景：

20Gb/s 的峰值速率，可以将整部超高画质电影在 1 秒内下载完成，让 4K 视频在线播放成为现实，让目前市场上大量的 4K 电视有用武之地，让 VR、AR、3D 内容的实现和传播变得更加容易。

1ms 以下的延迟，将给游戏体验带来质的飞跃，还能推动更多应用的发展，例如，无人驾驶、远程手术医疗等。

每平方千米超过 100 万的链接数（容量是现有 4G 移动网络的 1000 倍），将使物联网受益最大，能够发展得更普及、更有用。

（3）5G 的频率资源

移动通信网与互联网、传统媒体业务加速融合，导致移动网络流量爆炸式增长，海量的流量增长与稀缺的无线频谱资源之间的矛盾日益突出。当前可用频谱集中在 30GHz 以下，而且 3.5 GHz 以下的低频优质资源已基本用完，有限的频谱资源难于满足急剧增长的应用需求。

对 5G 来说，频率是决定其成败的关键。面向 5G 大流量、高密度的需求，需要有 300MHz 以上的带宽作为支持，才能满足 5G 的应用。

目前的共识是：5G 用频将涵盖低中高频段。其中，低频和中频段电磁波较安全，而且具有良好的绕射特性，适合用来实现网络大范围覆盖的需求；高频段有较高的路径传播损耗，只能用在短距离无线通信上，但高频段容易实现天线的小型化，通过大规模天线技术的波束赋形增益，可以解决高频段覆盖之不足。

我国认为最好在 4～6GHz 频段内寻找到适合 5G 的频谱，同时在 6GHz 以上的频段开展频率规划研究工作。目前 2G/3G/4G 移动通信使用的频段属于 0.3GHz～3GHz 的特高频（UHF），5G 移动通信规划使用的频段属于 3GHz～30GHz 的超高频（SHF）和 30GHz～300GHz 的极高频（EHF）。

3．5G 编码方案

与 3G/4G 只有语音和数据业务相比，5G 的业务繁杂多了，涉及 AR、VR、车联网、物联网、无人驾驶、工业自动化、高清视频等各种应用。为了节省频谱资源，需要考虑不同的应用场景采用不同的码块长度和不同的编码率。如：短码块应用于物联网，长码块应用于高清视频；低编码率应用于基站分布稀疏的农村站点，高编码率应用于密集城区。如果都用同样的编码率，就会造成数据比特浪费。

此外，编码涉及到数据信道和信令信道。数据信道用来传输数据（如视频等），信令信道用来传输控制信令（如寻呼信令等）。因此，数据信道比信令信道的编码长度大。另外，数据信道编码需要支持高速率数据传输，故数据信道又有长码和短码之分。而信令信道由于对码长有限制，即不超过 100bit，因此信令信道只有短码。两者码块长度大致如下：

数据信道码块长度：40bit 到 6000～8000bit（有长码、短码）

信令信道码块长度：20bit 到 100bit（一般场景），上限 300bit（极端场景）（只有短码）

（1）5G eMBB 场景的数据信道的长码块编码方案

参与竞争 5G eMBB 场景编码方案的，有已在 3G/4G 中使用的 Turbo 码、已在 WiFi 中使用的 LDPC（低密度奇偶校验）码，以及出道稍晚的 Polar（极化）码。

2016 年 10 月 14 日在葡萄牙里斯本举行的国际移动通信标准化组织 3GPP RAN 会议上，最终美国高通（Qualcomm）主持试验的 LDPC 码被采纳为 5G eMBB 场景的数据信道的长码块编码方案。

（注：Turbo 码是 1993 年由法国科学家 C.Berrou 和 A.Glavieux 发明，LDPC 码是 1962 年由 MIT 教授 Robert Gallager 发明，Polar 码是 2007 年由土耳其比尔肯大学教授 E.Arikan 发明）

（2）5G eMBB 场景的信令信道和数据信道的短码块编码方案

2016 年 11 月 14 日至 18 日，3GPP RAN1 #87 会议在美国内华达州里诺（Reno）召开，此次会议中的一项内容是决定 5G 短码块的信令信道和数据信道的编码方案。最终，华为主持试验的 Polar 码被采纳为 5G eMBB 场景的信令信道的短码块编码方案，高通主持试验的 LDPC 码被采纳为 5G eMBB 场景的数据信道的短码块编码方案。

至此，5G eMBB 场景上下行数据信道的长码块和短码块编码方案采用 LDPC 码，5G eMBB 场景上下行信令信道的短码块编码方案采用 Polar 码。

本次采纳的编码方案只是针对 eMBB 场景的，后续还将决定 URLLC 场景下的编码方案，以及 mMTC 场景下的编码方案。

4．5G NR 组网部署

NR（New Radio）是指“新无线”，俗称“新空口”。这里的“新”是相对于 4G 而言的，“空口”是空中接口，即从手机到基站的通信传输技术。5G NR 标准体系是个繁杂工程，需要分阶段、分步骤定型。

（1）5G NR 非独立组网标准

2017 年 12 月 20 日，在里斯本举行的 3GPP RAN 第 78 次全会上，第一个 5G NR 规范即 3GPP Release-15 正式发布，该规范定义了 5G 标准的第一阶段：5G NR 非独立组网标准（Non-Standalone，NSA）。

5G NR 非独立组网标准，侧重于满足增强型移动宽带（eMBB）应用需求，并为 5G 新空口设计奠定基础，以支持未来的演进。

5G NR 非独立组网标准，仍然依托 4G 基站和网络，只是空口用了 5G。该标准是在原来 4G 的框架上做一些技术升级，以提高网络带宽，但没有进行物理层面的替换，算不上全面的 5G 标准，只是一种过渡方案，可简称为非独立 5G。

此外，3GPP Release-15 支持在 2019 年实现基于 5G NR 非独立组网标准的 5G 大规模试验和预商用。

非独立组网标准的确立，可以让一些电信运营商在已有的 4G 网络上进行改造，在不做大规模设备替换的前提下，将移动网速提升到 5G 网速，抢占覆盖区域和热点，快速部署非独立 5G，为实现全面的 5G 标准打好基础。

（2）5G NR 独立组网标准

2018 年 6 月 13 日，在美国圣地亚哥召开的 3GPP 全会（TSG#80）批准了 5G NR 独立组网标准（Standalone，SA）。此次 SA 标准，使 5G NR 明确了独立组网的方向，带来全新的端到端新架构。

5G独立组网标准采用全新设计思路，引入全新的接口，并支持网络虚拟化、软件定义网络等新技术。5G独立组网能降低对现有4G网络的依赖性，更好地支持5G宽带、大连接等各类业务，并可根据场景提供定制化服务，满足各种业务需求。

5G独立组网要求：5G基站不再依靠4G网络，自行独立部署；5G基站拥有完整的用户面和控制面能力，以及独立的5G核心网；从终端、无线新空口到核心网都采用5G相关标准。

部署SA需要新建5G的基站和核心网，需要完善射频前端、基带处理单元（BBU）、通信云等网络架构，以及光缆覆盖率要高，同时还需要一整套软件运营维护方案。总之，部署SA意味着所有的架构必须更新。

独立组网标准是全面的5G标准，是5G的终极目标，为了与非独立5G相区别，可将独立组网标准的5G简称为独立5G。建设独立5G网络的投资非常巨大，涉及的技术很多，建设周期相对较长。

（3）3GPP Release-16及未来版本

3GPP在继续推进5G标准化方面有三个重要方向，即：

① 完善5G新空口非独立组网（NSA）标准，利用现有LTE核心网实现5G商用部署。

② 制定基于下一代核心网的5G新空口独立组网（SA）标准。

③ 为5G在3GPP Release-16及未来版本中的演进工作做好准备，以进一步扩展5G生态系统。

上面前两条已分别在2017年12月和2018年6月完成规范制定工作。最后一条正被业界所期待。

实现5G新空口eMBB服务商用，对行业来说是一个巨大的进步，但对于5G技术的潜力而言，只是其一小部分。3GPP已经开始着手为5G在3GPP Release-16及未来版本中的演进工作做好准备。正如LTE自从在3GPP Release-8中推出以来，不断演进融合了众多全新特性和用例，5G新空口也将不断演进和拓展。

3GPP Release-16及其未来版本将侧重于把移动生态系统扩展到全新领域，包括全新服务和终端类型、全新部署和商业模式以及全新频段和频谱类型。5G新空口技术在Release-16及未来版本中拥有丰富的发展路线图，包括超高可靠性极低时延通信（5G NR URLLC），免许可及共享频谱上的全新频谱共享范例（5G NR-U和5G NR-SS），自动驾驶用例中的汽车通信（5G NR C-V2X），以及3GPP低功率广域（LPWA）技术（NB IOT / eMTC）的持续演进等。3GPP已经批准了下一阶段的多个研究和工作项目，其他相关项目将在未来时间获得批准。

5．探索研究5G新技术

（1）新型网络架构

按照上述Release-15的5G新空口非独立组网和独立组网部署的要求，可以得出：①5G的空中接口物理层规范与4G相同，不需要改变；②5G的上层架构需要重点打造，以期实现用户面和控制面功能分离的新型核心网架构。

在5G网络架构方面，普遍认为需要基于SDN/NFV的平台技术，实现新型网络架构，以解决适应物联网等多样化场景的问题。5G是万物互联的第一步，云化的网络架构是其重要的组成部分，引入了 SDN/NFV 概念的切片式网络有望能够满足不同场景对带宽、时延的要求，并且能够达到简化网络部署、降低网络运维成本之目的。

● 软件定义网络（Software Defined Network，SDN）技术

SDN 是一种分层的网络新技术，SDN 利用分层思想将网络的控制平面与数据转发平面分离，并实现控制平面功能集中化、数据平面功能单纯化。SDN 由应用平面、控制平面、数据平面组成。其中，控制平面含有逻辑集中化的可编程控制器，通过其掌握的网络全局信息为运营商和科研人员提供管理配置网络和部署新协议的能力；数据平面交换机则仅提供简单的数据转发功能，通过快速地处理数据包，适应流量日益增长的需求。

● 网络功能虚拟化（Network Function Virtualization，NFV）技术

NFV 是建立在虚拟化和云计算基础上的网络新技术。NFV 利用虚拟化将计算/存储/网络等硬件设备分解为多种虚拟资源，并通过云计算将虚拟资源以软件应用方式提供给用户按需使用，使得软件应用与物理硬件解耦，提高了应用灵活性和资源利用率。

（2）其他待开发技术

归纳起来，主要有：

① 3D 大规模多输入多输出（3D /Massive MIMO）技术：3D-MIMO 技术在原有 MIMO 基础上增加了垂直维度，使得波束在空间上三维赋形，避免了相互之间的干扰。配合大规模 MIMO，可实现多方向波束赋形，有效提升频谱效率。

② 非正交多址接入（NOMA）技术：利用不同的路径损耗的差异来对多路发射信号进行叠加，从而提高信号增益。它能够让同一小区覆盖范围的所有移动设备都能获得最大的可接入带宽，可以解决由于大规模连接带来的挑战。

③ 认知无线电技术（Cognitive Radio Spectrum Sensing Techniques）：通过自适应技术动态地选择无线信道。在不产生干扰的前提下，手机通过不断感知频率，选择并使用可用的无线频谱。这个动态无线资源管理以分布式方式来实现。

④ 超密度异构网络（Ultra-Dense Hetnets）：在宏蜂窝网络层中布放大量微蜂窝（Microcell）、微微蜂窝（Picocell）、毫微微蜂窝（Femtocell）等接入点，构成立体分层网络，来满足数据容量增长的要求。

⑤ 集中式无线接入网（C-RAN）技术：将多个基站的基带处理单元（BBU）移动到远离基站塔的中央机房内，而射频单元（RRU）和天线保留在基站塔内，构成云化无线接入网（Cloud RAN），以便实现彼此之间以及和其他设备的通信。

此外，还有多技术载波聚合（Multi-Technology Carrier Aggregation）、稀疏码多址（SCMA）技术、筛选正交频分复用（F-OFDM）技术等。

7.6.2 物联网（IoT）技术

1. 物联网技术概述

（1）物联网的定义

物联网（Internet of Things，IOT）是在无线传感器网络（Wireless Sensor Network，WSN）

和互联网的基础上演进发展起来的一种网络。

所谓“演进发展”主要体现在两个方面：其一，将无线传感器网络的终端由传感器改变为装载了传感器的目标物体，于是传感器相连的网络变成了物与物相连的网络，物体作为网络连接的终端，成为被应用的对象，其应用面才更具体、更广泛。其二，将无线传感器网络（可称为本地网络）连接到更大的互联网中，可以让用户更多和更远地控制无线传感器网络，其应用价值才能最大。

无线传感器网络起步很早，20 世纪 70 年代国际上就出现了传感器与传感控制器之间点对点传输的网络。从 20 世纪末开始，现场总线技术开始应用于传感器网络，人们用其组建智能化传感器网络，大量多功能传感器被运用，并使用无线连接技术，无线传感器网络开始形成。1999 年美国商业周刊将无线传感器网络列为 21 世纪最具影响的 21 项技术之一。2001 年美国陆军提出了“灵巧传感器网络通信”计划。2003 年，美国麻省理工学院技术评论在预测未来技术发展的报告中将无线传感器网络列为改变世界的十大新技术之一。

反观物联网概念，最早是 1999 年 MIT Auto-ID 中心 Ashton 教授在研究 RFID（射频识别）技术时，提出了利用物品编码、RFID 和互联网技术的物联网解决方案。这比上述无线传感器网络要迟到 20 几年。

在 2005 年国际电信联盟（ITU）发布的《ITU 互联网报告 2005：物联网》中，规范了“物联网”内容。根据该报告，物联网的定义和覆盖范围有了较大拓展，不再只是基于 RFID 技术的物联网。报告提出，人类在信息与通信世界里将获得一个新的沟通维度，从任何时间、任何地点的人与人之间的沟通连接，扩展到人与物、物与物之间的沟通连接。射频识别技术、传感器技术、纳米技术、智能嵌入技术将得到更加广泛的应用。

（2）物联网与光纤互联网的相关性

物联网的本质主要体现在三个方面：一是互联网特征，即联网的物品一定要有互联互通的网络；二是识别特征，即联网的物品具有自动识别的能力；三是计算与通信特征，即联网的物品具有一定的计算处理能力和通信能力。

物联网的本质是互联网，但终端设备不再是计算机（PC、服务器），而是嵌入式计算机系统及其配套的传感器，如穿戴设备、环境监控设备、虚拟现实设备等，可以呈现出各种形态。

2．物联网拓扑结构

一个物联网系统通常由大量的无线传感器节点、一个或多个汇聚节点以及一个管理节点组成，如图 7-29 所示。

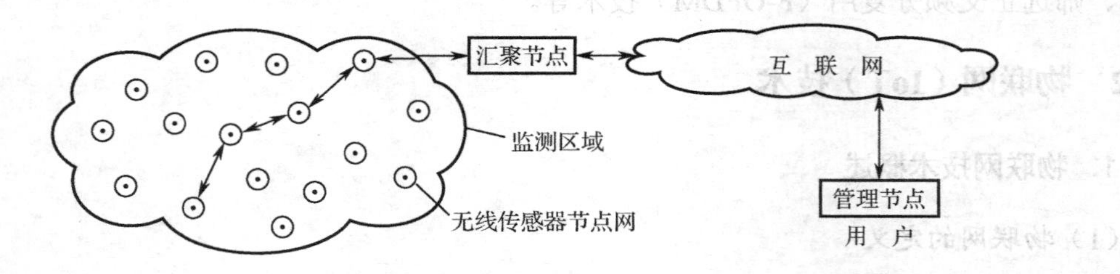

图 7-29　物联网拓扑结构

下面介绍各类节点的基本特点。

（1）无线传感器节点（Wireless Sensor Node）

无线传感器节点通常由敏感元件模块、嵌入式处理器模块、无线通信模块（包括无线收发器、内置天线、通信协议）、能量供应模块等组成。无线传感器节点采用小容量电池供电，为了节约电能，无线传感器节点的处理能力、存储能力和通信能力相对较弱。

大量的无线传感器节点（有几个、几百个甚至几千个）随机部署在监测区域内，能够通过自组织方式构成无线传感器节点网。无线传感器节点担负监测任务，每个无线传感器节点具有基本的计算处理能力、通信能力，并且功耗小，成本低。无线传感器节点除了进行本地信息收集和数据处理外，还要对其他节点转发来的数据进行存储、融合和转发等工作。虽然单个无线传感器节点采集数据不够精确，但是大量无线传感器节点相互协作形成高度统一的网络结构，提高了数据采集的准确度和运行的可靠性。

（2）汇聚节点（Sink Node）

汇聚节点通常由嵌入式处理器模块、无线通信模块（无线收发器、通信协议）等组成。汇聚节点有足够的能源供给，因此汇聚节点的处理能力、存储能力和通信能力相对较强。

一个或多个汇聚节点部署在监测区域内或区域附近。汇聚节点作为连接无线传感器节点与外部网络的网关，一方面接收来自无线传感器节点的监测数据，并对收集到的数据进行简单处理，然后将处理后的数据通过互联网或其他传输网络传送到管理节点；另一方面，汇聚节点还负责向监测区域内的无线传感器节点发布来自管理节点的查询消息或命令等。

（3）管理节点（Managing Node）

管理节点通常由无线通信模块（无线或有线收发器，通信协议转换）等组成。

管理节点通过光纤互联网或卫星通信网远距离部署在监测区域外，用于动态管理整个物联网。用户可以通过管理节点访问物联网的资源。

3. 窄带物联网（Narrow Band Internet of Things，NB-IoT）

为应对低功耗接入技术的出现，国际标准化组织 3GPP 于 2016 年 6 月推出窄带物联网（NB-IoT）技术。由此可见，未来 4G LTE 将从高速和低速两个方向向 5G 演进。NB-IoT 针对机器对机器（M2M）的通信场景对原有的 4G 网络进行了技术优化，对网络特性和终端特性进行了适当的平衡，以适应物联网应用的需求。为了便于运营商根据自由网络的条件灵活运用，NB-IoT 可以在不同的无线频带上进行部署，覆盖能力可以提升近 100 倍。

2017 年 6 月，我国工信部发文《关于全面推进移动物联网（NB-IoT）建设发展的通知》，明确了 2017 年 2000 万的 NB-IoT 连接目标，以及 2020 年 6 亿的连接目标，也标志着 NB-IoT 已上升到国家产业发展的层面，这无疑坚定了运营商推动 NB-IoT 基站建设的决心。

（1）NB-IoT 技术产生的背景和定义

随着智能城市、大数据时代的来临，无线通信将实现万物连接。而实现万物互联的基础，是要有无处不在的网络连接。运营商的网络是覆盖最为广泛的网络，因此在接入能力上有独特的优势。然而，不容忽视的实际情况是，真正承载到移动网络上的物与物连接只占连接总数的 10%，大部分的物与物连接通过蓝牙、WiFi 等技术来承载。为此，产业链从几年前就开始研究利用窄带 LTE 技术来承载 IoT 连接。历经几次更名和技术演进，2015 年 9 月，3GPP 正式将这一技术命名为 NB-IoT。NB-IoT 构建于蜂窝网络，只消耗大约 180kHz 的窄带频段宽度，现阶段可直接部署于 GSM 网络、UMTS 网络或 LTE 网络，以降低部署成本、实现平滑升级。

（2）NB-IoT 技术的应用场景

从第一代到第四代移动通信技术，围绕的都是人与人之间的通信，而真正意义上的智慧生活，需要实现“万物互联”，不仅仅是人与这些设备的相连，还包括这些设备之间的相连。目前 4G 网络虽然可以提供较为理想的网速，但因其容量有限，不足以支撑万物互联。5G 网络容量的大幅度提升为实现万物互联提供了条件。

根据 NB-IoT 特性，NB-IoT 技术可以广泛应用于多种垂直行业，如智能电网、智能交通、智能物流、智能家居、智能环境与安全、智能医疗、智能金融服务、智慧农牧业、智能工业自动化、智能国防军事等。全球多家运营商已完成了基于 NB-IoT 技术的几种智能业务的验证。

（3）NB-IoT 技术与现有其他物联网技术的区别

物联网通信技术有很多种，常见的有 Zigbee、Bluetooth、Sigfox、GSM 以及上述 NB-IoT 等，前二者是短距离物联网通信技术代表，后三者是低功耗广域网（LPWAN）的技术代表。其中 Sigfox 工作在非授权频段，GSM 和 NB-IoT 工作在授权频段。3GPP 对它们都进行了标准定义。NB-IoT 相比 GSM，具备了更低功耗（电池寿命超过 10 年）、更低成本（每个模块不足 5 美元）、更强覆盖（比 GSM 增强 20dB）以及更多连接（单个小区能支持 10 万个连接）等几大优势，成为当前最新、最热门的物联网通信技术。包括中国移动在内的多个运营商都在积极开展测试和试商用，NB-IoT 技术将可能被广泛应用在各种行业，并就此开启万物互联新时代。

4．物联网无线通信技术的类型

（1）按传输距离划分

- 短距离物联网通信技术：WiFi，蓝牙，ZigBee，UWB。传输距离短，功耗低，成本低。
- 长距离物联网通信技术：Sigfox，GSM，NB-IoT，eMTC。

（2）按功耗划分

- 低功耗广域网（LPWAN）通信技术：SigFox，GSM，NB-IoT，eMTC。传输范围广，功耗低，成本低。
- 蜂窝移动通信网通信技术：2G，3G，4G。传输距离长，功耗大，成本高。

（3）按频段划分

- 授权频段物联网通信技术：GSM，NB-IoT，eMTC。
- 非授权频段物联网通信技术：Sigfox

物联网的发展离不开无线通信技术，因此频谱资源作为无线通信的关键资源，同样是物联网发展的重要基础资源。2017 年我国工信部发文，允许运营商在 2G 使用的 GSM 频段（900MHz 和 1800MHz）上部署 NB-IoT（窄带物联网）系统。

5．几种典型的无线接入技术

（1）WiFi（Wireless Fidelity）无线接入技术

WiFi 是基于 2.4GHz 的无线通信技术，可将计算机、手机等终端设备以无线方式互相连接起来。传输距离 100m，最大速率 11Mb/s，发射功率 60～70mW，比手机发射功率（200mW～1W）要小。

其擅长在两节点之间快速传输大量数据，但同时消耗能量大。在星形配置中，每个接入点（AP）限制在不超过 15～32 个客户端。

（2）蓝牙（Bluetooth）无线接入技术

蓝牙是另一种 2.4GHz 技术，主要用于点对点的解决方案，仅支持几个节点。

蓝牙技术是针对便携式设备的无线电技术规范，用来描述移动电话、计算机和其他数字设备相互之间用短距离无线电系统进行连接的方式。电子设备间的这种无线电连接是用低功率无线电链路来实现的。支持 4Mb/s、8Mb/s 和 12Mb/s 多种传输速度，在 10 m 范围内工作。

手机内置蓝牙芯片，可以与 PC 连接，也可以在家里当作无绳电话使用。内置蓝牙芯片的笔记本电脑或手机，不仅可以使用公用电话交换网（PSTN）、ISDN、LAN、xDSL（数字用户线路，如 ADSL），而且可以高速连接蜂窝移动网络。带有蓝牙功能的数码相机，影像可以传至手机，也可以直接将影像送入打印机。

（3）ZigBee 无线接入技术

ZigBee 技术是一种近距离、低复杂度、低功耗、低速率、低成本的双向无线通信技术，其工作频率为 2.4 GHz，可以构成一种高可靠的无线数据传输网络，网络节点数（无线数传模块）超过 65000，网络节点之间可以相互通信，每个网络节点间的距离可以从标准的 75 m 到 100m 以上。

（4）Z-Wave 无线接入技术

Z-Wave 是一种新兴的基于射频的、低成本、低功耗、高可靠、适于网络的短距离无线通信技术。工作频率为 908.42 MHz（美国）、868.42 MHz（欧洲），采用 FSK（BFSK/GFSK）调制方式，信号的有效覆盖范围是室内 30 m、室外大于 100 m，适合窄带应用场合。

相对于现有的各种无线通信技术，Z-Wave 是最低功耗和最低成本的技术。

（5）NB-IoT 和 eMTC

NB-IoT 和 eMTC（增强机器类通信）是 3GPP 针对低功耗广域（LPWA）覆盖而定义的新一代蜂窝物联网接入技术，主要面向低速率、低时延、低功耗、广覆盖、大连接、超低成本的物联网业务。NB-IoT 和 eMTC 的相同之处是采用覆盖增强和低功耗技术。差异之处是，NB-IoT 在物理层的发送方式、网络结构、信令流程等方面进行了简化；而 eMTC 是 LTE 的增强功能，只在在物理层发送方式上进行了简化和增强。

覆盖增强是 NB-IoT 和 eMTC 的重要特性。NB-IoT 期望通过提高功率谱密度、重复发送、低价调制编码等方式，能在 GSM 基础上增强 20dB 的覆盖目标，即 MCL（最大耦合路损）达到 164dB。而 eMTC 的目标是 MCL 达到 155.7 dB，即在 LTE-FDD 基础上增强 15 dB，在 TD-LTE 上增强 9 dB 左右。

上述五种无线接入技术的比较如表 7-9 所示。

表 7-9　五种无线接入技术比较

	蓝牙	WiFi	ZigBee	Z-Wave	NB-IoT
技术标准	802.15.1	802.11b	IEEE802.15.4	无	3GPP
使用频率	2.4 GHz	2.4 GHz	868/915 MHz 2.4 GHz	908.42 MHz(USA) 868.42 MHz(欧洲)	近期 GSM, UMTS 或 LTE 远期 5G 频段
速率	720 kb/s	11 Mb/s	20～250 kb/s		低速
传输距离	10 m	>30 m	>100 m	室内 30 m 室外>100 m	长距离
调制方式			BPSK,OQPSK	GFSK	
网络结构	星形	星形	Mesh 网状		
节点数		15～32	65536	232	10 万
电池寿命	1～7 天	0.5～5 天	100～1000 天		10 年
特点	方便 功耗大	快速 功耗大	功耗低	功耗低	低功耗

7.6.3　云计算技术

1．云计算技术概述

云计算（Cloud Computing）是基于互联网的一种计算模式，这种模式提供动态易扩展、而且经常是虚拟化的资源作为服务。没有互联网就没有云计算。

近几十年来，计算模式和信息处理模式经历了从大型机时代以主机为中心的终端/主机模式（T/S），到个人 PC 时代的客户机/服务器模式（C/S），再到互联网时代的浏览器/服务器模式（B/S）的不断发展。随着互联网应用需求的增大，以及移动宽带网和物联网的普及，用户向互联网输入的数据迅速增多，传统的应用变得越来越复杂。这些日益增长的业务，需要海量存储和强大的计算能力才能支撑。

按照传统思路，为了支撑这些不断增长的需求，企业需要去购买各类硬件设备（服务器、存储器等）和软件，另外还需组建一个完整的运维团队来支持这些设备和软件的正常运作，包括设备安装、配置、测试、运行、升级，以及保证系统的安全等。然而，支持这些应用的开销非常巨大，而且费用会随着应用的数量或规模的增加而不断提高。这会让大企业感到压力，让中小企业以及个人创业者难以承受。

针对上述问题的解决方案是采用“云计算”。云计算是一种基于互联网的超级计算模式，在远程的数据中心里，成千上万台计算机和服务器分布连接成一片“电脑云”。云计算使用特定的软件，按照指定的优先级和调度算法，将用户的数据计算和数据存储分配到云计算群中的各个节点计算机上，节点计算机并行运算，处理存储在本节点上的数据，计算结果回收后合并，然后返回到用户。云计算拥有超强的计算能力，可以让用户体验每秒 10 万亿次的运算能力，用户通过电脑、手机等方式接入数据中心，按自己的需求进行运算，可以进行科学计算，可以预测市场发展趋势，可以预测气候变化，可以模拟核爆炸等。

云计算将应用部署到“云端”供用户使用，用户不必再关注麻烦的硬件和软件问题，这些都由云服务提供商的专业团队去解决。用户使用的是共享的硬件和软件，就像使用一个工具一样去利用云服务。而关于软件的更新、资源的按需扩展都由云计算自动完成，用户只要按需支付相应的费用即可。

总之，云计算是通过互联网把众多成本相对较低的计算实体整合成一个具有强大计算能力的系统，并且将这强大的计算能力分布到终端用户手中，使终端用户能够按自己所需租用“云”的强大计算处理能力来解决实际问题。

2. 云计算的类型

（1）SaaS（Software as a Service，软件即服务）

SaaS 是一种通过互联网提供各种**现成软件**的租用服务。在这种模式下，应用软件安装在云服务供应商那里，用户通过互联网来租用这些软件。这种模式也被称为按需租用（On Demand）软件，用户只需付租费，无需购买软件，这种模式能够降低客户的投入成本。

SaaS 的代表性产品有 Google Apps，Salesforce.com 等。

（2）PaaS（Platform as a Service，平台即服务）

PaaS 是一种通过互联网提供**软件开发平台**的租用服务。平台包括操作系统、编程语言运行环境、数据库、Web 服务器等。在这种模式下，用户向云服务供应商租用该平台，自行开发所需要的应用程序。

PaaS 的代表性产品有 Google App Engine，微软的 Azure（微软云计算平台）等。

（3）IaaS（Infrastructure as a Service: 基础设施即服务）

IaaS 是一种通过互联网提供虚拟机或其他资源的租用服务。这些资源包括虚拟的服务器、存储器、网络硬件等。用户向云服务供应商租用这些基础设施，自行开发所需要的应用。

IaaS 的代表性产品有亚马逊（Amazon）的 AWS 云服务，VMWare vSphere，OpenStack 等。

以上三类可以统称为 EaaS（Everything as a Service，一切即服务），其实 EaaS 还可以包括存储即服务（Storage as a Service）、桌面即服务（Desktop as a Service）等。所以，EaaS 能提供各式各样的服务，大到综合性的基础设施，小到单一的云存储等，这些都是不同的服务形式而已。

（**注：**以上 SaaS 等的中文译名，无论从英文到中文的直译，还是从中文句意来看都不符合传统规范，但是很多文献包括百度翻译都用了这种译名，本书随大流也采用这种译名。这

种怪怪的译名，使其无论出现在文句中哪个地方，都很醒目，这种译名起到了专有名词的作用）

3. 云计算服务模式

图 7-30 是云计算服务模式的架构，自下而上有九层，分别是网络（Networking）、存储（Storage）、服务器（Servers）、虚拟化（Virtualization）、操作系统（OS）、中间件（Middleware）、运行环境（Runtime）、数据（Data）、应用（Applications）等。图中右边三列分别是 SaaS、PaaS、IaaS 云计算服务内容，左首第 1 列是传统 IT 服务内容。图中灰底色格子的服务内容由云计算平台来解决，白底色格子的服务内容由用户来解决。

传统	IaaS	PaaS	SaaS
应用	应用	应用	应用
数据	数据	数据	数据
运行环境	运行环境	运行环境	运行环境
中间件	中间件	中间件	中间件
操作系统	操作系统	操作系统	操作系统
虚拟化	虚拟化	虚拟化	虚拟化
服务器	服务器	服务器	服务器
存储	存储	存储	存储
网络	网络	网络	网络

注：白底色表示用户解决，灰底色表示平台解决

中间件是执行控制程序和应用程序之间的中间任务之软件

图 7-30　云计算服务模式的比较

由图 7-30 可以看出：传统的 IT 服务与交付模式，从最底层的各种硬件开始，经过其上每一层服务，最后到达应用层，每一步都要用户来解决。

相反，云计算架构模式却有以下不同的服务交付方式：

SaaS 是云平台最全面的服务交付模式，从下到上所有的服务都由云平台提供。例如：谷歌 Google Apps 云提供的云软件服务就是这种模式。

PaaS 是数据与应用服务由用户自己解决，其余服务都由云平台提供。例如：Force.com 提供的云中间服务。

IaaS 是底层硬件和虚拟化的服务由云平台提供，而从操作系统到上层应用的服务都留给用户自己解决。例如：亚马逊或阿里云提供的云主机服务。

综上所述，在云计算服务模式中，通过对一部分服务进行组合，为用户的应用需求提供支持。不同的云服务模式有着不同的服务内容组合（见图 7-30 中灰底色格子的组合）。

4. 云计算的特点

云计算运行在“云”上，“云”是一个由大量硬件和软件组成的集合体。云硬件通常是

一个由高速网络连接在一起的计算机集群所构成。云软件负责组织调配资源，提供图形化界面或 API 接口等。客户端将运算任务交给服务器（云端），服务器运算完毕之后将运算结果交给客户端，这整个过程便叫做云计算。云计算的存储能力和计算能力理论上可以无限增大。

归纳起来，云计算有以下特点：

（1）*超大规模*：超大型企业的云服务通常有几十万台到一百多万台服务器，一般大型企业的私有云有数百台服务器。大规模的计算机集群可以提供前所未有的计算能力。

（2）*虚拟化*：包括资源虚拟化、应用虚拟化等。虚拟化本质在于对物理服务器的计算能力（包括 IO、内存、存储空间等）进行逻辑的颗粒化分割，每个分割单元都可以作为独立的计算单元运行，这样使得一台物理服务器上虚拟出多个逻辑服务器，也就是虚拟机，这种方式也称为 $1:N$ 的虚拟化技术。

虚拟化分为服务器虚拟化、桌面虚拟化、应用虚拟化，目前最好的虚拟化公司是 VMWare 和 Citrix。

（3）*动态调整资源*：包括计算资源、存储资源、网络资源等。在应用系统业务负载升高的情况下，可以启动闲置资源加入云计算平台。在应用系统业务负载低的情况下，可以将闲置下来的资源转入节能模式。

（4）*高灵活性*：大部分软件和硬件都支持虚拟化，各种 IT 资源通过虚拟化放置在云计算虚拟池中统一管理，使用方便。

（5）*云计算与大数据协同发展*：云计算作为基础架构来承接大数据，大数据通过云计算架构与模型来提供解决方案。

简而言之，云计算是把服务当做产品来销售。传统行业卖的是产品，云计算卖的是服务。

云计算的优点：①节省费用，用户不需单独购买硬件和软件，购买的只是运算服务；②节省资源，一个云计算中心可以为多个用户进行运算，提高了效率，同时也节省了硬件及能源的消耗。

习　题　7

7.1　何谓接入网？何谓光纤接入网？画出光纤接入网的线路结构，并说明节点之间用什么缆线连接。

7.2　光纤接入网功能配置图（即图 7-4）中的 OLT, PRN, ARN, ONU, SNI, UNI 是什么含义？各节点有怎样的功能？

7.3　何谓无源光网络（PON）？何谓有源光网络（AON）？

7.4　何谓 FTTC, FTTB, FTTH 和 FTTO？

7.5　何谓 A/BPON, EPON 和 GPON？它们的帧周期是多少？

7.6　A/BPON, EPON 和 GPON 共同的关键技术是什么？

7.7　A/BPON, EPON 和 GPON 的下行波长为 1480～1500 nm，上行波长为 1260～1360 nm，能否将上行波长和下行波长交换？理由是什么？

7.8　试说明光纤局域网、城域网和广域网的基本特点。

7.9　试说明光纤总线形局域网、光纤星形局域网和光纤令牌环局域网的拓扑结构的主要特点。

7.10　光纤总线形局域网、光纤星形局域网和光纤令牌环局域网使用的信道接入控制机制是否相同？

7.11　是否所有的光纤星形局域网都需要信道接入控制机制以避免信号发生碰撞？理由是什么？

7.12　10base-F 与 10Base-FL, 10Base-FB, 10Base-FP 之间有何关系？它们的基本内容有哪些？

7.13　10Base-F, 100Base-FX, 1000Base-SX, 1000Base-LX 和 10GBase-R 是否都使用 CSMA/CD 协议来控制信道的接入？

7.14　何谓自愈网络？

7.15　采用 FDDI 协议的光纤令牌环的数据速率为 100 Mb/s，而采用 IEEE802.5 协议的电缆令牌环的数据速率为 4 Mb/s 或 16 Mb/s。试分析光纤令牌环比电缆令牌环速率快的原因何在？

7.16　FDDI 光纤令牌环网的最大环长度 L=100 km（单环），数据发送速率 s_b=100 Mb/s，最大信息帧长度为 4500 字节。试问：该环路能否容纳一个最大信息帧？

7.17　采用 FDDI 协议的光纤令牌环的编码方式为 4B5B 码，而采用 IEEE802.5 协议的电缆令牌环的编码方式为曼彻斯特（Manchester）码。试分析光纤令牌环为什么不使用 Manchester 码，而是使用 4B5B 码？

7.18　试述光纤 ATM 网、FDQDB 网和 FFR 网的基本特点。

7.19　何谓 MSTP？其基本特点是什么？

7.20　试说明 10GBase-W 和 10GBase-LX4 的基本特点。

7.21　何谓三网融合？

7.22　何谓 IPTV？何谓 OTT TV？

7.23　何谓 HFC 接入网？试述其工作原理。

7.24　IPTV、OTT TV、DTV 有何异同？

7.25　为何要推出 5G？

7.26　5G 组网部署分几个阶段？

7.27　何谓物联网？物联网与 5G 有何关系？

7.28　何谓云计算？

7.29　试说明移动通信、物联网、云计算与光纤互联网的关系？

第8章　未来的全光网络

8.1　全光网络（AON）的基本概念

8.1.1　通信网发展过程

光纤通信技术出现以前的信息网络是纯电型通信网，称为第一代通信网。这类通信网用铜线作为传输介质，用纯电子设备来完成信息的发送、接收、复用、交换、中继、监控等功能，各项信号处理都是在电域进行的。

随着光纤通信技术的发展，光纤通信系统逐渐引入到传统的公用电话主干网、中继网和接入网中，产生了第二代通信网。这类通信网用光纤作为传输介质，用光电混合设备来完成信息的发送、接收、复用、中继、交换等功能，各项信号处理依然是在电域进行的，所以是光电混合型通信网。目前实用的光纤通信系统，在光纤内传输的是光信号，而用户信息的上、下路需要经过电/光、光/电转换处理，中继和交换大多数还是使用光电型设备，所以仍属于第二代通信网。此外，还有光纤分布式数据接口（FDDI）、光纤分布式队列双总线（FDQDB）等，也属于第二代通信网。第二代通信网使一部分通信性能得到了改善，如传输容量提高、中继距离增大、抗干扰能力增强等。然而，第二代通信网基本上是在现有电信网结构内用光纤替代铜线，并相应地使用光端机等设备，网络的基本构架还是光纤通信出现之前的模式，并且光/电/光转换会使传输速率受到限制，形成带宽瓶颈，影响传输速率进一步提高。所以，光纤通信的潜力并未最大发挥。

近若干年以来，随着光纤通信技术的发展，光放大器、波分复用器、光开关、光路由器等新颖光器件相继问世，掀起了发展第三代通信网——未来的全光型光纤通信网即全光网络（All-Optical Network, AON）的热潮。第三代通信网仍然使用光纤作为传输介质，但将充分利用光纤的宽带特性，并采用纯光学设备来完成信息的发送、接收、复用、中继、交换等功能，各项信号处理都是在光域进行的。简言之，全光通信网是指通信网的各个部分（主干网和接入网）及各个环节（发送、接收、复用、交换、中继、传输、监控等）都采用全光方式来进行，而不需要经过光/电、电/光转换。也就是说，信息从源节点到目的节点的整个过程中始终处在光域内，不需要任何的光/电/光转换。所以，全光型光纤通信网是高速率光纤通信的发展方向。

8.1.2　全光通信网的基本特点

全光通信网的基本优点如下：

- 采用波分复用（WDM或DWDM）方式，能够提供巨大的网络传输带宽；
- 采用纯光域处理方式，去掉了庞大的光/电/光转换工作量及设备，提高了网络整体的交换速度，降低了成本，并有利于提高可靠性；

- 采用光路交换方式，具有协议透明性，即对信号形式无限制，允许采用不同的速率和协议，有利于网络应用的灵活性。

需要强调的是，以上所定义的全光通信网是理想的全光网络，理想的全光网络要求主干网、中继网和接入网整个过程全光化，也即传输全光化、中继转接全光化、节点交换全光化、监控全光化等。现在，在主干网内以光纤为传输介质、采用 DWDM 技术实现宽带传输，同时采用光交换技术构成的全光主干通信网，已有实现的例子。而采用掺铒光纤放大器 EDFA 等器件也初步解决了中继转接全光化的问题。但在接入网中，尚未做到光纤到户（FTTH）。即使将来实现了 FTTH，还存在着用户收发设备全光化的难题。此外，网络监控设备也不容易做到全光化。而且，用户收发设备和网络监控设备全光化的必要性，目前也难以定论。从这些情况来看，当前企图很快实现整个网络的全光化是不现实的。

所以，目前研究开发的全光网络，实质上是指光信息流在传输和交换过程中始终以光波的形式进行，但接入部分基本上仍用电路方法来实现（目前正在研究的光纤接入网中有许多并非全光化，见 7.2 节），而监控部分则完全用电路方法来实现。

8.1.3　全光通信网关键技术概述

从全面角度来看，全光通信网的关键技术主要有：波分复用技术、光分插复用技术、光交叉连接技术、高速远距离光传输技术、光集成技术等。下面分别予以介绍。

1. 波分复用技术

波分复用（WDM 或 DWDM）技术的发展与成熟是推动全光通信网络发展的最重要因素，正是由于几十个甚至上百个波长可以在一根光纤里同时传输，基于波长的光交换变成了现实，传统的电交换体制才终于失去了统治地位。也正是由于波分复用技术，不同体制的信号如语音、文字、图形、视频等才有可能在一起传输。

波分复用技术的进步得益于掺铒光纤放大器、光滤波器等光学器件的诞生以及光纤技术的提高。如前所述，近若干年来波分复用技术不断得到蓬勃的发展，其复用的波段已由 C 波段（1530～1565nm）扩展到 L 波段（1565～1625nm）和 S 波段（1460～1530nm）。目前，100 个波长通道的传输设备已经商用化，而单波长光的传输速率也正进一步从 2.5 Gb/s 和 10 Gb/s 提高至 40 Gb/s 等。每根光纤的传输容量已达到数十太比特每秒（注：太比特即 Terabits，1 Tb/s $=10^{12}$ b/s）。总之，波分复用技术为光纤网络的发展提供了几乎取之不尽的资源。

波分复用技术的关键问题是：

（1）光纤技术的研究

如前所述，衰减和色散是光纤的两个重要性能指标。光纤的衰减使得它传输的信号减弱，从而限制了信息传输的距离；色散则是影响传输信息的质量，它使得信息传输的距离和容量不能同时兼顾。

现在，随着高功率激光器和 EDFA 的使用，衰减已不是影响信息传输的主要难题。然而，在高功率光波情况下，光纤的非线性效应已经成为突出的问题。而色散则一直是人们重点研究的对象，尤其是在高速光纤通信系统中，色散几乎成了阻碍通信系统传输速率进一步提高的致命因素。

所以，减小光纤的色散和非线性效应，成为光纤研制的主要内容。迄今，许多知名公司加紧开发新品种，各种新型光纤在不断涌现。如 5.2.6 节所述，为了减小零色散波长附近色散斜率的有害影响，研制出了低色散斜率光纤；为了减小偏振模色散（PMD）的有害影响，研制出了低双折射光纤；为了减小非线性效应的有害影响，研制出了大有效面积光纤（LEAF）；为了扩展光纤的可用频带，研制出了全波单模光纤（All-Wave Fiber），打开了 E 波段窗口，扩展了 WDM 的波长范围；等等。现在，康宁公司已推出损耗低于 0.16dB/km 的光纤，用于超长距离高速传输。这些研究促进了光纤技术指标在不断地改进。

（2）光纤放大器技术的研究

在 WDM 传输中，由于各个信道的波长不同，有增益偏差，经过 EDFA 多级放大后，增益偏差累积，导致低电平信道的信噪比（SNR）降低，高电平信道也因光纤非线性效应而使信号特性恶化。为了使 EDFA 的增益平坦，主要采用“增益均衡技术”和“光纤改进技术”。增益均衡技术是利用损耗特性与 EDFA 增益波长特性相反的原理，来均衡抵消增益的不均匀性。目前主要使用光纤光栅、介质多层薄膜滤波器和平面光波导作为均衡器。光纤改进技术是通过改变光纤材料或者利用不同光纤的组合，来改善 EDFA 的特性。主要目标是增加光纤放大器的带宽，几年来已研制有：增益位移掺铒光纤放大器（GS-EDFA），可控制掺铒光纤的粒子数反转程度，波长范围为 1570～1600 nm；掺铒氟化物光纤放大器（EDFFA）可实现 75 nm 的放大带宽，增益为 18 dB，增益差别为 ± 1.8 dB；掺铒碲化物光纤放大器（EDTFA）的带宽可达 70 nm 以上；掺镱铒光纤放大器（EYDFA）功率大于 30 dBm；掺铥光纤放大器（TDFA）；增益位移掺铥光纤放大器（GS-TDFA）。表 8-1 列出了这些光纤放大器的复用波段。

表 8-1　几种光纤放大器的复用波段

名　称	EDFA	GS-EDFA	EDFFA	EDTFA	TDFA	GS-TDFA	EYDFA	FRA
复用波段	C	L	C	C+L, L	S	S	C, L	S+C+L
应用状况	已商品化	已商品化	研制开发中					已商品化

注：为了便于比较，表中也列入了已商品化的三种光纤放大器。

光纤放大器研究的另一个问题是稳定可靠的工作。由于实际通信系统各种参数会随时间、环境等外界因素的变化而变动，这就要求光纤放大器的工作状态也相应改变，以达到最佳状态。这些研究内容包括：不同波长通道的增益均衡、增益动态控制、光纤放大器的其他监控管理等。

（3）波分复用和解复用器件的研究

随着波分复用数不断增加和波长通道间隔不断减小，对 DWDM 复用、解复用器的要求越来越高。它要求中心波长的稳定性高、带通特性平坦、对其他通道的抑制能力高和滚降特性陡峭等。实现 DWDM 复用、解复用的技术，通常有阵列波导光栅（AWG）、光纤光栅（FG）及其他干涉滤光器件等。

2．光分插复用和光交叉连接技术

以波分复用技术为基础构建的全光网络，其节点应有两种功能，即光波长的上、下路功能和交叉连接功能。实现这两种功能的网络元件分别是**光分插复用器**（OADM）和**光交叉连接器**（OXC），两者是全光网络得以实现的关键设备。其中，OADM 用于网络用户节点光信号的上、下路，OXC 用于网络交换节点光信号的交叉连接。

按照光电形式划分，OXC 分为三类，如图 8-1 所示。

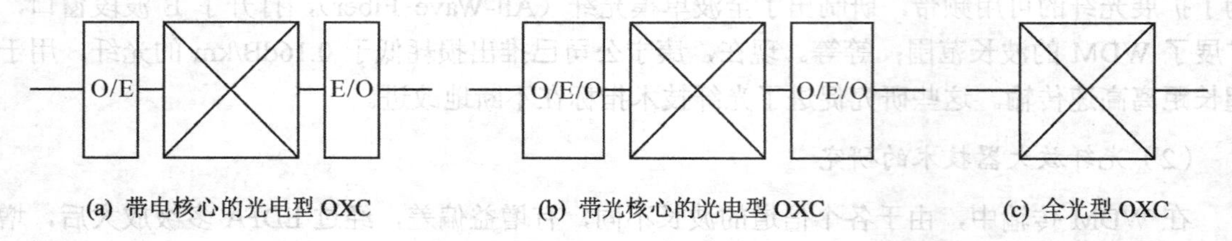

图 8-1　三种类型的OXC

第一类是带电核心的光电型 OXC，即 3R（Reamplifying, Reshape, Retiming，再放大、再整形、再定时）再生和交叉连接都是在电域进行的。

第二类是带光核心的光电型 OXC，即 3R 再生是在电域进行的，而交叉连接是在光域进行的。

第三类是全光型 OXC，即 3R 再生和交叉连接都是在光域进行的。

前两类 OXC 在交叉连接过程中需要进行光/电、电/光转换，它们的交换容量要受到电子器件工作速度的限制，使得整个光通信系统的带宽受到了制约，但因在电域完成 3R 再生等功能，技术成熟，所以近期内仍将是首选的光交叉连接方式。第三类 OXC 省去了光/电、电/光转换过程，能够充分利用光通信的宽带特性，并且具有透明性和成本低等优点。因此，全光 OXC 被认为是未来宽带通信网最具潜力的新一代交换技术。现在光电子领域正在采用各种各样光学原理研制和开发可调光器件，包括波长可调激光器、波长可调滤波器、波长可调衰减器、波长变换器等，以满足全光 OXC 的需要。

3．高速远距离光传输技术

光通信的高速长途传输需要解决两个主要问题：一是光纤线路衰减和光分路损耗导致的光功率下降现象；二是光纤色散和非线性效应导致的光脉冲波形展宽现象。前者主要通过采用直接光放大技术（如 EDFA）来解决；后者主要通过色散补偿来解决。色散补偿的方法有多种，下面介绍几种比较典型的方案。

（1）DCF（色散补偿光纤）补偿

DCF 是具有大的负色散系数的单模光纤，专门用来补偿 G.652 光纤的正色散。在 1550 nm 工作波长时，DCF 的色散系数为– (70～200) ps/(nm·km)，而 G.652 光纤的色散系数接近 20 ps/(nm·km)。将适当长度的 DCF 与 G.652 光纤串联起来，就可以用 DCF 的负色散来补偿 G.652 光纤的正色散，使线路总色散趋于零。这种补偿方法，适合于对现有的 G.652 光纤通信系统（工作波长为 1310 nm）升级为 WDM + EDFA 系统（工作波长为 1550 nm）时使用。目前，DCF 的衰减系数还比较大，约为 0.5 dB/km。

（2）SPM（自相位调制）补偿

光纤正色散时[模内总色散系数 Dintra(λ)＞0]，短波长光波比长波长光波传输得快；负色散时[Dintra(λ)＜0]，短波长光波比长波长光波传输得慢。因而，纯色散光纤会导致光脉冲展宽。而在 SPM 作用下，光脉冲前沿的相位变化产生**红移分量**（即频率降低），后沿的相位变化产生**蓝移分量**（即频率升高）。所以，在正色散光纤中使用 SPM 效应，可以使 SPM 蓝移的脉冲后沿，利用正色散光纤中短波长分量跑得快的特性，而能缩短与脉冲前沿的时差，使光脉冲得到一定的压缩，也即光纤色散获得了一定程度的补偿。

（3）预啁啾补偿（PCC）

所谓预啁啾脉冲，是指在光发送端使光脉冲的频谱产生所需要的变化而得到的光脉冲。如果预啁啾脉冲的前沿产生红移分量，后沿产生蓝移分量，则称为正啁啾脉冲；若预啁啾脉冲的前沿产生蓝移分量，后沿产生红移分量，则称为负啁啾脉冲。正啁啾脉冲在正色散光纤中传输时，可以降低红移的前沿速度，加快蓝移的后沿速度；负啁啾脉冲在负色散光纤中传输时，可以降低蓝移的前沿速度，加快红移的后沿速度。在这两种情况下，预啁啾脉冲都能在一定程度上补偿传输过程中由于光纤色散造成的光脉冲展宽。

4．光集成技术

全光网络的实现依赖于光器件技术的进步，未来的高速、大容量全光信息网络除了需要解决高速光传输技术、复用与解复用技术、光分插复用技术和光交叉互连技术之外，还应重点研究开发光集成技术。光集成技术可以分为两类：一类是以介质材料为衬底的**介质光集成器件**；另一类是以半导体材料为衬底的**半导体光集成器件**。介质光集成器件包括介质光波导、波导型合波/分波器、光隔离器、波导型调制器和光波导开关矩阵等，其中二氧化硅基的 PLC（平面光路，或称平面光波导）技术是最基础的。半导体光集成器件又分为光子集成线路（PIC）和光电子集成线路（PEIC 或 OEIC），前者是将各种光学元器件通过内部光波导互连、优化集成制作在一块衬底上，后者是将各种光学元器件和电子器件集成制作在一块衬底上。光集成器件的优点是体积小，性能好，稳定可靠，基本上无须人工装配，成本低。光集成器件是光电子发展的必然趋势。当前光集成领域的两大主流是，基于 InP 材料的集成和基于硅基 CMOS 技术的集成。

鉴于波分复用技术和高速远距离光传输技术已在前面章节有所讨论，光集成技术则超出本书的专业范围，下面仅对光交叉连接和光分插复用技术进行重点介绍。

8.2　光交叉连接器（OXC）

8.2.1　光交叉连接器的基本概念

1．光交叉连接器分类

光交叉连接器（Optical Crossconnector, OXC）的功能是在光域完成单个或多个波长信道的交叉连接，是全光网络的重要器件。通常分为光纤交叉连接器（Fiber Crossconnector, FXC）、波长选择交叉连接器（Wavelength-Selective Crossconnector, WSXC）和波长变换交叉连接器（Wavelength Interchanging Crossconnector, WIXC），其定义分别如下。

（1）光纤交叉连接器（FXC）

光纤交叉连接是以一根光纤内的所有波长信道的总体为单位来进行的交叉连接。如图 8-2(a)所示，通过光纤交叉连接可以将左上角输入光纤内的 λ_1 和 λ_2 波长信道整体交叉连接到右下角输出光纤内。这种连接方式的交换信息量大。

（2）波长选择交叉连接器（WSXC）

波长选择交叉连接是将一根光纤内的任意波长信道交叉连接到使用相同波长的任意光纤中去。如图 8-2(b)所示，通过波长选择交叉连接可将左上角输入光纤内的 λ_1 和 λ_2 波长信道分别连接到右上角和右下角输出光纤内，这种连接方式交换信息比较灵活。网络有多个 WSXC 节点的情况下，通过空间区域分割，使得在不同的区域内可以使用相同的波长，称为**波长重用**（Wavelength Reuse）。WSXC 可以用来构成波长路由器（Wavelength Router）。

（3）波长变换交叉连接器（WIXC）

波长变换交叉连接是将一根光纤内的任意波长信道交叉连接到使用不同波长的任意光纤中。如图 8-2(c)所示，通过波长变换交叉连接可将左上角输入光纤内的波长信道 λ_1 和 λ_2 分别变换成 λ_3 和 λ_4，然后再分别连接到右上角和右下角输出光纤内。这种连接方式交换信息具有很高的灵活性，可以减少网络拥塞。WIXC 也可以用来构成波长路由器。

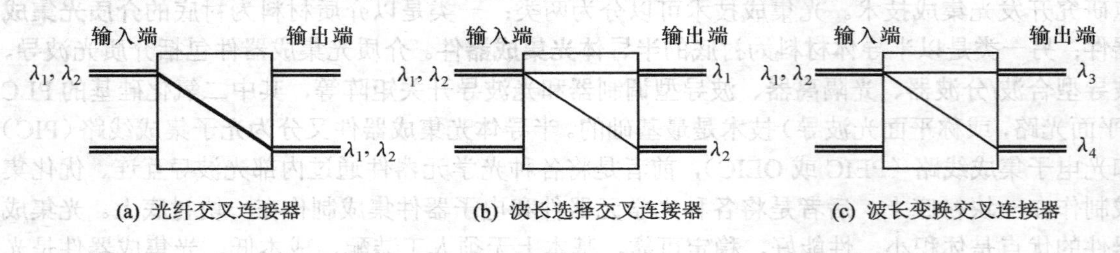

(a) 光纤交叉连接器　　(b) 波长选择交叉连接器　　(c) 波长变换交叉连接器

图 8-2　光交叉连接器的种类

2．光交叉连接器的实现

光交叉连接器 OXC 主要由光交叉连接矩阵、输入接口、输出接口、管理控制单元等模块组成。其中，输入接口、输出接口直接与光纤链路相连，分别对输入、输出信号进行适配、放大；管理控制单元通过编程对光交叉连接矩阵、输入接口、输出接口模块进行监测和控制；光交叉连接矩阵是 OXC 的核心，它要求无阻塞、低延迟、宽频带和高可靠，并且要具有单向、双向和广播形式的功能。为了增加 OXC 的可靠性，每个模块应有主用和备用结构，OXC 能自动进行主备倒换。

光纤交叉连接矩阵的实现技术主要有两类，即光交换技术和波长变换技术。下面逐一进行介绍。

8.2.2　光交换技术

光交换是全光网络中关键的光节点技术，主要完成光节点处任意光纤端口之间的光信号交换及选路。光交换技术分为空分光交换（SDOS）、波分光交换（WDOS）和时分光交换（TDOS）。其中，空分光交换是最基础的光交换技术，波分光交换是最具重要性的光交换技术。空分光交换和波分光交换都已实用化，而时分光交换尚在研究之中。所以，下面仅介绍空分光交换和波分光交换。

1．空分光交换

空分光交换（Space Division Optical Switching, SDOS）的功能是在空间域上完成光传输通路的改变。空分光交换的核心器件是**光开关**（Optical Switch, OS），它通过机械、电或光的作用进行控制，能使输入端任一信道按照要求与输出端任一信道相连，完成信道在空间位置上的交换。光开关分为机械型和晶体型两大类。

机械型光开关的原理很简单，是通过移动光纤端口、棱镜或镜子，把光波直接送到或反射到不同的输出端，实现光路的转换。机械型光开关在插入损耗、隔离度和偏振敏感性等方面都有很好的性能，故其应用广泛。其缺点是开关速度较慢（一般为几至几十毫秒），而且它的尺寸比较大，且不易集成为大规模的矩阵阵列。

晶体型光开关又分为电光型、磁光型、声光型等，是利用晶体的电光效应、磁光效应、声光效应等来实现光路的转换。通常用具有上述效应的晶体材料做成波导来制成晶体型光开关，这类晶体型光开关又称为波导型光开关。目前，最通用的是电光型晶体光开关，其优点是开关速度较快（可达纳秒数量级），体积非常小，而且易于做成集成光波导，构成大规模的矩阵开关阵列。但其插入损耗、隔离度、偏振敏感性等指标目前都不如机械型光开关。

下面介绍几种典型的波导型光开关。

（1）波导型耦合器光开关

在铌酸锂（$LiNbO_3$）晶片衬底上制成两条相距很近的条形光波导，在其耦合区表面装上一对电极，即构成波导型耦合器光开关，如图 8-3 所示。电极加上电压后，耦合区两波导内产生大小相等、方向相反的电场，使一个波导的折射率增大，另一个波导的折射率减小，出现相位失配，导致波导间光功率转换的变化。所以，通过改变调制电压，可以使波导 1 的输入光波仍然从波导 1 输出（称为直通连接），也可以从波导 2 输出（称为交叉连接），实现光信号的开关调制。图 8-3 所示的光开关有两个输入端和两个输出端，称为 2×2 光开关。利用多个 2×2 光开关的串、并联可以构成 $N \times N$ 光开关。

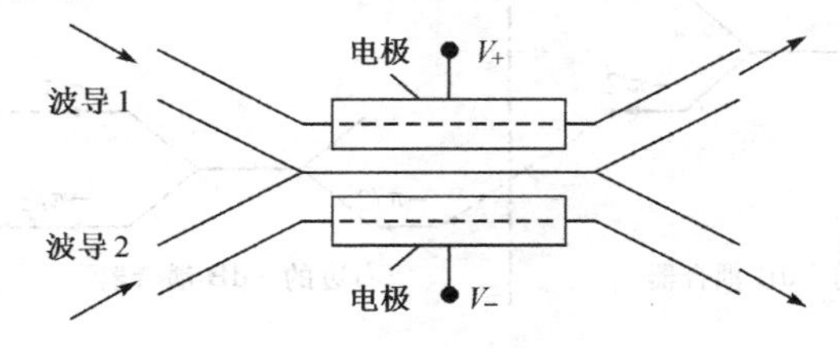

图 8-3　波导型耦合器光开关（俯视图）

（2）波导型 M-Z 干涉仪光开关

在图 5-10 所示的波导型 M-Z 波分复用器的上臂和下臂波导两侧装上表面电极，即构成波导型 M-Z 干涉仪光开关，如图 8-4 所示。这种光开关主要是利用了上、下臂波导折射率随外部控制电压大小变化而变化的特性。

其工作原理如下：输入光信号经过左边的3 dB 耦合器后，分成两束强度相等的相干光波，分别进入上、下臂波导内传输。上、下两臂输出的光波经过右边的3 dB 耦合器后，又各自再分成两束强度相等的相干光波，分别进入直通输出端和交叉输出端。因此，在直通输出端和交叉输出端内各自存在两束分别来自上、下臂的相干光波。由于3 dB 耦合器能使输出的两束光波产生相位差，而且上、下臂两波导不等长也会使输出的两束光波产生相位差，所以在直通输出端和交叉输出端内都会产生干涉现象。通过调节光开关外部的控制电压，使波导折射率随该电压大小而变化，从而改变到达直通输出端和交叉输出端的两路相干光波的相位差，致使干涉结果跟随变化，通过合理的设计可将光信号送到所希望的输出端上。

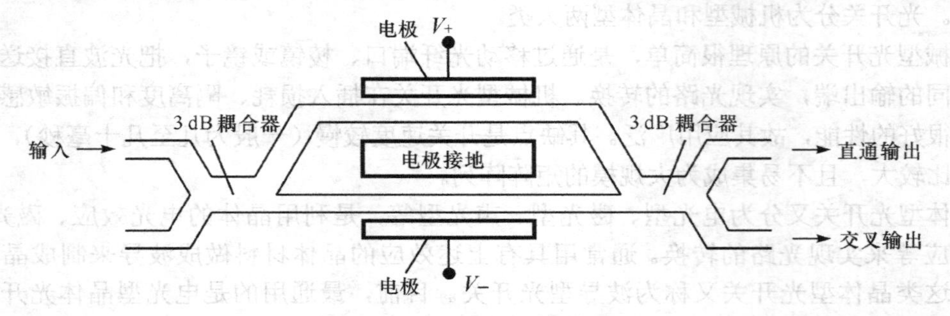

图 8-4 波导型 M-Z 干涉仪光开关

下面具体分析这种光开关的相位差问题。

首先分析 3 dB 耦合器的输出相位差。由 5.2.2 节可知，3 dB耦合器能使输出的两束光波产生 $\pi/2$ 相位差。对于图 8-4 来说，其中左边的3 dB耦合器输出到下臂的光波要比上臂的光波滞后 $\pi/2$，如图 8-5 左边所示。而右边的3 dB耦合器输出的两束光波的相位差要视输入而定：当输入光波来自上臂时，则右边3 dB耦合器输出到交叉输出端的光波要比直通输出端的光波滞后 $\pi/2$，如图 8-5 右上所示；当输入光波来自下臂时，则右边3 dB耦合器输出到交叉输出端的光波要比直通输出端的光波超前 $\pi/2$，如图 8-5 右下所示。因此，在直通输出端内的两束相干光波的相位差为 $0-(-\pi)=\pi$，在交叉输出端内的两束相干光波的相位差为 $(-\pi/2)-(-\pi/2)=0$。

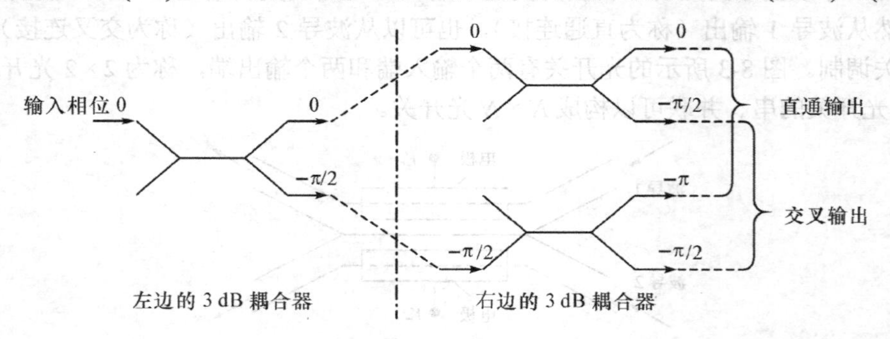

图 8-5 级联 3 dB耦合器的输出相位差

其次分析上、下臂两波导的输出相位差。若上、下两臂的路程差为ΔL，则上、下两臂输出光波的相位差为$\beta\Delta L$。其中$\beta = 2\pi n/\lambda$是波导的传播常数。

综合考虑以上两种相位差，可以得到直通输出端内两束相干光波总的相位差为$\phi_{直通} = \beta\Delta L + \pi$，交叉输出端内两束相干光波总的相位差为$\phi_{交叉} = \beta\Delta L$。根据光学理论可得，在直通或交叉输出端内两束相干光波的合成光强为

$$I_{合成} = I_0 \cos^2(\phi/2)$$

式中，I_0是光开关的输入光强（即左边 3 dB 耦合器的输入光强）；$\phi = \phi_{直通}$或$\phi_{交叉}$。所以，当$\phi_{直通} = 2m\pi$（$m=0$和正负整数）即$\beta\Delta L = (2m-1)\pi$时，$I_{合成（直通）}$= 最大；当$\phi_{直通} = (2m+1)\pi$即$\beta\Delta L = 2m\pi$时，$I_{合成（直通）} = 0$。同理，当$\phi_{交叉} = 2m\pi$即$\beta\Delta L = 2m\pi$时，$I_{合成（交叉）}$= 最大；当$\phi_{交叉} = (2m+1)\pi$即$\beta\Delta L = (2m+1)\pi$时，$I_{合成（交叉）} = 0$。总之，满足$\beta\Delta L = \pi \times$奇数关系的波长可以进入直通输出端，而不能进入交叉输出端；满足$\beta\Delta L = \pi \times$偶数关系的波长可以进入交叉输出端，而不能进入直通输出端。

通过改变波导外部电极上的电压，即可改变波导折射率n，从而改变$\beta\Delta L$的数值大小，使相干结果随之变化，借此可以控制光波信号的输出路线。

2．波分光交换

波分光交换（Wavelength Division Optical Switching, WD-OS）是在光波分复用（OWDM）的基础上，利用波长选择或波长变换的方法完成光传输通路的改变。下面分别讨论之。

（1）波长选择光交换

图 8-6 是波长选择光交换（又称为波长固定光交换）原理图，其中上、下游光纤各有N根，分波器及合波器各有N个，空分交换器有M个（$N \times N$型），光波长有M个：$\lambda_1, \lambda_2, \cdots, \lambda_M$。

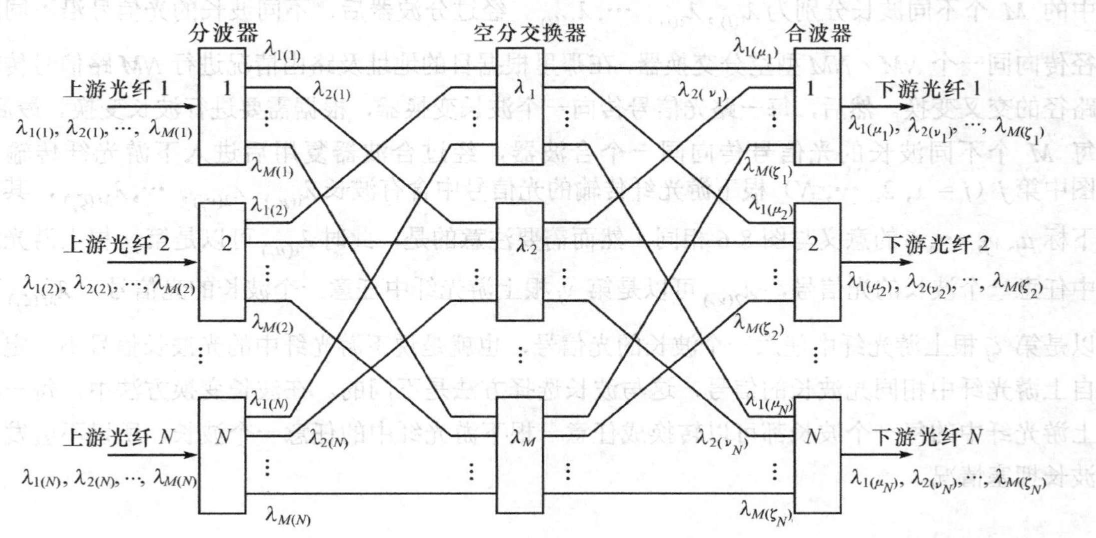

图 8-6　波长选择光交换原理图

每根光纤传输的光信号中都含有这 M 个不同的波长，也即每一个波长将同时出现在 N 根光纤中，但是在不同的光纤中它们所载荷的信息是不同的。为了反映这个差别，图 8-6 中在波长字母的下标用圆括号内的文字表示相应的光纤。例如，第 i（$i=1, 2, \cdots, N$）根上游光纤输出光信号中的 M 个不同波长分别表示为 $\lambda_{1(i)}, \lambda_{2(i)}, \cdots, \lambda_{M(i)}$。经过分波器后，不同波长的光信号沿不同路径传向空分交换器，其中来自 N 个分波器的同一个波长的光信号都传向同一个空分交换器。图 8-6 中所有波长为 $\lambda_{k(i)}$（$i=1, 2, \cdots, N$）的 N 个信号都送到标号为 λ_k（$k=1, 2, \cdots, M$）的空分交换器，在控制作用下根据目的地址进行同一波长 N 路信号传输路径的交叉变换。然后，每 M 个不同波长的光信号传向同一个合波器，经过合波器复用后进入下游光纤传输。图 8-6 中第 j（$j=1, 2, \cdots, N$）根下游光纤传输的光信号中含有波长 $\lambda_{1(\mu_j)}, \lambda_{2(\nu_j)}, \cdots, \lambda_{M(\zeta_j)}$，其中 $\lambda_{1(\mu_j)}$ 是来自第 μ_j 根上游光纤的波长为 λ_1 的光信号，$\lambda_{2(\nu_j)}$ 是来自第 ν_j 根上游光纤的波长为 λ_2 的光信号，$\lambda_{M(\zeta_j)}$ 是来自第 ζ_j 根上游光纤的波长为 λ_M 的光信号。$\mu_j, \nu_j, \cdots, \zeta_j$ 分别从 $\{1, 2, \cdots, N\}$ 中各取一个数字（可以相同或不同）。

（2）波长变换光交换

上述波长选择光交换方法有一个特点：来自不同上游光纤的同一波长光信号只允许分别复用到不同的下游光纤中进行传输。这个特点使路由选择受到了限制，如当某一波长光信号由于所分配的下游光纤链路拥塞等原因，需要改道从另一根下游光纤中传输时，波长选择光交换方法就不能支持这种要求。为了解决这个不足，可以采用如图 8-7 所示的波长变换光交换方法。其中上、下游光纤各有 N 根，分波器及合波器各有 N 个，空分交换器有 1 个（$NM \times NM$ 型），波长变换器（详见下面介绍）有 NM 个。第 i（$i=1, 2, \cdots, N$）根上游光纤输出光信号中的 M 个不同波长分别为 $\lambda_{1(i)}, \lambda_{2(i)}, \cdots, \lambda_{M(i)}$。经过分波器后，不同波长的光信号沿不同路径传向同一个 $NM \times NM$ 型空分交换器，在那里根据目的地址及路由情况进行 NM 路信号传输路径的交叉变换。然后，每一路光信号传向一个波长变换器，根据需要进行波长变换。最后，每 M 个不同波长的光信号传向同一个合波器，经过合波器复用后进入下游光纤传输。图中第 j（$j=1, 2, \cdots, N$）根下游光纤传输的光信号中含有波长 $\lambda_{1(\mu_j)}, \lambda_{2(\nu_j)}, \cdots, \lambda_{M(\zeta_j)}$，其中下标 $\mu_j, \nu_j, \cdots, \zeta_j$ 的意义与图 8-6 相同。然而需要注意的是，此时 $\lambda_{1(\mu_j)}$ 可以是第 μ_j 根上游光纤中任意一个波长的光信号，$\lambda_{2(\nu_j)}$ 可以是第 ν_j 根上游光纤中任意一个波长的光信号，$\lambda_{M(\zeta_j)}$ 可以是第 ζ_j 根上游光纤中任意一个波长的光信号，也就是说下游光纤中的光波长信号不一定来自上游光纤中相同光波长的信号，这与波长选择方法是不同的。在波长变换方法中，每一根上游光纤中的每一个波长都可以转换成任意一根下游光纤中的任意一个波长，所以不会发生波长拥塞情况。

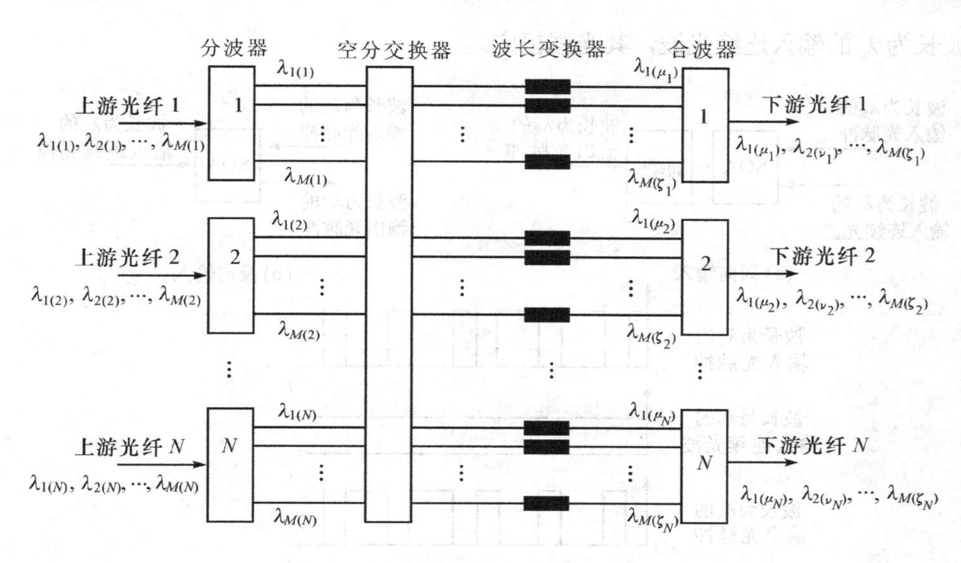

图 8-7　波长变换光交换原理图

8.2.3　波长变换技术

波长变换（Wavelength Conversion, WC）是将信息从一个光载波转换到另一个不同波长的光载波上，转换后的光波长应当符合 ITU-T G.692 规定的 WDM 系统使用的标准波长。

下面介绍几种主要的波长变换器。

1．光-电-光型波长变换器

光-电-光型波长变换器将光载波信号从一个波长变换到另一个波长，需要转换到电域进行。具体过程是：将来自某一光纤的光载波信号经光/电转换变成电信号，电信号再调制所需波长的激光器，输出得到新波长的光载波信号。这种变换方法的主要优点是技术成熟，对信号具有整形再生能力；主要缺点是光电变换过程及电子器件工作速度限制了传输速率，形成了带宽瓶颈。

2．全光型波长变换器

全光波长变换器将光载波信号从一个波长变换到另一个波长，全部过程都是在光域进行的。这种变换方法的主要优点是不存在光电变换及电子器件产生的带宽瓶颈现象。

全光型波长变换器主要有以下几种。

（1）半导体光放大器交叉增益调制（SOA-XGM）型波长变换器

如 5.3.6 节所述，半导体激光二极管工作在没有或很少有光反馈的工作状态时，可以实现光的放大，转变为半导体光放大器（SOA）。SOA 中应用较多的是法布里-珀罗（Fabry-Perot, F-P）半导体激光放大器（FPA）。图 8-8 是半导体光放大器交叉增益调制型波长变换器原理图。其中，SOA 有两路输入，一路是波长为 λ_s 的输入光脉冲，其光强的变化携带了原始信息，另

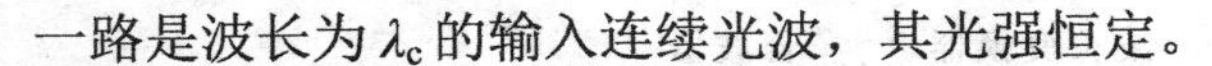
一路是波长为 λ_c 的输入连续光波，其光强恒定。

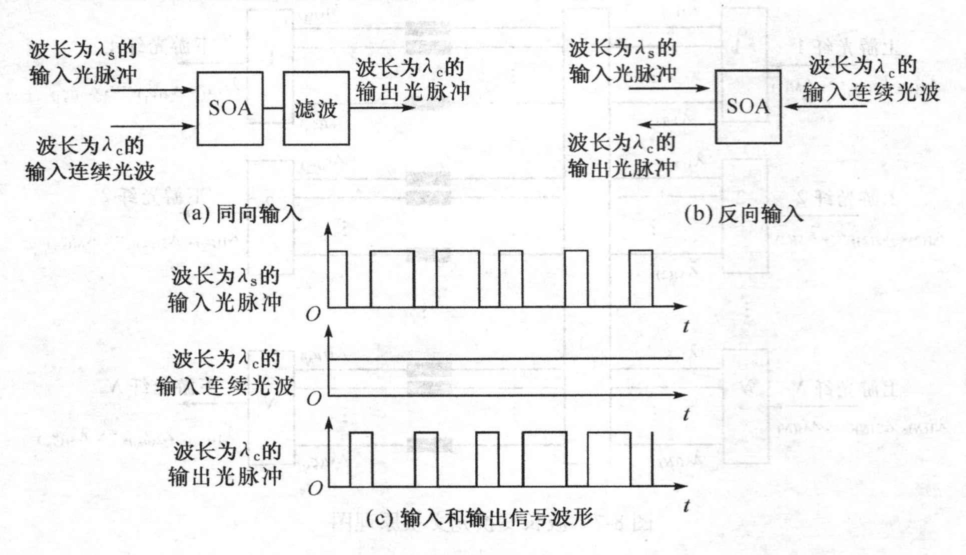

图 8-8　SOA交叉增益调制型波长变换器原理图

该变换器的工作原理是基于半导体光放大器的交叉饱和效应，即某一信道（即波长）的增益饱和不仅在自身信道光功率足够大时发生，也在其他信道光功率足够大时发生。所以，当波长为 λ_s 的输入光脉冲是‘1’码时，其光功率足够大使得 SOA 增益达到饱和，这时对波长为 λ_c 的输入连续光波的放大就会很小；当波长为 λ_s 的输入光脉冲是‘0’码时，其光功率不足以使 SOA 增益饱和，此时对波长为 λ_c 的输入连续光波的放大就会很大。所以，波长为 λ_s 的输入光脉冲的强度变化导致了 SOA 增益变化，SOA 增益变化又引起了波长为 λ_c 的输入连续光波的强度变化，使得波长为 λ_c 的输出光脉冲与波长为 λ_s 的输入光脉冲正好反向，实现了波长变换的目的。

图8-8(a)和(b)分别是同向输入和反向输入情况，同向输入时其输出端需要用光滤波器阻断波长为 λ_s 的输入光脉冲，仅让波长为 λ_c 的输入光波通过，而反向输入则不需要使用光滤波器。

（2）半导体光放大器交叉相位调制（SOA-XPM）型波长变换器

图 8-9 是半导体光放大器交叉相位调制型波长变换器原理图。其中，采用了马赫-曾德尔（Mach-Zehnder, M-Z）干涉仪结构，C1 和 C2 是 3 dB 耦合器。变换器有两路输入，一路是带有原始信息的波长为 λ_s 的输入光脉冲，另一路是光强恒定的波长为 λ_c 的输入连续光波。

该变换器的工作原理是基于半导体光放大器的交叉相位效应，即某一信道（即波长）的相位因子不仅受自身信道光功率变化的影响，也受其他信道光功率变化的影响。其物理原因是：输入光功率使半导体光放大器有源区载流子浓度发生变化，载流子浓度变化又会使有源区折射率产生变化，从而影响光波的相位因子。所以，当波长为 λ_s 的输入光脉冲强度变化时，SOA 有源区载流子浓度和折射率也跟随而变，使得经过 SOA 的波长为 λ_c 的输入连续光波的相位随时间得到了调制。通过对 SOA 和 M-Z 干涉仪的恰当设计，可以使波长为 λ_c 的输出光脉冲与波长为 λ_s 的输入光脉冲同向或反向，实现波长变换之目的。

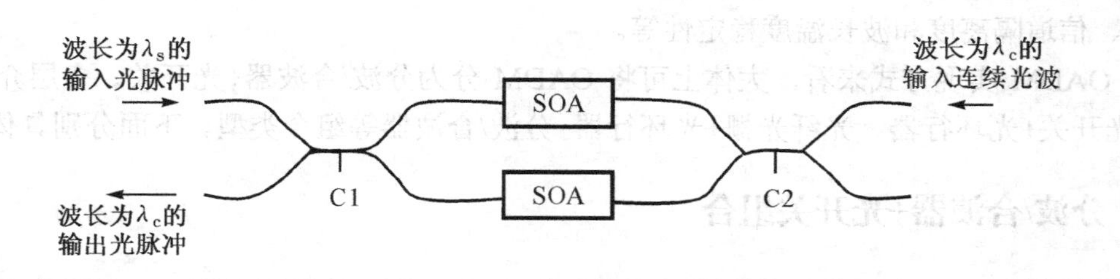

图 8-9 SOA 交叉相位调制型波长变换器原理图

（3）半导体光放大器四波混频（SOA-FWM）型波长变换器

图 8-10 是半导体光放大器四波混频型波长变换器原理图。该变换器的工作原理是基于半导体光放大器的三阶非线性效应，当波长为 λ_s 的输入光脉冲和波长为 λ_c 的输入连续光波同时输入 SOA 时，经 SOA 的三阶非线性作用将产生包含 $\lambda_o = 2\lambda_c - \lambda_s$ 和 $\lambda'_o = 2\lambda_s - \lambda_c$ 在内的许多新的波长成分，在输出端用光滤波器仅让波长为 λ_o 的光脉冲信号输出。信号中含有波长为 λ_s 的输入光脉冲信号的幅度变化信息，波长变换得以实现。

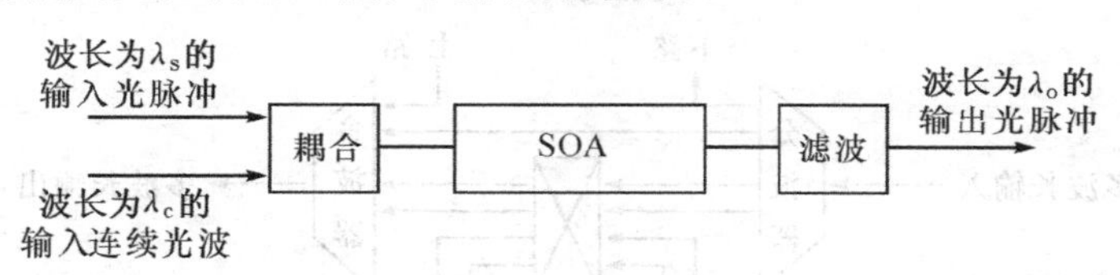

图 8-10 SOA四波混频型波长变换器原理图

8.3 光分插复用器（OADM）

8.3.1 光分插复用器基本概念

光分插复用器（Optical Add/Drop Multiplexer, OADM）的功能是在波分复用光路中有选择性地对某些波长信道进行上、下路的操作，这个操作对其他波长信道的正常传输不能产生影响。光分插复用器的上、下路信号是以波长为单位进行的，每一个波长称为一个波长信道。

光分插复用器分为光-电-光型和全光型两类。光-电-光型的分插操作是通过光端机在电域进行的，不能适应 WDM 全光网络的要求；全光型的分插操作是在光域进行的，能够满足 WDM 全光网络的要求，是全光网络的关键节点设备之一。

OADM 类似于 SDH 的分插复用器 ADM。如 6.1.5 节所述，ADM 是在高速 STM-*N* 光信号中通过光/电/光转换直接分插各种 PDH 支路信号或 STM-1 信号的复用设备，存在着电子瓶颈的限制。OADM 则是在光域内实现 SDH 分插复用器在电域内完成的功能，能够有效克服传统电子型 ADM 的瓶颈限制，使网络带宽大大拓展。此外，OADM 还具有透明性，它可以适应任何格式和速率的信号，也就是说用户可以根据自己的需要将任何形式、任何速率的信息通过 OADM 承载在某一个光波长上，而网络通过波长标识路由将其传到目的地，这一点比电 ADM 更为优越。OADM 的主要特性参数同 WDM 器件一样，有中心波长、信道带宽、信道间隔、信道隔离度和波长温度稳定性等。

从 OADM 实现方式来看，大体上可将 OADM 分为分波/合波器+光开关、多层介质膜滤波器+光开关+光环行器、光纤光栅+光环行器+分波/合波器等组合类型。下面分别具体介绍。

8.3.2　分波/合波器+光开关组合

这种结构的 OADM，其波长路由使用分波/合波器，而光波的直通和上、下路的切换通常由光开关来实现。图8-11给出了光分插复用器的示意图。

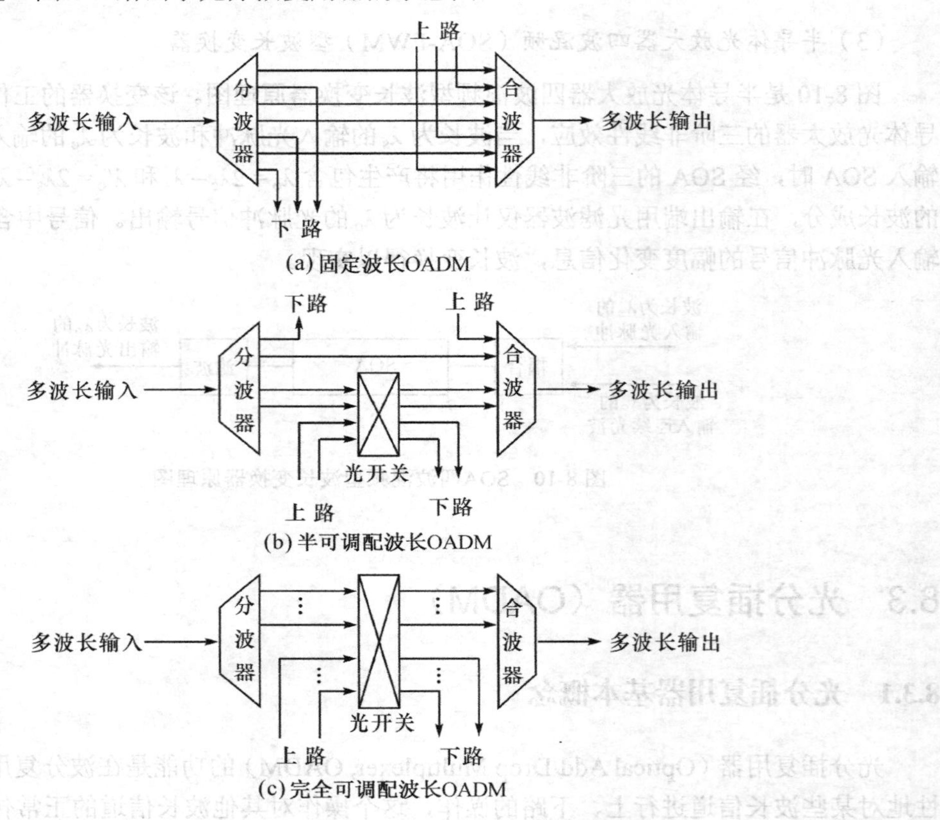

图 8-11　基于分波/合波器的光分插复用器

其中，图 8-11(a)是最简单的结构，直接由分波器提供下路（Drop）功能、合波器提供上路（Add）功能。在这种结构中，上、下路的波长是固定的，故称为固定波长 OADM。该 OADM 的分插灵活性不大，仅适合波长数不太多的情况。图 8-11(b)是稍复杂的结构，利用光开关来控制一部分波长的上、下路，使上、下路的一部分波长信道是可交换的，故称为半可调配波长 OADM。图 8-11(c)是利用光开关来控制全部波长的上、下路，使上、下路的所有波长信道是可交换的，故称为完全可调配波长 OADM。后两种 OADM 的分插灵活性大，适合波长数较多的情况。带有光开关阵列的 OADM，其支路（即上、下路）与干线群路间的串扰由光开关决定，而波长间串扰则由分波/合波器决定。

8.3.3　多层介质膜滤波器+光开关+光环行器组合

图 8-12 给出了多层介质膜滤波器加上光开关及光环行器构成的 OADM。光环行器是光无源器件中的一种多端口输入–输出非互易器件，具有正向顺序导通而反向传输截止的特点，其结构与光隔离器（见图 5-15）类似，也是利用偏振分光器及法拉第（Faraday）旋光器构成的组合系统使光路不可逆。典型的环行器一般有三个或四个端口，在三端口环行器中，端口 1 输入的光信号从端口 2 输出，端口 2 输入的光信号从端口 3 输出，端口 3 输入的光信号从端口 1 输出，反之则不通。

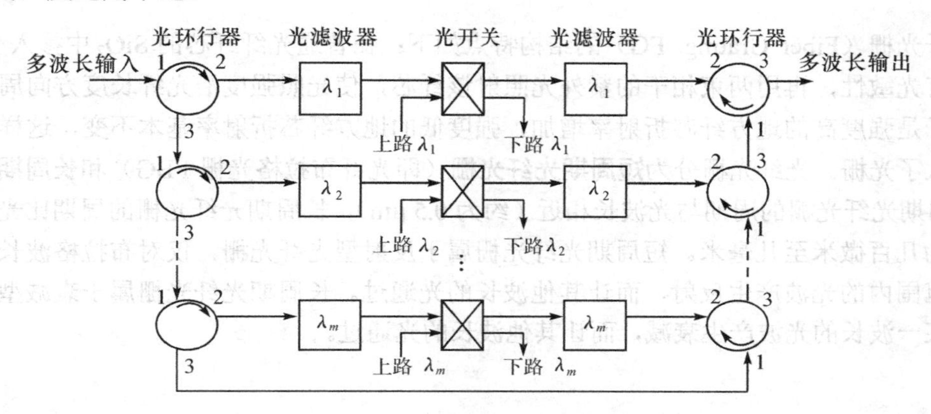

图 8-12　多层介质膜滤波器加上光开关及光环行器构成的OADM

图8-12 的工作原理是：多波长输入光信号从左边环行器的端口 1 经端口 2 输出到左边光滤波器，光滤波器允许波长在其通带内的光波通过，而其他波长的光波则被反射回到左边环行器。通过光滤波器的波长由光开关选择从下路口输出，上路的波长经过右边的同波长光滤波器，再通过右边光环行器输出。从左边光滤波器反射回左边光环行器的光从端口 2 到端口 3，再进入下面光环行器的端口 1。重复以上过程，每经过一个光环行器和光滤波器组合后，其余波长则继续往下走。最后剩下的波长传到右边的光环行器，依次经过右边光环行器和光滤波器的作用，一直传输到多波长输出端口，这些波长是不在该节点作分插复用的波长。

8.3.4　光纤光栅+光环行器+分波/合波器组合

图 8-13 给出了 FBG（Fiber Bragg Grating，光纤布拉格光栅）加上光环行器及分波/合波器构成的 OADM。其中，两个光环行器之间串联接入 m 个 FBG，每个 FBG 分别有一个峰值反射波长（即布拉格波长），而两个光环行器的端口 3 则分别接入分波器和合波器，以供 m 个波长光信号下路和上路。

其工作原理是：含有多个波长的入射光波经过左边环行器到达串联 FBG，当入射光中的波长与任一个 FBG 的峰值反射波长相同时，就会被对应的 FBG 反射回到左边环行器，从其端口 3 经过分波器下路。而其他波长则继续前行，通过所有的 FBG 到达右边环行器，从其端口 2 输出。上路的光波经过合波器从右边光环行器的端口 3 到达端口 1，经过 FBG 的反射再进入端口 1，最后从端口 2 输出。

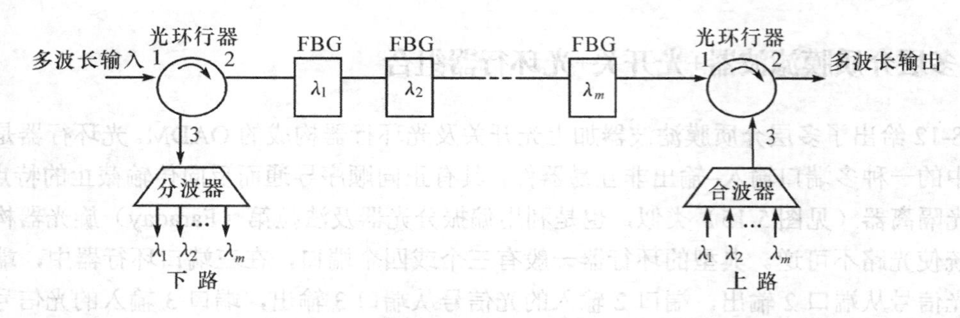

图 8-13　光纤布拉格光栅加上光环行器及分波/合波器构成的OADM

光纤光栅（Fiber Grating, FG）的结构特点如下：在普通光纤纤芯的 SiO_2 中掺入少量 Ge 使其具有光敏性，再用两束相干的紫外光照射该纤芯，使光照强度沿光纤长度方向周期性的变化，于是强度高的地方纤芯折射率增加，强度低的地方纤芯折射率基本不变，这样就在光纤中写入了光栅。光纤光栅分为**短周期光纤光栅**（即光纤布拉格光栅 FBG）和**长周期光纤光栅**。短周期光纤光栅的周期与光波长相近（约为 0.5 μm），长周期光纤光栅的周期比光波长大很多，为几百微米至几毫米。短周期光纤光栅属于反射型光纤光栅，仅对布拉格波长及其附近很窄范围内的光波产生反射，而让其他波长的光通过。长周期光纤光栅属于衰减型光纤光栅，对某一波长的光波产生衰减，而让其他波长的光通过。

8.4　光传送网（OTN）的基本形式

如前所述，目前研究开发的全光网络，其信息流在传输和交换过程中以光波的形式进行，而用户接入和监控部分基本上仍用电路方法实现，整个网络并非全部光学化，所以只是一个准全光网络。

根据这个现实情况，ITU-T 于 1998 年提出光传送网（Optical Transport Network, OTN）的概念，用来取代过去全光网的称谓。OTN 是依据光波现阶段主要在传输和交换过程中发挥作用而定名的，虽然它的最终目标是透明的全光网络，但在现阶段它可以从“半透明”开始，即在现有的光网络中允许有光电变换。所以，OTN 是向全光网络发展过程中的过渡性产物。

由于 OTN 是作为网络技术来开发的，SDH 传送网的许多功能和体系原理都可以借鉴，包括帧结构、功能模型、网络管理、性能要求和物理层接口等系列建议。所以，OTN 最初的标准化基本上采用了与 SDH 相同的思路，对光网络分层结构（G.872）、网络节点接口（G.709）、物理层接口（G.959.1）和网络抖动性能（G.825.1）等几个方面定义了 OTN。

OTN 是基于 WDM 技术，采用 OADM, OXC 和光放大器等光域设备连接点对点的 WDM 设备，并由此组建而成的光传送网络。OTN 对传输速率、数据格式及调制方式透明，可以传送不同速率的 ATM, SDH 和千兆以太网等业务信息。OTN 可以进行波长级、波长组级和光纤级重组，特别是在波长级可以提供端到端的波长业务。目前，OTN 还缺乏光域内完整和足够的性能监测手段和故障管理能力，但光的 3R 再生技术正在取得进展，有望逐步改变这种情况。

8.4.1　光传送网的分层体系结构

光传送网（OTN）的体系结构可以初步分为电层、光层和光纤介质层，如图 8-14 所示。下面分别予以介绍。

1．电层

电层是电域内的处理过程，包括电路层（即用户应用层）和电通道层（Electrical Path），二者又称为电网络层（Electrical Network）。其功能如下：

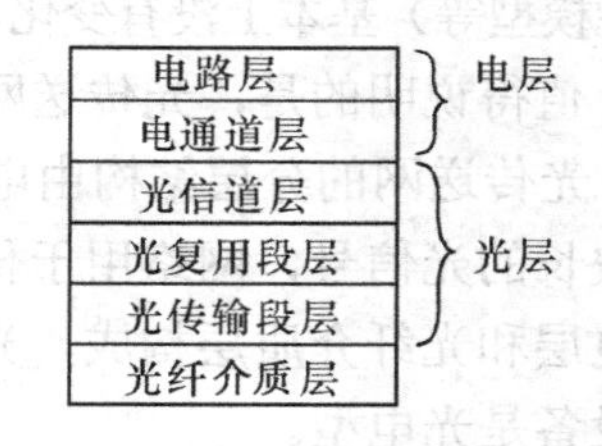

图 8-14　光传送网的分层结构

电路层提供各种数字业务信号，包括 PDH 信号、SDH 信号、ATM 信号、以太网信号和 IP 业务信号等。电路层的节点设备是各种终端接入设备。

电通道层包括 PDH 通道、SDH 通道和 ATM 通道等，为电路层的信号提供寻址、交换、上下路和差错检验等功能。电通道层的节点设备主要有 ATM 交换机、IP 路由器、SDH 分插复用器和数字交叉连接设备（DXC）等，按照电路层信号的类型而采用相应的设备。

2．光层

光层是光域内的处理过程，与光链路直接相关，包括光信道层（Optical Channel, OCh）、光复用段层（Optical Multiplex Section, OMS）和光传输段层（Optical Transmission Section, OTS），三者连同光纤介质层一起称为光网络层（Optical Network）。其功能如下：

光信道层（OCh）主要为电通道层的不同速率和不同传输模式的电信号提供电光转换等适配功能（注：电光信号的转换及适配可以在光网络的边缘节点上进行，也可以在电网络的边缘节点上进行），并且为端到端光信号提供路由交换和分配波长的功能。光信道层的节点设备主要有光交叉连接器（OXC）等。

光复用段层（OMS）主要为光信道层信号提供同步和复用功能。光复用段层的节点设备主要有 WDM 设备和光分插复用器（OADM）。

光传输段层（OTS）主要为光中继器之间或光中继器与光复用段终端之间的光信号提供在光纤介质中的传输放大和监控的功能。光传输段层的节点设备是光放大器。

光层内引入 WDM 技术，称为 WDM 光网。WDM 光网可以在一个光网络中传送几个波长的光信号，通过对光波长进行交叉连接，能够灵活地管理光纤传输链路。

目前，基于 OXC 的 WDM 光网离不开电域内的数字交叉连接设备 DXC，OXC 可与 DXC 串接配合使用，两者之间通过光线路终端（OLT）的光电转换接口相连，分别在光信道层和电通道层完成信号的路由和交换。但在将来，WDM 全光网可能直接面对各种不同的业务，而不再需要电通道层。

3．光纤介质层

光纤介质层主要为光层的光信号提供物理传输的介质。

以上是普通 OTN 的分层体系结构，这种结构定义的光传送网实际上是一个光域的传送平台，其管理功能主要由电域的网管系统来完成。近几年来，由于自动交换光网络（ASON）等新概念的出现，利用独立的控制平面来实施动态配置连接管理，使光传送网具有自动选路和自动管理等功能。相应地对 G.872 光网络分层结构做了一些修正，变化大的部分是分层结构和网络管理，主要是增加了许多智能控制的内容。但有关物理层的部分（如物理层接口、光网络性能和安全要求、功能模型等）基本上没有变化，有关 G.709 光网络节点接口帧结构的部分也没有变化。

值得说明的是，光传送网（OTN）与第 7 章的光纤网络（Fiber Network）有本质上的不同。光传送网的分层结构由电层、光层和光纤介质层构成（见图 8-14），光纤介质中传输的是多波长的光信号，网络用于传输和交换的节点设备是全光型。然而，光纤网络的分层结构仅由电层和光纤介质层构成，光纤介质中传输的是单波长的光信号，网络用于传输和交换的节点设备是光电型。

8.4.2　光层的基本拓扑结构

1．光传输链路的基本结构

光传输链路有三种基本结构，即① 由合波/分波器+光纤构成的链路；② 由合波/分波器+OADM+光纤构成的链路；③ 由合波/分波器+OXC+光纤构成的链路。它们分别如图8-15所示。

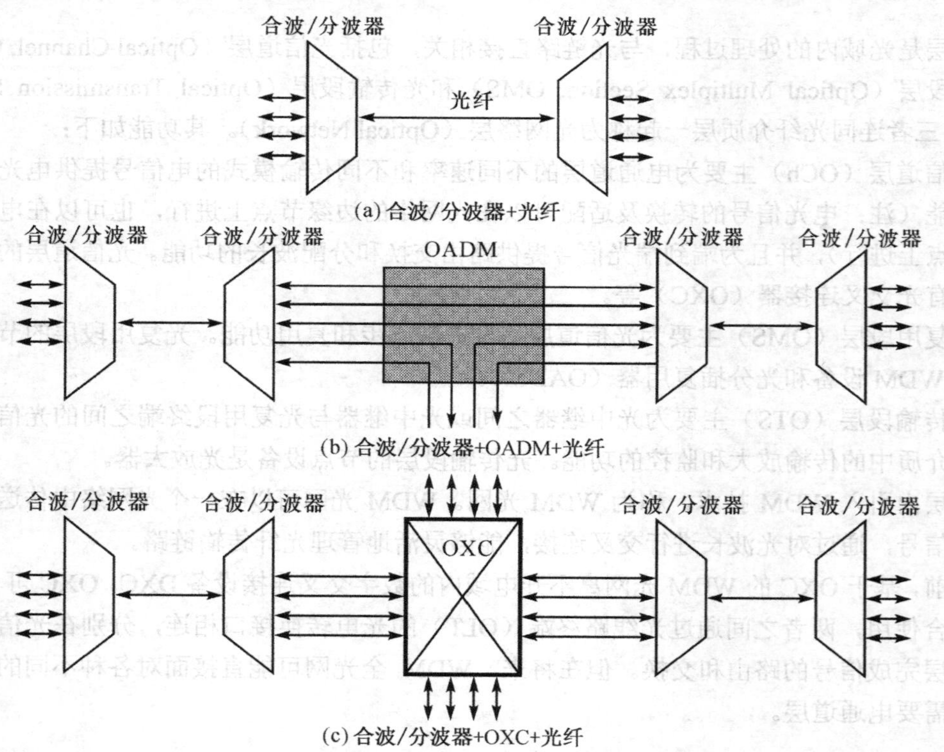

图 8-15　光传输链路的三种基本结构

2．光层网络的主要拓扑结构

利用上述光传输链路的三种基本结构，可以组合成格形光网、环形光网，以及其他形状的光网。图 8-16 和图 8-17 分别给出了一个互联的格形光网络和一个互联的环形光网络。

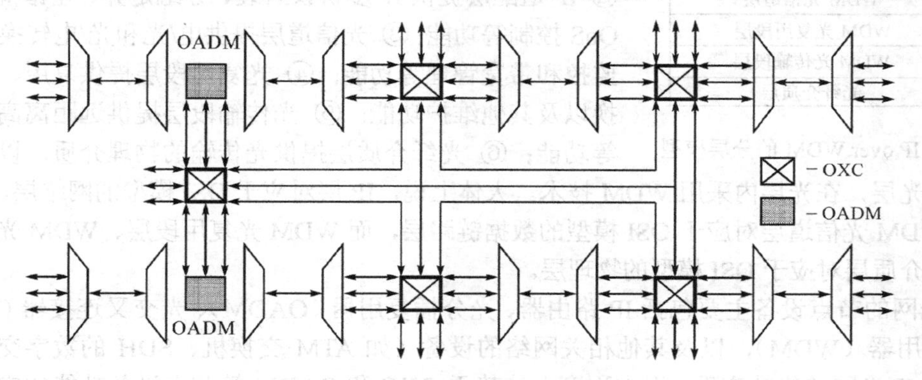

图 8-16　格形光网络

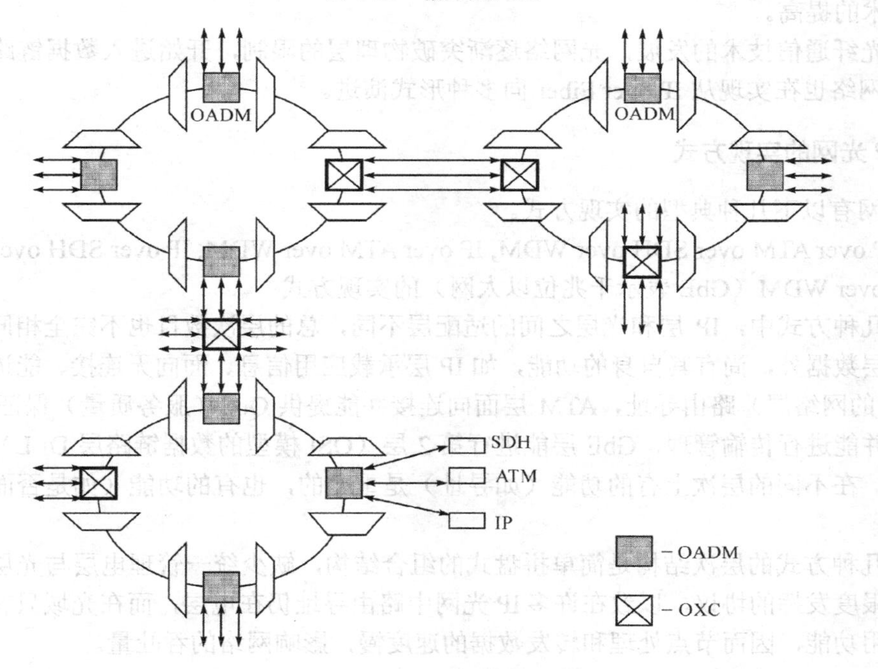

图 8-17　环形光网络

8.4.3　光传送网的应用——IP 光网

1．基本概念

如上所述，光传送网可以用来承载 PDH, SDH, ATM, IP 和以太网等多种数字业务信号。其中最重要的是承载 IP 业务信号，即 IP over WDM，又称为 IP over Optical（即 IP 光网）。IP 光网的最大特点是直接在光路上传送和交换 IP 分组（即 IP 数据报，俗称 IP 数据包），具有结构简单、网管复杂性小和传输效率高等特点。

图 8-18　IP over WDM 的分层模型

IP over WDM 的分层模型如图 8-18 所示，其中：① IP 层提供用户需要的各种 IP 数据信息（包括 IPv4 和 IPv6）；② IP 适配层提供 IP 多协议封装、分组定界、差错检测以及 QoS 控制等功能；③ 光信道层提供电/光和光/电转换、选路、监控和带宽管理等功能；④ 光复用段层提供复用、保护倒换以及其他维护功能；⑤ 光传输段层提供远距离高速传输等功能；⑥ 光纤介质层提供光传输的物理介质。以上③～⑤合称为光层，在光层内采用 WDM 技术。大体上说，IP 层对应于 OSI 模型的网络层， IP 适配层和 WDM 光信道层对应于 OSI 模型的数据链路层，而 WDM 光复用段层、WDM 光传输段层和光纤介质层对应于 OSI 模型的物理层。

IP 光网的节点设备主要包括 IP 路由器、光分插复用器（OADM）、光交叉连接器（OXC）、光波分复用器（WDM），以及其他相关网络的设备（如 ATM 交换机、SDH 的数字交叉连接设备等）。IP 光网的成功实现，很大程度上依赖于 OXC 和 OADM 等节点设备功能的完善及相关控制技术的提高。

随着光纤通信技术的发展，光网络逐渐突破物理层的限制，开始进入数据链路层和网络层。IP 光网络也在实现从 IP over Fiber 向多种形式演进。

2．IP 光网的实现方式

IP 光网有以下几种典型的实现方式。

（1）IP over ATM over SDH over WDM, IP over ATM over WDM, IP over SDH over WDM, IP over GbE over WDM（GbE 表示千兆位以太网）的实现方式

以上几种方式中，IP 层和光层之间的适配层不同，总的层次数目也不完全相同。各层除承载上一层数据外，尚有其自身的功能，如 IP 层承载应用信息、面向无连接、能进行第 3 层（OSI 模型的网络层）路由寻址，ATM 层面向连接并能提供 QoS（服务质量）保证，SDH 层面向连接并能进行传输管理，GbE 层能进行第 2 层（OSI 模型的数据链路层 DLL）寻址交换等。显然，在不同的层次上有的功能（如寻址）是重叠的，也有的功能（如是否面向连接）是矛盾的。

以上几种方式的层次结构是简单拼盘式的组合结构，缺少统一管理电层与光层并使光层功能最大限度发挥的协议，以致在许多 IP 光网中路由寻址仍在电层，而在光域只有点到点的传输和复用功能，因而节点处理和转发数据的速度慢，影响网络的吞吐量。

（2）IP with MPLS over WDM 的实现方式

MPLS（Multi-Protocol Label Switching，多协议标记交换）是一种封装协议，利用该协议可以将其他各种协议的数据封装成 MPLS 数据包。如图 8-19 所示，包头有 4 字节的 MPLS 头部字段，用来指示传输通路，又称为**标记交换通路**（Label Switching Path, LSP）。

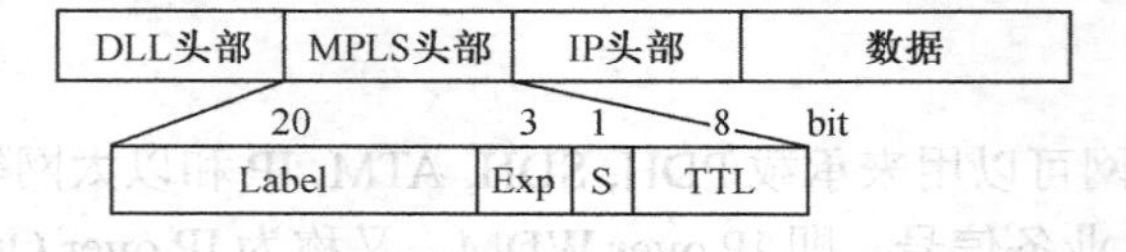

图 8-19　MPLS数据包及其头部

MPLS 头部字段的组成如下：

① Label：20bit，标记值字段，用于转发的指针。

② Exp：3bit，保留用于试验，现在通常用作 CoS（Class of Service）即服务类型。

③ S：1bit，堆栈（Stack）底部标识。S 为 1 时，表示最底层标记；S 为 0 时，其他标记可以进入堆栈。

④ TTL：8 bit，寿命字段（Time to Live），用来对寿命值进行计数。与 IP 数据包中的寿命字段功能相同。

MPLS 是一种分类转发技术，能将具有相同转发方式的分组归为一类，称为**转发等价类**（Forward Equivalence Class, FEC）。相同转发等价类的分组在 MPLS 网络中将获得完全相同的处理。转发等价类的划分方式灵活，可以是地址、端口号、协议类型、服务等级以及其他特征量的任意集合。集合中的特征量称为元素，每个元素对应于一个特定的 LSP，而一个特定的 LSP 有可能对应于多个元素。指定了元素的 FEC，称为特定的 FEC。标记代表一个特定的 FEC。

该方式的基本原理如下：来自源端的 IP 数据包到达 MPLS 网络的入口边缘后，进入边缘的**标记交换路由器**（Label Switching Router, LSR）中，边缘 LSR 利用标记分配协议（Label Distribution Protocol, LDP）将 IP 数据包中的端到端 IP 地址（在网络层即第 3 层）与 FEC 进行映射（又称为标记映射），为 IP 数据包寻找 LSP 并分配一个相应的标记，然后封装成 MPLS 数据包转发到下一个 LSR（位于 MPLS 网络内，称为核心 LSR）。在核心 LSR 中不再进行路由选择，而是直接根据标记进行通路交换。如此一个一个节点地转发交换，MPLS 数据包最后到达 MPLS 网络的出口边缘，在边缘 LSR 中去掉标记还原成 IP 数据包，并按传统的 IP 转发方式将 IP 数据包传送到传统的 IP 路由器中，最后送到目的端。这种方式加快了 IP 数据包的转发速度。

由于传统的 IP 路由选择只是按照目的端 IP 地址和最短路径来进行的，未考虑网络链路容量的可用状况和分组流的具体要求。所以从本质上讲，IP 网络是无连接和没有服务质量（QoS）保证的。而在 MPLS 网络中，对采用标记的连接提供各种 QoS 的控制机制和流量工程机制，所以传统的无 QoS 保证的 IP 网络可以成为受控的有 QoS 保证的网络。

该方式在光域进行传输和复用，而路由寻址和转发交换是在电域进行的。所以，节点处理也要耗费一些时间。

（3）IP with MPλ/LS over WDM 的实现方式

MPλ/LS（Multi-Protocol Lambda/Label Switching，多协议波长标记交换）是将光波长纳入标记之内从而集成了 IP 寻址、标记交换和波长路由三大技术而形成的新的封装协议。MPλ/LS 是真正在光层使用的一种交换协议。MPλ/LS 中的光波长标记有两种，即虚波长通路标识（VWPI）和波长通路标识（WPI）。当整个光路使用一系列不同的波长时（即各节点有波长变换功能），光波长标记采用 VWPI，VWPI 是建立端到端通路的一系列波长的编号，它在网络入口 LSR 上被分配并在其后的每个节点都被刷新。反之，当整个光路都使用同一个波长时（即各节点无波长变换功能），光波长标记则采用 WPI，WPI 是建立端到端通路的单波长编号。

MPλ/LS 网络的边缘路由器用于接入其他网络的业务信息，同时电子处理模块完成 MPλ/LS 中较复杂的标记处理功能。MPλ/LS 网络内的核心路由器利用光互联和波长变换技术实现波长标记交换和上下路光信号处理等功能。

该方式在光域除能进行波长选路外，还支持各种流量工程和提供多种多样的保护恢复能力，能够灵活地管理和分配网络资源，有效地实现网络的保护和恢复。该方式在IP层和光网络层实现了单一的网络管理和操作控制模式，简化了网络管理体系，为最终在IP路由器上提供光交换和光复用功能打开了道路。

8.5　全光网络的进展

单纯从光域来看，光纤通信技术的演变和发展，可以用图8-20 来描述。最初是单跨距的点到点光纤传输系统[见图8-20(a)]，主要用来改造传统纯电型通信系统的主干线路部分，以便提高线路容量，这种系统使用光电转换型中继器。随后是带有 EDFA 光中继器的多跨距 WDM 光纤传输系统[见图8-20(b)]，主要用来提高单根光纤的传输容量，缓解高速增长的带宽需求。再发展到带有 OADM 和 EDFA 光中继器的多跨距光分插 WDM 光纤传输系统[见图8-20(c)]，用来进一步提高单根光纤容量，并解决光的上、下路，目前实用光纤通信系统的升级主要采用这种方式。最后发展到带有 OXC, OADM 和 EDFA 的 WDM 光网络系统［见图8-20(d)］，以期解决 WDM 光纤传输系统之间的互连。

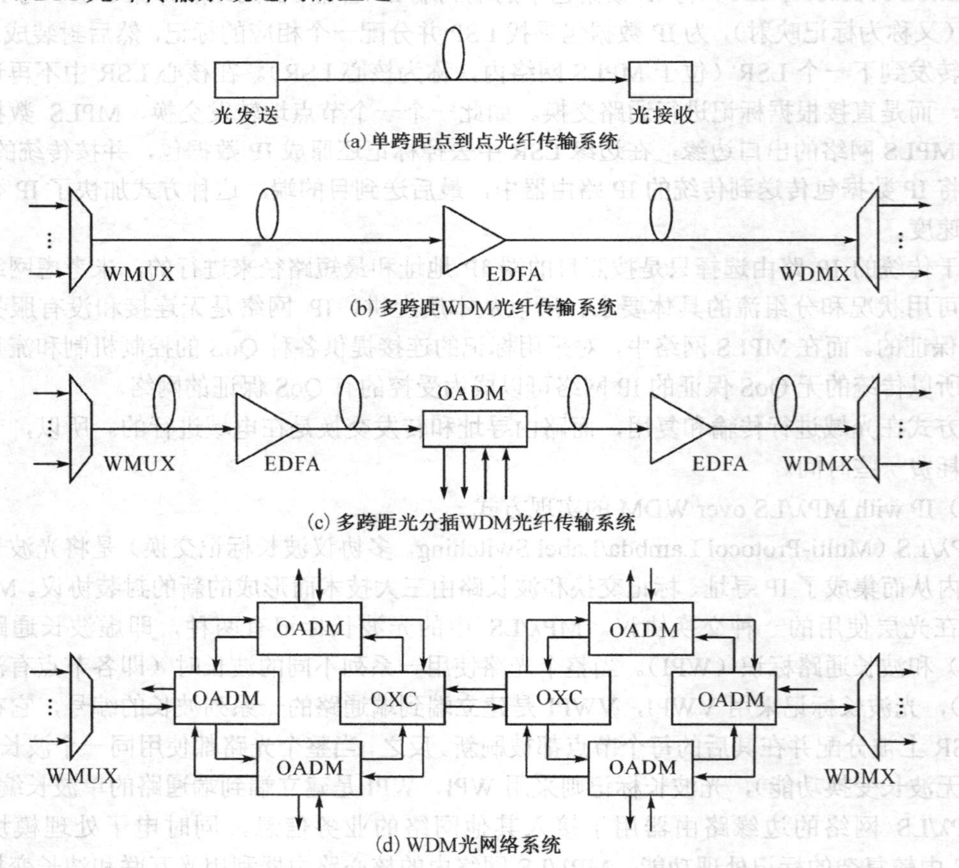

图 8-20　光纤通信技术的演变和发展

目前 WDM 光网络系统处于研究和开发的关键时期。虽然从全球范围来看，各种光放大器和光交换设备的试验及应用，使全光网架构已基本显现，但是，要实现真正意义上的全光网，还有相当长的一段距离，许多技术上的难点需要逐一解决。归纳起来，主要有以下一些问题需进一步解决。

1．光网络的基础硬件问题

（1）光交叉连接器 OXC

OXC 作为全光网络中的交换节点，是限制全光网络的主要技术障碍之一，研制开发 OXC 设备已成为通信领域的热点之一。OXC 问题解决了，就可以逐步实现真正意义上的全光网。

作为全光网中的核心设备，OXC 应当具有多粒度的光波交叉连接功能（**注：粒度**指交叉连接的单元，如波长级、波长组级和光纤级等）、波长指配和端口指配功能、波长变换功能、带宽管理功能、保护和恢复功能，以及其他一些功能。

近几年，美国、日本和欧洲的一些著名公司已经完成了 OXC 传输设备的一些现场试验，在系统与网络间的兼容性、OXC 设备的级联特性、系统的保护倒换能力和网络管理等方面取得了不少成功的经验。

尽管如此，目前 OXC 技术仍然存在两个主要问题：一是系统的完全透明性无法保证，这主要受制于全光波长转换技术尚未完全成熟；二是由于受光器件的制约，特别是大规模的光交叉矩阵开关的制约，系统的规模以及路由和交叉连接的灵活性不够理想，还不能做到像电域 DXC 一样，实现不同速率等级上的任意交叉，也不能灵活做到多粒度的光波交叉连接。所以，光交换技术达到实用化还需要一段时间。

（2）3R（再放大、再整形、再定时）光中继器

目前光纤线路中采用的 EDFA 中继器，只是起放大作用。线路很长时，经过许多 EDFA 后会累积噪声，同时信号脉冲形状变坏，时隙发生抖动。传统数字通信技术中采用3R再生中继器（Regenerative Repeater），实际上是通过放大提高信号幅度，利用限幅方法限制噪声，用时钟信号重新定时除掉抖动。要实现3R全光中继器（AO Repeater），其关键是研制出对比特率和波长透明的光限幅器和光时钟提取器。

从目前的报道结果来看，尚不能做到对波长透明。用一个对波长不透明的3R全光中继器去恢复一根光纤中 WDM 的所有波长信号，显然是不可能的。除非对每一个波长配置一个 3R 全光中继器，这又会增加复杂性，降低可靠性，增加成本。

2．光网络的管理问题

光网络的管理包括配置管理（设备管理和连接管理）、性能管理（功率、色散、误码率）、故障管理（网络保护和恢复）、安全管理（主要在网络物理层和数据链路层采取措施）和计费管理等内容。例如 OXC 就需要完善的配置管理、性能管理和故障管理等功能，以便能进行连接指配（即指定波长、端口等）、带宽控制、故障告警和运行保护等。

光网络的管理由硬、软件构成的网络管理系统（Network-Management Systems, NMS）来执行。光网络管理属于光网络的上层。从光网络管理来看，目前这方面的研究刚刚起步，而

对更上一层的整个大传输网的管理以及不同传输介质网络之间的管理，则更是空白。

3. 接入网问题

接入网问题，也就是“最后一公里”问题。目前虽然有 HFC 和 ADSL（Asymmetric Digital Subscriber Line，非对称数字用户线）等接入手段的应用，但面对 Internet 和数据通信的飞速发展，这些接入手段受自身机理的限制，仍然未能解决对传输带宽越来越高的需求问题。

目前，也有采用光无线技术解决接入问题的方案。其原理是：采用 DWDM 技术直接在空中使用不同的光波长传输语音、视频和数据，实现无线与光学的融合，可以在商业区提供宽带网络接入。从技术上看，实现光无线传输已不存在问题，但这种方案成本太高。

最终的解决办法也许是光纤到户（FTTH）了，目前这方面的研究已取得许多进展（见 7.2.3 节和 7.2.4 节）。

4. 与其他网络融合问题

随着全光网的发展，光网络要与 IP 网、ATM 网等其他网络融合，必须解决网络的互联和互操作性（Interoperability）问题，要有规范标准的传输协议和接口，也要有行之有效的管理软件。应当使光网络像今天的电信网一样，能够在用户提出其要求后迅速做出响应，而不管用户使用的资源在哪一个网络上和出自哪一家厂商。

现在，ITU-T 和光互联网论坛（Optical Internet Forum, OIF）正致力于互联和互操作的研究。ITU 的研究集中在开发光层内实现互联互操作的标准；OIF 则更多地关注光层与网络其他层之间的互联，集中进行客户层和光层之间接口定义的开发。目前，虽然还没有完全成熟的统一的协议和标准，但已取得了一些进展。

总之，随着光通信技术的发展和对光学元器件的开发，在未来的时间里，完全可以相信：全光网的传输距离会越变越长，全光网的系统将会出现，光交换和交叉连接技术将会取得突破，光网络的分组交换也将取得进步，而光网络的管理与维护也必将得到大发展，并与无线、Internet 等更好地融合。到那时，全光网将带给我们一个全新的通信时代。

习　题　8

8.1　三代通信网的具体含义是什么？

8.2　全光网络的主要优点有哪些？

8.3　全光网络的关键技术是什么？

8.4　何谓光纤放大器的增益均衡技术和光纤改进技术？

8.5　高速远距离光传输中需要解决什么问题，如何解决？

8.6　为什么说 OADM 和 OXC 是实现全光网络的关键设备？

8.7　按照光电形式划分，OXC 有哪几种类型？现阶段主要使用何种类型？

8.8　试述 DCF 补偿、SPM 补偿、PCC 补偿的物理意义。

8.9　何谓 FXC, WSXC 和 WIXC？

8.10　何谓波长重用？何谓波长路由器？

8.11　光开关有什么功能？

8.12　波长变换器有哪些类型？

8.13　为什么说激光二极管工作在没有或很少有光反馈的工作状态时可以成为半导体光放大器（SOA）？

8.14　OADM 的实现方式有哪几种？

8.15　光传送网（OTN）与全光网络有何不同？OTN 与第 7 章的光纤网络有何不同？

8.16　光传送网（OTN）与点到点 WDM 传输系统是否相同？

8.17　何谓 IP 光网？其最主要特点是什么？其分层结构是怎样的？

8.18　试说明 MPLS 的工作原理。

8.19　IP 光网的实现方式有哪些？试说明哪种方式最有发展和应用前景。

8.20　试述光纤通信技术的发展过程中先后出现了哪几种通信类型。

附录A　英汉对照名词索引

A

1　右列数字是书中章节号——编者注。

B

C

D

[2] 从 1993 年 3 月 1 日起 CCITT 与 CCIR（国际无线电咨询委员会）中研究标准化的工作部门合并成为 ITU 下属的 TSS（电信标准部），简称为 ITU-T——编者注。

E

F

G

H

I

J

L

M

N

O

P

Q

R

S

T

参考文献

[1] K.C.Kao（高锟）et al. Dielectric Fiber Surface Waveguides for Optical Frequencies. PIEE, July 1966

[2] G. Keiser. Optical Fiber Communications. 3rd ed.. New York: McGraw-Hill, 2000

[中译本]李玉权等译. 光纤通信（第3版）. 北京：电子工业出版社，2002

[3] D. K. Mynbaev, L. L. Scheiner. Fiber-Optic Communications Technology. New Jersey: Prentice-Hall, Inc., 2001

[4] G. P. Agrawal. Fiber-Optic Communication Systems. 2nd ed.. New York: John Wiley & Sons, 1997

[5] E. Iannone et al. Nonlinear Optical Communication Networks. New York: John Wiley & Sons, 1998

[6] G. P. Agrawal. Nonlinear Fiber Optics. 2nd ed.. San Diego: Academic Press Inc., 1995

[7] 赵梓森，毛谦，周文俊. 光纤数字通信. 北京：人民邮电出版社，1991

[8] 陶作民，崔繁荣. 光纤数字通信工程应用手册. 北京：北京邮电学院出版社，1991

[9] 林达权. 数字光纤通信设备（PDH 部分）. 西安：西安电子科技大学出版社，1999

[10] 马声全. 高速光纤通信 ITU-T 规范与系统设计. 北京：北京邮电大学出版社，2002

[11] 张宝富，刘忠英，万谦等. 现代光纤通信与网络教程. 北京：人民邮电出版社，2002

[12] 邓忠礼. 光同步传送网和波分复用系统. 北京：清华大学出版社/北方交通大学出版社，2003

[13] 朗讯科技（中国）有限公司光网络部. 光传输技术. 北京：清华大学出版社/北方交通大学出版社，2003

[14] 刘国辉. 光传送网原理与技术. 北京：北京邮电大学出版社，2004

[15] 方志豪，朱秋萍. 光纤通信习题集（附解答）. 武汉：武汉大学出版社，2006

[16] 朱秋萍，刘国华，方志豪. 用重要性抽样方法估计数字光纤通信链路的误码率. 电子学报，2000, 28(4): 14-17

[17] 方志豪，易小波，朱秋萍. 光纤波导 HEmn 模和 EHmn 模的划分方法. 武汉大学学报（自然科学版），1997，43(3)：405-411

[18] 朱秋萍，钮晋炜，方志豪. 光纤波导场型分布的解析理论. 武汉大学学报（自然科学版），1997，43(5): 667-672

[19] 朱秋萍，方志豪，马松梅，罗娟. 光纤通信接收机放大器的等效噪声模型. 光通信技术，1998，22(1): 47-53

[20] 方志豪，朱秋萍. 光纤通信接收机中 MOSFET 前置放大器的热噪声. 武汉大学学报（自然科学版），1995，41(5)：615-620

[21] M. Hamdi, H. J.Chao, D. J. Blumental, et al. High-Performance Optical Switches/Routers for High-Speed Internet（Guest editorial）. IEEE J-SAC, 2003, 21(7): 1013-1017

[22] C. M. Qiao, D. Datta, G. Ellinas, A. Gladisch and E. Modiano. WDM-Based Network Architectures (Guest editorial). IEEE J-SAC，2002, 20(1): 1-5

[23] O. Gerstel, B. Li, A. McGuire, et al. Protocols and Architectures for Next Generation Optical WDM Networks (Guest editorial) . IEEE J-SAC, 2000, 18(10): 1805-1809

[24] A. M. Hill, A. A. M. Saleh and K. Sato. High-Capacity Optical Transport Networks (Guest editorial) . IEEE J-SAC, 1998, 16(7): 993-994

[25] R. L. Cruz, G. R. Hill, A. L. Kellner, et al. Optical Networks (Guest editorial). IEEE J-SAC, 1996, 14(5): 761

[26] G. E. Keiser. A Review of WDM Technology and Applications. Opt.Fiber Technol, 1999, 5: 3-9

[27] A. M. Glass, et al. Advances in Fiber Optics. Bell Systems Technical Journal. 2000, 168-177

[28] S. Aisawa, et al. Advances in Optical Path Crossconnect Systems Using Planar-Lightwave Circuit-Switching Technologies. IEEE Communications Magazine, 2003, 41(9): 54- 57

[29] J. Y. Wei. Advances in the Management and Control of Optical Internet. IEEE JSAC, 2002, 20(4): 768-785

[30] Xiaohua Ma, et al. Optical Switching Technology Comparison: Optical MEMS vs. Other Technologies. IEEE Communications Magazine, 2003, 41(11): S16- S23

[31] M. Artiglia. Comparison of Dispersion-Compensation Techniques for Lightwave Systems. Proceedings of the Optical Fiber Communication Conference，San Jose(CA), 1998, 22-27

[32] B. Hirosaki, et al. Next-Generation Optical Networks as a Value Creation Platform. IEEE Communications Magazine, 2003, 41(9): 65- 71

[33] M. Jinno, et al. Optical Network. Journal of Lightwave Technology, 2003, 21(11): 2452-2454

[34] I. Radovanovic, et al. Ethernet-based Passive Optical Local-Area Networks for Fiber-to-the-Desk Application. Journal of Lightwave Technology, 2003, 21(11): 2534-2545

[35] N.Ghani, et al. On IP-WDM Integration: a Retrospective. IEEE Communications Magazine, 2003, 41(9): 42- 45

[36] OFC/NFOEC 2008. Optical Fiber Communication and the National Fiber Optic Engineers Conference, 24-28 Feb. 2008

[37] OFC/NFOEC 2007. Optical Fiber Communication and the National Fiber Optic Engineers Conference, 25-29 March 2007

[38] OFC/NFOEC 2006. Optical Fiber Communication and the National Fiber Optic Engineers Conference, 5-10 March 2006

[39] OFC 2005. Technical Digest, Vol1-6. Optical Fiber Communication and the National Fiber Optic Engineers Conference, 6-11 March 2005

[40] OFC 2004, Vol.1-2. Optical Fiber Communication and the National Fiber Optic Engineers Conference, 23-27 Feb. 2004

[41] Technical Digest of OFC 2003. Optical Fiber Communications Conference and Exhibit, 23-27 March 2003

[42] Postconference Technical Digest of OFC 2002 (IEEE Cat. No.02CH37339). Optical Fiber Commun-ications Conference and Exhibit，17-22 March 2002.

[43] Postconference Technical Digest of OFC 2001, Vol.1-4(IEEE Cat. No. 01CH37171) Optical Fiber Communications Conference and Exhibit, 2001

[44] Technical Digest of OFC 2000，Vol.1-4. Optical Fiber Communications Conference and Exhibit, 7-10 March 2000

[45] C. Berrou, A. Glavieux, and P. Thitimajshima. Near Shannon Limit Error Correcting Coding and Decoding: Turbo Codes. Proc. IEEE Int. Conf. Commun., 1993, 1064-1070

[46] R. Gallager. Low-Density Parity-Check Codes. IRE Trans. on IT, 1962, 8(1): 21-28.

[47] E. Arikan. Channel Polarization: A Method for Constructing Capacity-Achieving Codes[C]. IEEE International Symposium on Information Theory. IEEE, 2008:1173-1177.